“十三五”职业教育国家规划教材

局域网组建与维护项目教程

新世纪高职高专教材编审委员会 组编

编 著 谢树新 李亚娟

第三版

大连理工大学出版社

图书在版编目(CIP)数据

局域网组建与维护项目教程 / 谢树新，李亚娟编著
. -- 3 版. -- 大连 ：大连理工大学出版社，2019.2(2022.7 重印)
新世纪高职高专网络专业系列规划教材
ISBN 978-7-5685-1732-4

Ⅰ. ①局… Ⅱ. ①谢… ②李… Ⅲ. ①局域网－高等职业教育－教材 Ⅳ. ①TP393.1

中国版本图书馆 CIP 数据核字(2019)第 008904 号

大连理工大学出版社出版

地址:大连市软件园路 80 号　邮政编码:116023

电话:0411-84708842　邮购:0411-84708943　传真:0411-84701466

E-mail:dutp@dutp.cn　URL:http://dutp.dlut.edu.cn

大连永盛印业有限公司印刷　　大连理工大学出版社发行

幅面尺寸:185mm×260mm　印张:20.25　字数:493 千字

2011 年 12 月第 1 版　　2019 年 2 月第 3 版

2022 年 7 月第 5 次印刷

责任编辑:马　双　　责任校对:李　红

封面设计:张　莹

ISBN 978-7-5685-1732-4　　定　价:49.80 元

前　言

《局域网组建与维护项目教程》(第三版)是"十三五"职业教育国家规划教材、"十二五"职业教育国家规划教材,也是新世纪高职高专教材编审委员会组编的网络专业系列规划教材之一。

本教材根据计算机网络技术专业领域的需求和职业岗位(群)的任职要求进行编写,以"教、学、做、评一体化"为主线,按照"项目真实、结构合理、内容全面、步骤翔实、考核完整、资源丰富"的原则,进一步筛选和优化由企业专家提供的与职业标准衔接的真实项目,调整教材结构,细化项目实施步骤,完善考核评价方法。本教材在内容与组织形式上采用情境化、任务驱动的方式引导学生学习,并配有丰富的任务拓展和课后训练进一步提高学生的技能。

一、本教材内容

本教材的内容按照从简单到复杂、从点到面、从单一到综合的规律整合为5个项目,每个项目按照用网、组网、护网的实施过程,充分考虑教学组织需求,共安排了上百个任务和实训,具体安排如下:

项目1:组建与维护家庭局域网。安排了设计拓扑结构、安装操作系统、安装网卡、安装网卡驱动、制作网线、连接设备、配置网络协议、设置共享、安装与配置杀毒软件、使用一键还原备份系统、测试网络的连通性等具体任务,训练学生掌握组建与维护家庭局域网所需的知识和技能。

项目2:组建与维护学生宿舍局域网。安排了构建基于代理型的和基于宽带路由器型的局域网、安装与配置Sygate、安装与配置宽带路由器、用动态域名发布宿舍网站、配置远程桌面管理、配置宿舍无线局域网、使用影子系统保护系统安全等具体任务,训练学生掌握组建学生宿舍局域网所需的知识和技能。

项目3:组建与维护实验室局域网。引导学生熟悉组建实验室局域网的结构、设备及工作原理,学会配置NAT、架设FTP服务器、构建仿真实验环境、实施网络克隆、保护系统安全等。通过具体任务训练学生掌握组建实验室局域网所需的知识和技能。

项目4:组建与维护单位办公局域网。训练学生掌握中小型企业网络设计的基本方法和具体的实现过程。包括网络拓扑结构设计、设备选用、IP地址划分、VLAN划分,以及通过NAT和ACL技术实现网络的安全访问等方面的技能。

项目5:组建与维护大型园区网。引导学生熟悉园区网的结

构、园区网的设备及园区网的技术要求等，通过具体任务训练学生规划与设计园区网的网络拓扑结构、正确选购与配置网络设备、安装 Linux、构建基于 Linux 平台的网络服务、域环境的配置与管理等多项技能，使学生掌握园区网的构建方法和维护技巧。

二、本教材特点

本教材在充分汲取国内外局域网组建与管理的精华和丰富实践经验的基础上，结合国内外信息产业发展趋势和计算机网络技术的特点，对原教材进行了大量的优化，修订过程中充分做到"精选项目、优化结构、调整内容、细化步骤、加强考核、完善资源"。

第一，本教材集项目教学与技能训练于一体，将原有符合教学需求的 11 个项目，进一步归纳整理出 5 个完全符合职业岗位能力标准、对接企业用人需求的真实项目，每个项目按照"情境描述→任务分析→知识储备→任务实施→任务拓展→总结提高→课后训练"的流程对教学内容进行了优化。

第二，针对专业培养目标，从大量的项目中筛选与职业标准衔接度高，在教材中能得到充分体现的优势项目，在保证可操作性的同时，进一步细化项目实施方法和步骤，确保每个学生都能按照教材所提供的任务案例熟练掌握各项技能，同时及时补充新知识、新技术和新工艺。

第三，在教材中提供项目考核评价方案，每一个项目中都设置了一份项目考核评价表，同时将职业素质和态度融入其中。

第四，所有技能训练项目都源于编者的工作实践和教学经验，操作步骤详细，语言叙述通俗，设计过程完整。有助于讲练结合、现场示范、互教互练的教学过程的实施。

三、其他

本教材由湖南铁道职业技术学院谢树新、齐齐哈尔工程学院李亚娟编著，湖南铁道职业技术学院冯向科、王昱煜、张浩波、颜谦和，湖南永旭信息技术有限公司彭泳群参与了部分章节的编写。具体编写分工如下：谢树新负责总体规划、统稿、校对、项目 4 的编写，李亚娟负责项目 5 的编写，冯向科负责项目 2 的编写，王昱煜、张浩波负责项目 3 的编写，颜谦和负责项目 1 的编写，彭泳群负责提供编写案例和整体测试。还有许多网络同行给予了热情的帮助，在此一并表示感谢。

由于作者水平有限，书中难免存在一些疏漏与错误，希望您不吝赐教。

编　者

2019 年 2 月

所有意见和建议请发往：dutpgz@163.com

欢迎访问职教数字化服务平台：http://sve.dutpbook.com

联系电话：0411-84707492　84706104

目 录

本书微课视频表

序号	微课名称	页码
1	IP 地址的结构和分类	9
2	双绞线的制作与测试	26
3	安装 IIS 组件	84
4	使用 Web 站点发布网站	87
5	安装远程桌面服务组件	93
6	为客户授予远程访问权限	98
7	路由器的工作原理	124
8	FTP 服务的系统组成和工作原理	129
9	配置路由服务器	150
10	DNS 域名解析过程	174
11	VLAN 的分类	177
12	安装 DNS 服务组件	195
13	创建 DNS 正向搜索区域	197

项目 1　组建与维护家庭局域网

内容提要

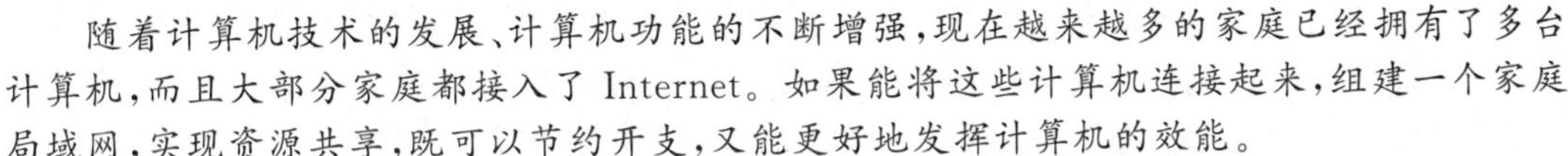

随着计算机技术的发展、计算机功能的不断增强，现在越来越多的家庭已经拥有了多台计算机，而且大部分家庭都接入了 Internet。如果能将这些计算机连接起来，组建一个家庭局域网，实现资源共享，既可以节约开支，又能更好地发挥计算机的效能。

本项目安排了组建一个家庭局域网所涉及的设计拓扑结构、安装操作系统、安装网卡、制作网线、连接设备、配置 TCP/IP 协议、配置资源共享、安装与配置杀毒软件、使用一键还原备份系统、测试网络的连通性等任务。训练大家掌握组建与维护家庭局域网所需的知识和技能。

知识目标

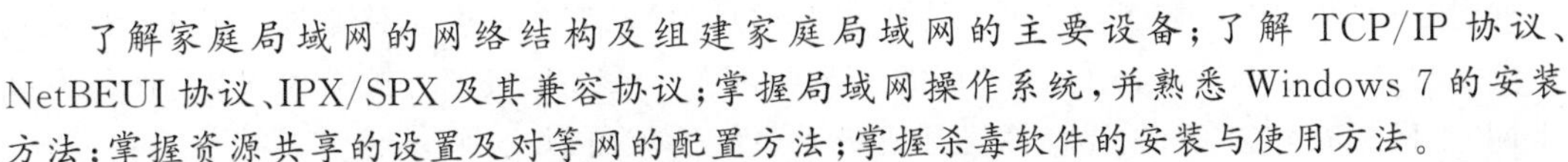

了解家庭局域网的网络结构及组建家庭局域网的主要设备；了解 TCP/IP 协议、NetBEUI 协议、IPX/SPX 及其兼容协议；掌握局域网操作系统，并熟悉 Windows 7 的安装方法；掌握资源共享的设置及对等网的配置方法；掌握杀毒软件的安装与使用方法。

技能目标

能使用 Visio 2013 或 LAN MapShot 绘制拓扑结构图；会安装 Windows 7、能配置 TCP/IP；会组建对等网并实现资源共享；会安装 ADSL 并实现共享上网；会安装与使用杀毒软件、一键还原系统。

态度目标

培养认真细致的工作态度和工作作风；养成认真分析、认真思考、细心检查的习惯；能与组员协商工作，保持步调一致。

参考学时

12 学时（含实践教学 6 学时）

1.1 情境描述

中新网络工程公司负责的网络组建与改造项目十分广泛，涉及家庭、宿舍、学校和企事业单位网络，网络工程项目的前期工作是熟悉企业需求、绘制网络拓扑结构图和制订组网方案，然后进行网络工程项目实施。

黄奇作为进入公司的新员工，他希望把学校学到的知识与在公司组建局域网的相关技能有机地结合起来，为此，公司安排他负责家庭局域网和宿舍局域网的组建。他负责的第一个项目是薛主任家的家庭局域网。薛主任家新购了一台笔记本电脑，加上原来的旧电脑已经有 3 台计算机，薛主任在使用过程中觉得很不方便（查找文件不便、打印文件不便、上网不便），为此，薛主任希望把这几台计算机互联在一起组建成一个较为完整的家庭局域网。

通过与薛主任沟通，黄奇了解到薛主任想用简单的方式把三台计算机连接起来，让家庭成员共同浏览网页、共用一台打印机，还有就是三台计算机之间找个文件也用不着使用 U 盘。这样既能满足家庭办公和娱乐的需要，又可以消除工作和学习的压力，同时也是融合亲情的好机会，当然还得保证系统安全，此时可以使用哪些方法来解决问题呢？

1.2 任务分析

要在不同计算机之间进行文件的传输和资源的共享，最简单的方法是组建家庭局域网，再通过在局域网中设置"共享文件夹"和"共享打印机"的方式来构建对等网。在家庭局域网中要实现共享上网，先得进行 ADSL 的安装与配置。ADSL 接入方式有两种：一种是专线上网，可以具有静态 IP，只要计算机开机进入系统后就可以上网，不再需要拨号，可一直在线；另一种是虚拟拨号，所谓虚拟拨号是指用 ADSL 接入 Internet 时需要输入用户名与密码，以完成授权、认证、分配 IP 地址和计费等一系列 PPP（Point-to-Point Protocol）接入过程。再对路由器进行相关配置，才能满足薛主任提出的要求。

为了完成组建家庭局域网，黄奇需要完成以下任务。

（1）做好家庭局域网的需求分析；

（2）确定家庭局域网的组网目标；

（3）设计家庭局域网的拓扑结构；

（4）选购家庭局域网网络设备；

（5）制作网线、安装网络设备，正确连接所有设备；

（6）为计算机安装操作系统；正确配置 TCP/IP 协议中的相关参数；

（7）申请上网帐号，对 ADSL 和宽带路由器做好相关配置；

（8）被访问的计算机要提供"文件和打印共享服务"，并且在被访问的计算机上要创建"共享文件夹"和"共享打印机"；

（9）要知道被访问的"计算机名称"，还要知道被访问计算机提供的、用于共享的用户名

和密码。如果不输入用户名和密码就可访问的话,被访问计算机的 Windows 操作系统需启用“匿名帐户(Guest)”;

(10)为了保证共享资源的安全,还得设置好共享文件夹的访问权限;

(11)完成家庭局域网的测试;

(12)安装瑞星杀毒软件及瑞星个人防火墙。

1.3　知识储备

1.3.1　局域网概述

1.局域网的定义

局域网(Local Area Network,LAN)是指范围在几百米到十几公里的办公楼群或校园内的计算机相互连接所构成的计算机网络。局域网被广泛应用于连接校园、工厂以及机关的个人计算机或工作站,以利于个人计算机或工作站之间共享资源和进行数据通信。

2.局域网的主要特点

局域网在网络中有着非常重要的地位,是应用最广泛的网络。其主要特点有:

(1)通信速率较高。局域网通信速率为每秒百万比特(Mbit/s),从 5 Mbit/s、10 Mbit/s 到 100 Mbit/s,随着局域网技术的进一步发展,目前正在向着更高的速度发展(例如 155 Mbit/s、655 Mbit/s 的 ATM 及 1 000 Mbit/s 的千兆以太网等)。

(2)通信质量较好,传输误码率低,位错率通常在 10^{-12}～10^{-7} bit。

(3)通常属于某一部门、单位或企业。由于 LAN 的范围一般在 0.1 km～2.5 km,分布和高速传输使它适用于一个企业、一个部门的管理,所有权可归某一单位,在设计、安装、操作使用时由单位统一考虑、全面规划,不受公用网络当局的约束。

(4)支持多种传输介质:根据网络本身的性能要求,局域网中可使用多种通信介质。

(5)局域网成本低,安装、扩充及维护方便。LAN 一般使用价格低而功能强的微机网上工作站。

3.局域网的基本类型

局域网有多种类型,如果按照网络转接方式不同,可分为共享式局域网和交换式局域网两种。

(1)共享式局域网

共享式局域网是指所有结点共享一条公共通信传输介质的局域网技术。共享式局域网可分为以太网、令牌总线、令牌环、FDDI 以及在此基础上发展起来的高速以太网和 FDDIⅡ等。无线局域网是计算机网络与无线通信技术相结合的产物,同有线局域网一样,可采用共享方式。

(2)交换式局域网

交换式局域网是指以数据链路层的帧或更小的数据单元为数据交换单位,以以太网交换机(Ethernet Switch)为核心的交换式局域网技术。交换式局域网可分为交换式以太网、

ATM 网以及在此基础上发展起来的虚拟局域网，但近年来已很少用 ATM 技术组建局域网。典型的交换式以太网的结构如图 1-1 所示。

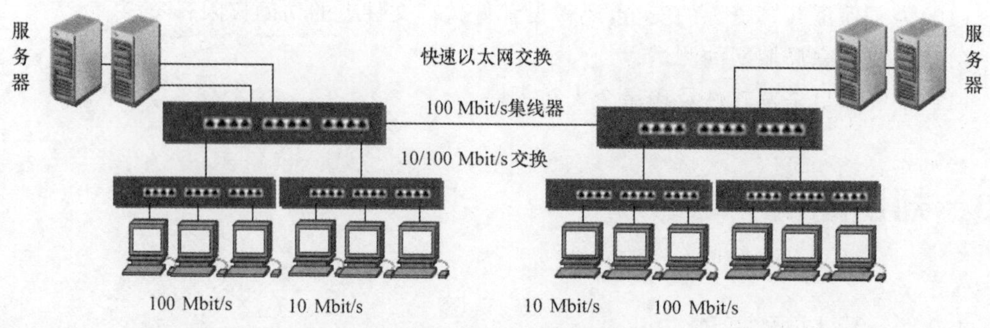

图 1-1　交换式以太网的结构示意图

1.3.2　局域网拓扑结构

网络的拓扑结构是指网络中通信线路和站点（计算机或设备）的几何排列形式，计算机网络拓扑结构主要可分为：星型拓扑结构、环型拓扑结构、总线型拓扑结构、树型拓扑结构和网状拓扑型结构等 5 种。

1.星型拓扑结构

星型拓扑结构是指在星型网络中所有的计算机都是直接连接到集线器或者交换机，如图 1-2 所示，当一台计算机要传输数据到另一台计算机，必须经过中心结点即集线器或者交换机。

从图 1-2 可以看出，如果某一台计算机坏了，并不影响其他计算机的网络功能，方便维护单台计算机，也方便加入计算机入网。但如果集线器或者交换机损坏，就会影响整个计算机网络的运行。即使集线器或者交换机坏了，换一台备用机就可以了，在维护上很方便。

2.环型拓扑结构

环型拓扑结构与星型拓扑结构网络中的所有计算机都直接连接到集线器或者交换机不同的是环型拓扑结构将每一台计算机连接在一个封闭的环路中，一个信号依次通过所有的计算机，最后再回到起始的计算机。每个计算机会依次接收环路上传输的信息，并对此信息的目标地址进行分析判断，如果与本计算机的地址相同，就接收该信息，如果不相同就传送该信息到下一台计算机。

环型拓扑结构如图 1-3 所示，如果在网上的一台计算机出现了问题，那么整个网络将受影响，如果要在网络中添加或者减少一台计算机，会影响整个网络的正常运转，因此在局域网中一般不选用环型拓扑结构，但在城域网里，环型拓扑结构用得比较多。

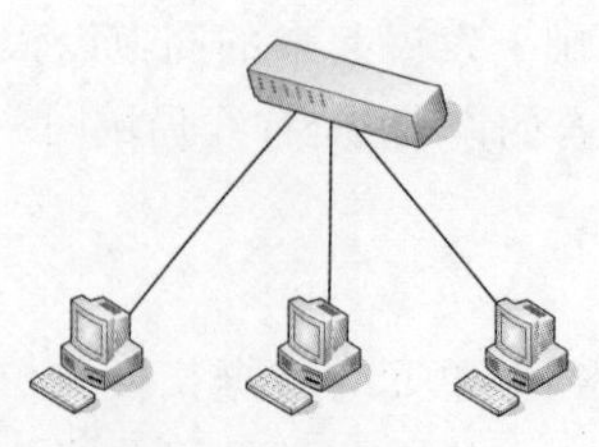

图 1-2　星型拓扑结构

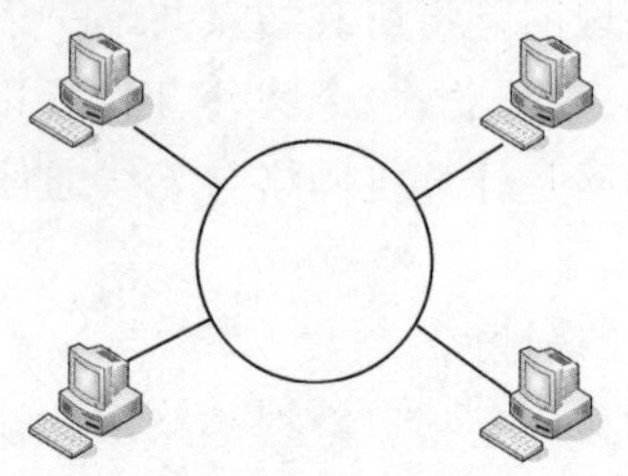

图 1-3　环型拓扑结构

3.总线型拓扑结构

总线型拓扑结构与前面两种网络拓扑结构都不相同。在总线型拓扑结构中所有计算机都共用一条通信线路(总线),如果其中一个结点发送信息,该信息会通过总线传送到每一个结点上,它属于广播方式的通信,如图 1-4 所示。

4.树型拓扑结构

树型拓扑结构可以看成星型拓扑结构的扩展,如图 1-5 所示,它是分级的集中控制式网络。在树型拓扑结构中,结点按层次进行连接,信息交换主要在上、下结点之间进行。相邻及同层结点之间一般不进行数据交换或数据交换量小。树型拓扑结构适用于汇集信息的应用要求。

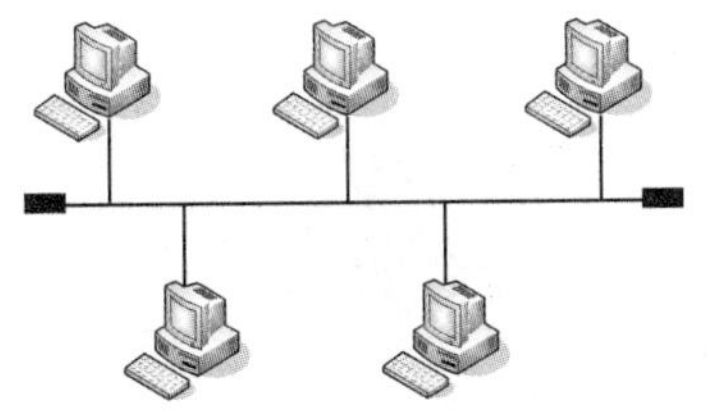

图 1-4　总线型拓扑结构

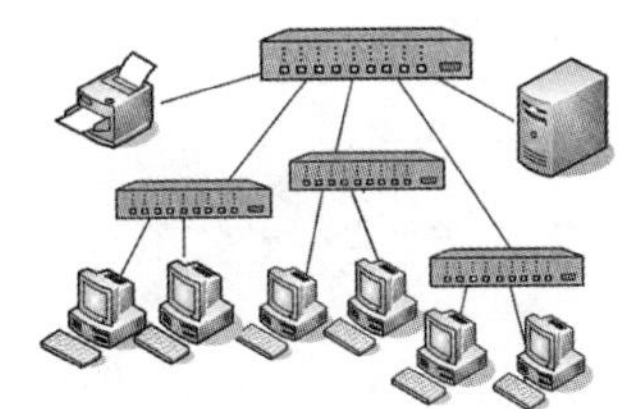

图 1-5　树型拓扑结构

5.网状型拓扑结构

网状型拓扑结构又称作无规则型拓扑结构,如图 1-6 所示。在网状型拓扑结构中,结点之间的连接是任意的,没有规律。网状型拓扑结构的主要优点是系统可靠性高,但是结构复杂,必须采用路由选择算法与流量控制方法。目前实际存在和使用的广域网基本上都是采用网状型拓扑结构的。

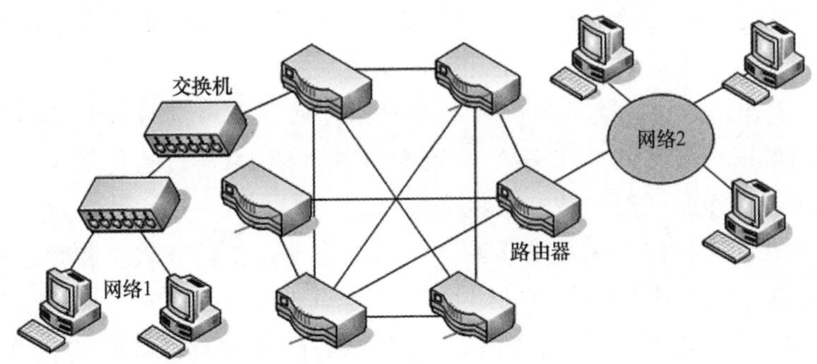

图 1-6　网状型拓扑结构

1.3.3　局域网基本组成

最基本的计算机局域网仅是两台 PC,用一条串/并电缆连接起来。如果要采用专用网络电缆(如双绞线、同轴电缆或光纤),则只需在两台 PC 中各置一块网卡即可,如图 1-7 所示。

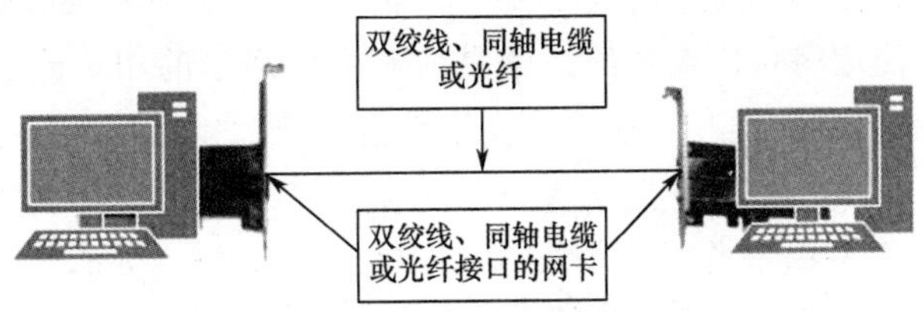

图 1-7　双机互联的最简单局域网

在实际的企事业单位局域网中，因为计算机多，所以通常不会也不可能采用如图 1-7 所示的全部计算机对等网络模式，而是采用交换机进行集中连接的星型网络结构，如图 1-8 所示。

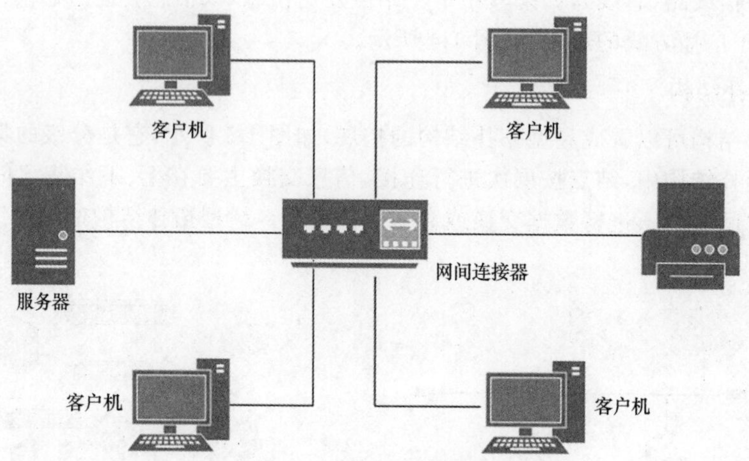

图 1-8　企事业单位局域网结构

从以上两种基本的网络互联方式可以看出，局域网一般由服务器、工作站、网络适配器、传输介质、网间连接器和网络操作系统组成。

1.服务器。服务器(Server)是向所有工作站提供服务的计算机，主要运行网络操作系统(NOS)，提供硬盘、文件数据及打印机共享等服务功能，为网络提供共享资源并对其进行管理，是网络控制的核心。局域网中至少应有一台服务器，允许有多台服务器。对服务器的要求是：速度快，硬盘和内存容量大，处理能力和网络硬件的连接技术强。

服务器根据用途可以分为：文件服务器、数据库服务器、打印服务器、文件传输服务器等。一台服务器通过配置后可以同时担任多个角色。

2.工作站。工作站也称为客户机(Client)，是指连接到计算机网络中供用户使用的个人计算机。工作站可以有自己的操作系统，具有独立处理能力；通过运行工作站网络软件访问服务器共享资源。工作站一般由普通微机来充当。

工作站分为有盘工作站和无盘工作站。无盘工作站是指没有软盘和硬盘的工作站。

3.网络适配器。网络适配器也叫网络接口卡(Net Interface Card，NIC)，俗称网卡。它是工作站与传输介质的接口，工作站通过它与网络相连，实现资源共享和相互通信、数据转换和电信号匹配等。目前常用的网卡有 10 Mbit/s，100 Mbit/s，10/100/1 000 Mbit/s 自适应网卡及万兆以太网网卡等。网卡插在计算机的扩展槽中，根据总线形式有 ISA、PCI 和 PCI-E 等类型的网卡。

4.传输介质。传输介质是网络上信息流动的载体，是通信网络中发送方和接收方之间的物理通路。目前常用的传输介质有双绞线、同轴电缆、光缆和无线信道。

5.网间连接器。使用网间连接器的目的是使一个网络上的用户能访问其他网络上的资源，可以使不同网络上的用户能互相通信和交换信息。目前常用的网间连接器有：集线器、网桥、路由器、网关等。家庭局域网主要以 ADSL、光猫、宽带路由器和无线宽带路由器为主。

6.网络操作系统。网络操作系统(Network Operating System，NOS)是网络的心脏和灵魂，是向网络上的计算机提供服务的特殊的操作系统，使网络上的计算机能方便而有效地共享网络资源，是为网络用户提供所需的各种服务的软件和有关规程的集合。

1.3.4　局域网主要应用

局域网的主要应用体现在以下几个方面。

1.资源共享

这是计算机网络的最原始也是最基本的用途。在计算机网络初期，一般都是通过建立共享文件夹来实现文件数据共享。现在不同了，不仅文件数据可以共享，打印机、传真机、扫描仪、MODEM 等设备都可以通过局域网共享，供网络中的用户共同使用，这样就节省了一大笔的设备投资。

2.文件集中管理

出于安全的考虑，现在的企事业单位中，通常会要求用户把工作类的文件集中存放在网络中的一台服务器上集中管理。一则便于查看、管理和备份，另一方面也降低了数据丢失、损坏概率，提高了数据安全性。而在这其中也体现了资源共享的用途，因为要使用户能直接在服务器上保存、打开用户文件，就必须在服务器上为各用户开启专门的共享文件夹。

3.网络通信

在一些大的企事业单位中，由于用户较多，甚至分布在多栋大楼中，如果仍通过传统的电话，或直接走访联系方式，一种可能是给对方带来一定程度上的不便(通话时间过长可能影响对方的工作)，另一种可能是效率非常低(直接走访需要花费大量时间)。这时，局域网中的邮件系统或者企业即时通信系统可以就解决这方面的问题。对于不需要对方马上回复的，可以采取邮件方式联系；对于需要对方马上回复的，可以采用即时通信系统与对方联系。

4.商务应用

现在，企业网络中基本都安装了数据库系统，如进、销、存系统，财务系统和电子商务应用系统。而这些系统通常不是由一人来完成的，需要一个部门的多个员工分工完成。这时就得依靠局域网来实现数据共享、查询和同步。

5.远程协助、远程网络维护和管理

通过一些局域网工具软件就可以实现远程协助、远程网络维护和管理。如局域网内用户要向某人请教一些问题，如果相隔较远，直接走访效率也不高，如果有一种软件能实现在网络上帮助对方该多方便。事实上这类软件早就有了，如各种远程控制软件既可以在广域网中使用，同样可以在局域网中使用，如 PcAnyWhere、RemotlyAnywhere 等，还有 Windows 7/Server 2008 系统中的“远程协助”等都可实现这样的功能。

还有些网络工具软件，可以让网络管理员在机房内实现对远程用户计算机的维护和远程服务器的管理。前面提到的远程控制软件也具有这样的功能，微软 Windows 系统中的远程桌面连接也具有这方面的功能。

1.3.5　局域网通信协议

局域网中服务器与客户机通常使用不同的操作系统，要使它们实现通信必须遵循一种统一的标准。这种为了进行网络数据交换而建立的规则、标准或约定称为网络协议。通信协议有层次特性，大多数的网络组织都按层或级的方式来组织，在下一层的基础上建立上一层，每一层的目的都是为上一层提供一定的服务，而把如何实现这一服务的细节对上一层加以屏蔽。网络协议确定交换数据的格式及有关的同步问题。

在计算机网络中，协议所实现的功能主要有：建立连接、拆除连接、释放所占资源、数据传输服务、差错控制、网络间多路传输、信息流量的控制、信息数据的分割封包和拆卸重组等。

为了使两个站点之间能进行对话，必须在它们之间建立工具（即接口），使彼此之间能进行信息交换。接口包括两部分：一是硬件部分，用来实现站点之间的信息传送；二是软件部分，规定双方进行通信的约定协议，协议的关键成分如下。

(1)语法(Syntax)：包括数据格式、编码及信号电平等。

(2)语义(Semantics)：包括用于协调和差错处理的控制信息。

(3)定时(Timing)：包括速度匹配和排序。

目前局域网中最常见的三个协议是 Microsoft 的 NetBEUI 协议、Novell 的 IPX/SPX 协议和交叉平台 TCP/IP 协议。

1.NetBEUI 协议

NetBEUI 是一种体积小、效率高、速度快的通信协议。在微软如今的主流产品（如 Windows 7 和 Windows NT）中，NetBEUI 已成为其固有的缺省协议。NetBEUI 是专门为几台至百余台 PC 所组成的单网段部门级小型局域网而设计的。

NetBEUI 中包含一个网络接口标准 NetBIOS，NetBIOS 是 IBM 用于实现 PC 间相互通信的标准，是一种在小型局域网上使用的通信规范。该网络中最大用户数不能超过 30 个。

2.IPX/SPX 及其兼容协议

IPX/SPX 是 Novell 公司的通信协议集。与 NetBEUI 的明显区别是，IPX/SPX 显得比较庞大，在复杂环境下具有很强的适应性。因为，IPX/SPX 在设计一开始就考虑了多网段的问题，具有强大的路由功能，适合于大型网络使用。

IPX/SPX 及其兼容协议不需要任何配置，它可通过网络地址来识别自己的身份。Novell 网络中的网络地址由两部分组成：标明物理网段的网络 ID 和标明特殊设备的结点 ID。其中网络 ID 集中在 NetWare 服务器或路由器中，结点 ID 即每个网卡的 ID 号。所有的网络 ID 和结点 ID 都是一个独一无二的“内部 IPX 地址”。正是由于网络地址的唯一性，才使 IPX/SPX 具有较强的路由功能。

在 IPX/SPX 协议中，IPX 是 NetWare 最底层的协议，它只负责数据在网络中的移动，并不保证数据是否传输成功，也不提供纠错服务。IPX 在负责数据传送时，如果接收结点在同一网段内，就直接按该结点的 ID 将数据传给它；如果接收结点是远程的，数据将交给 NetWare 服务器或路由器中的网络 ID，继续数据的下一步传输。SPX 在整个协议中负责对所传输的数据进行无差错处理，IPX/SPX 也叫作“Novell 的协议集”。

NWLink 通信协议。Windows NT 中提供了两个 IPX/SPX 的兼容协议：NWLink SPX/SPX 兼容协议和 NWLink NetBIOS，两者统称为 NWLink 通信协议。NWLink 通信协议是 Novell 公司 IPX/SPX 协议在微软网络中的实现，它在继承 IPX/SPX 协议优点的同时，更适应了微软的操作系统和网络环境。Windows NT 网络和 Windows 的用户，可以利用 NWLink 通信协议获得 NetWare 服务器的服务。从 Novell 环境转向微软平台，或两种平台共存时，NWLink 通信协议是最好的选择。

3.TCP/IP 协议

TCP/IP 是目前最常用到的一种通信协议，它是计算机世界里的一个通用协议。在局域网中，TCP/IP 最早出现在 UNIX 系统中，现在几乎所有的厂商和操作系统都开始支持它。同时，TCP/IP 也是 Internet 的基础协议。

TCP/IP 实际上是用于计算机通信的一组协议，这组协议通常被称为 TCP/IP 协议簇。

TCP/IP 协议簇包括了地址解析协议 ARP、Internet 协议 IP、用户数据报协议 UDP、传输控制协议 TCP、超文本传输协议 HTTP 等众多的协议。协议簇的实现是以协议报文格式为基础，完成对数据的交换和传输。图 1-9 是对 TCP/IP 协议簇层次结构的简单描述。

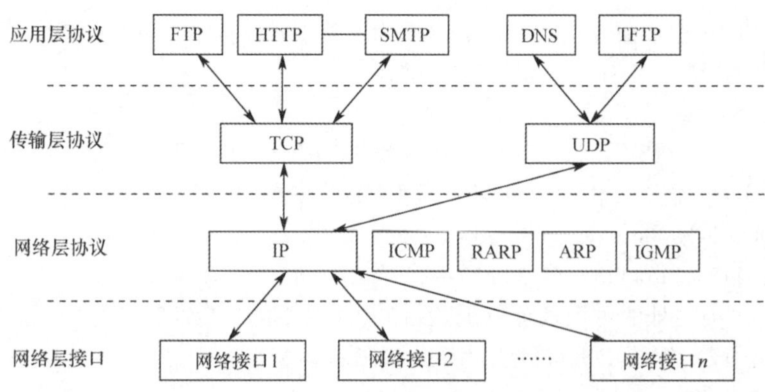

图 1-9　TCP/IP 协议簇

IP 协议是 TCP/IP 协议簇中最为核心的协议。它规定了如何对数据报进行寻址和路由，并把数据报从一个网络转发到另一个网络。还规定了计算机在 Internet 上通信所必须遵守的一些基本规则，以确保路由的正确选择和报文的正确传输。

在 Internet 中为了定位每一台计算机，需要给每台计算机分配或指定一个确定的“地址”，称为 Internet 的网络地址，在 TCP/IP 协议中，这个地址被称为 IP 地址。IP 地址按版本号可以分为 IPv4 和 IPv6，下面以 IPv4 为例，讲解 IP 地址的结构与分类。

(1)IP 地址的结构

IP 地址采用层次方式按逻辑网络的结构进行划分。一个 IP 地址由网络 ID、主机 ID 两部分组成，其结构如图 1-10 所示。网络 ID 标识了主机所在的逻辑网络，主机 ID 则用来识别该网络中的一台主机。可见，网络 ID 的长度将决定 Internet 中能包含多少个网络，主机 ID 的长度则决定网络中能连接多少台主机。

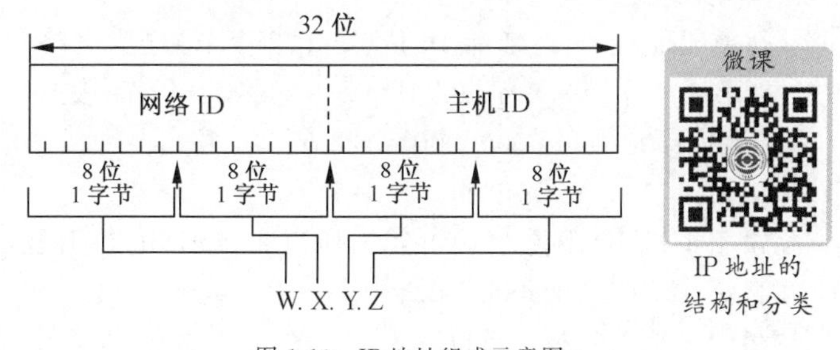

图 1-10　IP 地址组成示意图

微课

IP 地址的结构和分类

(2)IP 地址的类别

IP 地址中的网络地址是由 Internet 网络信息中心(InterNIC)来统一分配的，InterNIC 将 IP 地址分为 A 类、B 类、C 类、D 类、E 类等五类，广泛使用的有 A、B、C 三类，D 类用于多播，E 类为保留将来使用地址，各类地址的构成如图 1-11 所示。

<table>
<tr><td></td><td colspan="8">W</td><td>X</td><td>Y</td><td>Z</td></tr>
<tr><td>位</td><td>0</td><td>1</td><td>2</td><td>3</td><td>4</td><td>5</td><td>6</td><td>7</td><td>8……15</td><td>16……23</td><td>24……31</td></tr>
<tr><td>A 类</td><td>0</td><td colspan="7">网络地址（数目少），占 7 位</td><td colspan="3">主机地址（数目多），占 24 位</td></tr>
<tr><td>B 类</td><td>1</td><td>0</td><td colspan="7">网络地址（数目中等），占 14 位</td><td colspan="2">主机地址（数目中等），占 16 位</td></tr>
<tr><td>C 类</td><td>1</td><td>1</td><td>0</td><td colspan="7">网络地址（数目多），占 21 位</td><td>主机地址（数目少），占 8 位</td></tr>
<tr><td>D 类</td><td>1</td><td>1</td><td>1</td><td>0</td><td colspan="7">多点广播（Multicast）地址，占 28 位</td></tr>
<tr><td>E 类</td><td>1</td><td>1</td><td>1</td><td>1</td><td>0</td><td colspan="6">留做实验或将来使用</td></tr>
</table>

图 1-11　IP 地址分类图

A 类地址

A 类地址将 IP 地址前 8 位（第 1 字节）作为网络 ID，并且第 1 位必须以 0 开头，后 24 位（第 2、3、4 字节）作为主机 ID，所以网络 ID 的范围是：

最小：00000001＝1

最大：01111111＝127

由于主机 ID 不能全 0 和全 1，所以主机 ID 的范围是：

最小：00000000.00000000.00000001＝0.0.1

最大：11111111.11111111.11111110＝255.255.254

由此可见 A 类地址的可用地址范围是：1.0.0.1 到 126.255.255.254。

A 类每个网段可容纳主机数目的计算公式是：

2^n-2＝主机数目

n 是主机位数 24，－2 是因为有两个全 1 和全 0 的地址不可用。所以 A 类每个网段的主机数目等于 $2^{24}-2$＝16 777 214。

提示　A 类地址以 127 开头的任何 IP 地址都不是合法的，因为 127 开头的地址用于回环地址测试（127.X.X.X）。如：本地网络测试地址：127.0.0.1。

B 类地址

B 类地址将 IP 地址前 16 位（第 1、2 字节）作为网络 ID，并且前 2 位必须以 10 开头，后 16 位（第 3、4 字节）作为主机 ID，所以网络 ID 的范围是：

最小：10000000.00000000＝128.0

最大：10111111.11111111＝191.255

由于主机 ID 不能全 0 和全 1，所以主机 ID 的范围是：

最小：00000000.00000001＝0.1

最大：11111111.11111110＝255.254

由此可见 B 类地址的可用地址范围是：128.0.0.1 到 191.255.255.254。

还利用前面讲过的主机数目计算公式：2^n-2＝主机数目，那么就等于 $2^{16}-2$＝65 534。

C 类地址

C 类地址将 IP 地址前 24 位（第 1、2、3 字节）作为网络 ID，并且前 3 位必须以 110 开头，后 8 位（第 4 字节）作为主机 ID，所以网络 ID 的范围是：

最小：11000000.00000000.00000000＝192.0.0

最大：11011111.11111111.11111111＝223.255.255

由于主机 ID 不能全 0 和全 1，所以主机 ID 的范围是：

最小：00000001＝1

最大：11111110＝254

由此可见 C 类地址的可用地址范围是：192.0.0.1 到 223.255.255.254。

还利用前面讲过的主机数目计算公式：2^n-2＝主机数目，那么就等于 $2^8-2=254$。

➘D 类地址

D 类地址不分网络地址和主机地址，它的第 1 个字节的前 4 位固定为 1110。

D 类地址范围是：224.0.0.1 到 239.255.255.254。

D 类地址用于多点播送。

D 类 IP 地址第一个字节以“1110”开始，它是一个专门保留的地址。它并不指向特定的网络，目前这一类地址被用在多点广播(Multicast)中。多点广播地址用来一次寻址一组计算机，它标志共享同一协议的一组计算机。

➘E 类地址

E 类地址也不分网络地址和主机地址，它的第 1 个字节的前 5 位固定为 11110。

E 类地址范围是：240.0.0.1 到 255.255.255.254。

E 类 IP 地址以“11110”开始，为将来使用保留。

全零(0.0.0.0)地址对应于当前主机。全“1”地址(255.255.255.255)是当前子网的广播地址。

(3)子网掩码

子网掩玛(Subnet Mask)也是一个用点分十进制表示的 32 位二进制数，子网掩码不能单独存在，它必须结合 IP 地址一起使用。子网掩码的主要功能有两个，一是用来区分一个 IP 地址内的网络号和主机号；二是用来将一个网络划分为多个子网。通过使用掩码，把子网隐藏起来，使外部网络看不见它。子网掩码的格式是与 IP 地址网络号部分和子网号部分相对应的位值为“1”，与 IP 地址主机号部分相对应的位值为“0”。

子网技术

如果一个网络没有被分成多个子网，则默认 A 类网络的子网掩码为 255.0.0.0，B 类网络的子网掩码是 255.255.0.0，C 类网络的子网掩码是 255.255.255.0。

1.3.6　局域网操作系统

计算机操作系统随着计算机的发展而发展，经历了从无到有、从小到大、从简单到复杂、从原始到先进的发展历程。种类也很繁多，有历史短暂的也有经久不衰的，有专用的也有通用的，产品十分丰富。因此，操作系统的分类方法比较多，通常是按照以下方式进行分类。

(1)根据用户数目的多少，可分为单用户操作系统和多用户操作系统。

(2)根据操作系统所依赖的硬件规模，可分为大型机操作系统、中型机操作系统、小型机操作系统和微型机操作系统。

(3)根据操作系统提供给用户的工作环境，可分为多道批处理操作系统、分时操作系统、实时操作系统、网络操作系统和分布式操作系统等。

(4)如果按照操作系统生产厂家划分，目前应用较为广泛的网络操作系统品牌有 Windows 系列、NetWare、UNIX 家族和自由软件操作系统 Linux 等。

目前应用较为广泛的局域网操作系统有：Windows 系列、NetWare、UNIX 和 Linux 等。在中小型企业构建的局域网中，大多数选择 Windows Server 2008 R2 网络操作系统作为中低档服务器平台，尤其是在日趋复杂的企业应用和 Internet 应用中，Windows Server 2008 R2 更是经济划算的优质服务器操作系统。

服务器运行专用的网络操作系统，如 Windows NT/2000 Server、Windows Server 2003、Windows Server 2008、Windows Server 2008 R2、Windows Server 2012、NetWare、UNIX、Linux 等。

工作站的操作系统既可以是商用客户端软件，如 Windows NT Workstation、Windows 2000/XP。也可以是家用操作系统，如 Windows XP Home、Windows 7、Windows 10 等。

1.3.7 家庭局域网网络设备

1.双绞线

双绞线（Twisted Pair）是由两条相互绝缘的导线按照一定的规格互相缠绕（一般以逆时针缠绕）在一起而制成的一种通用配线，属于信息通信网络传输介质。双绞线过去主要是用来传输模拟信号的，但现在同样适用于数字信号的传输。

（1）双绞线的结构

双绞线网线如图 1-12 所示，一般由绝缘套皮包裹着 4 对 22～26 号绝缘铜导线组成。4 对铜导线中，每对都按一定密度互相绞在一起，可降低信号干扰的程度。每根铜导线的绝缘层上分别涂有不同的颜色，以示区别。

双绞线广泛应用于各种类型和规模的网络中。其特点是价格比较便宜、连接可靠性好、布线施工和维护简单，最高可提供 1 000 Mbit/s 的传输带宽，可用于数据、语音、视频等多媒体信息的传输。

图 1-12　双绞线

（2）双绞线的分类

双绞线主要分为五类、超五类、六类和七类等，下面主要介绍超五类和六类。

➘超五类非屏蔽双绞线

目前，网络布线基本上都采用超五类非屏蔽双绞线。超五类非屏蔽双绞线是将五类非屏蔽双绞线的性能，如串扰、衰减、回波损耗等加以优化改进后的产品。五类双绞线在价格上与超五类非屏蔽双绞线差不多，以后可能会慢慢淡出布线市场。

➘六类双非屏蔽绞线

六类非屏蔽双绞线价格较高，与五类和超五类布线系统具有非常好的兼容性，传输性能大大提高，能够非常好地支持 1 000 Mbit/s 传输，它在综合布线工程中的使用率将会越来越高。

（3）双绞线网线的线序标准

➘双绞线网线的线序标准

双绞线中都有 8 根导线，导线不是随便排列的，必须遵循一定的标准，否则，就会导致网线的连通性故障，或者造成网络传输距离不远和速率很低。

目前，施工布线工程中最常使用的布线标准有两个，即T568A标准和T568B标准，如图1-13所示。

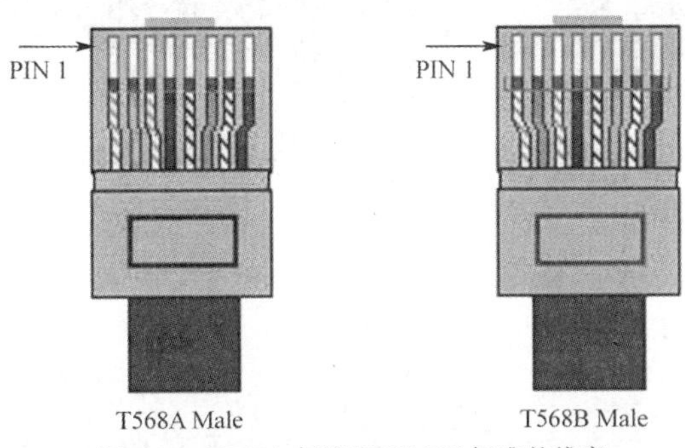

图1-13 T568A标准和T568B标准的线序

T568A标准1～8根线的颜色依次为白绿、绿、白橙、蓝、白蓝、橙、白棕和棕。

T568B标准1～8根线的颜色依次为白橙、橙、白绿、蓝、白蓝、绿、白棕和棕。

在网络施工接线时，可以随便选择一种标准，但一般同网络中所有网线制作采用同一标准，这样比较规范。在实际施工布线工程中使用T568B标准的比较多。

➘确定水晶头的顺序

把水晶头有塑料弹簧片的一方向下，有针脚的一方向上，使有针脚的一端指向远离自己的方向，有方形孔的一端对着自己，此时，最左边的是第1脚，最右边的是第8脚，其余按照2～7的顺序依次排列。

➘直通线和交叉线

两端RJ45头中的线序排列完全相同的网线，称为直通线(Straight Cable)，当一端使用T568B标准的线序，另一端也使用T568B标准的线序，即两端使用相同的线序标准。

交叉线(Crossover Cable)是指两端线序标准不同，例如，当一端使用T568B标准的线序时，另一端就必须使用T568A标准的线序。

使用直通线的情况

- 计算机连接至集线器或交换机时；
- 一台集线器或交换机以Up-Link端口连接至另一台集线器或交换机的普通端口时；
- 集线器与路由器LAN端口连接时。

使用情况交叉线的情况

- 两台计算机通过网卡直接连接时，即所谓双机直联；
- 以级联方式将多个集线器或交换机的普通端口连接在一起时。

2.网卡

网卡也称为网络接口卡或网络适配器(Network Interface Card，NIC)，是计算机网络中最重要的连接设备之一，其外形如图1-14所示，现在大部分网卡都集成在主板上，如图1-15所示。网卡安装在计算机内部或直接与计算机连接，计算机只有通过网卡才能接入局域网。网卡的作用是双重的，一方面它负责接收网络上传过来的数据，并将数据直接通过总线传送给计算机；另一方面它也将计算机上的数据封装成数据帧，再转换成比特流后送入网络。

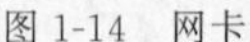
图 1-14　网卡

图 1-15　集成网卡的主板

(1)网卡的结构

网卡主要由发送单元、接收单元和控制单元组成。网卡一般直接插在计算机主板的总线插槽上,并通过网络插口与传输介质连接。发送单元的功能是把从计算机总线发过来的数据转换成一定格式的电信号,再传送到传输介质上,而接收单元的作用相反。控制单元一方面控制着发送单元和接收单元的工作,另一方面协调通过系统总线与计算机交换数据。

(2)网卡的功能

网卡的功能体现在以下几个方面。首先,计算机内部采用的是并行总线的工作方式,而网络中的通信采用的是串行工作方式,数据在通过网络传输前必须由并行状态转换为串行状态,这个功能就是由网卡承担的。其次,网卡将并行数据转换成串行数据后,还需要将数据转换成可以在网络中传输的电信号或光信号。同时,还需要按标准规定在这些数据信号中插入一些控制信号,这样才能利用传输介质进行传输。还有,当一块网卡与网络上的其他网卡通信时,首先需要进行协调,然后才能开始真正传输数据。

传输数据是网卡的主要功能,但除此之外网卡还需要向网络中的其他设备通报自已的地址,该地址即网卡的 MAC 地址。为了保证网络中数据的正确传输,要求网络中每个设备的 MAC 地址必须是唯一的,在网络底层的物理传输过程中,是通过 MAC 地址来识别主机的。网卡的 MAC 地址共占 6 个字节,且被分为两个部分。前 3 个字节是厂商的标志,由 IEEE 统一分配。例如,Intel 公司分到的是 00AA00;后 3 个字节由厂商自行确定如何分配。

(3)网卡的分类

根据所支持的局域网标准不同,网卡可分为以太网网卡、令牌网网卡、FDDI 网卡、ATM 网卡等不同的类型。由于近年来以太网技术发展十分迅速,所以在实际应用中以太网网卡占据了主导地址,目前市面上见到的绝大部分都是以太网网卡。

按照网卡的使用场合来分,可以分成服务器专用网卡、普通工作站网卡、笔记本电脑专用网卡和无线局域网网卡。除了无线网卡外,目前的以太网网卡大部分都是 100/1 000 Mbit/s 自适应网卡,10 000 Mbit/s 的网卡也比较常见,与网络的连接方式一般都是通过 RJ45 接口与双绞线进行连接。当然,也有使用光纤接口进行连接的。

3.集线器

集线器(又称 HUB)应用很广泛,它不仅用于局域网,还可以用于广域网。大多数小型局域网是采用带有 RJ45 接头的双绞线组成的星型局域网,这种网络经常要使用集线器。集线器的功能就是分配带宽,将局域网内各自独立的计算机连接在一起并能互相通信,如图 1-16 所示。

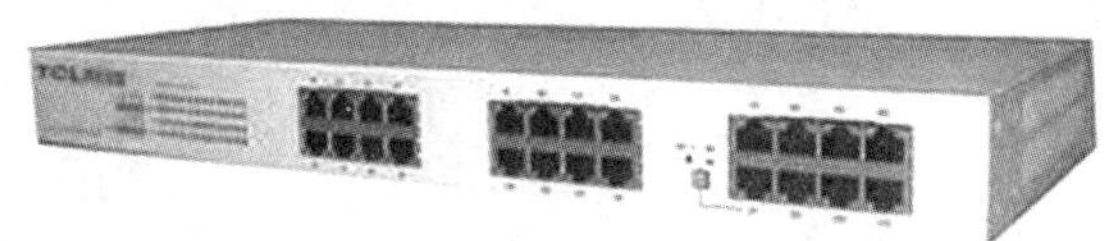

图 1-16　集线器

(1)集线器的工作原理

集线器在 OSI 的 7 层模型中处于物理层,其实质是一个中继器。主要功能是对接收到的信号进行再放大,以扩大网络的传输距离。正因为集线器只是一个信号放大和中转的设备,所以它不具备交换功能,但是由于集线器价格便宜、组网灵活,所以经常使用到它。集线器用于星型网络布线,如果一个工作站出现问题,不会影响整个网络的正常运行。

(2)集线器连接的网络

采用集线器构建网络时,必须先做好直通线,然后将直通线的一端连接到集线器的 RJ45 接口上,另一端连接到计算机上网卡的 RJ45 接口上,如图 1-17 所示。网线连好后,打开 HUB 的电源,此时网络在物理上就开始工作了,当然了,计算机上的网络软件需要安装好,协议也要配置好才能真正完成网络安装并可以使用。

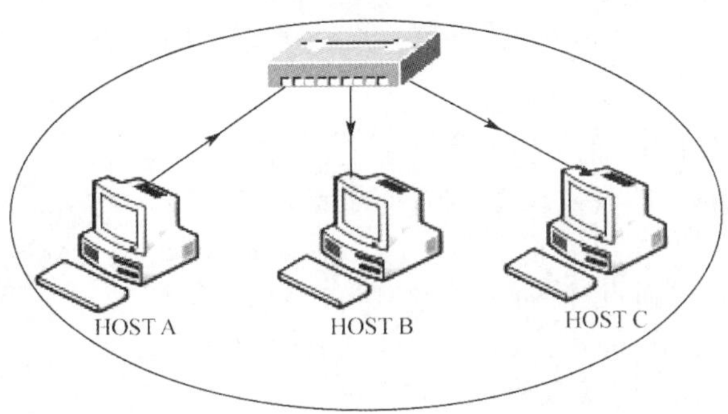

图 1-17　集线器连接的网络

4.ADSL

ADSL 叫作非对称数字用户线路,亦可称作非对称数字用户环路,是一种新的数据传输设备,如图 1-18 所示。因为上行和下行带宽不对称,因此称为非对称数字用户环路。它采用频分复用技术把普通的电话线分成了电话、上行和下行三个相对独立的信道,从而避免了相互之间的干扰。即使边打电话边上网,也不会发生上网速率和通话质量下降的情况。通常 ADSL 可以提供最高 1 Mbit/s 的上行速率和最高 8 Mbit/s 的下行速率,此时线路已经无法提供正常的通话服务。最新的 ADSL2+技术可以提供最高 24 Mbit/s 的下行速率。

图 1-18　ADSL

(1)ADSL 基本原理

传统的电话线系统使用的是铜线的低频部分(4 kHz 以下频段)。而 ADSL 采用 DMT(离散多音频)技术,将原来电话线路 4 kHz 到 1.1 MHz 频段划分成 256 个频宽为 4.3125 kHz 的子频带。其中,4 kHz 以下频段仍用于传送 POTS(传统电话业务),20 kHz 到 138 kHz 的频段用来传送上行信号,138 kHz 到 1.1 kHz 的频段用来传送下行信号。ADSL 可达到上行 640 kbit/s、下行 8 Mbit/s 的数据传输率。

由上可以看到,对于原先的电话信号而言,仍使用原先的频带,而基于 ADSL 的业务,使用的是话音以外的频带。所以,原先的电话业务不受任何影响。

(2)ADSL 主要特点

一条电话线可同时接听、拨打电话并进行数据传输,两者互不影响。虽然使用的还是原来的电话线,但 ADSL 传输的数据并不通过电话交换机,所以 ADSL 上网不需要支付额外的电话费,节省了费用。

(3)网速值

运营商产品介绍里提及的宽带网速,指的是用户端 Modem 至电信宽带接入设备(DSLAM)的物理接口速率。且 ADSL 的技术特性决定了上、下行速率不同。电脑中存取数据的单位是“字节”,即 Byte(B),而数据通信是以“字位”作为单位,即 bit(b),两者之间的关系是 1 Byte=8 bit。电信业务中提到的网速为 1 M、2 M、3 M、4 M 等是以数据通信的字位作为单位计算的。所以电脑软件显示的下载速度为 200 kB 时,实际线路连接速率不小于 1.6 Mbit(1 600 kbit)。

5.宽带路由器

宽带路由器是近几年来新兴的一种网络产品,它伴随着宽带的普及应运而生。宽带路由器在一个紧凑的箱子中集成了路由器、防火墙、带宽控制和管理等功能,它具备快速转发、灵活的网络管理和丰富的网络状态等特点。宽带路由器集成了 10/100 Mbit/s 宽带以太网 WAN 接口、内置多口 10/100 Mbit/s 自适应交换机。宽带路由器的介绍参见 2.3.1,其配置参见 2.4.3。

6.光猫

光猫,也被称为光纤猫,如图 1-19 所示。它是将光以太信号转换成其他协议信号的收发设备。光纤猫是光 Modem 的俗称,有着调制解调的作用。光纤猫又称为单端口光端机,是针对特殊用户环境而设计的产品,它利用一对光纤进行单 E1 或单 V.35 或单 10BaseT 点到点式的光传输终端设备。目前,很多家庭实现光纤接入使用的就是此设备。

图 1-19　光纤猫实物图

1.4　任务实施

在计算机网络中,把计算机、终端、通信处理机等设备抽象成点,把连接这些设备的通信线路抽象成线,将由这些点和线所构成的拓扑称为网络拓扑结构。网络拓扑结构反映出网络的结构关系,它对于网络的性能、可靠性以及建设管理成本等都有着重要的影响,因此网络拓扑结构的设计在整个网络设计中占有十分重要的地位,在网络构建时,网络拓扑结构往往是首先要考虑的因素之一。

1.4.1　设计与绘制网络拓扑结构

对于小型、简单的网络,涉及的网络设备不是很多,也不会要求图元外观完全符合相应产品型号,通过简单的画图软件(如:Windows 系统自带的画图工具、HyperSnap 等)即可轻松实现。但对于一些大型、复杂网络拓扑结构图的绘制则通常需要使用非常专业的绘图软件,如 Visio、LAN MapShot 等。在这些专业的绘图软件中,不仅会有许多外观漂亮、型号多样的产品外观图,而且还提供了圆滑的曲线、斜向文字标注,以及各种特殊的箭头和线条绘制工具。

Visio 系列软件是微软公司开发的高级绘图软件,属于 Office 系列,可以绘制流程图、网络拓扑结构图、组织结构图、机械工程图、流程图等。

任务 1-1

下载并安装 Microsoft Visio 2013 软件，然后使用 Visio 软件按照以下步骤绘制网络拓扑结构图。

【STEP|01】上网搜索并下载 Microsoft Visio 2013，然后安装好 Microsoft Visio 2013。

【STEP|02】启动 Microsoft Visio 2013。单击"开始"→"所有程序"→"Microsoft Office"→"Microsoft Visio 2013"启动 Visio 2013，如图 1-20 所示。

【STEP|03】在主界面的"类别"列表框中选择"网络"选项，显示如图 1-21 所示。或者在 Visio 2013 的主界面的菜单中选择"文件"→"新建"→"网络"→"详细网络图"命令直接进入第 5 步。

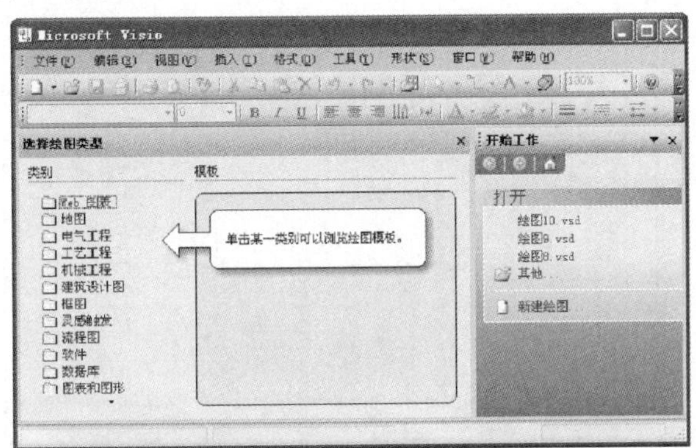

图 1-20　Visio 2013 主界面

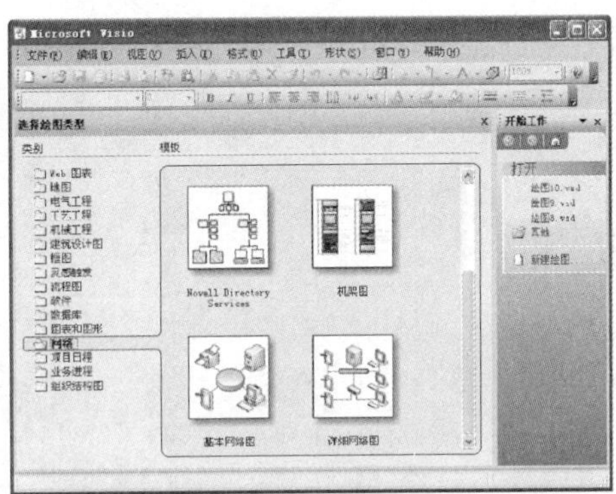

图 1-21　"网络"界面图

【STEP|04】选择一个模板。如果是简单的小型网络，可选择"基本网络图"，本例中我们选择"详细网络图"模板，启动绘图工作面板，如图 1-22 所示。

【STEP|05】单击形状卡列表中的某形状卡，如单击"网络和外设"，显示该形状卡的所有形状，在其中选中 PC，按住鼠标左键，将该图形拖入绘图区，松开左键，该设备即被添加，如图 1-23 所示。再将其他网络设备(交换机、服务器、宽带路由器、链路等)的图元用同样的方法添加进来。还可以在按住鼠标左键的同时拖动四周的绿色方格来调整图元大小，通过按住鼠标左键的同时旋转图元顶部的绿色小圆圈，以改变图元的摆放方向，通过把鼠标放在图元上，然后在出现 4 个方向箭头时按住鼠标左键可以调整图元的位置。通过双击图元可以查看它的放大图。

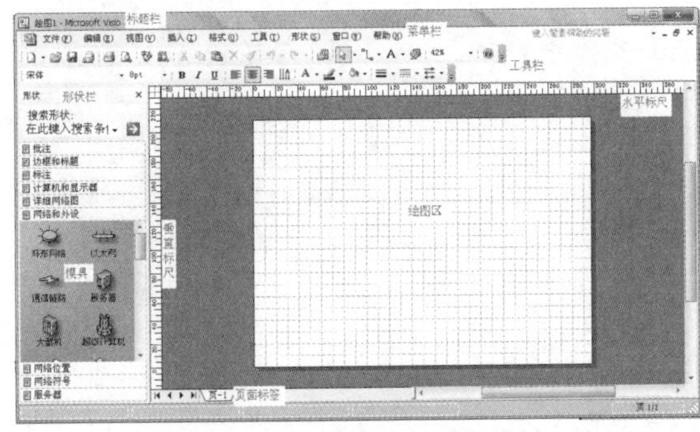

图 1-22　"详细网络图"绘图界面

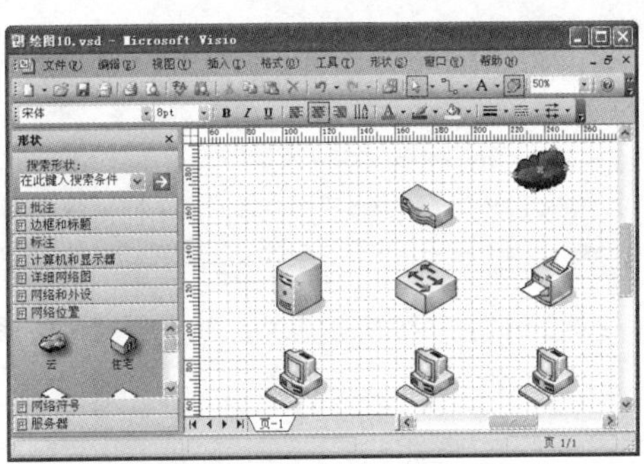

图 1-23　添加网络元素示意图

【STEP|06】单击工具栏中的绘图工具按钮，显示绘图工具框，选择需要的连接线，如直线，单击交换机，按住鼠标左键拖动到计算机，松开鼠标左键，就将两台设备连接好了，效果如图1-24所示。其余连接参照此例实现。

或者是使用工具栏中的连接线工具进行连接。在选择了该工具后，单击要连接的两个图元之一，此时会有一个红色的方框，移动鼠标选择相应的位置，当出现紫色星状点时按住鼠标左键，把连接线拖到另一图元，注意此时如果出现一个大的红方框则表示不宜选择此连接点，只有当出现小的红色星状点时才可松开鼠标，连接成功。

要删除连接线，只需先选取相应连接线，然后再按Delete键即可。

【STEP|07】标注设备。要为交换机标注型号可单击工具栏中的A按钮，即可在图元下方显示一个小的文本框，此时可以输入交换机型号或其他标注了，如图1-25所示。输入完成后在空白处单击鼠标即可完成输入，图元又恢复原来调整后的大小。

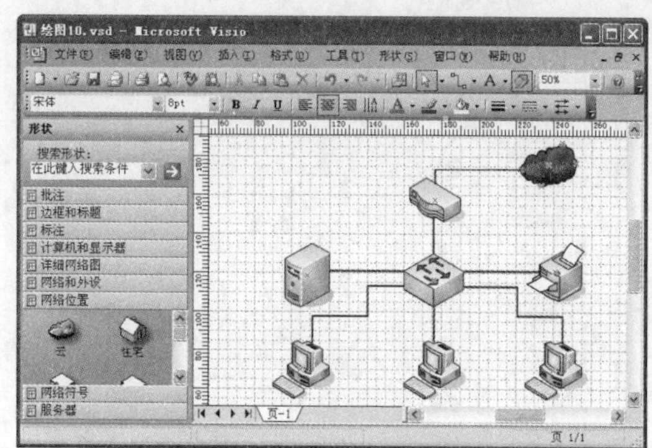

图1-24　设备连接示意图

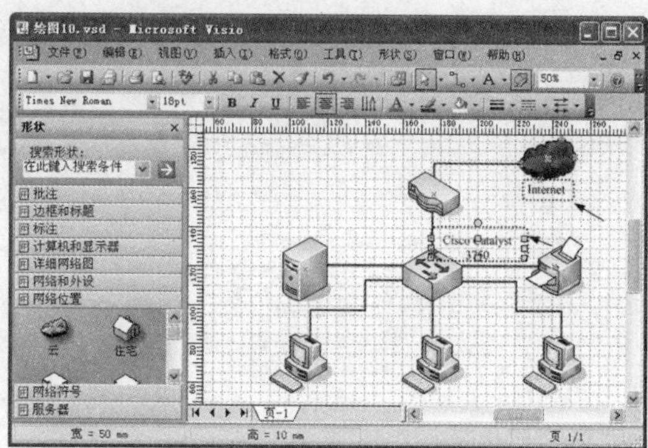

图1-25　给图元输入标注

标注文本的字体、字号和格式等都可以通过工具栏中的 宋体 12pt B I U 来调整，如果要使调整适用于所有标注，则可在图元上单击鼠标右键，在弹出的快捷菜单中选择"格式"下的"文本"菜单项，打开"文本"对话框，在此可以进行详细的设置。标注的输入文本框位置也可通过按住鼠标左键移动。

提示　以上只介绍了Visio 2013极少的一部分网络拓扑结构绘制功能，其使用方法比较简单，与Word类似，在此不一一详细介绍。

任务1-2

先将绘制的网络拓扑结构图存放到Word文档中；再将绘制的网络拓扑结构图保存为图片；最后保存为*.vsd文档。

【STEP|01】将绘制的网络拓扑结构图存放到Word文档中。

(1)用鼠标框选或者在菜单栏中选择"编辑"→"全选"命令，或者按Ctrl+A复合键，选中所绘制的全部绘图形状，如图1-26所示。

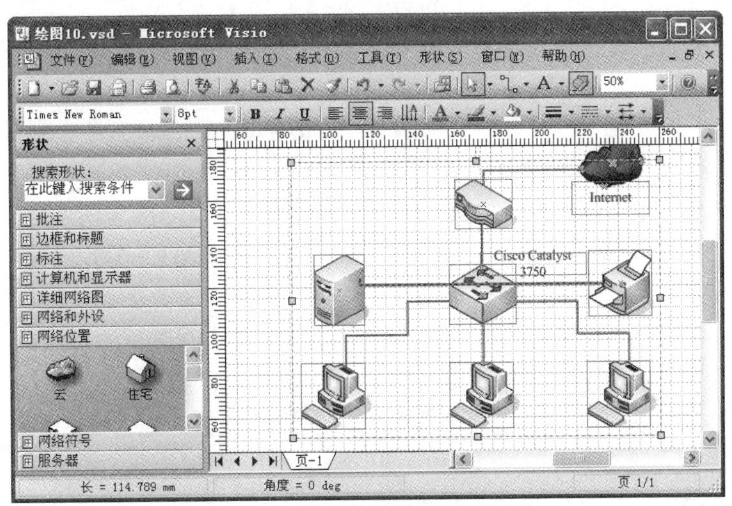

图 1-26　选中所绘制的全部绘图形状

(2)再复制选中的拓扑结构图,或在 Visio 的菜单中选择"编辑"→"复制"命令,然后粘贴到 Microsoft Word 中即可。

提示　为了保证全部绘图形状位置和大小不发生改变,建议选中所绘制的全部绘图形状后,将之组合为一个图形。右键单击所选择的图形,选择"形状"→"组合"命令,则整个图形无论怎么移动都不会发生变化,如图 1-27 所示。

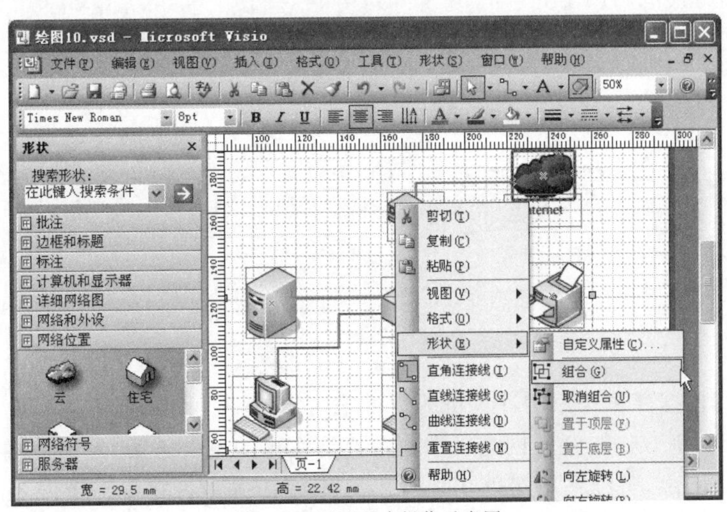

图 1-27　图形组合操作示意图

【STEP|02】将绘制的网络拓扑结构图保存为图片或 *.vsd 文档。

绘制完成后,选择"文件"→"另存为"命令,出现如图 1-28 所示"另存为"对话框,选择相应的存储位置,给出合适的文件名,如果要保存为"图片",则在"保存类型"中选择"JPEG 文件交换格式(*.jpg)"即可,如果是保存为 *.vsd 文件就不要选择,单击"保存"按钮即可,下次可双击该图标打开文件。

如文件是系统默认的文件名,则当选择"文件"→"保存"命令时,也会出现"另存为"对话框。

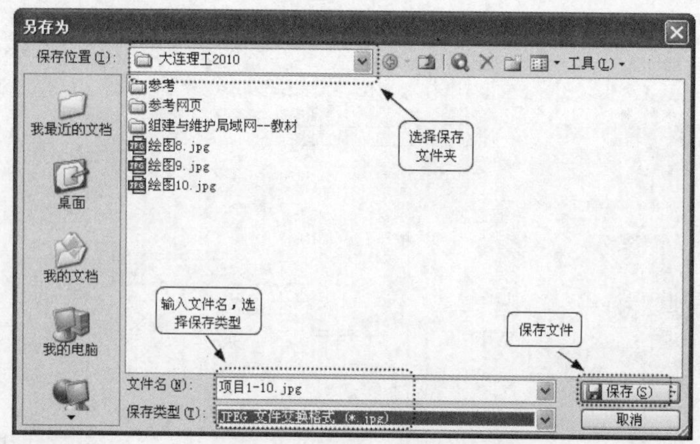

图 1-28　保存文档示意图

任务 1-3

根据薛主任家的情况，上网搜索家庭局域网相关拓扑结构，然后利用 Visio 绘制黄奇设计的拓扑结构。

对于家庭、宿舍和小型独立办公室企业，由于连接的用户数一般都较少，因此，大都采用小型星型网络。这里所指的小型星型网络是指只由一台交换机(当然也可以是集线器，但目前已很少使用)所构成的网络。

【STEP|01】先绘制单机上网拓扑结构，在此基础上进行完善与扩充，单机上网的拓扑结构如图 1-29 所示。

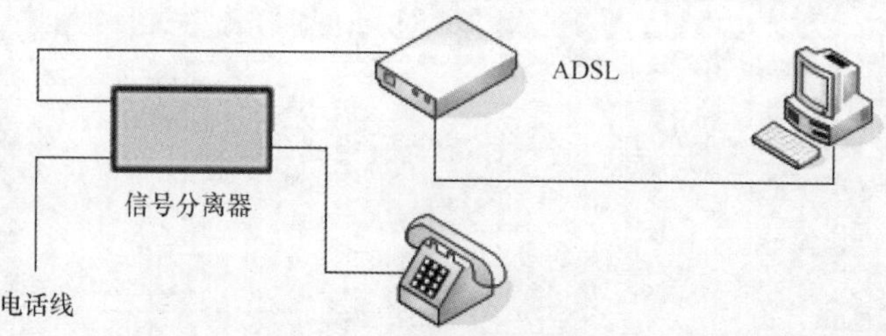

图 1-29　单机上网拓扑结构

【STEP|02】根据薛主任家中计算机的数量来确定下一步组网方案。如果是两台计算机构建家庭局域网，则双机互联组网是一个比较经济实惠的解决方案，绘制双机互联组网拓扑结构，如图 1-30 所示，可以采用双机互联的方式接入 Internet，其中一台做 ICS 主机或代理服务器，另一台做客户机。

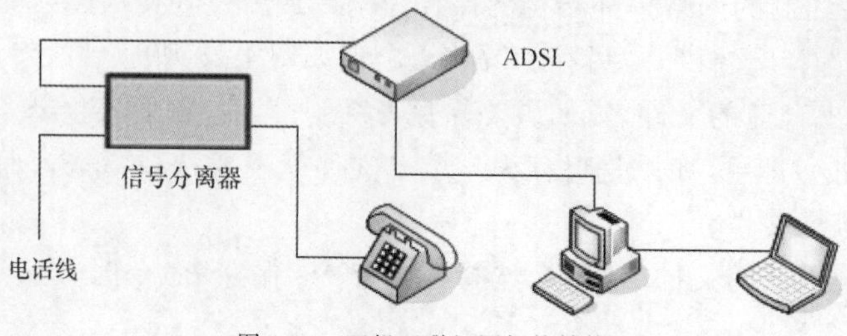

图 1-30　双机互联组网拓扑结构

【STEP|03】如果是两台以上则可采用集线器/交换机组网方式，多机互联组网拓扑结构如图 1-31 所示。除此之外，还可以采用无线组网方式。

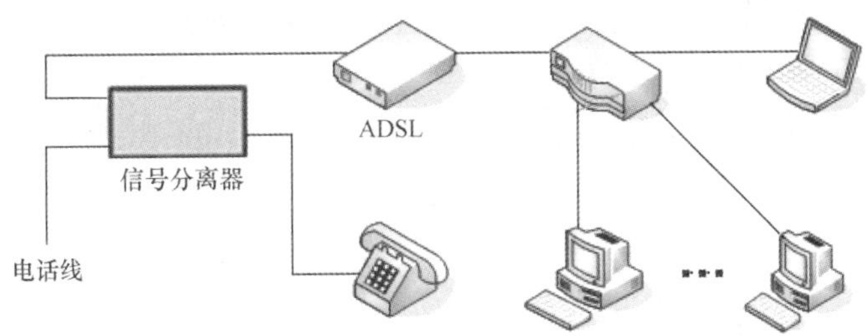

图 1-31　多机互联组网拓扑结构

拓扑结构设计完成后，接下来的事情是分析该计算机的网络环境，选购相应的网络设备，制作好网线，连接相关设备；再安装 Windows 7、配置 TCP/IP，最后完成资源共享。

1.4.2　安装 Windows 7

要组建家庭局域网，在计算机上需要安装操作系统，在家庭局域网中建议安装 Windows 7/10。如果使用 Windows 7 安装光盘进行安装，要求计算机支持光盘启动。

任务 1-4

开启计算机，按 DEL 键或 F2 键进入 BIOS，设置光驱为第一启动盘，将 Windows 7 的安装光盘放入光驱（或插入具有 Windows 7 系统的启动 U 盘），重启计算机安装Windows 7。

【STEP|01】启动计算机，按 DEL 键或 F2 键进入 BIOS。将光驱（或 USB-HDD）设为第一启动盘，保存设置并重启。将 Windows 7 安装光盘放入光驱（或插入具有 Windows 7 系统的启动 U 盘），重新启动计算机。

【STEP|02】光盘自启动后，如无意外，等待一会即可进入“要安装的语言”“时间和货币格式”“键盘和输入方法”的选择界面，如图 1-32 所示，此时保持默认，单击“下一步”按钮继续。

【STEP|03】进入“现在安装”界面，如图 1-33 所示，单击“现在安装”按钮即可启动安装。

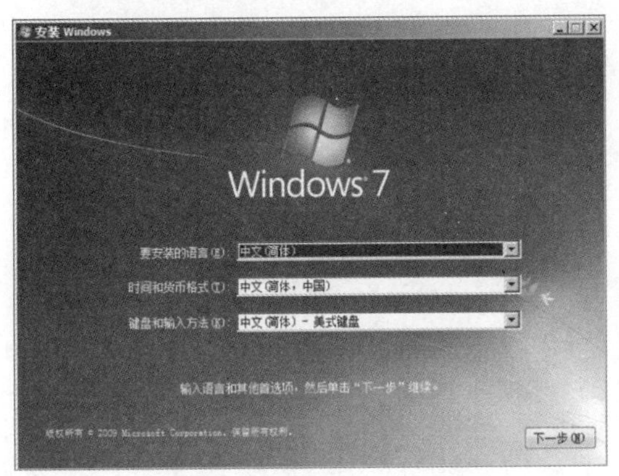

图 1-32　选择安装语言界面

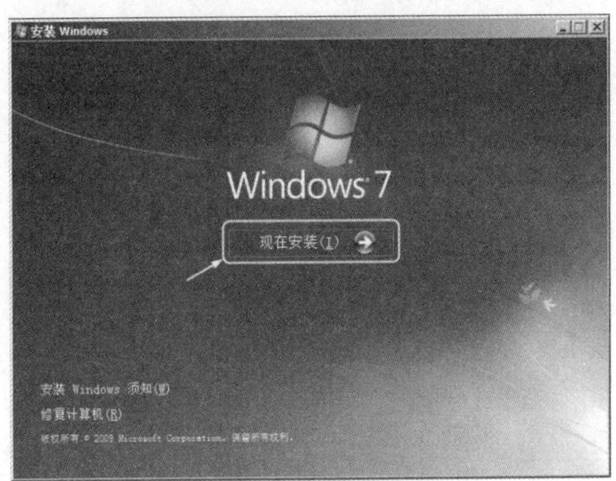

图 1-33　“现在安装”界面

【STEP|04】等待片刻，即可进入“请阅读许可条款”界面，如图 1-34 所示。勾选“我接受许可条款”，再单击“下一步”按钮继续。

【STEP|05】进入“您想进行何种类型的安装?”界面，如图 1-35 所示，这里我们单击“自定义(高级)”选项对 Windows 7 进行全新安装。

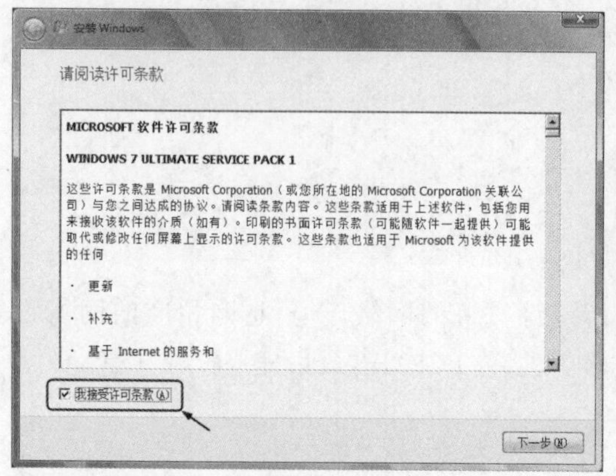

图 1-34 “请阅读许可条款”界面

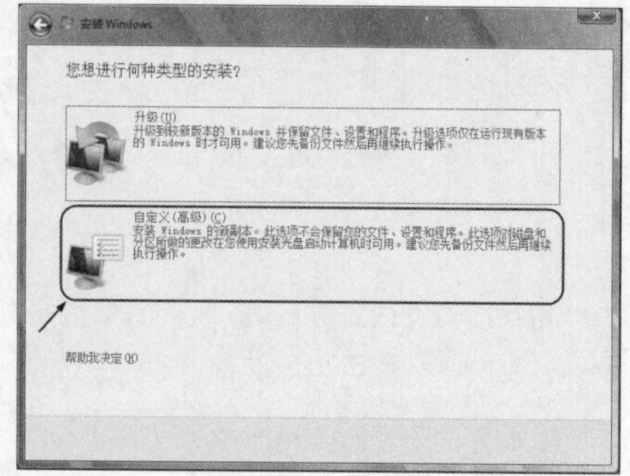

图 1-35 “您想进行何种类型的安装?”界面

> 注意
>
> 不要着急单击“下一步”按钮，仔细阅读协议内容，对用户今后的学习将有所帮助。

【STEP|06】进入“您想将 Windows 安装在何处?”界面，如图 1-36 所示。显示了当前计算机上硬盘的分区信息，我们可以看到当前服务器上的硬盘尚未分区，单击“驱动器选项(高级)”选项。

【STEP|07】进入对磁盘进行“删除”“格式化”“新建”“扩展”等操作的界面，如图 1-37 所示。可以看到当前服务器上的硬盘尚未分区，选择“磁盘 0 未分配空间”选项，单击“新建”按钮创建新的分区。

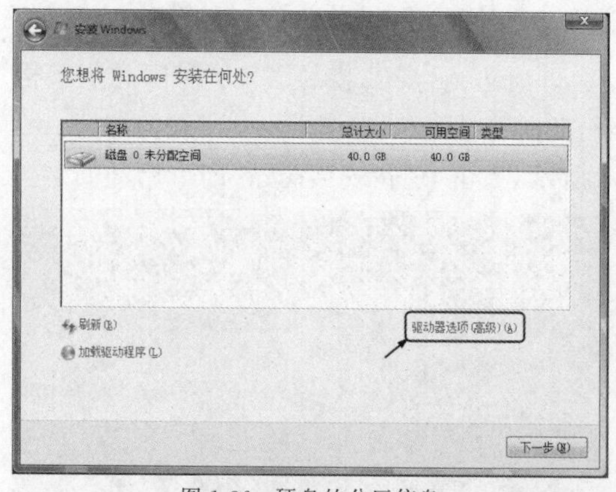

图 1-36 硬盘的分区信息

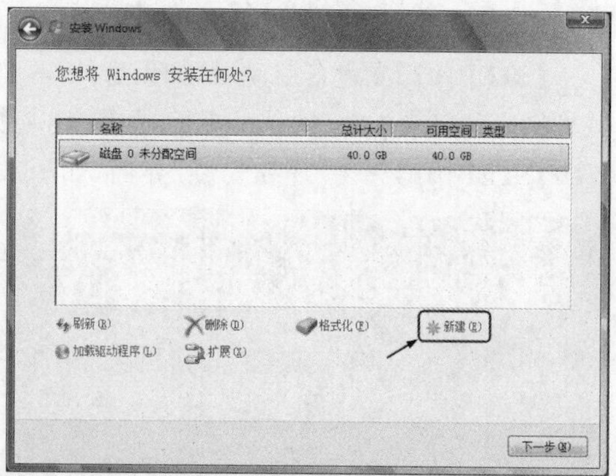

图 1-37 “新建”选择界面

【STEP|08】在“大小”设置框中输入第一个分区的大小，如 30 000 M(即 30 G)，单击“应用”按钮对硬盘进行分区。依此方法将“磁盘 0 未分配空间”再划分给其他分区，系统将列出磁盘上的所有分区，如图 1-38 所示。正确选择 Windows 7 的安装位置，这里选择“磁盘 0 分区 2”，单击“下一步”按钮继续。

【STEP|09】打开“正在安装 Windows...”界面，开始复制文件并安装 Windows 7 系统，如图 1-39 所示。安装时间较长（大概 30 分钟），需耐心等待，在安装过程中，系统会根据需要自动重启。

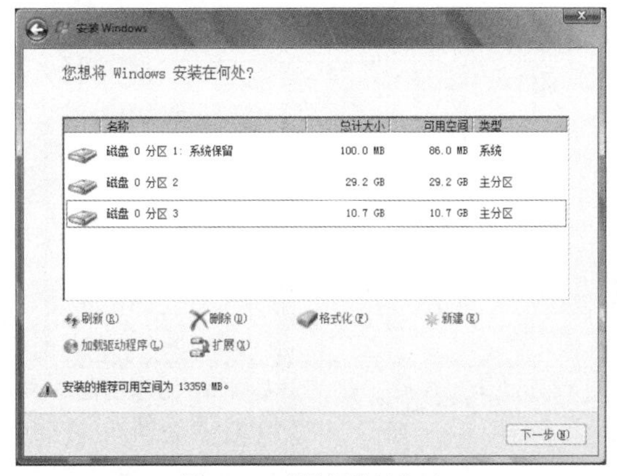

图 1-38　对硬盘进行分区

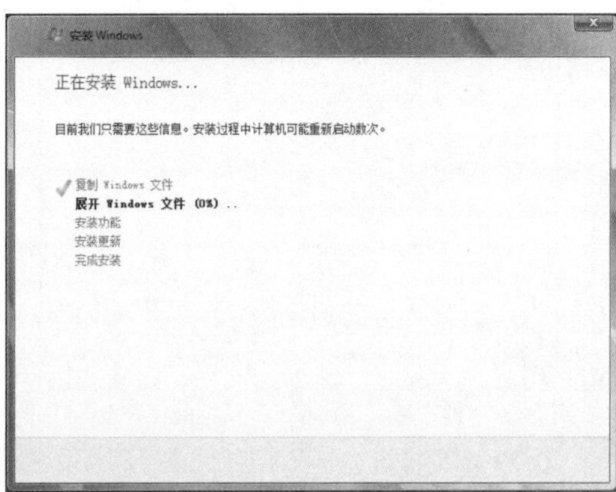

图 1-39　复制文件并安装 Windows

【STEP|10】Windows 7 安装完成后，计算机将自动重启，进入“设置 Windows”界面，如图 1-40 所示，此时，请键入用户名（如：XUE）和计算机名（如：XUE-PC），键入完成后，单击“下一步”按钮继续。

【STEP|11】打开“为帐户设置密码”界面，如图 1-41 所示，在“键入密码”和“再次键入密码”文本框中键入相同的密码，在“键入密码提示”文本框中键入有关提示，键入完毕，单击“下一步”按钮继续。

提示　设置管理员密码时，一定要记住该密码。如果记不住，则系统需要重新安装！

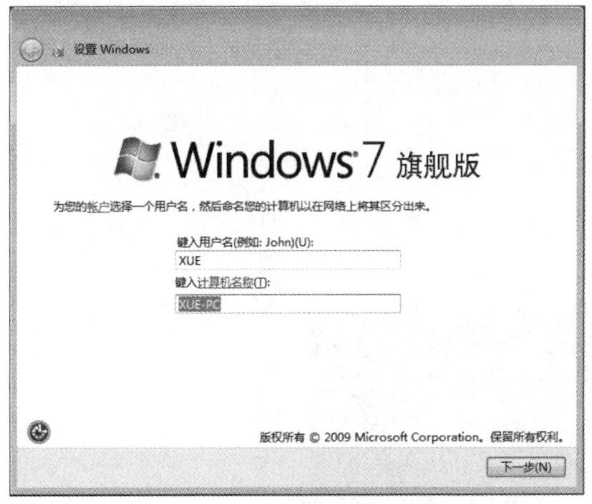

图 1-40　“设置 Windows”界面

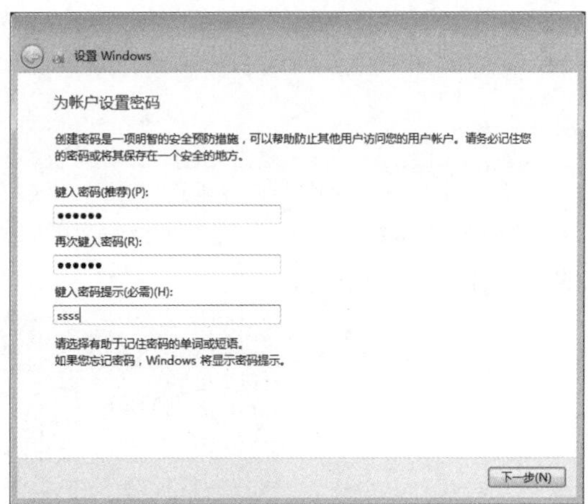

图 1-41　“为帐户设置密码”界面

【STEP|12】进入“键入您的 Windows 产品密钥”界面，如图 1-42 所示。在产品密钥文本框中键入产品密钥，如果暂时没有密钥，可以单击“下一步”按钮继续。

【STEP|13】进入“帮助您自动保护计算机以及提高 Windows 的性能”界面，如图 1-43 所示。此处我们选择“使用推荐设置”即可。

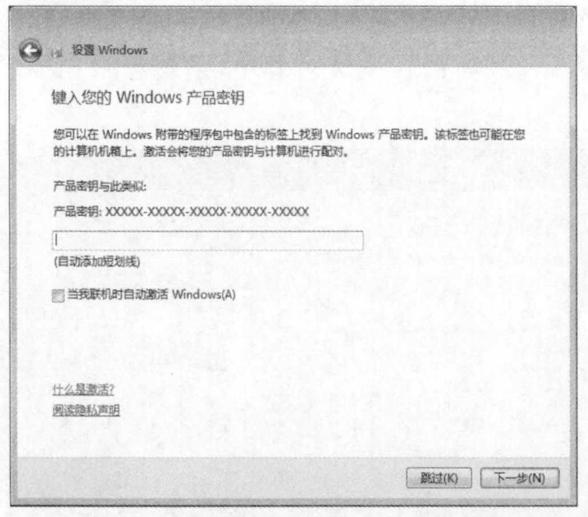

图 1-42 “键入您的 Windows 产品密钥”界面

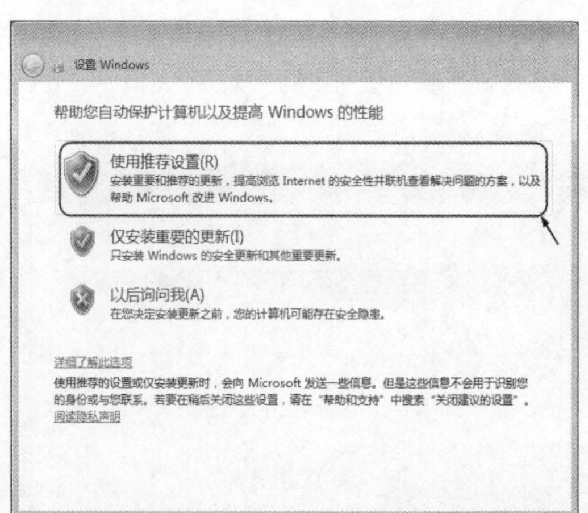

图 1-43 “帮助您自动保护计算机以及提高 Windows 的性能”界面

【STEP|14】进入“查看时间和日期设置”界面，如图 1-44 所示。请根据需要进行设置，设置完成后，单击“下一步”按钮继续。

【STEP|15】进入“请选择计算机当前的位置”界面，如图 1-45 所示，这里我们选择“家庭网络”继续。

图 1-44 “查看时间和日期设置”界面

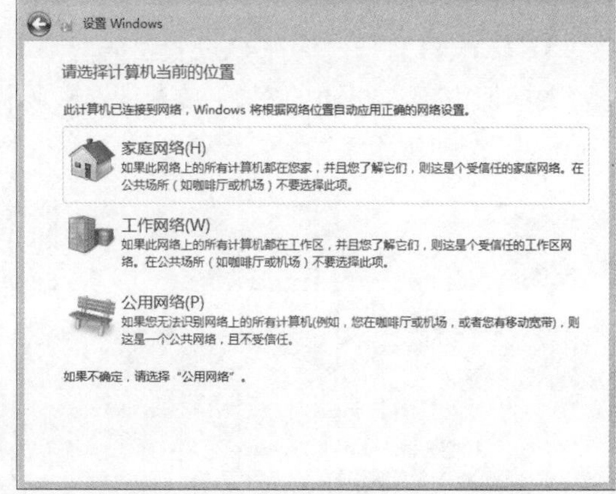

图 1-45 “请选择计算机当前的位置”界面

【STEP|16】出现“正在连接到网络并应用设置”提示，等待一会，即可进入 Windows 7 的工作界面，如图 1-46 所示。

图 1-46 Windows 7 的工作界面

1.4.3　配置 TCP/IP 协议

Windows 7 安装完成后，默认情况下，系统会自动安装 TCP/IP 协议。但是需要对其进行合理的配置，以适应网络和使用需要。

任务 1-5

进入 Windows 7，分别采用静态分配和动态分配两种方式分配计算机的 IP 地址、子网掩码和 DNS。

【STEP|01】单击 Windows 7 桌面上任务栏的右边的网络连接图标，在弹出的快捷菜单中选择“打开网络和共享中心”命令，即可打开“网络和共享中心”窗口，如图 1-47 所示，在此窗口中单击“本地连接”按钮。

【STEP|02】打开“本地连接状态”对话框，如图 1-48 所示，在此单击“属性”按钮。

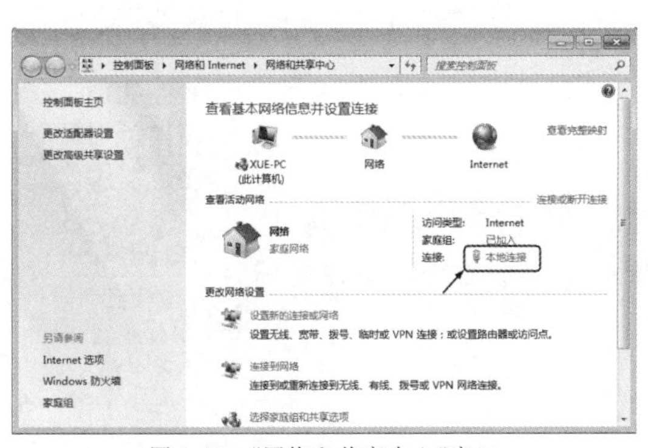

图 1-47　“网络和共享中心”窗口

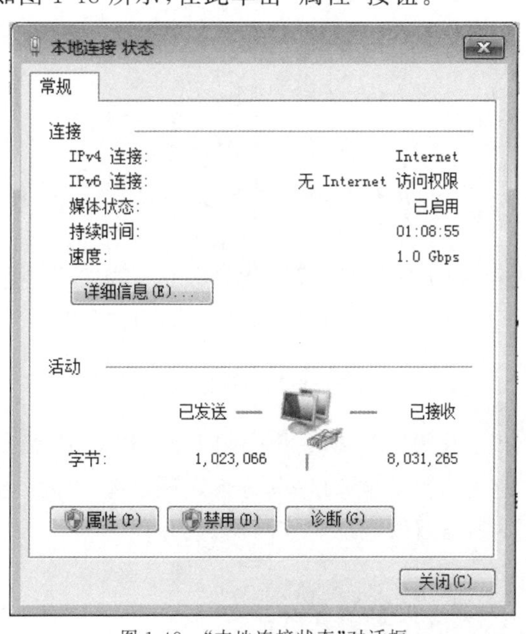

图 1-48　“本地连接状态”对话框

【STEP|03】打开“本地连接属性”对话框，如图 1-49 所示。在“此连接使用下列项目”列表框中显示已经安装 TCP/IP 协议，选中“Internet 协议版本 4(TCP/IPv4)”选项，单击“属性”按钮。

【STEP|04】打开“Internet 协议版本 4(TCP/IPv4)属性”对话框，如图 1-50 所示。此时可对 IP 地址、子网掩码和 DNS 进行静态分配或动态分配。

➢ 动态分配：单击“自动获取 IP 地址”前的单选按钮，再单击“自动获得 DNS 服务器地址”前的单选按钮即可。

➢ 静态分配：单击“使用下面的 IP 地址”前的单选按钮(表现为单选按钮中心出现一个黑点，并且下面字段由不可编辑变成可编辑状态)。之后分别输入“IP 地址”“子网掩码”“默认网关”，再单击“使用下面的 DNS 服务器地址”前的单选按钮，然后在“首选 DNS 服务器”

中输入当地电信的 DNS,“备用 DNS 服务器”可输入其他服务商的 DNS。

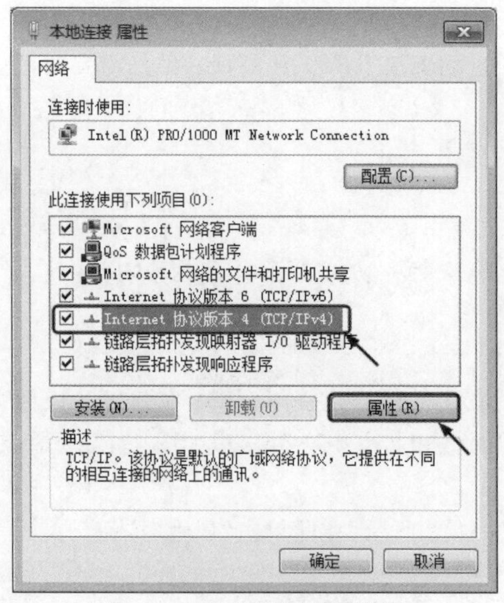

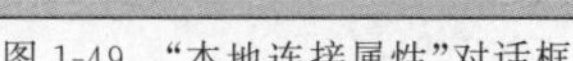
图 1-49 “本地连接属性”对话框

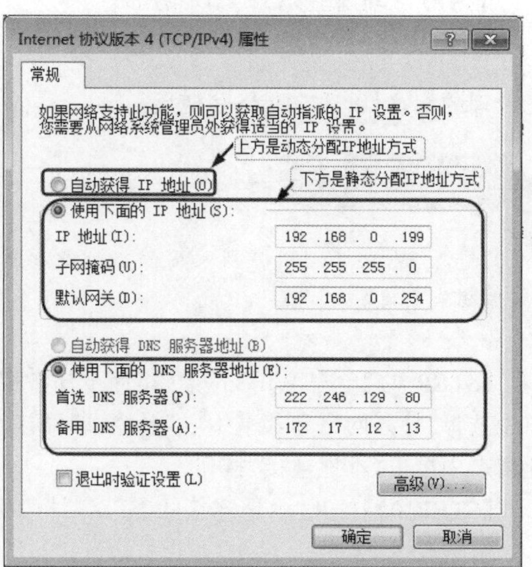

图 1-50 “Internet 协议版本 4(TCP/IPv4)属性”对话框

提示 一般情况下,服务器的 IP 地址要求设置为静态 IP,且每个 IP 地址在设置时必须保证局域网内唯一,否则会出现 IP 地址冲突。

【STEP|05】设置完毕,单击“确定”按钮保存所做的设置,返回“本地连接属性”对话框,多次单击“关闭”按钮,完成 IP 地址配置。

1.4.4 制作与测试双绞线

双绞线是局域网中使用最广泛的传输介质,根据连接的设备不同,所使用的网线也有区别,分为直通电缆和交叉电缆两类。下面练习组建局域网所需双绞线的制作与测试。

微课

双绞线的制作与测试

任务 1-6

认识 UTP 五类双绞线、水晶头、压线钳、测线仪等设备,然后动手制作直通电缆和交叉电缆。

【STEP|01】制作工具的识别。

(1)认知 RJ45 压线钳

RJ45 压线钳一般有两种,一种是普通压线钳,如图 1-51 所示,用于将双绞线剪断、剥皮和压制。另一种是高级压线钳,它最大的优点是,如果没有将水晶头的金属针压到底,钳的手柄就弹不开,这样可大大提高制作网线的成功率。但是,它仅可用于压制水晶头,无法剪断双绞线,如图 1-52 所示。

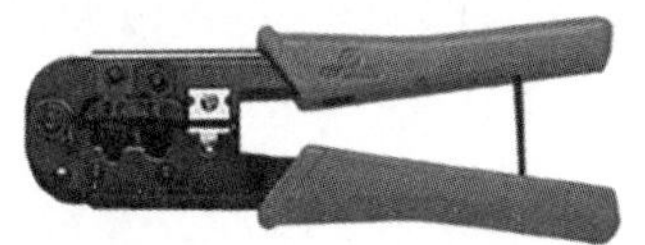
图 1-51　RJ45 普通压线钳

图 1-52　RJ45 高级压线钳

(2)认知剥线刀

剥线刀如图 1-53 所示，其主要功能是剥掉双绞线外部的绝缘皮层，把网线放入剥线刀孔中，握住手柄轻轻旋转 360°就可以将外层绝缘皮剥下。除此之外，有的剥线刀与压线工具做在一起，如图 1-54 所示，这样既可剥线又可在信息模块或配线架上压线。

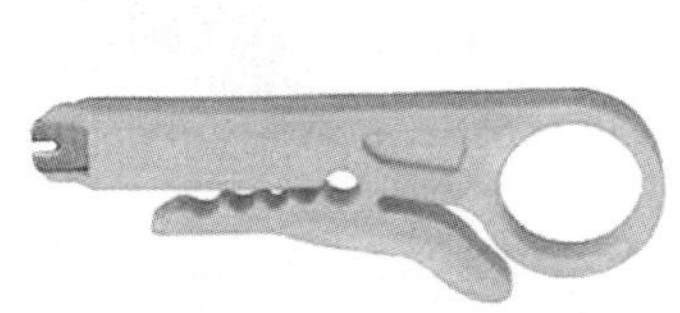
图 1-53　剥线刀

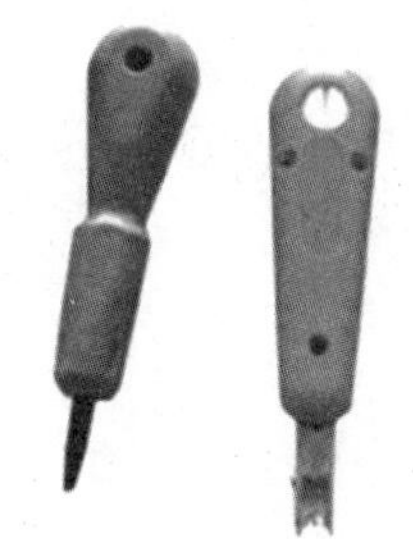
图 1-54　带剥线刀的压线工具

(3)认知偏口钳

偏口钳如图 1-55 所示，它的作用一般是剪断网线，只有用高级压线钳时才需要用到它。

(4)认知测线仪

网线制好后，还需要对网线进行检测，以确定该网线能不能正常通信。这里建议使用专门的测试工具(如 TES-46A 数字式网线分析仪等)进行测试，它除了能够检测网线的断路、短路、线序错等情况外，还能测出断路、短路点离线端点的距离。

如果没有条件购买专业网线测试工具，也可以购买廉价的普通网线测试仪，如图 1-56 所示。

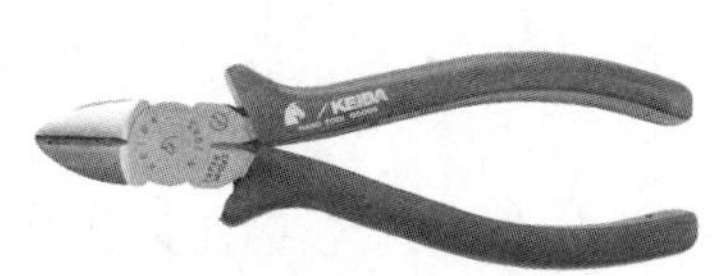

图 1-55　偏口钳

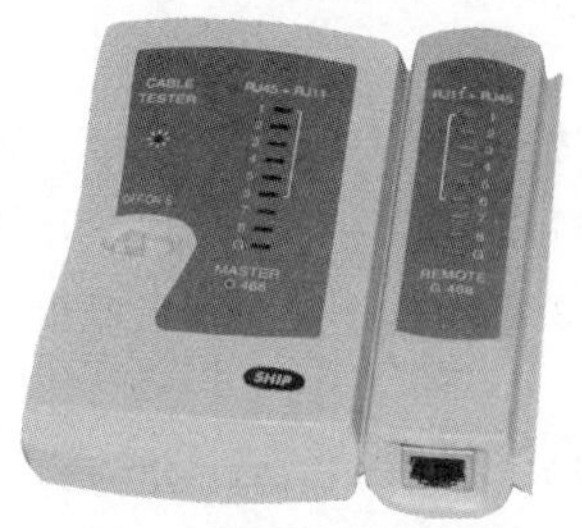

图 1-56　普通网线测试仪

【STEP|02】制作材料的准备。

除了制作工具，在动手制作网线时，还应当准备好以下材料。

(1)双绞线

按照连接设备所需网线的长度(一定要估计好)将双绞线剪断，太长了会造成网线的浪费；短了更加麻烦，人为接长的网线，通信速度和稳定性将大大降低，不提倡使用。

(2)RJ45 接头

RJ45 接头又叫“水晶头”，如图 1-57 所示，它的作用就像电源线中的插头，用来接入网卡或者交换机等其他网络设备的端口中。

RJ45 接头的质量非常重要，不仅决定网线是否能够制作成功，也在很大程度上影响网络的传输稳定性，一般应选择大品牌的，如 AMP、IBDN 等。

(3)护套或线标

护套如图 1-58 所示。一方面起到保护水晶头的作用，另一方面可以标记线缆。尤其是大型网络中网线错综复杂，双绞线网线的颜色都基本一样，如果不在每根网线的两端做标记的话，根本无法判断每根网线所连接的设备是什么，也不知道该网线是从哪里连接到哪里的。所以必须为每条双绞线做好标记，这样也便于日后的网络管理和故障的排除。

图 1-57　水晶头

图 1-58　护套

【STEP|03】制作双绞线直通线。

制作直通线时，RJ45 接头两端线序排列应完全相同，即当一端使用 T568B 标准的线序时，另一端也使用 T568B 标准的线序，如图 1-59 所示。

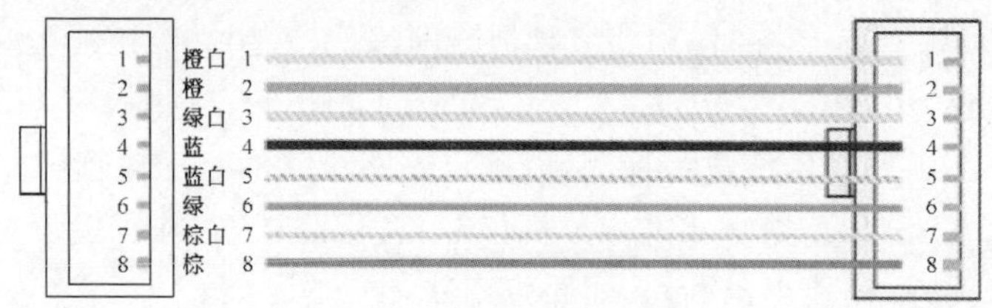

图 1-59　直通电缆连接示意图

具体制作过程如下。

(1)剥线

用压线钳把五类双绞线的一端剪齐，然后把剪齐的一端插入网线钳用于剥线的缺口中，直到顶住网线钳后面的挡位，稍微握紧压线钳慢慢旋转一圈，让刀口划开双绞线的保护胶皮，拔下胶皮(也可用专门的剥线工具来剥线)。剥线的长度为 12～15 mm，如图 1-60 所示。

(2)理线

先把 4 对芯线一字并排排列，然后再把每对芯线分开(此时注意不跨线排列，也就是说每对芯线都相邻排列)，并按橙白、橙、绿白、蓝、蓝白、绿、棕白、棕的排列顺序(从左到右)排列，如图 1-61 所示。

图 1-60　剥线示意图

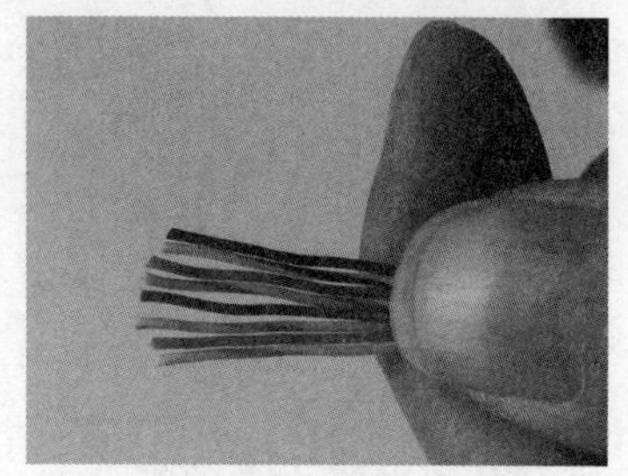

图 1-61　理线示意图

（3）剪线

4对线都捋直按顺序排列好后，手压紧不要松动，使用压线钳的剪线口剪掉多余的部分，并将线剪齐，如图1-62所示。

（4）插线

用手水平握住水晶头（有弹片一侧向下），然后把剪齐、并列排列的8条芯线对准水晶头开口并排插入水晶头中，注意一定要使各条芯线都插到水晶头的底部，不能弯曲，如图1-63所示。

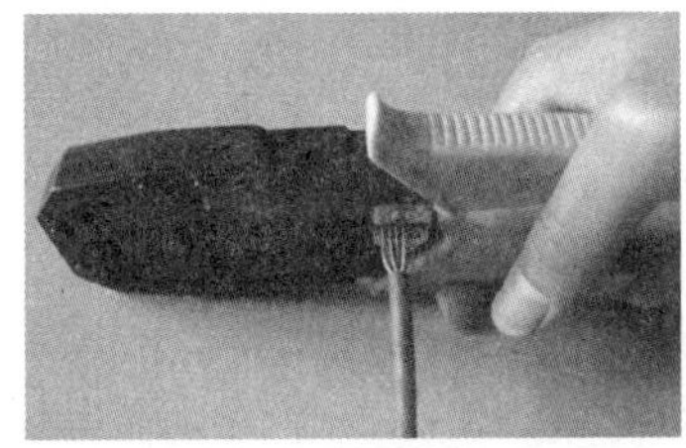

图1-62　剪线示意图

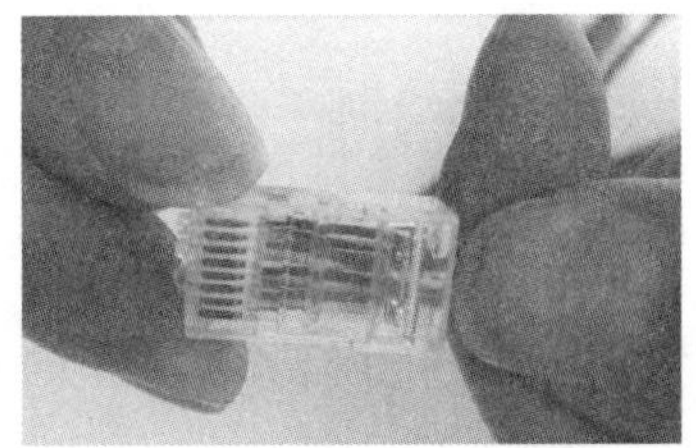

图1-63　插线示意图

（5）压线

确认所有芯线都插到水晶头底部后，即可将插入网线的水晶头直接放入压线钳夹槽中，放好水晶头后，使劲压下网线钳手柄，使水晶头的插针都能插入网线芯线之中，与之接触良好。然后用手轻轻拉一下网线与水晶头，看是否压紧，最好再压一次，最重要的是要注意所压位置一定要正确，如图1-64所示。

（6）制作双绞线的另一端

经过以上5步，双绞线的一端就已经制作完毕，重复这5步制作双绞线的另一端。

（7）双绞线的检测

将制作好的双绞线两头插入测线仪并打开开关，观察指示灯的显示是否正确。这里需要注意的是双绞线有直通和交叉两种，所以在测试双绞线的时候测线器上的灯会根据双绞线的种类不同而发生变化，如图1-65示。

如果制作的是直通线，那么左、右灯的顺序是由1到8依次闪动绿灯。如果制作的是交叉线，那么其中的一侧闪亮是由1到8，而另外一侧则会按3、6、1、4、5、2、7、8的顺序闪动绿灯。这表示双绞线制作成功，可以进行数据的发送和接收了。

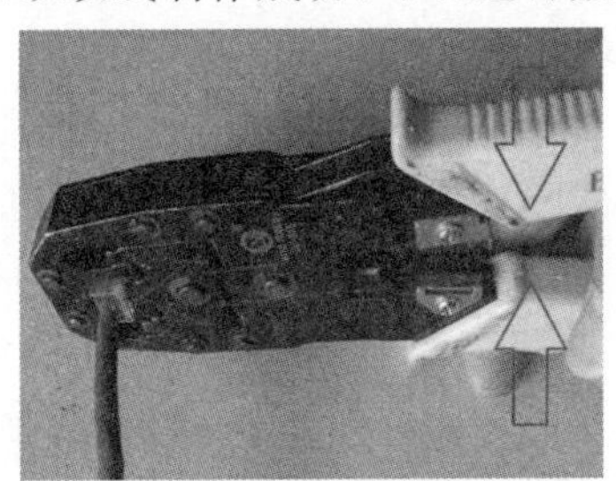

图1-64　压线示意图

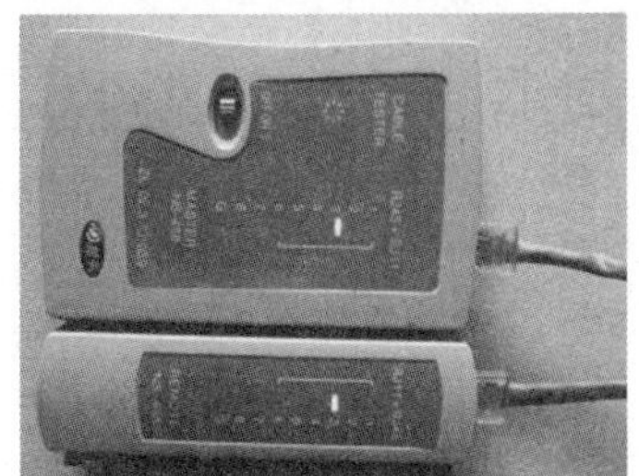

图1-65　网线测试

如果出现红灯或黄灯，说明存在接触不良等现象。此时最好先用压线钳压制两端水晶头一次，然后再测试。如果故障依旧存在，就检查芯线的排列顺序是否正确。如仍显示红灯或黄灯，则表明其中肯定存在对应芯线接触不好的情况。此时就需要重做了。如一端的灯亮，而另一端却没有任何灯亮起，则可能是导线中间断了，或是两端至少有一个金属片未接触该条芯线，此时，也重新做。

【STEP|04】制作交叉电缆。

交叉电缆如图 1-66 所示。

图 1-66　交叉电缆示意图

交叉电缆的一端制作与直通线相同，不同的地方在于另一端的线序排列方式：1、3 的线序要交换，2、6 的线序要交换。

1.4.5　配置单机上网

配置单机上网看上去很简单，实际上包含了很多的网络知识。首先需要申请一个上网帐号，还得安装 ADSL，用制作好的网线连接相关设备，配置 TCP/IP 协议，再配置 ADSL 和宽带路由等。

任务 1-7

根据家庭局域网的拓扑，首先得申请 ADSL 上网帐号，安装相关设备，再进行环境设置来解决单机上网的问题。

【STEP|01】向当地 ISP 提供商申请 ADSL 上网帐号，并购买一个 ADSL 调制解调器，这一步必须提前做好。

【STEP|02】如果 ADSL 附件中没有提供网线，此时就得按“任务 1-6”制作一根直通线，再查看主机后面是否有 RJ45 接口，如果没有还得安装网卡。

【STEP|03】按图 1-29 的标示安装 ADSL Modem 的信号分离器（又称为滤波器），安装时，首先将来自电信局端的电话线接入信号分离器的输入端，然后再用事前准备的电话线，一端连接信号分离器的语音信号输出口，另一端连接电话机。

【STEP|04】按图 1-29 的标示安装 ADSL Modem，这是关键过程，但也是很简单的过程，既不需要拧螺丝，也不需要拆机器。只需要用前面准备好的一根电话线将来自信号分离器的 ADSL 高频信号接入 ADSL Modem 的 ADSL 插孔，再用一根五类双绞线（通常是直通线），一端连接 ADSL Modem 的 RJ45 接口，另一端连接计算机网卡中的 RJ45 接口即可。安装完成后，打开 ADSL Modem 电源，如果 ADSL Modem 上的 LAN－Link 指示绿灯亮，表明 ADSL Modem 与计算机硬件连接成功。

【STEP|05】配置 TCP/IP 协议。

按照“任务 1-5”的步骤，根据实际情况对 IP 地址和 DNS 服务地址进行设置。因为大多数 ISP 提供给用户的 IP 地址是动态的，所以此时可选择“自动获得 IP 地址”和“自动获得 DNS 服务器地址”。

【STEP|06】如果需要进行拨号连接的话，我们可以利用 Windows 7 系统自带的 PPPoE

拨号功能，进行拨号连接配置。

(1)进入 Windows 7 的控制面板，单击“网络和 Internet”→“网络和共享中心”，打开“网络和共享中心”窗口，如图 1-67 所示，在右下方单击“设置新的连接或网络”。

(2)打开“设置连接或网络”对话框，如图 1-68 所示。选择“连接到 Internet”，单击“下一步”按钮。

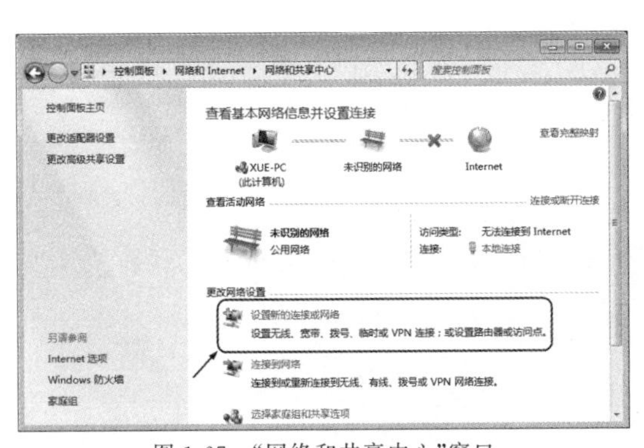

图 1-67　“网络和共享中心”窗口

图 1-68　选择“连接到 Internet”

(3)打开“您想如何连接?”对话框，如图 1-69 所示。在这里选择“宽带(PPPoE)”。

(4)打开“键入您的 Internet 服务提供商(ISP)提供的信息”对话框，如图 1-70 所示。输入运营商为用户提供的用户名和密码。有两个复选框，第一个选项不建议勾选，会导致密码泄露；第二个选项建议勾选，这样就不用重复输入密码。在“连接名称”文本框中可以输入 ISP 的名称，输入完成后，单击“连接”按钮，即可进行 ISP 身份验证连接。如果连接上了，会有已连接状态提示。

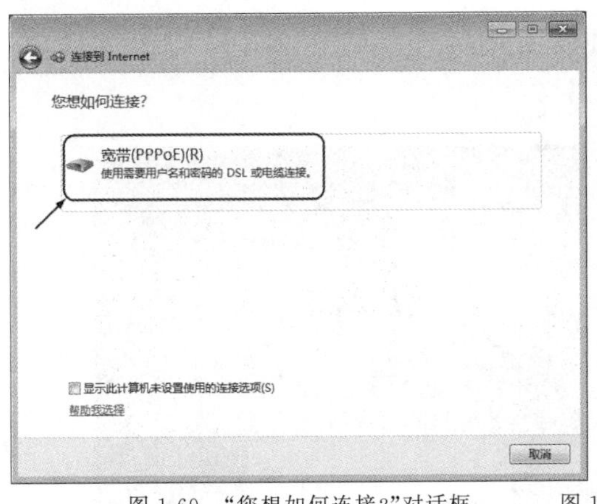

图 1-69　“您想如何连接?”对话框

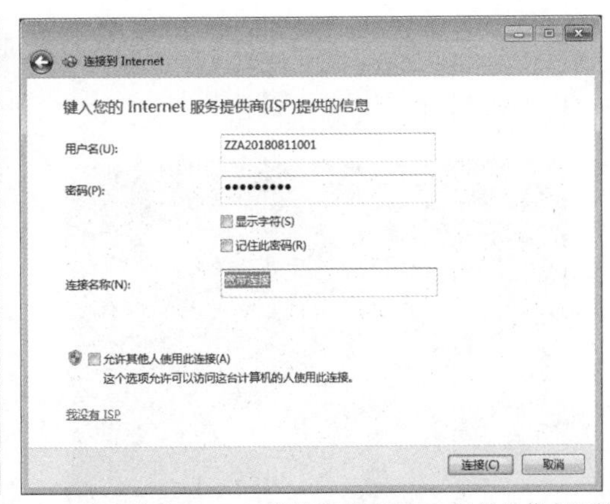

图 1-70　“键入您的 Internet 服务提供商(ISP)提供的信息”对话框

(5)以后上网只要选择网络选项卡里的宽带连接，然后单击“连接”即可。拨号上网成功连接后，会看到屏幕右下角有两部电脑连接的图标。

【STEP|07】验证 ADSL 单机上网的连通性。在桌面上双击“Internet Explorer”图标打开 IE 浏览器，在地址栏中输入 http://www.163.com 验证配置是否正确。如果能够登录网站，说明单机上网配置完全正确。

1.4.6 配置双机共享上网

单机上网方案配置成功后，薛主任想尽快解决双机共享上网的问题，为此，黄奇告诉他先要了解双机共享上网主要有哪些方案、每一种方案都有什么优缺点，然后从中选择一种比较适合、又容易实现的方案来实现双机共享上网。双机共享上网可选的方案很多，主要包括又以下几种：

(1)通过电缆线，利用串口或者并口实现双机互联。

(2)利用两块网卡和双绞线实现双机互联。

(3)利用 USB 接口和特殊的 USB 网线实现双机互联。

(4)利用红外线实现双机互联。

(5)利用 1394 线实现双机互联。

在黄奇的建议下，薛主任通过分析决定采用第二种方案，即利用两块网卡和双绞线来实现双机互联。

任务 1-8

确定方案后，薛主任准备了网卡、网线和相关资料，接下来他该如何进行配置呢？

【STEP|01】保持原有连接不变，再在原有已经接入互联网的计算机中增加一块网卡(连接内部计算机)，以保证接入互联网的计算机上有两块网卡，操作过程如下：

(1)关闭已接入互联网的计算机，拆开机箱，找到 PCI 扩展槽(注意是白色槽)，如图 1-71 所示。

(2)将主机后面的挡片卸掉，双手握住网卡，将其直接插入 PCI 扩展槽中，如图 1-72 所示。最后用螺钉固定，盖好机箱。

图 1-71 PCI 扩展槽(白色)

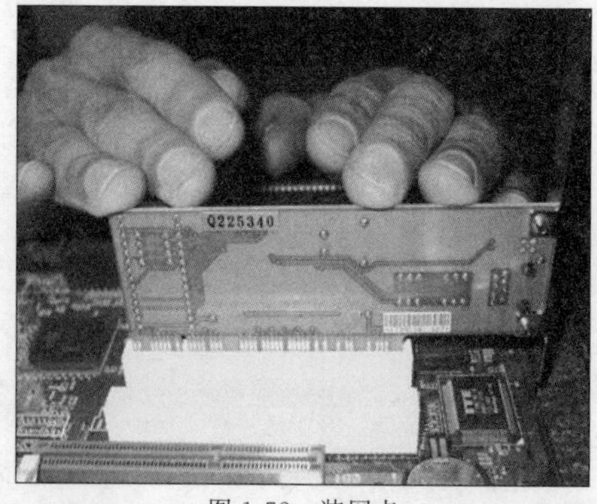

图 1-72 装网卡

提示 该计算机必须具有两块网卡：一块用于连接内部网络，连接内部网络的网卡命名为“本地连接(nei)”；一块用来连接 Internet，将其命名为“本地连接(wai)”。

【STEP|02】制作网线，按“任务 1-6”制作一根交叉线，再将其一端接在刚才安装的网卡

的 RJ45 接口上，另一端接在另一台主机后面的 RJ45 接口上。

【STEP|03】网卡驱动的安装。在成功完成网卡安装、打开计算机电源后，系统会自动发现网卡硬件，报告“发现新硬件”。自动打开“找到新的硬件向导”对话框，从中选择“从列表或指定位置安装(高级)”，然后按提示进行安装即可。

【STEP|04】在已连接互联网的计算机中设置 ICS(Internet Connection Sharing)。在 Windows 7 桌面上任务栏的右边找到网络连接图标，单击该图标，在弹出的快捷菜单中选择“打开网络和共享中心”命令，即可打开“网络和共享中心”窗口，如图 1-73 所示，在此窗口中单击“本地连接(wai)”(“本地连接(nei)”设为自动获取 IP)。

【STEP|05】打开“本地连接(wai)状态”对话框，如图 1-74 所示，在此单击“属性”按钮继续。

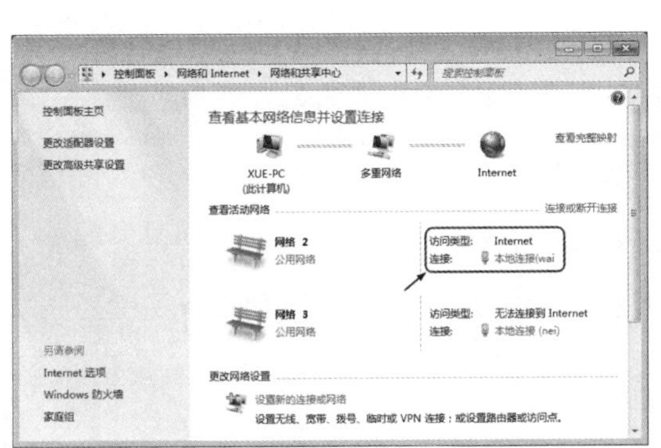

图 1-73　“网络和共享中心”窗口

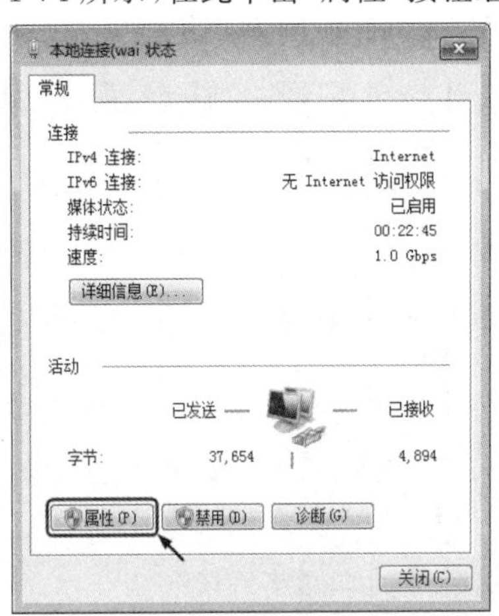

图 1-74　“本地连接(wai)状态”对话框

【STEP|06】打开“本地连接(wai)属性”对话框，如图 1-75 所示。在“此连接使用下列项目”列表框中显示已经安装 TCP/IP 协议，选中“Internet 协议版本 4(TCP/IPv4)”选项，再选择上方的“共享”选项上。

【STEP|07】打开如图 1-76 所示对话框。勾选“允许其他网络用户通过此计算机的 Internet 连接来连接”，其他保持默认设置，单击“确定”按钮完成 ICS 配置。

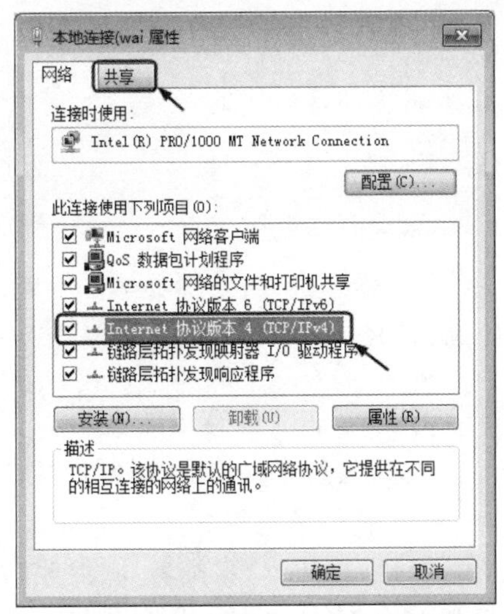

图 1-75　“本地连接(wai)属性”对话框

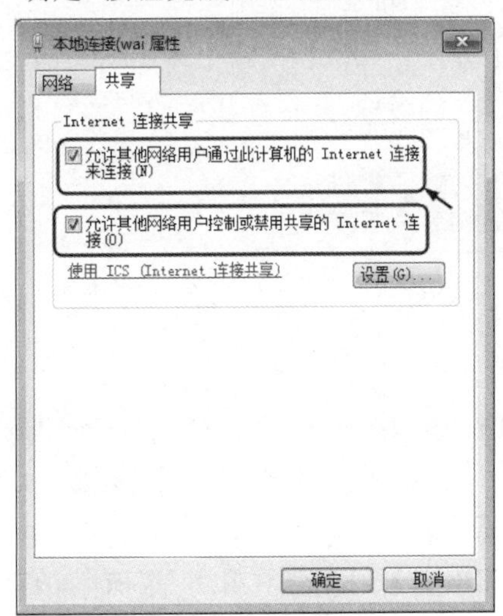

图 1-76　“共享”选项卡

提示 ICS启用后,ICS服务器上与内网相连的网卡的IP地址自动变为192.168.137.1,同时ICS服务器可以为局域网中的客户端自动分配IP地址。

【STEP|08】客户端的配置。ICS服务器设置完成后,ICS服务器就具有DHCP服务功能,它能为网络中的客户端分配IP地址。所以只要在另一台计算机的"Internet协议(TCP/IP)属性"对话框中使用"自动获得IP地址"方式,就可以从ICS服务器获得正确的IP地址并实现共享接入Internet。

【STEP|09】接下来在另一台计算机(即客户端)中打开浏览器,输入网址即可访问互联网。

1.4.7 配置多机共享上网

如果是两台以上计算机,则可采用集线器/交换机组网方式,多机互联组网拓扑如图1-31所示。除此之外,还可以采用无线组网方式,具体配置方法请参考项目2。

1.4.8 组建对等网实现资源共享

薛主任家中的所有计算机的操作系统、网卡、驱动程序和相关协议等均已安装并进行了配置,设备连接和网络连接也顺利完成。根据薛主任的要求,接下来的任务是配置共享网络环境,实现资源共享。

1.配置共享网络环境

对等网上的每一台计算机,都应配置相同的组件类型、网络标志和访问控制,这样才能实现网络上的资源共享,保证网络的连通性。

资源共享是网络最重要的特性,通过共享文件夹可以使用户方便地进行文件交换。当然简单地设置共享文件夹可能会带来安全隐患,因此,配置共享资源时必须考虑设置对应文件夹的访问权限。

(1)设置主机名、工作组名

为了方便计算机在网络中能相互访问,实现资源共享,必须给网络中的每一台计算机设立一个独立的名称,并保证联网的各计算机的工作组名称和网络地址一致。

任务1-9

分别给薛主任家中的两台计算机配置网络协议,设置主机名、工作组名。下面以修改计算机名称为"XUE01"、工作组名称保持默认的WORKGROUP为例进行介绍。

【STEP|01】右键单击"计算机",选择"属性",打开"查看有关计算机的基本信息"窗口,在"计算机名称、域和工作组设置"区域中,单击"更改设置",打开"系统属性"对话框,如图1-77所示。

【STEP|02】选中"计算机名"选项卡,单击"更改"按钮,打开"计算机名/域更改"对话框,如图1-78所示。在"计算机名"文本框中输入计算机名"XUE01",在"隶属于"项中选择"工

作组”，保持默认工作组名称“WORKGROUP”，即可更改计算机名称和所属工作组。

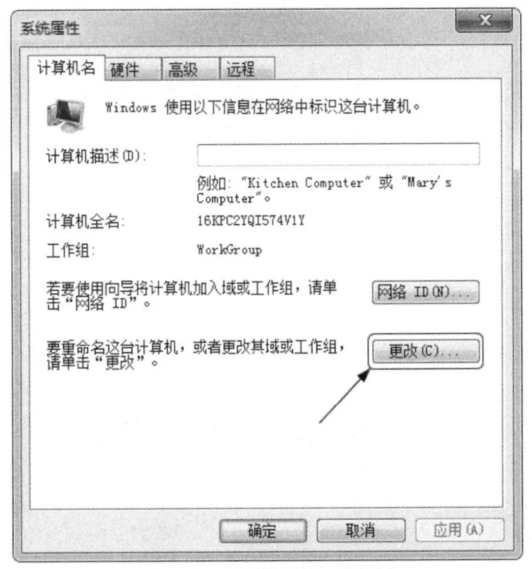

图 1-77　“系统属性”对话框

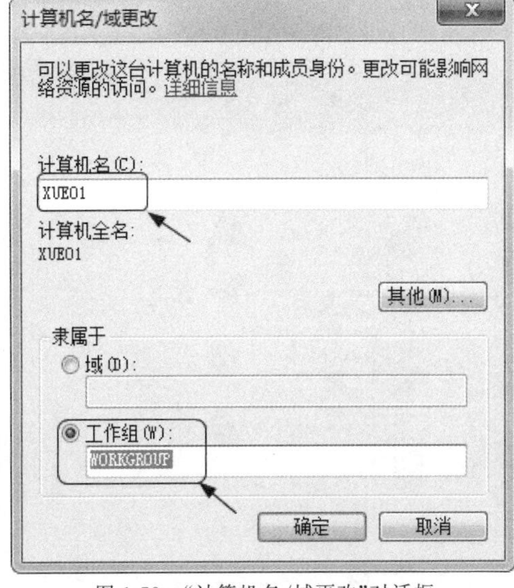

图 1-78　“计算机名/域更改”对话框

【STEP|03】修改完毕，单击“确定”按钮即可。系统打开“必须重新启动计算机这些应用更改”提示对话框，重新启动计算机后，被修改的计算机名称和工作组名称即可生效。

(2)启用“网络发现”等

任务 1-10

给薛主任家安装了 Windows 7 的计算机完成相关设置。

【STEP|01】在 Windows 7 中，选择“开始”→“控制面板”菜单，打开“控制面板”窗口，如图 1-79 所示。

【STEP|02】在“控制面板”窗口中，选择“网络和 Internet”→“网络和共享中心”→“更改高级共享设置”，打开“高级共享设置”窗口。在此窗口中选择“启用网络发现”“启用文件和打印机共享”“启用共享以便可以访问网络的用户可以读取和写入公用文件夹中的文件”；在下方的“密码保护的共享”部分，选择“关闭密码保护共享”，如图 1-80 所示，选择完成后，单击“保存修改”按钮。

提示　媒体流最好也打开；另外，在“家庭组”部分，建议选择“允许 Windows 管理家庭组连接(推荐)”。

(3)设置共享文件夹及共享权限

局域网中，数据的交换常常用文件夹的共享来实现。既可以把某个文件夹设置为共享文件夹，也可以把整个磁盘设置为共享磁盘，其操作方法基本相同。下面我们以 D:\download 文件夹的共享设置为例来说明。

图 1-79 “控制面板”窗口

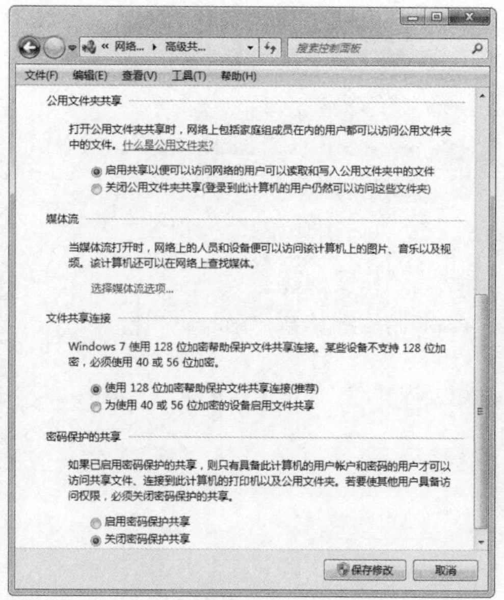

图 1-80 “高级共享设置”窗口

任务 1-11

将薛主任家其中一台计算机中 D 盘下的 Download 文件夹设置为共享文件夹，并设置好共享权限。

【STEP|01】单击“开始”→“计算机”，打开“计算机”窗口，在右侧打开 D 盘，选择需要共享的文件夹(如 D:\Download)，如图 1-81 所示。

【STEP|02】右键单击 D:\Download 文件夹，在弹出的快捷菜单中选择“属性”，打开“Download 属性”对话框，在此选择“共享”选项卡，如图 1-82 所示。

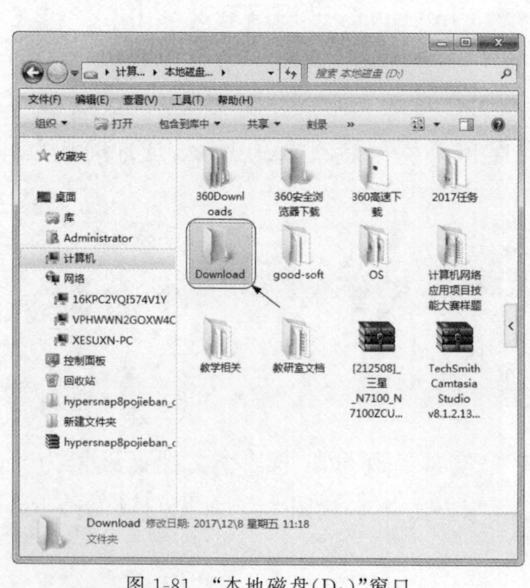

图 1-81 “本地磁盘(D:)”窗口

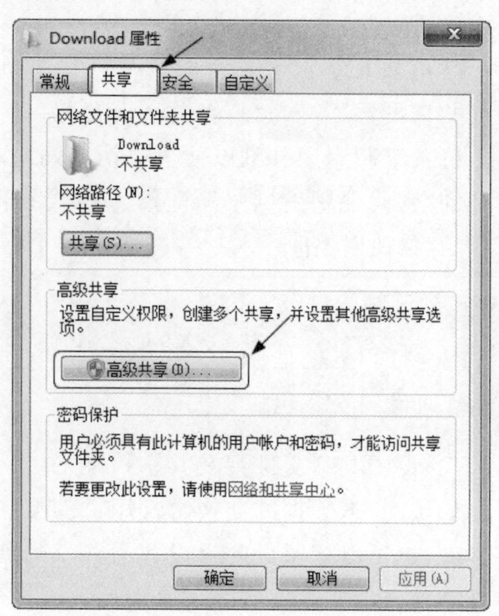

图 1-82 “Download 属性”对话框

【STEP|03】再单击“高级共享”按钮，打开“高级共享”对话框，如图 1-83 所示。勾选“共享此文件夹”后，单击“应用”“确定”按钮退出，返回“Download 属性”窗口，再次单击“确定”按钮完成共享设置。

【STEP|04】设置用户共享权限。在“高级共享”窗口中单击“权限”按钮，打开“Download 的权限”对话框，如图 1-84 所示。在“组或用户名(G)”工作框中，选定相应的用户，如果需要使用特定用户访问，则可以单击“添加”按钮进行添加。这里选择“Everyone”，在权限选择栏内勾选将要赋予 Everyone 的相应权限(如允许更改，此时，客户端即可上传文件)，这里保持默认权限，此时用户只能读取文件。

图 1-83　“高级共享”对话框

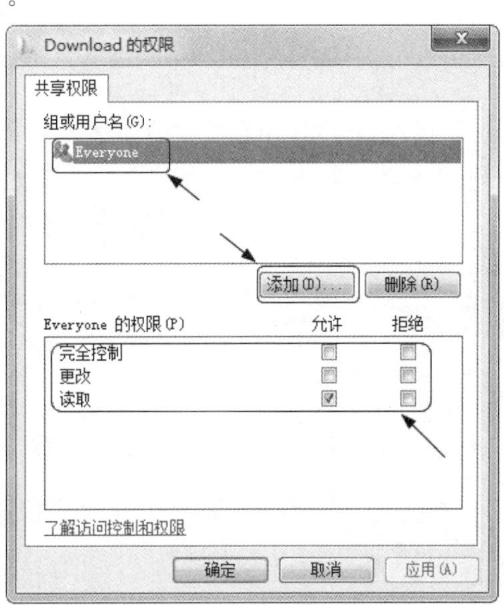

图 1-84　“Download 的权限”对话框

(4)配置共享打印机

实现打印机共享有利于在家庭局域网中的其他用户使用打印机，从而实现资源共享，充分地发挥硬件的利用率，并在一定程序上提高办事效率。

任务 1-12

在名为“XUE01”的计算机上安装打印机，打印机名称设为“printer”，其余的计算机打印文件时需共享“XUE01”计算机上的打印机。

【STEP|01】安装本地打印机。

本地打印机就是连接在用户使用的计算机上的打印机。

打印机的安装包括硬件部分安装和驱动程序安装两个部分。硬件的安装很简单，用信号线将打印机连接到计算机上，再将打印机连上电源就安装成功了。因此，通常所说的打印机安装是指打印机驱动程序的安装。驱动程序的安装步骤如下：

①选择“开始”→“设备和打印机”命令，打开“设备和打印机”窗口，如图 1-85 所示。

②单击“添加打印机”按钮，启动“添加打印机”向导，如图 1-86 所示。选择“添加本地打印机(L)”继续。

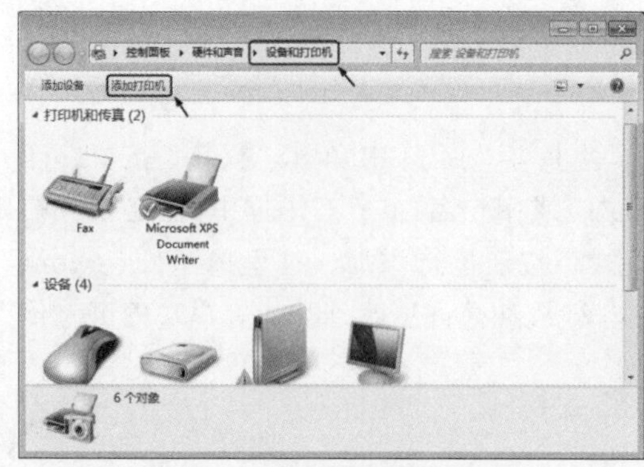

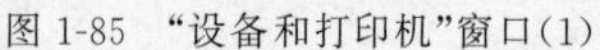
图 1-85 “设备和打印机”窗口(1)

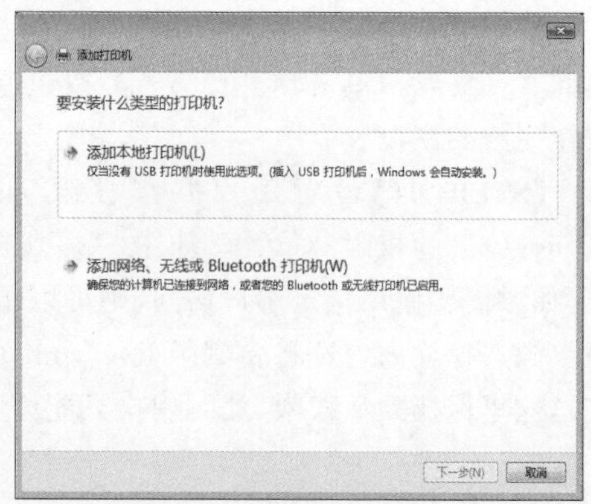

图 1-86 选择“添加本地打印机(L)”

③打开“选择打印机端口”对话框，如图 1-87 所示。在对话框里选择要添加打印机所在的端口，这里我们采用默认端口。

④单击“下一步”按钮，打开选择打印机的厂商和型号对话框，选择打印机的生产厂商和型号，如图 1-88 所示。

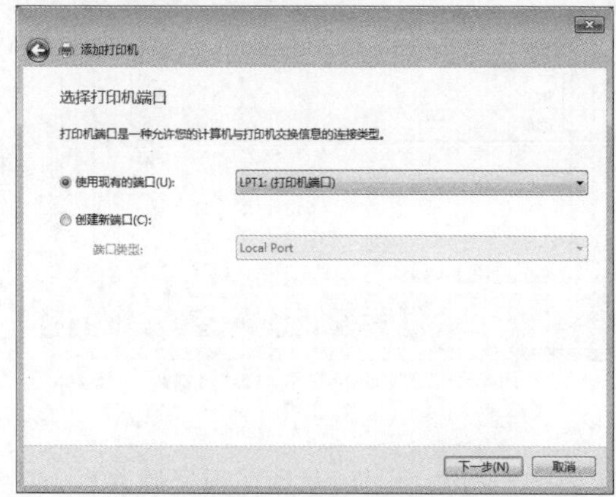

图 1-87 选择打印机端口

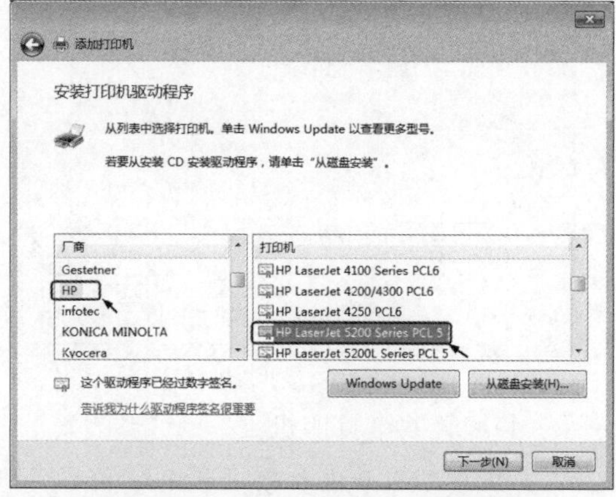

图 1-88 选择打印机的厂商和型号

⑤单击“下一步”按钮，打开“键入打印机名称”对话框，如图 1-89 所示。在该对话框中输入打印机名称，这里我们仍然采用默认值。

⑥打开打印测试页对话框，如图 1-90 所示，单击“完成”按钮完成打印机驱动程序的安装。

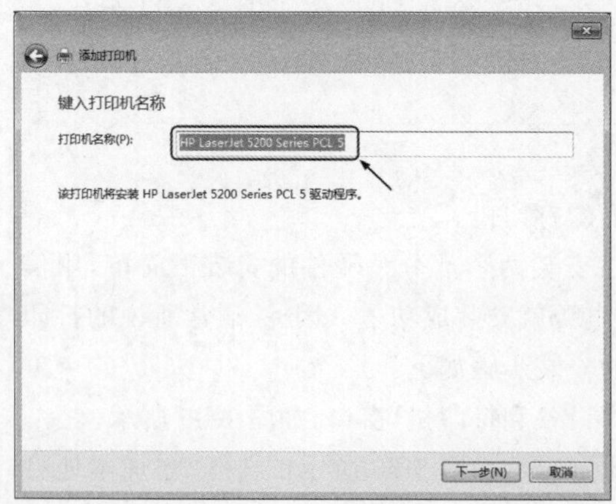

图 1-89 命名打印机

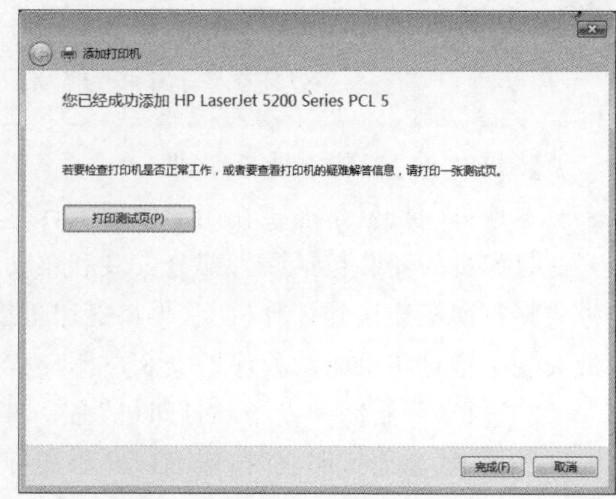

图 1-90 打印测试页对话框

⑦返回“设备和打印机”窗口，如图 1-91 所示，此时，你会发现刚才我们添加的打印机已经在列表中存在了。

图 1-91　“设备和打印机”窗口(2)

⑧右键单击新添加的打印机的图标，在弹出的快捷菜单中选择“打印机属性”命令，打开打印机属性对话框，如图 1-92 所示，在此，选择“共享”选项卡，勾选“共享这台打印机”，再单击“更改共享选项”按钮。

⑨打开输入共享名对话框，如图 1-93 所示，在“共享名”文本框中输入打印机的共享名称(如 printer)。确认设置无误后，单击“确定”按钮完成打印机的共享设置。

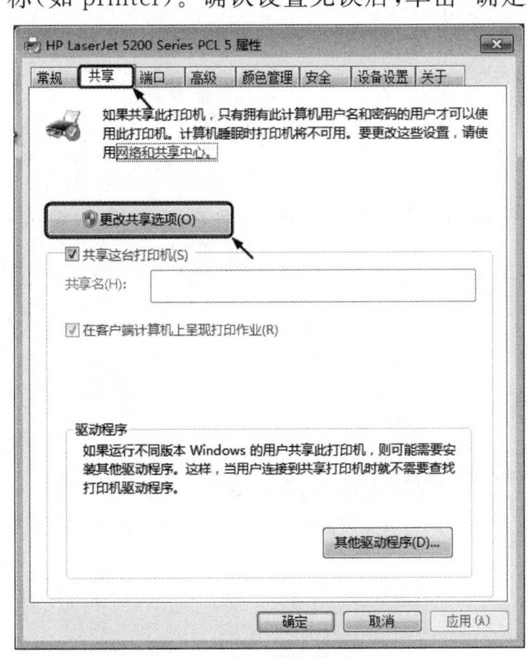

图 1-92　打印机属性对话框

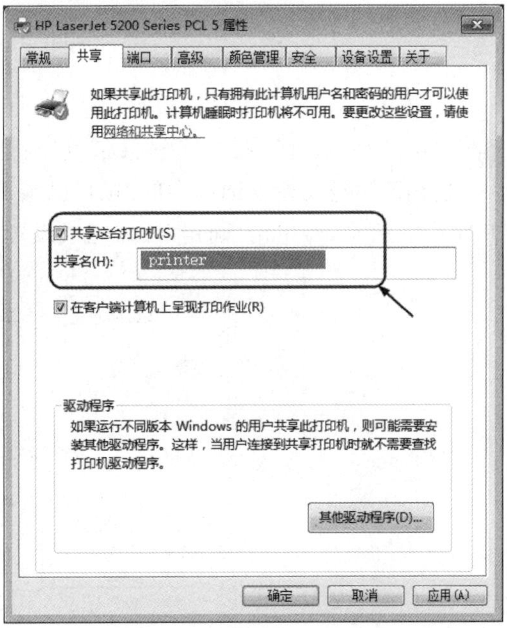

图 1-93　完成共享打印机的添加

(5)启用 Guest 帐户

在默认情况下，没有特殊用户登录需求，Guest 帐户是禁用的。为了其他人能浏览你的计算机，请启用 Guest 帐户。

任务 1-13

在名为“XUE01”的计算机上，检查防火墙的设置，确保“文件和打印机共享”处于允许的状态；再在用户帐户管理窗口启用 Guest 帐户。

【STEP|01】单击“开始”→“控制面板”→“系统和安全”→“Windows 防火墙”→“允许程序或功能通过 Windows 防火墙”，检查防火墙设置，如图 1-94 所示，确保“文件和打印机共享”处于允许的状态。

【STEP|02】单击“开始”→“控制面板”→“管理工具”，打开“计算机管理”窗口，展开“本地用户和组”选项，如图 1-95 所示。

图 1-94　防火墙设置窗口

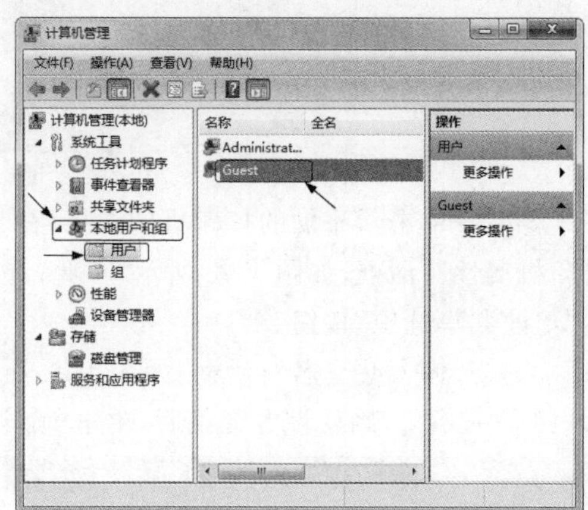

图 1-95　“计算机管理”窗口

【STEP|03】在该选项中可以看到“Guest”用户被禁用。右键单击“Guest”，在弹出的快捷菜单中选择“属性”，打开“Guest 属性”对话框。

【STEP|04】去掉复选框中的“帐户已禁用”前面的勾选，再确认第二项和第三项已勾选，如图 1-96 所示，再单击“确定”按钮完成设置。

图 1-96　启用“Guest”用户

3.使用共享资源

局域网的共享资源包括文件共享、打印机共享、磁盘共享和光驱共享等。共享可以让所有连入局域网的人共同拥有或使用共享资源。

任务 1-14

在计算机名为“XUE02”的计算机上，访问计算机名为“XUE01”的计算机上的共享文件夹和共享打印机。

(1)使用共享文件夹

【方法一】

【STEP|01】在 Windows 桌面双击“计算机”图标，打开“计算机”窗口，如图 1-97 所示。

【STEP|02】在地址栏中输入计算机的 IP 地址或计算机名后回车，即可看到共享文件夹 download，如图 1-98 所示。

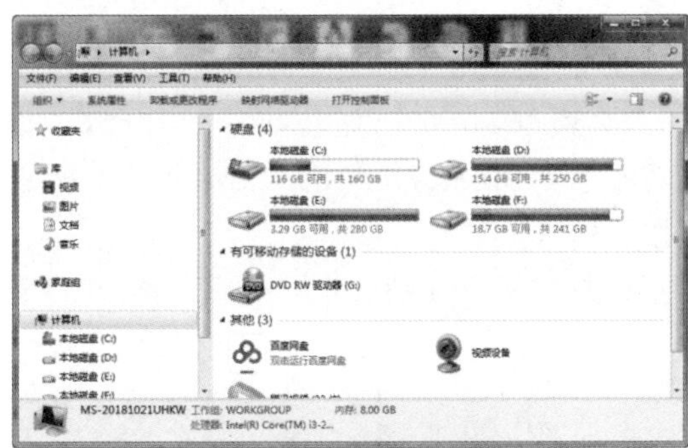

图 1-97　“计算机”窗口

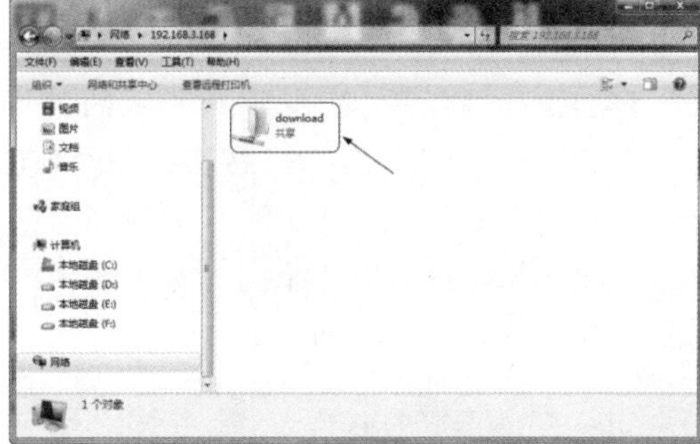

图 1-98　共享文件夹

【方法二】

【STEP|01】选择“开始”→“运行”(或按下“Win ＋ R”快捷键)，打开“运行”对话框，如图 1-99 所示。

【STEP|02】在“打开”文本框中输入\\计算机的 IP 地址或计算机名也能找到共享的文件夹。此时可将共享文件夹中的内容复制到本机，也可以将本机中的文件上传到共享文件夹。

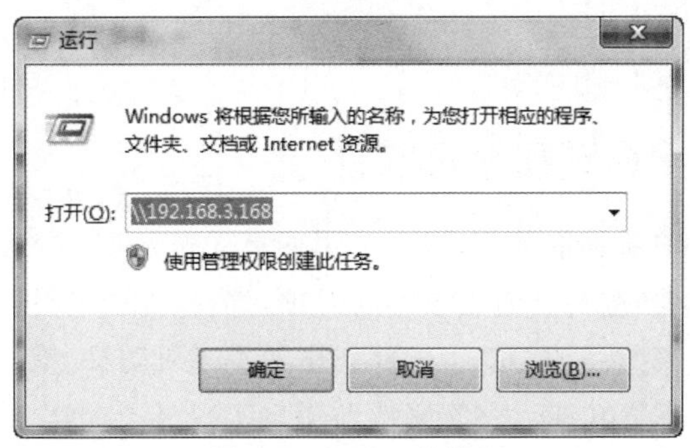

图 1-99　“运行”对话框

(2)使用共享打印机

【STEP|01】在网络中的任一计算机中单击“开始”→“设备和打印机”,进入“设备和打印机”窗口,如图 1-100 所示。

【STEP|02】单击“添加打印机”选项,打开“添加打印机”对话框,如图 1-101 所示,在此选择“添加网络、无线或 Bluetooth 打印机”。

图 1-100 “设备和打印机”窗口

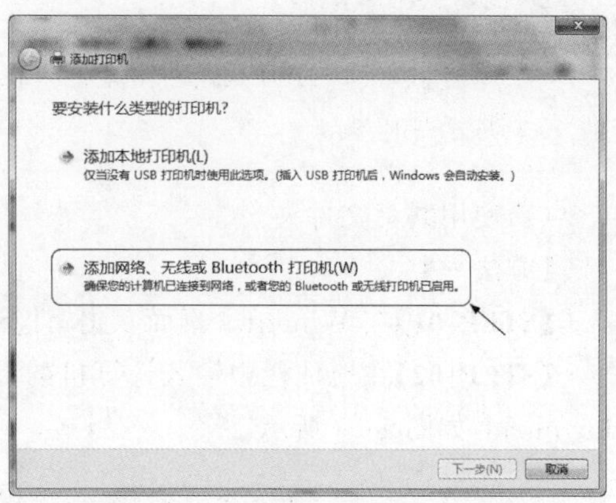

图 1-101 “添加打印机”对话框

【STEP|03】打开“正在搜索可用的打印机...”对话框,在此选择已共享的打印机,如图 1-102 所示,单击“下一步”按钮,打开“您已成功添加 HP LaserJet 1020”对话框,勾选“设置为默认打印机”,如图 1-103 所示,单击“完成”按钮即可。

如果找不到打印机,在图 1-102 中选择“我需要的打印机不在列表中”,然后选择 TCP/IP 地址或主机名添加打印机。

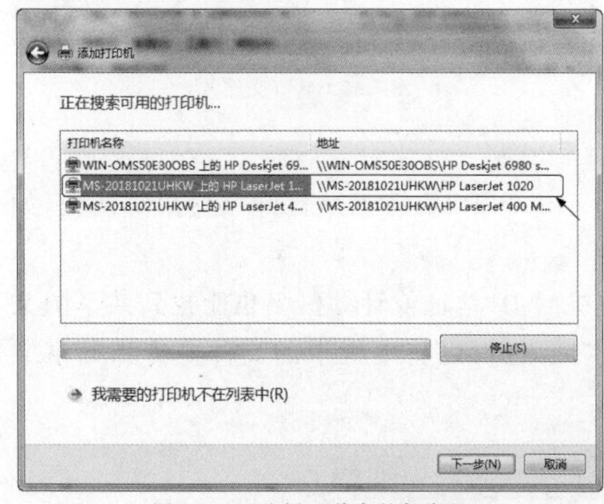

图 1-102 选择已共享的打印机

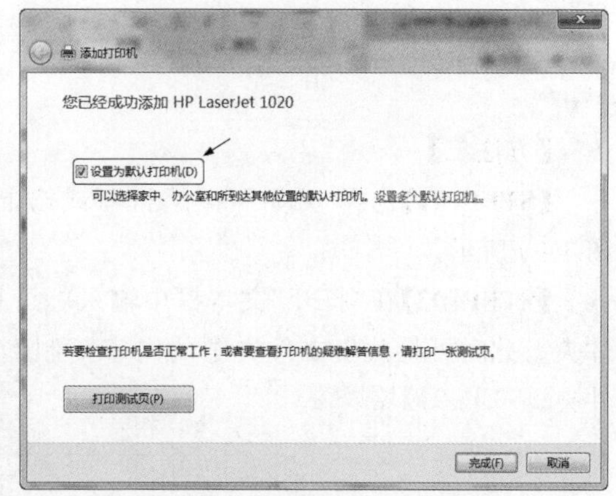

图 1-103 成功添加共享打印机

1.4.9 安装和配置瑞星杀毒软件

目前瑞星杀毒软件的新版本是 V17,它采用瑞星先进的四核杀毒引擎,性能强劲,能针对网络中流行的病毒、木马进行全面查杀。同时加入内核加固、应用入口防护、下载保护、聊天防护、视频防护、注册表监控等功能。软件新增加了手机防护、欺诈钓鱼保护、恶意访问保护、注册表监控、内核加固等功能。它能够帮助用户实现多层次、全方位的信息安全保护。

任务 1-15

为保证系统的安全，在计算机中有必要安装杀毒软件。请为局域网中的计算机安装瑞星杀毒软件，并做好相关配置，完成计算机病毒的查杀。

【STEP|01】下载并安装瑞星杀毒软件。

登录到瑞星杀毒软件的官网（http://www.rising.com.cn/）下载瑞星杀毒软件新版本V17，双击运行下载的瑞星杀毒软件安装程序（RavV17std.exe），进入欢迎安装界面，单击“快速安装”按钮即可，安装界面中有安装进度提示，稍等片刻即可安装完成。

【STEP|02】启动瑞星杀毒软件。

安装完成后瑞星杀毒软件自动启动，其主界面如图1-104所示。也可单击“开始”→“所有程序”→“瑞星杀毒软件”→“瑞星杀毒软件”打开其主界面。如果系统存在危险，在主界面会有相应的提示，用户可根据提示进行相应的处理。

【STEP|03】病毒查杀。

在主界面的下方单击“病毒查杀”图标，即可进入病毒查杀页面，此时可以看到瑞星杀毒软件提供的“快速查杀”“全盘查杀”“自定义查杀”三种病毒查杀方式，选择其中任何一种方式对计算机进行病毒查杀，这里我们选择“快速查杀”对系统进行病毒查杀，如图1-105所示。在病毒的查杀过程中，可以看到系统中存在的问题，查杀完成后，会有查杀结果提示。

图1-104　“瑞星杀毒软件”主界面

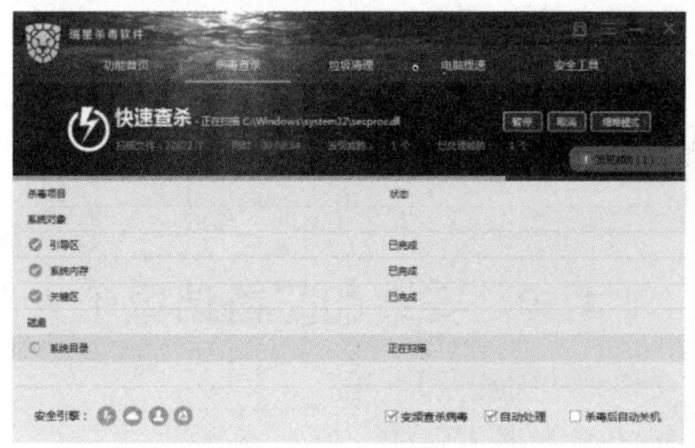

图1-105　快速查杀病毒窗口

【STEP|04】垃圾清理。

在主界面的下方单击“垃圾清理”图标，即可进入垃圾清理窗口，此时可对系统进行垃圾扫描，扫描完成后即可看到系统中存在的“注册表垃圾”、“常用软件垃圾”、“聊天软件垃圾”、“Windows系统垃圾”和“上网垃圾”等，如图1-106所示。需要清理的话，请单击“立即清理”按钮进行处理。

【STEP|05】电脑提速。

在主界面的下方单击“电脑提速”图标，再单击“立即扫描”即可进入提速扫描窗口，扫描完成后即可看到系统中可以提速的地方，如图1-107所示。单击“立即提速”按钮即可对电脑开机、系统运行和上网等进行提速。

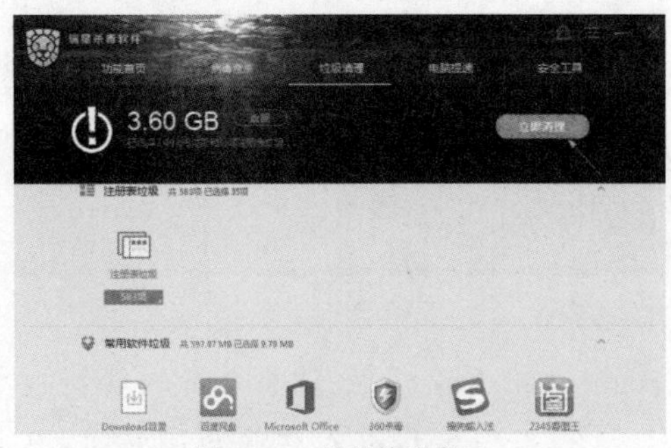

图 1-106　垃圾清理窗口

图 1-107　电脑提速窗口

【STEP|06】安全工具的使用。

在主界面的下方单击“安全工具”图标，再单击相应的安全产品图标，即可进入安全产品的下载窗口，如图 1-108 所示。如果需要相关产品，下载安装即可。

【STEP|07】进行系统设置。

在主界面的右上方单击图标■，在弹出的菜单中选择“系统设置”，打开“设置中心”窗口，如图 1-109 所示。在此，可进行“扫描设置”“白名单”“软件保护”“内核加固”等一系列的设置，用户可依次对各选项进行设置。

图 1-108　安全产品的下载窗口

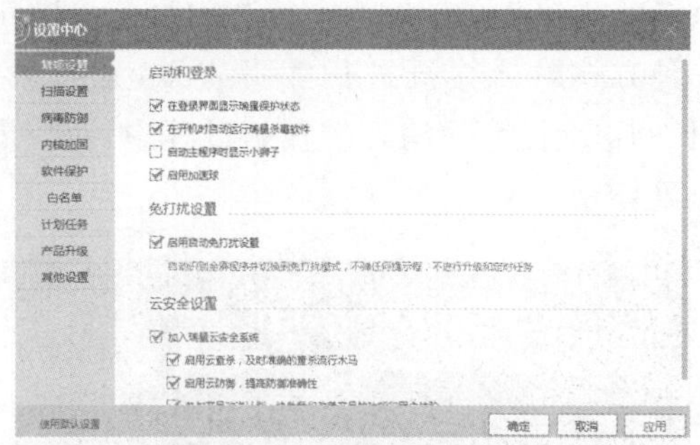

图 1-109　“设置中心”窗口

1.4.10　安装和配置瑞星个人防火墙

任务 1-16

为保证系统的安全，除了安装杀毒软件外，还需要安装防火墙。请安装瑞星个人防火墙，并做好具体配置。

(1)安装瑞星个人防火墙

【STEP|01】启动安装程序。

下载瑞星个人防火墙软件或者直接从光盘安装，双击运行瑞星个人防火墙下载版安装程序，根据安装向导进行逐步安装。

【STEP|02】填写“产品序列号”和“用户 ID”。在“请输入您的产品序列号”框中输入瑞星个人防火墙的“产品序列号”，在“请输入您的用户 ID”框中输入瑞星个人防火墙的“用户 ID”(12 位)。

【STEP|03】填写完毕，“下一步”按钮变成黑色。单击“下一步”按钮，一步步进行直至安

装完成,就会出现“结束”对话框。

(2)配置瑞星个人防火墙

【STEP|01】启动瑞星个人防火墙。单击“开始”→“所有程序”→“瑞星个人防火墙”→“瑞星个人防火墙”,如图 1-110 所示,就启动了瑞星个人防火墙软件。成功启动程序后的界面如图 1-111 所示。

图 1-110　启动瑞星个人防火墙

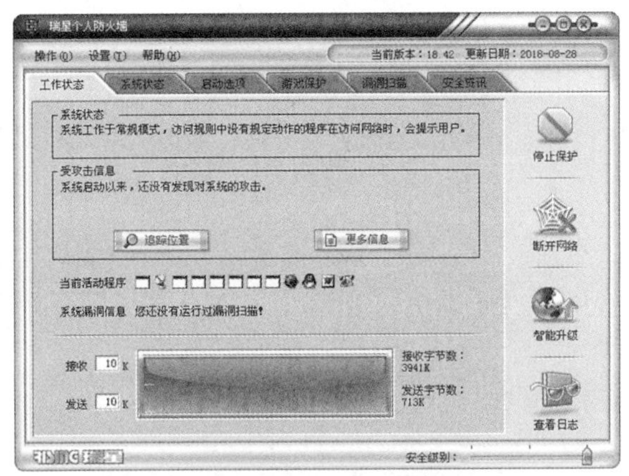

图 1-111　瑞星个人防火墙界面图

【STEP|02】设置。单击“设置”选项,界面如图 1-112 所示。选择下拉菜单中的“详细设置”选项,出现如图 1-113 所示的对话框,依次对各选项进行设置。

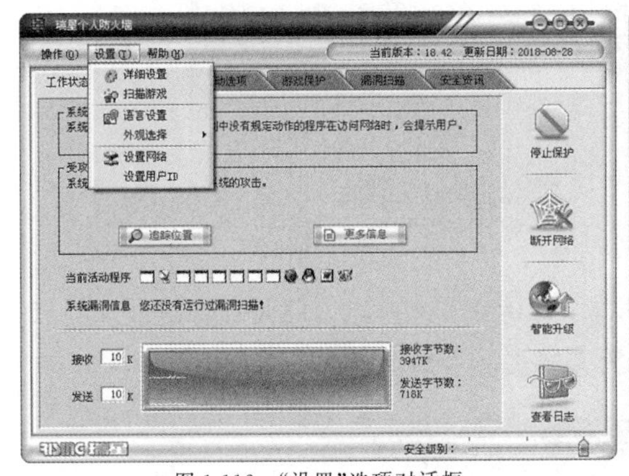

图 1-112　“设置”选项对话框

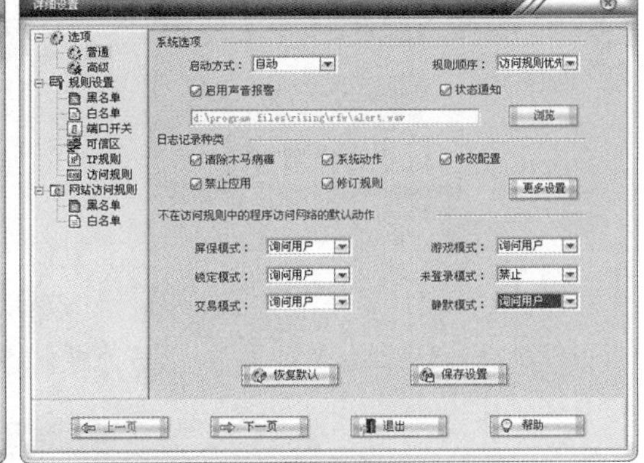

图 1-113　“详细设置”对话框

【STEP|03】验证防火墙规则。根据瑞星个人防火墙设置的规则,对比规则设置改变前后的网络使用情况。

1.4.11　使用一键备份还原系统

系统备份与还原有两种方式,一是手动,二是使用软件,前者对于没有用过 Ghost 的一般用户来说是比较困难的,且容易操作失误,严重时会导致硬盘内的资料被覆盖。所以使用一键还原软件来实现对系统的备份和还原已成为当下最流行的方式。现在流行的软件有U大师、一键还原精灵、老毛桃一键还原、深度一键还原、奇兔一键还原等。其中,U大师一键备份还原系统工具兼具一键备份系统、一键还原系统与一键智能装机三种功能,各功能既独立,又相辅相成,可互相结合使用。无论您是电脑高手还是初级使用者,只需要点击一下鼠标即可下载,只需一键便可运行使用,且整个过程实现了自动化,既简单又快捷,且具有安全性,是维护系统的必备良品。

任务 1-17

上网下载U大师一键备份还原系统,再使用“U大师”进行一键备份系统、一键还原系统与一键智能装机。

(1)一键备份系统

【STEP|01】下载U大师一键备份还原系统工具,下载完成后运行“udashi_huanyuan.exe”文件,打开之后U大师主界面对电脑进行系统备份(便于今后还原),单击“一键备份系统”,如图1-114所示。

【STEP|02】打开备份系统提示框,设置好备份文件(如:UDSBAK1.GHO)的存放位置,单击“一键备份”,如图1-115所示。

图1-114　U大师主界面

图1-115　设置备份文件的存放位置

【STEP|03】打开程序已经准备就绪的提示框,如图1-116所示。此时选择重启即可进入备份阶段。“立即重启”“手动重启”都可以,若暂时不需要备份则选择“取消”。

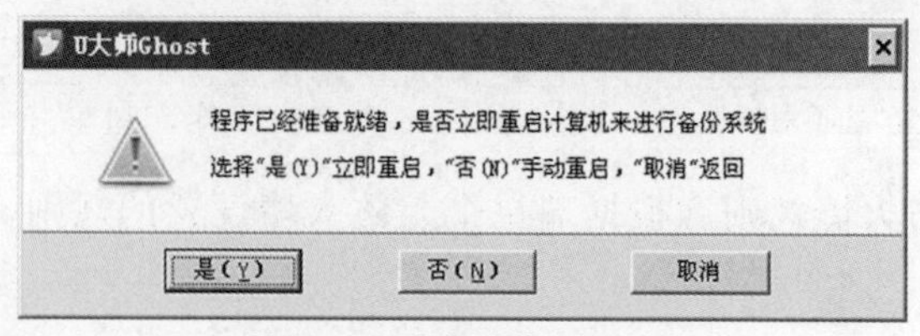

图1-116　准备就绪的提示框

【STEP|04】电脑进入重启阶段之后,在计算机的启动菜单中,默认选择“U大师一键备份还原系统”→1.一键备份系统→备份。电脑先进入WINPE界面,然后自动进行系统备份,如图1-117所示,备份结束后自动返回系统界面。

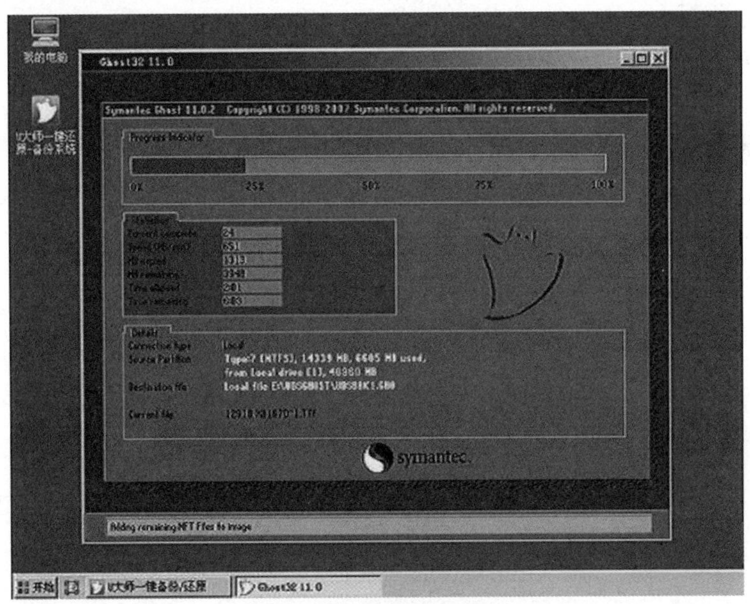

图 1-117　自动备份界面

> **提示**　备份时不要做任何操作，以免中途故障导致备份未完成，如果电脑散热不好，或者电脑硬盘有坏道，容易在备份到一半的时候自动关机或死机。

(2)一键还原系统

【STEP|01】运行“udashi_huanyuan.exe”文件，在图 1-114 所示主界面中，单击“一键还原系统”(前提是需要先完成“一键备份系统”操作，计算机中有备份才可以还原)。

【STEP|02】打开还原系统提示框，如图 1-118 所示。选择原先的备份文件“UDSBAK1.GHO”，单击“一键还原”按钮。

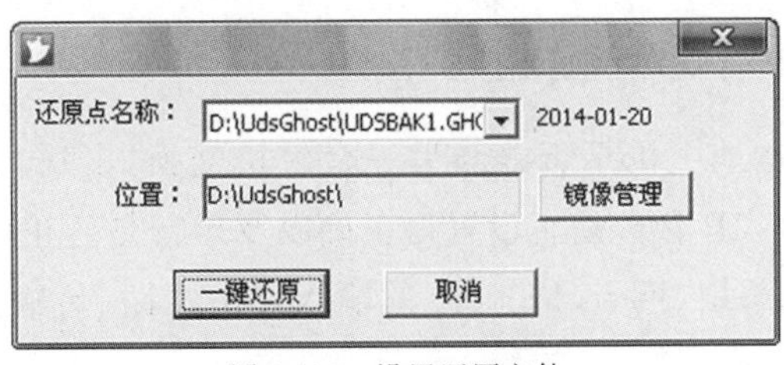

图 1-118　设置还原文件

【STEP|03】打开程序已经准备就绪的提示框，如图 1-119 所示。此时选择重启即可进入还原阶段，还原界面跟图 1-117 十分相似。选择 “是”立即重启或选择“否”手动重启都可以，若暂时不需要还原则单击“取消”按钮。

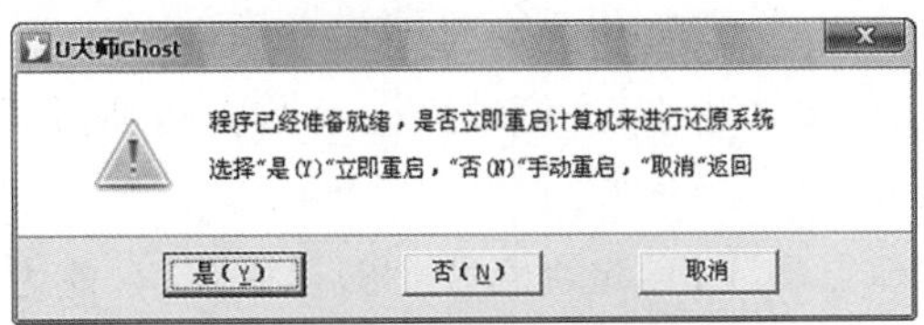

图 1-119　程序已经准备就绪的提示框

【STEP|04】重启电脑，选择“U 大师一键备份还原系统”→2.一键还原系统→还原，系统开始处于还原阶段，系统会根据原先备份文件的大小而决定还原过程所需要的时间，请耐心等待。

(3)一键智能装机

【STEP|01】运行“udashi_huanyuan.exe”文件，在图 1-114 中单击“一键智能装机”菜单。在打开的对话框中选择系统镜像文件(会自动搜索出本机所有 GHO 格式文件)，如图 1-120 所示，单击“一键装机”按钮。

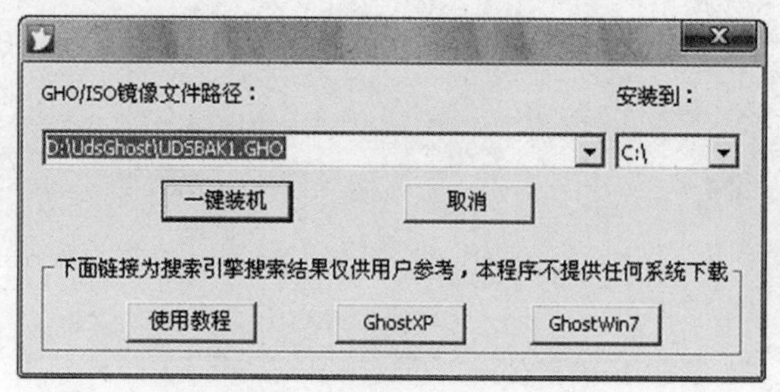

图 1-120　选择系统镜像文件

【STEP|02】打开 U 大师 Ghost 提示框，如图 1-121 所示，此时选择重启即可进入重装系统阶段。选择“是”立即重启，选择“否”手动重启都可以，若暂时不需要重装系统则单击“取消”按钮。

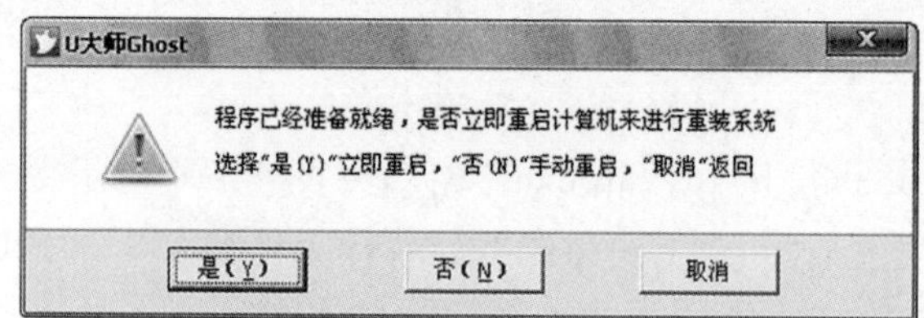

图 1-121　计算机重启选择提示框

1.4.12　使用 ping 命令检测网络

ping 命令用于确定本地主机是否能与另一台主机交换(发送与接收)数据报。根据返回的信息，可以推断 TCP/IP 参数是否设置得正确以及运行是否正常。如果 ping 命令运行正常，大体上可以排除网络层、网卡、Modem 的输入输出线路、传输介质和路由器等存在故障，从而缩小了故障的范围。

默认设置下，Windows 上运行的 ping 命令发送 4 个 ICMP(网间控制报文协议)回送请求，每个 ICMP 回送请求包含 32 字节数据，如果一切正常，用户能得到 4 个回送应答。ping 能够以毫秒为单位显示发送回送请求到返回回送应答之间的时间。如果应答时间短，表示数据包不必通过太多的路由器或网络连接速度比较快。ping 还能显示 TTL(Time To Live，存在时间)值，我们可以通过 TTL 值推算一下数据包通过了多少个路由器：源地点 TTL 起始值－返回 TTL 值。

例如，数据包离开源地点的 TTL 起始值为 128，返回 TTL 值为 119，那么可以推算源地点到目标地点要通过 9 个路由器网段(128－119＝9)。

任务 1-18

获取并分析 ping 命令的参数信息，练习 ping 命令的使用方法。

【STEP|01】获取 ping 命令的参数信息：选择"开始"→"所有程序"→"附件"→"命令提示符"，或者选择"开始"→"所有程序"→"附件"→"运行"，在文本框中输入"cmd"命令，进入 DOS 提示符。在提示符下输入"ping"或者输入"ping/?"，就可以得到 ping 命令的语法格式和可用选项列表，如图 1-122 所示。

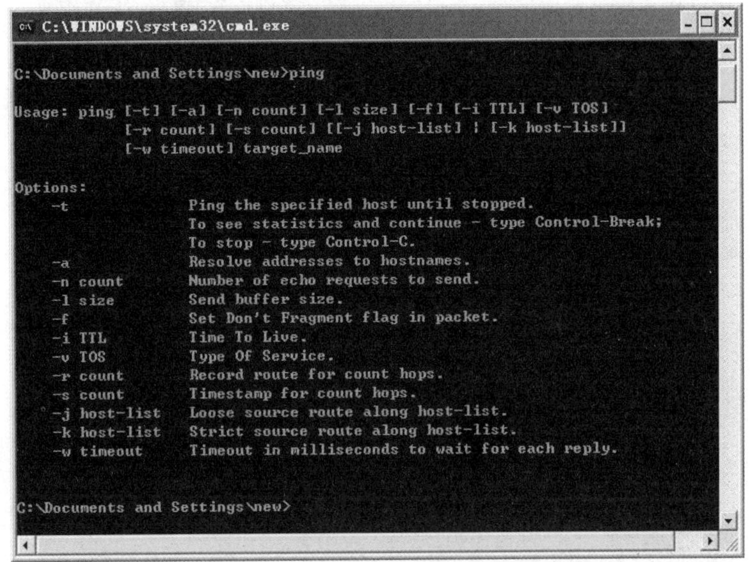

图 1-122　获取 ping 命令的帮助信息

【STEP|02】了解 ping 命令的语法格式。

ping 命令的完整格式如下：

```
ping [-t] [-a] [-n count] [-l size] [-f] [-i TTL] [-v TOS] [-r count] [-s count] [[-j host-list] | [-k host-list]] [-w timeout] target_name
```

target_name 可以是主机名，也可以是目的主机的 IP 地址。

使用时参数项可以放在 target_name 后面，根据应用要求可用某一个参数，也可多个参数联合使用，如 ping target_name -n 100 -t。

【STEP|03】ping 命令的常用参数分析。

- 不带任何参数

按照图 1-123 练习不带任何参数的 ping 命令的使用方法。

- -t —连续不断地对目的主机进行测试，直到按下"Ctrl+C"停止测试；或按下"Ctrl+Break"停顿一下又接着进行测试。按图 1-124 熟悉这个命令的操作方法。
- -a —解析主机的 NETBIOS 主机名。如果想知道你所 ping 的主机计算机名，就要加上这个参数，一般是在运行 ping 命令后的第一行就显示出主机名。
- -n count —定义所发出的用来测试的测试包的个数，缺省值为 4。通过这个命令可以自己定义发送的个数，对衡量网络速度很有帮助。

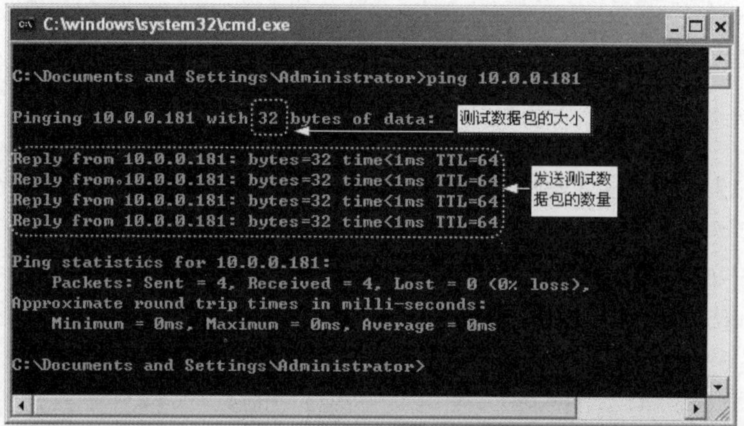

图 1-123　不带任何参数的 ping 命令的使用

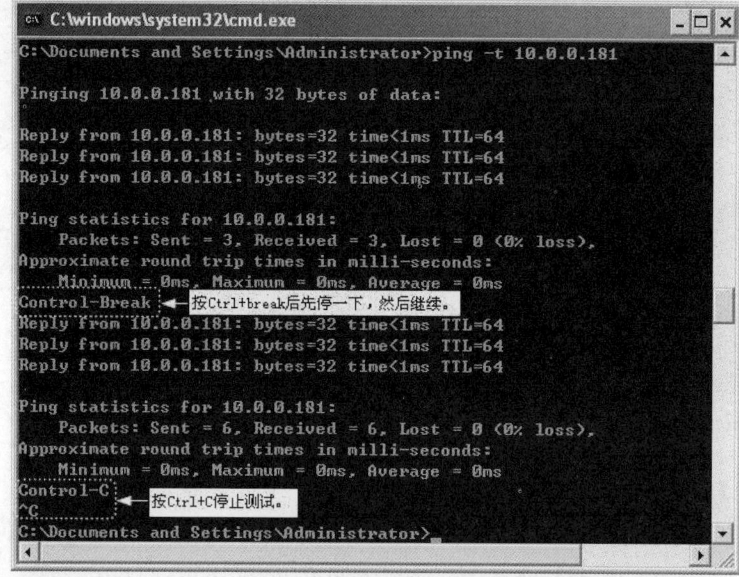

图 1-124　Control-C 与 Control-Break 命令的使用

● -l size 一定义发送缓存区的数据包的大小，在默认情况下 Windows 的 ping 发送的数据包大小为 32 B，也可以自己定义，最大只能发送 65 500 B，超过这个数时，对方很有可能会因接收的数据包太大而死机。微软公司为了解决这一安全漏洞，限制了 ping 的数据包大小。如图 1-125 所示。

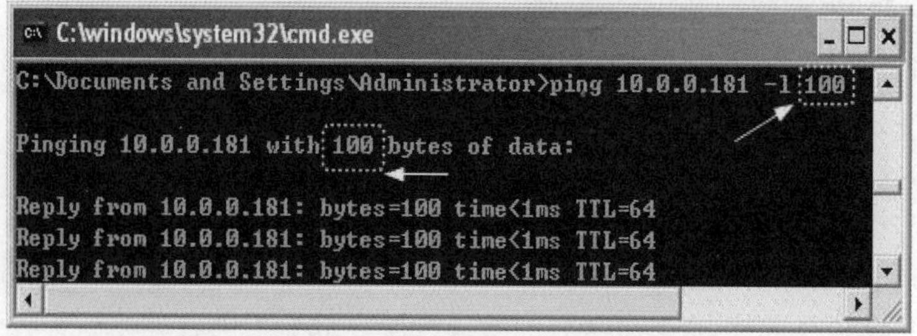

图 1-125　定义发送缓存区数据包大小为 100 个字节

- -f —在数据包中发送“不要分段”标志，一般所发送的数据包都会通过路由分段再发送给对方，加上此参数以后路由就不会再分段处理。
- -r count —在“记录路由”字段中记录传出和返回数据包的路由。一般情况下发送的数据包是通过路由才到达对方的，但到底经过了哪些路由呢？通过此参数就可以设定想探测经过的路由的个数，限制只能跟踪到 9 个路由。
- -s count —利用“count”指定跃点数的时间戳。此参数和-r count 差不多，只是这个参数几乎不记录数据包返回所经过的路由，最多也只记录 4 个。

(2)ping 命令的典型应用

①测试网络是否通畅

用 ping 命令来测试一下网络是否通畅，在局域网的维护中经常用到，方法很简单，只需要在 DOS 或 Windows 的开始菜单下的“运行”子项中用 ping 命令加上所要测试的目标计算机的 IP 地址或主机名即可，其他参数可全不加。

任务 1-19

在局域网中使用 ping 命令检查工作站(IP 地址为 10.0.0.181)与服务器(IP 地址为 10.0.0.168)之间的连通性。

【STEP|01】在工作站中，选择“开始”→“所有程序”→“附件”→“命令提示符”，在提示符下输入“ping 10.0.0.168”。

【STEP|02】判断网络是否通畅。

如果显示如图 1-126 所示信息，就可以判断目标计算机与服务器连接成功，TCP/IP 协议工作正常。

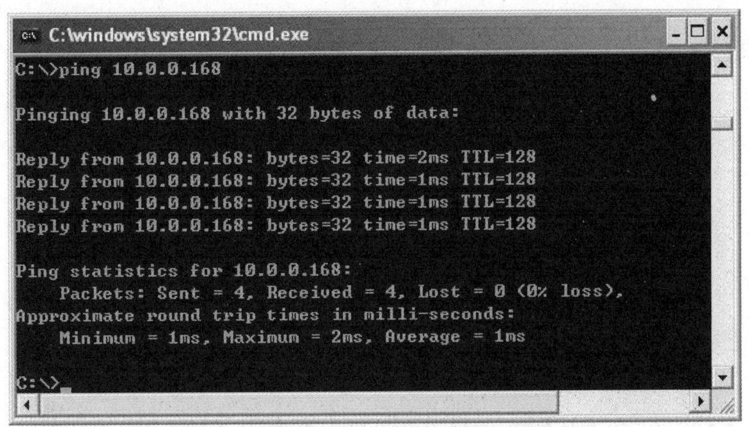

图 1-126 使用 ping 命令确定网络连接成功

如果显示如图 1-127 所示错误信息，表示网络未连接成功，此时就要仔细分析一下出现网络故障的原因和可能有问题的网上结点。

出现图 1-127 所示错误提示的情况时，一般不要急着检查物理线路，先从以下几个方面来着手检查，排除故障。

- 检查被测试计算机是否已安装了 TCP/IP 协议。

- 检查被测试计算机的网卡安装是否正确，且是否已经连接。
- 检查被测试计算机的 TCP/IP 协议是否与网卡有效绑定。
- 检查 Windows 服务器的网络服务功能是否已启动。
- 检查服务器是否装有防火墙，禁止接收 ICMP 数据包。

```
C:\windows\system32\cmd.exe
C:\Documents and Settings\Administrator>ping 10.0.0.168

Pinging 10.0.0.168 with 32 bytes of data:

Request timed out.
Request timed out.
Request timed out.
Request timed out.

Ping statistics for 10.0.0.168:
    Packets: Sent = 4, Received = 0, Lost = 4 (100% loss),

C:\Documents and Settings\Administrator>
```

请求超时，连接失败。

图 1-127　使用 ping 命令确定网络连接不成功

如果通过以上步骤的检查还没有发现问题的症结，这时就得检查物理连接了，我们可以借助查看目标计算机所接 Hub 或交换机端口的指示灯状态来判断目标计算机网络的连通情况。

②获取计算机的 IP 地址

利用 ping 这个工具我们可以获取对方计算机的 IP 地址，我们只要用 ping 命令加上目标计算机名或域名即可，如果网络连接正常，则会显示所 ping 的这台机器的 IP 地址。

任务 1-20

在局域网中使用 ping 命令获取目标计算机(如：www.baidu.com)的 IP 地址。

【STEP|01】在工作站中，选择“开始”→“所有程序”→“附件”→“命令提示符”，在提示符下输入“ping www.baidu.com”判断网络是否通畅，并查看目标主机的 IP 地址，如图 1-128 所示。

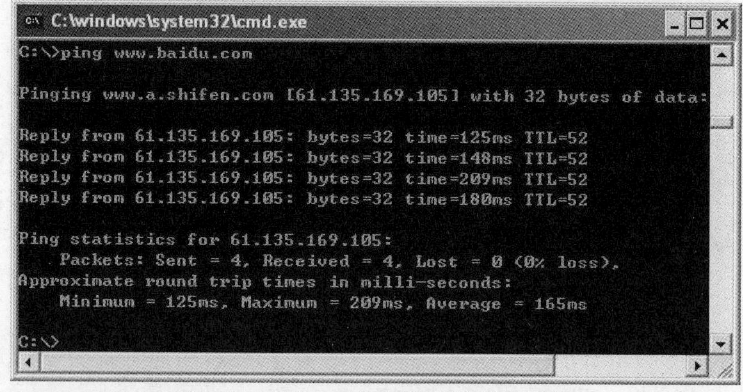

```
C:\windows\system32\cmd.exe
C:\>ping www.baidu.com

Pinging www.a.shifen.com [61.135.169.105] with 32 bytes of data:

Reply from 61.135.169.105: bytes=32 time=125ms TTL=52
Reply from 61.135.169.105: bytes=32 time=148ms TTL=52
Reply from 61.135.169.105: bytes=32 time=209ms TTL=52
Reply from 61.135.169.105: bytes=32 time=180ms TTL=52

Ping statistics for 61.135.169.105:
    Packets: Sent = 4, Received = 4, Lost = 0 (0% loss),
Approximate round trip times in milli-seconds:
    Minimum = 125ms, Maximum = 209ms, Average = 165ms

C:\>
```

图 1-128　使用 ping 命令获取百度的 IP 地址

③用 ping 命令判断网络故障

正常情况下，当我们使用 ping 命令来查找问题所在或检验网络运行情况时，需要使用许多 ping 命令，如果所有都运行正确，就可以相信基本的连通性和配置参数没有问题；如果某些 ping 命令出现运行故障，它也可以指明到何处去查找问题。

任务 1-21

练习在局域网中使用 ping 命令判断网络故障的典型检测方法，根据结果判断可能的故障。

【STEP|01】ping 127.0.0.1：这个 ping 命令被送到本地计算机的 IP 软件，通常情况下能 ping 通。如果 ping 不通，就表示 TCP/IP 的安装或运行存在最基本的问题。

【STEP|02】ping 本机 IP：这个命令被送到用户计算机所配置的 IP 地址，用户的计算机始终都应该对该 ping 命令做出应答，如果没有，则表示本地配置或安装存在问题。出现此问题时，请局域网用户断开网络传输介质，然后重新发送该命令。如果网线断开后本命令正确，则表示另一台计算机可能配置了相同的 IP 地址。

【STEP|03】ping 局域网内其他主机 IP：这个命令离开用户的计算机，经过网卡及网络传输介质到达其他计算机，再返回。收到回送应答表明本地网络中的网卡和载体运行正确。但如果收到 0 个回送应答，表示子网掩码（进行子网分割时，将 IP 地址的网络部分与主机部分分开的代码）不正确或网卡配置错误或传输介质系统有问题。

【STEP|04】ping 网关 IP：这个命令如果应答正确，表示局域网中的网关路由器正在运行并能够做出应答。

【STEP|05】ping 远程 IP：如果收到应答，表示成功地使用了默认网关。对于拨号上网用户则表示能够成功地访问 Internet（但不排除 ISP 的 DNS 会有问题）。

【STEP|06】ping localhost：localhost 是操作系统的网络保留名，它是 127.0.0.1 的别名，每台计算机都应该能够将该名字转换成相应地址。如果没有做到这一点，则表示主机文件（/Windows/host）中存在问题。

【STEP|07】ping 域名：对域名执行 ping 命令，用户的计算机必须先将域名转换成 IP 地址，通常是通过 DNS 服务器转换。如果这里出现故障，则表示 DNS 服务器的 IP 地址配置不正确或 DNS 服务器有故障（对于拨号上网用户，某些 ISP 已经不需要设置 DNS 服务器了）。

如果以上 ping 测试都没有问题，那么我们认为网络是正常的，如果出现某一应用无法正常联网，如网页打不开，则应检查相应的 DNS 服务器。如果 QQ、某一游戏等应用程序无法上网，则应检查相应的程序，或检查其服务器是否出现故障。

④ping 命令常见的出错信息

如果 ping 命令失败了，这时可注意 ping 命令显示的出错信息，根据出错信息排除网络故障，出错信息通常分为以下五种情况：

- unknown host（不知名主机），这种出错信息的意思是该台主机的名字不能被 DNS 服务器转换成 IP 地址。网络故障原因可能为 DNS 服务器有故障，或者其名字不正确，或者服务器与客户机之间的通信线路出现了故障。
- network unreachable（网络不能到达），这是用户计算机没有到达服务器的路由，可用 netstat -rn 检查路由表来确定路由配置情况。

● no answer(无响应),服务器没有响应,这种故障说明用户计算机有一条到达服务器的路由,但却接收不到服务器发来的任何信息。这种故障的原因可能是服务器没有工作,或者用户计算机或服务器网络配置不正确。

● request timed out(响应超时),意为数据包全部丢失。故障原因可能是到路由器的连接有问题或路由器不能通过,也可能是中心主机已经关机或死机。

● destination host unreachable(目标主机不可达),表示数据包无法到达目标主机。故障原因可能是对方主机不存在或者没有跟对方建立连接。如网线没接好,或者网卡有问题。

2.IP 配置查询命令 ipconfig

与 ping 命令有所区别,利用 ipconfig 可以查看和修改网络中的 TCP/IP 协议的有关配置,如网络适配器的物理地址、主机的 IP 地址、子网掩码以及默认网关等,还可以查看主机的相关信息,如主机名、DNS 服务器、结点类型等。

如果 ipconfig 命令后面不跟任何参数直接运行,程序将会在窗口中显示网络适配器的物理地址,在测试网络错误时非常有用。在命令提示符下输入"ipconfig /?"可获得 ipconfig 的使用帮助,输入"ipconfig all"可获得 IP 配置的所有属性。

1.5 任务拓展

1.分析并绘制企业网络拓扑结构图

拓展任务 1-1

分析图 1-129 所示拓扑结构图,说明图中的连接设备、连接端口、连接线缆,绘制拓扑结构图,标明设备名称和所处层次,并指出该拓扑的技术要点。

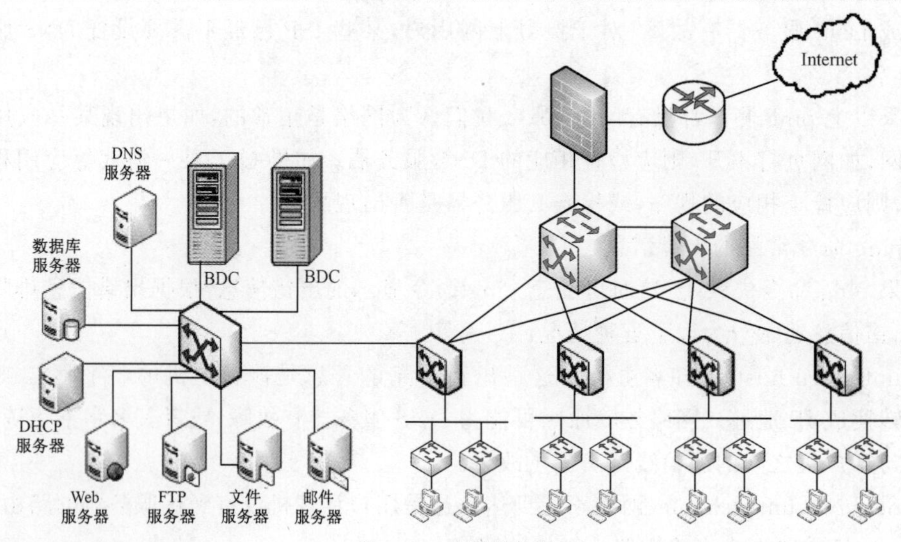

图 1-129 拓扑结构图

2.映射网络驱动器

薛主任经常要用到计算机名为“XUE01”的计算机上的驱动器 D:上存储的“工作计划”“软件备份”等共享文件夹，每次都登录共享连接很麻烦，如果能像访问自己的驱动器一样那就方便多了，这时就得进行网络驱动器的映射。

拓展任务 1-2

将名为“XUE01”的计算机上的驱动器 D:中的“软件备份”映射到名为 XUE02 的计算机上，成为该计算机上的驱动器 X:。

【STEP|01】在 Windows 桌面上右键单击“计算机”或“网络”图标，在弹出的快捷菜单中选择“映射网络驱动器”，打开“映射网络驱动器”对话框，如图 1-130 所示。

【STEP|02】在“驱动器”下拉列表中选择“X:”，在“文件夹”文本框中输入(或选择)“\\192.168.3.168\download”，勾选“登录时重新链接”复选框，单击“完成”按钮进行网络驱动器映射，再次打开“计算机”，可看到已成功映射网络驱动器 X:，如图 1-131 所示。

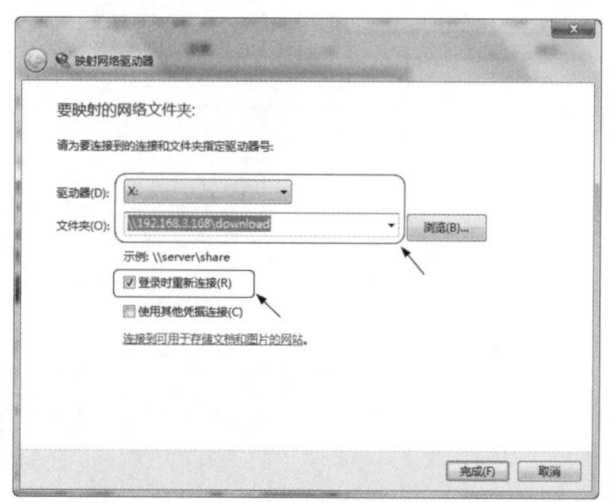

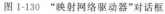

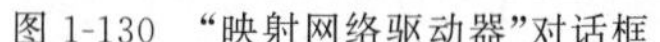
图 1-130　“映射网络驱动器”对话框

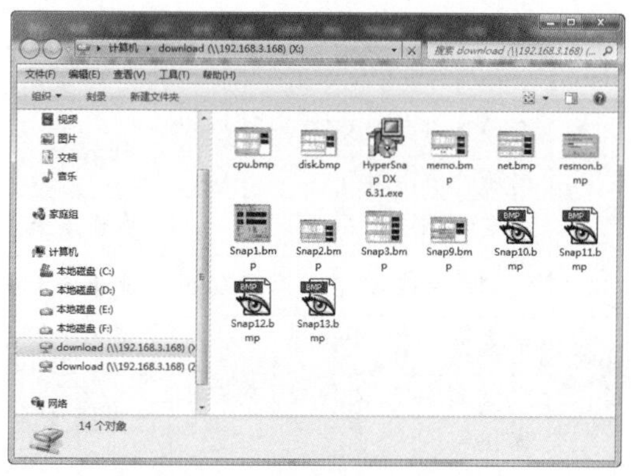

图 1-131　映射网络驱动器 X:

3.安装 Windows Server 2008 R2

Windows Server 2008 R2 是中小型局域网的服务器中经常使用的一种网络操作系统，在后续的项目中都要用到，请选择光盘介质安装方式，完成 BIOS 设置，保证安装介质 ISO 是正式版本的前提下安装 Windows Server 2008 R2。

拓展任务 1-3

设置 BIOS 从光驱启动，将 Windows Server 2008 R2 安装光盘放入光驱，重启计算机安装 Windows Server 2008 R2，安装时注意合理进行分区，正确选择相关选项。

Windows Server 2008 R2 的安装方法及过程与 Windows 7 的安装十分相似，请大家参考“任务 1-4”完成 Windows Server 2008 R2 的安装。

1.6 总结提高

通过本项目的学习，大家熟悉了网络的拓扑结构、局域网的基本组成、拓扑图的绘制方法、协议的配置等，对局域网有了一个全面的认识，也了解了组建家庭局域网必备的网络设备。通过创建家庭局域网，实现了双机互联共享资源和共享上网，为保证系统安全，还训练了杀毒软件和防火墙的配置与使用。同时在组建家庭局域网时，还进行了硬件设备安装的训练，这让大家在一定程度上又学到了一些硬件知识，掌握了一定的技能，从而为今后的工作打下了一定的基础。

家庭局域网的组建和稍微复杂的对等网络的组建过程虽然比较容易，但是，要学好、做好也需要一定的知识和技能，因此，希望大家多加练习，并熟练掌握。通过本项目的学习，你的收获怎样，请认真填写表 1-1，并及时反馈，谢谢！

表 1-1　　学习情况小结

序号	知识与技能	重要指数	自我评价					小组评价					老师评价				
			A	B	C	D	E	A	B	C	D	E	A	B	C	D	E
1	会分析并配置网络拓扑结构图	★★★															
2	会设计并绘制家庭局域网网络拓扑结构图	★★★☆															
3	会安装 Windows 7	★★★★☆															
4	会制作网线，并连接网络设备	★★★★★															
5	能配置 TCP/IP	★★★★★															
6	会设置共享文件夹、共享打印机	★★★☆															
7	会安装并配置杀毒软件	★★★★☆															
8	会安装并配置个人防火墙	★★★☆															
9	会进行网络映射	★★★															
10	能与组员协商工作，步调一致	★★★☆															

说明：评价等级分为 A、B、C、D、E 五等，其中：对知识与技能掌握很好为 A 等、掌握了绝大部分为 B 等、大部分内容掌握较好为 C 等、基本掌握为 D 等、大部分内容不够清楚为 E 等。

1.7 课后训练

一、选择题

1.以下是组建家庭局域网的一些基本步骤，顺序排列正确的一组是(　　)。

①计算机操作系统的安装与配置　　②网络设备硬件的准备和安装

③确定网络组建方案，绘制网络拓扑　　④授权网络资源共享

⑤网络协议的选择与安装

A.③②①⑤④　　B.③②⑤①④

C.③①②⑤④　　D.③①⑤②④

2.IP 地址可以用 4 个十进制数表示，每个数必须小于(　　)。

A.64　　B.128　　C.256　　D.1 024

3.下列不是常见的网络拓扑结构的是(　　)。

A.总线型　　B.环型　　C.星型　　D.对等型

4.如果你家要组建家庭局域网，你所选择的网络传输介质是(　　)。

A.双绞线　　B.光缆

C.无线网卡　　D.ADSL

5.如果你家要组建家庭局域网，你所选择的组网设备是(　　)。

A.中继器　　B.集线器

C.交换机　　D.宽带路由器

6.在更换某工作站的网卡后，发现网络不通，网络工程技术人员首先要检查的是(　　)。

A.网卡是否松动　　B.路由器设置是否正确

C.服务器设置是否正确　　D.是否有病毒发作

7.下列不属于局域网组网设备的是(　　)。

A.打印机　　B.集线器

C.交换机　　D.路由器

8.以下说法正确的是(　　)。

A.在传统的局域网中，一个工作组通常在同一个网段上

B.在传统的局域网中，一个工作组通常不在同一个网段上

C.在传统的局域网中，多个工作组通常在同一个网段上

D.以上说法都不正确

9.如图 1-132 所示的网络拓扑结构属于(　　)。

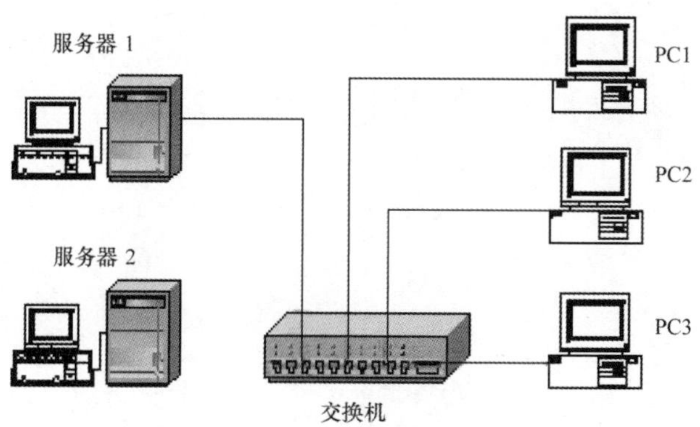

图 1-132　网络拓扑结构

A.总线型　　B.环型　　C.星型　　D.混合型

10.查看共享资源的方法是( )。

A.打开“计算机”,在地址栏中输入“\\计算机的 IP 地址或计算机名”

B.在“运行”对话框中输入“\\计算机的 IP 地址或计算机名”

C.打开“IE 浏览器”,在地址栏中输入\\计算机的 IP 地址或计算机名;

D.以上方法都行

二、问答题

1.计算机局域网络的基本拓扑结构有哪几种?各有什么特点?

2.简述 TCP/IP 网络中 IP 地址和子网掩码的作用。

3.简述组建家庭局域网所需要的硬件。

4.目前家庭用户中一般使用的是什么网络构架方式?如何使用 ADSL 架设一个三台计算机的家庭局域网?

三、技能训练题

1.小明家的两台计算机均已安装 Windows 7 操作系统,他想实现两台计算机的资源共享,因此要将两台计算机组成对等局域网。按照要求他买了两块网卡、一根双绞线及两个水晶头。接下来小明应该怎样做,请你按照顺序写出主要的步骤。

2.对等局域网组建好以后,需要接入 Internet,而且还要保证两台计算机都能上网,请绘制拓扑结构图,并简单说明方案特点。

3.参观学校或企事业单位的网络中心,完成以下任务:

(1)观察该网络中心所使用的设备,如服务器、交换机、路由器、防火墙等,记录设备名称和型号及这些设备是如何接入网络的,了解这些设备的主要功能。

(2)记录该网络内计算机的数量、配置及使用的操作系统。

(3)画出该网络的拓扑结构,并分析该网络采用何种网络结构。

(4)写出分析报告。

项目 2　组建与维护学生宿舍局域网

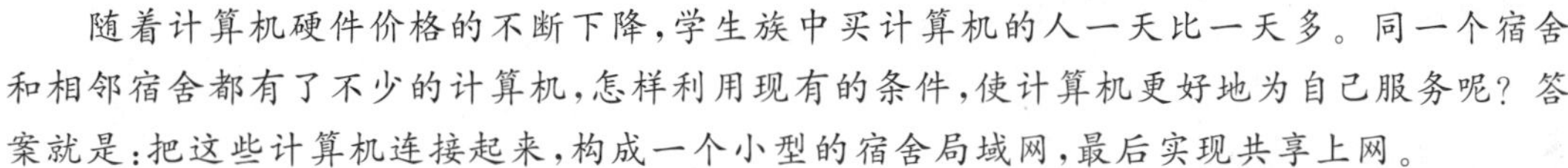

内容提要

随着计算机硬件价格的不断下降，学生族中买计算机的人一天比一天多。同一个宿舍和相邻宿舍都有了不少的计算机，怎样利用现有的条件，使计算机更好地为自己服务呢？答案就是：把这些计算机连接起来，构成一个小型的宿舍局域网，最后实现共享上网。

本项目安排了组建一个学生宿舍局域网所涉及的构建基于代理型的和基于宽带路由器型的局域网、安装与配置 SyGate、安装与配置宽带路由器、用动态域名发布宿舍网站、配置远程桌面管理、配置宿舍无线局域网、使用影子系统保护系统安全等多个任务，训练大家掌握组建学生宿舍局域网所需的知识和技能。

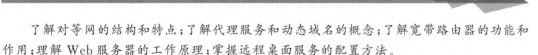

知识目标

了解对等网的结构和特点；了解代理服务和动态域名的概念；了解宽带路由器的功能和作用；理解 Web 服务器的工作原理；掌握远程桌面服务的配置方法。

技能目标

能设计学生宿舍局域网网络拓扑结构；会安装与配置 SyGate 实现共享上网；会安装与配置宽带路由器实现共享上网；会配置与管理 Web 服务器并会用动态域名发布宿舍网站；会架设与配置宿舍无线局域网。

态度目标

培养认真细致的工作态度和工作作风；养成认真分析、认真思考、细心检查的习惯；能与组员协商工作，保持步调一致。

参考学时

10 学时（含实践教学 4 学时）

2.1 情境描述

现在大学生拥有计算机已经非常普遍，一般一个宿舍都有两台以上计算机。在某些专业，几乎人手一台计算机。一般情况下，一个宿舍有4～8个人，也就是说每个宿舍有4～8台计算机。就单台计算机而言，计算机的功能不能完全发挥出来，如果能将一个宿舍或邻近的几个宿舍的计算机组成局域网，就可以和同学们一起共享资源、合作任务。

新学期开学后，黄奇回到母校看望老师和校友，当他进入王希同学的宿舍时，发现大部分同学都配了电脑，有的用台式机、有的用笔记本电脑。此时，同学们想构建一个学生宿舍局域网。一来可以实现音乐、电影等资源共享；二来能够共享一个帐号上网，节省网络费用；最后还可以制作一个宿舍网站，将网站发布到互联网上，从而学习网站的制作和管理经验。王希请教黄奇，如何完成这个任务？

2.2 任务分析

为了便于和同学们在一起探讨学习、交流心得、共享资源等，王希需要自己动手创建一个独立的宿舍局域网，组建的宿舍网要达到的目的如下：

(1)使宿舍内的多台计算机能互联成局域网，可以联网工作，实现资源共享；

(2)多台计算机能共享一根网线，使大家充分学习、了解和享受Internet的魅力；

(3)针对学生经济条件普遍不宽裕的实情，就要求将整个网络投资尽力压缩到最少。

黄奇告诉王希，组建宿舍网需要准备网卡、交换机、双绞线、ADSL路由器和代理服务器软件SyGate，在此基础上，宿舍里的计算机必须进行网络互联，才能共享Internet连接和对外发布网站。通过对项目进行分解，主要任务如下：

(1)设计网络拓扑结构，选购宿舍局域网所需硬件；

(2)完成基于代理型和基于宽带路由器型的对等网络的组建；

(3)安装与配置SyGate服务器；

(4)配置宽带路由器；

(5)配置Web服务器，申请动态域名，发布个人主页；

(6)配置无线宽带路由器，实现无线终端设备共享上网；

(7)配置影子系统保护系统安全。

2.3 知识储备

2.3.1 宽带路由器概述

宽带路由器是伴随着宽带的普及应运而生的。宽带路由器在一个紧凑的箱子中集成了路由器、防火墙、带宽控制和管理等功能，如图 2-1 所示。它具备快速转发、灵活的网络管理和丰富的网络状态等特点。宽带路由器集成了 10/100 Mbit/s 宽带以太网 WAN 接口、内置多口 10/100 Mbit/s 自适应交换机。

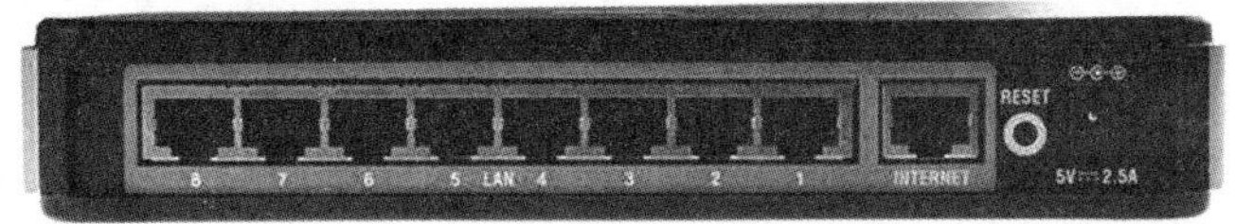

图 2-1　8 口宽带路由器

宽带路由器有高、中、低档次之分，高档次企业级宽带路由器的价格可达数千，低价宽带路由器已降到百元内，其性能已基本能满足家庭、学生宿舍、办公室等应用环境的需求，成为家庭、学生宿舍组网首选产品，宽带路由器的主要功能有以下三方面。

➢ **内置 PPPoE**：在宽带数字线上进行拨号，不同于模拟电话线上用调制解调器进行拨号，它一般采用专门的协议 PPPoE(Point-to-Point Protocol over Ethernet)，拨号后直接由验证服务器进行检验，用户需输入用户名与密码，检验通过后就建立起一条高速的用户数字线路，并分配相应的动态 IP。

宽带路由器或带路由的以太网接口 ADSL 等都内置有 PPPoE 虚拟拨号功能，可以方便地替代手工拨号。ADSL 虚拟拨号的宽带接入方式是目前国内宽带运营商提供的主流方式。

➢ **内置 DHCP 服务器**：宽带路由器都内置有 DHCP 服务器的功能和交换机端口，便于用户组网。DHCP 是 Dynamic Host Configuration Protocol(动态主机分配协议)的缩写，该协议允许服务器向客户端动态分配 IP 地址和配置信息。

通常，DHCP 服务器至少给客户端提供以下基本信息：IP 地址、子网掩码、默认网关。它还可以提供其他信息，如域名服务(DNS)服务器地址和 WINS 服务器地址。通过宽带路由器内置的 DHCP 服务器功能，用户可以很方便地配置 DHCP 服务器分配给客户端，从而实现联网。

➢ **NAT 功能**：宽带路由器一般利用网络地址转换功能(NAT)实现多用户的共享接入，NAT 比传统的代理服务器 Proxy Server 方式具有更多的优点。NAT(网络地址转换)提供了一种连接互联网的简单方式，并且通过隐藏内部网络地址的手段为用户提供了安全保护。

内部网络用户(位于 NAT 服务器的内侧)连接互联网时，NAT 将用户的内部网络 IP 地址转换成一个外部公共 IP 地址(存储于 NAT 的地址池中)，当外部网络数据返回时，NAT 则反向将目标地址替换成初始的内部用户的地址。

2.3.2　代理服务器概述

代理服务器英文全称是 Proxy Server，其功能就是代理网络用户去取得网络信息。它是网络信息的中转站。在一般情况下，使用网络浏览器直接去连接其他 Internet 站点取得网络信息时，必须送出 Request 信号来得到回答，然后对方再把信息以 bit 方式传送回来。

代理服务器是介于浏览器和 Web 服务器之间的一台服务器，浏览器不是直接到 Web 服务器去取回网页而是向代理服务器发出请求，Request 信号会先送到代理服务器，由代理服务器来取回浏览器所需要的信息并传送给浏览器。而且,大部分代理服务器都具有缓冲的功能,就好像一个大的Cache,它有很大的存储空间,不断将新取得的数据储存到本机的内存上,如果浏览器所请求的数据在它本机的内存上已经存在而且是最新的,那么它就不重新从Web服务器取数据,而直接将内存上的数据传送给用户的浏览器,这样就能显著提高浏览速度和效率。更重要的是Proxy Server(代理服务器)是Internet链路级网关所提供的一种重要的安全功能,它工作在开放系统互联参考模型的应用层。

无论是最简单的Internet连接共享,还是较为复杂的ISA、宽带路由器,根据原理的不同均可归纳为两种方式:代理(Proxy)和网关(Gateway)。无论哪种方式,都要求作为代理或网关的设备能够直接访问Internet,而所谓的代理和网关,是相对其他没有与Internet直接相连的计算机而言的。

代理功能一般通过代理软件完成,如WinGate、CCProxy、ISA。代理的工作原理是:当客户机(或客户端程序)向位于Internet上的目的地址发出请求后,代理服务器立即响应并且将这个请求发送到客户机请求的地址,当目的地址的计算机响应后,代理服务器又将该响应返回给客户机(或客户端程序)。目的主机认为所有的Internet请求都来自代理服务器,代理服务器后面的局域网PC对目的主机是完全透明的。

网关功能是通过具有路由功能的软、硬件实体(简称为路由模块)完成的。网关的工作原理是:当路由模块接收到数据包时,根据目的地址以及路由表来决定数据包的转发。通常该路由模块只有两个接口,一个WAN口,连接Internet;另一个LAN口,连接局域网集线器或交换机。在路由器上创建一条缺省路由就可以了。

SOHO局域网PC一般使用RFC1918中定义的保留IP地址,因此作为网关的路由模块必须具有网络地址转换(NAT)功能,在转发数据包前,路由模块把数据包头中的源保留IP地址转换为ISP分配给网关的动态或静态合法IP地址。因此,类似于代理方式,目的主机看到的所有来自局域网PC的请求数据包源IP地址都是唯一的网关IP地址,但与代理本质不同的是,目的主机接收到的Internet请求都是直接来自客户机。

硬件网关很多,SOHO局域网共享上网网关一般除了路由功能,还要求具有相应的拨号功能和NAT功能。网关软件很多,如RRAS、SyGate、WinRoute,实际上,上面提到的代理软件WinGate和ISA也具有网关功能,但代理是其强项。很多厂商都逐渐认识到网关的简单实用,因此,在其软件中都加入了网关功能,有的已完全改为网关软件,如SyGate。

2.3.3 动态域名解析概述

动态域名解析服务,简称DDNS(Dynamic Domain Name Server),是将用户的动态IP地址映射到一个固定的域名解析服务器上,用户每次连接网络的时候,客户端程序就会通过信息传递把该主机的动态IP地址传送给位于服务商主机上的服务程序,服务程序负责提供DNS服务并实现动态域名解析。就是说DDNS捕获用户每次变化的IP地址,然后将其与域名相对应,这样域名就可以始终解析到非固定IP的服务器上,互联网用户通过本地的域名服务器获得网站域名的IP地址,从而可以访问网站的服务。

动态域名可以将任意变换的IP地址绑定给一个固定的二级域名。不管这个线路的IP地址怎样变化,因特网用户还是可以使用这个固定的域名来访问或登录用这个动态域名建立的服务器。

比如，您是宽带上网用户，需要建立网络服务，而您的 ISP(如：电信)服务商提供的是一个每次拨号都会变化的 IP。但是，当您到 9299 全能动态域名网、希网网络、金万维、花生壳去申请一个动态域名，并设置使用该域名参数后，就可以向因特网用户提供您的网络服务了。

用户每次上网得到新的动态分配的 IP 地址之后，安装在用户计算机里的动态域名软件就会把这个 IP 地址发送到动态域名解析服务器，更新域名解析数据库。Internet 上的其他用户要访问这个域名的时候，动态域名解析服务器会返回正确的 IP 地址给他。有了这个动态域名，就可以用家里的电脑或用单位的电脑建立对外提供网络服务的 Internet 服务器。这样，您可以拥有自己的 Web 服务器、FTP 服务器、E-mail 服务器。而且还能完全掌握控制自己的服务器，而不必担心由于服务器托管造成关键数据的不安全。特别是当今网络远程实时观看设备(IPCAM、DVR、Video Capture Card)的发展，极大地促进了动态域名的应用。每个设备都需要一个这样的动态域名，因为这些设备工作的环境都是 ADSL 设备通过路由进行 PPPoE 拨号上网的，IP 地址都是动态的。

2.3.4　远程桌面服务概述

服务器安装配置完成之后，一般放在远离管理员工作的地方，此时就可以使用远程桌面的方法进行管理，远程桌面管理实现了使用本机的键盘和鼠标控制远程计算机的功能。

远程桌面连接组件是从 Windows 2000 Server 开始由微软公司提供的，该组件一经推出就受到了很多用户的拥护和喜爱。Windows Server 2008 R2 中的远程桌面服务可让用户访问在远程桌面会话主机(也叫 RD 会话主机)上安装的基于 Windows 的程序，或访问完整的 Windows 桌面服务器。使用远程桌面服务，网络管理员可从公司网络内部或 Internet 访问 RD 会话主机，可在局域网中有效地部署和维护软件。

远程桌面服务是一个由几个角色服务组成的服务器角色。在 Windows Server 2008 R2 中，远程桌面服务由远程桌面会话主机即 RD 会话主机、RD Web 访问、RD 授权、RD 网关、RD 连接代理和 RD 虚拟主机等角色服务组成。

1.RD 会话主机（服务器）

RD 会话主机(服务器)是托管远程桌面服务客户端使用的基于 Windows 的程序或完整的 Windows 桌面服务器。用户可连接到 RD 会话主机(服务器)来运行程序、保存文件、使用该服务器上的网络资源。用户可以使用“远程桌面连接”(客户端)或通过 RemoteApp 程序访问 RD 会话主机(服务器)。

2.RD Web 访问

RD Web 访问使用户可以通过安装 Windows 7 的计算机上的“开始”菜单或通过 Web 浏览器来访问 RemoteApp 和桌面连接。RemoteApp 和桌面连接向用户提供 RemoteApp 程序和虚拟桌面的自定义视图。

3.RD 授权

RD 授权管理着每个用户或设备连接到 RD 会话主机(服务器)所需的 RDS CAL。使用 RD 授权在远程桌面授权服务器上安装、颁发 RDS CAL，跟踪其可用性。

若要使用远程桌面服务，必须至少拥有一台授权服务器。对于小型部署，可以在同一台计算机上同时安装 RD 会话主机角色服务和 RD 授权角色服务。对于较大型部署，建议将 RD 授权角色服务与 RD 会话主机角色服务安装在不同的计算机上。

只有正确配置了RD会话主机服务器的RD授权，才能接受来自客户端的连接。

4.RD网关

RD网关使授权的用户可以通过任何连接到Internet的设备连接到企业内部网络上的资源。网络资源可以是运行RemoteApp程序(托管行业(LOB)应用程序)的RD会话主机(服务器)、虚拟机或启用了远程桌面的计算机。RD网关封装了RDP over HTTPS，有助于Internet上的用户与运行生产应用程序的内部网络资源之间建立安全的加密连接。

5.RD连接代理

RD连接代理在负载平衡的RD会话主机(服务器)场中跟踪用户会话。RD连接代理数据库存储会话状态信息，包括会话ID、会话关联的用户名以及每个会话所在的服务器的名称。拥有现有会话的用户连接到负载平衡的RD会话主机(服务器)时，RD连接代理会将用户重新定向到其会话所在的RD会话主机(服务器)。这样可以阻止用户连接到服务器场中的其他服务器并启动新会话。

6.RD虚拟主机

将RD虚拟主机与Hyper-V集成，以便使用RemoteApp和桌面连接提供虚拟机。可以对RD虚拟主机进行配置，以便为组织中的每个用户分配一个唯一的虚拟桌面，或者将用户重定向到动态分配虚拟桌面的共享池中。RD虚拟主机需要使用RD连接代理来确定将用户重定向到何处。

2.3.5 无线局域网概述

无线局域网，英文全名为Wireless Local Area Networks，简写为WLAN。它是非常便利的数据传输系统，它是利用射频(Radio Frequency，RF)技术，使用电磁波取代双绞铜线(Coaxial)所构成的局域网络，在空中进行通信连接，使得无线局域网能利用简单的存取架构让用户透过它，达到“信息随身化、便利走天下”的理想境界。

无线局域网不需要铺设电缆，不受结点布局限制。网络拓扑结构具有很大的灵活性，安装便捷，使用灵活，费用节省，易于扩展。无线局域网使用范围非常广泛，是当今网络发展的一个潮流，可应用于办公室、医院、校园、厂房、会议室、社区等。

1.无线局域网的拓扑结构

无线局域网组建时根据网络规模和网络现状采用无中心对等式拓扑结构(Ad-Hoc)或者有中心拓扑结构(Infrastructure)。

两者之间的区别见表2-1，有中心拓扑结构也叫集中控制式网络。

表2-1　无线局域网拓扑结构

	无中心对等式拓扑结构	有中心拓扑结构
说明	Ad-Hoc是一种省去了无线AP而搭建起的对等网络结构，安装了无线网卡的计算机，彼此之间即可实现无线互联	Infrastructure是一种整合有线与无线局域网架构的应用模式，与Ad-Hoc不同的是配备无线网卡的计算机必须通过无线AP来进行无线通信，设置后，无线网络设备必须通过无线AP来沟通
特点	要求网中任意两点均可直接通信，没有主从之分	要求一个无线站点充当中心站点，所有站点对网络的访问均由中心站点控制

（续表）

	无中心对等式拓扑结构	有中心拓扑结构
结构图		
费用	较低	需要购买昂贵的中心控制设备，费用较高
优点	抗毁性强、建网容易	组网方便，只需要将中心站点接入有线网络就可以了
缺点	当网络中站点过多时，竞争公用信道变得非常激烈，这会影响系统性能	抗毁性差，中心站点出现故障，会导致整个网络的通信中断
性　能	速度慢，有效传输距离短	整个网络可以通过中心控制设备进行管理

2.无线局域网标准 802.11

802.11a 是 802.11 原始标准的一个修订标准，于 1999 年获得批准。802.11a 标准采用了与原始标准相同的核心协议，工作频率为 5 GHz，使用 52 个正交频分多路复用副载波，最大原始数据传输速率为 54 Mbit/s，现实网络中最大传输速率约为 25 Mbit/s。802.11a 拥有 12 条不相互重叠的频道，8 条用于室内，4 条用于点对点传输。它不能与 802.11b 进行互操作，除非使用了对两种标准都采用的设备。

由于 2.4 GHz 频带已经被广泛使用，采用 5 GHz 的频带让 802.11a 具有更少冲突的优点。然而，高载波频率也带来了负面效果。802.11a 几乎被限制在直线范围内使用，这导致必须使用更多的接入点；同样还意味着 802.11a 标准中，信号不能传播得像 802.11b 那么远，因为它更容易被吸收。

IEEE 802.11b 也是无线局域网的一个标准。其工作频率为 2.4 GHz，传输速率为 11 Mbit/s。IEEE 802.11b 是所有无线局域网标准中最著名，也是普及最广的标准。它有时也被错误地标为 Wi-Fi。实际上 Wi-Fi 是无线局域网联盟（WLANA）的一个商标，该商标仅保障使用该商标的商品之间可以合作，与标准本身实际上没有关系。IEEE 802.11b 的后继标准是 IEEE 802.11g，其传输速率为 54 Mbit/s。

IEEE 802.11g 是在 2003 年 7 月通过的第三种调变标准。其工作频率为 2.4 GHz（跟 802.11b 相同），原始传输速率为 54 Mbit/s，现实网络中传输速率约为 25 Mbit/s（跟 802.11a 相同）。802.11g 的设备与 802.11b 兼容。

3.无线局域网安全参数介绍

SSID：Service Set Identifier，服务群标志符，用来区分不同的网络，最多可以有 32 个字符，无线网卡设置了不同的 SSID 就可以进入不同网络，SSID 通常由 AP 广播出来，通过 Windows 系统自带的扫描功能可以查看当前区域内的 SSID。出于安全考虑可以不广播 SSID，此时用户就要手工设置 SSID 才能进入相应的网络。即 SSID 就是一个局域网的名称，只有设置为相同 SSID 值的计算机才能互相通信。

BSSID：Basic Service Set Identifier，基本服务群标志符。用于无中心对等式网络（Ad-Hoc）中标志允许互联的无线设备。

ESSID：Extend Service Set Identifier，扩展服务群标志符。用于集中控制式网络（Infrastructure）中标志允许互联的无线设备。无线 AP 使用 ESSID 标志允许接入的无线设备。

WEP：Wired Equivalent Privacy，有线等效加密，是 IEEE 802.11 使用的一种资料加密方式，可让数据传输更加安全。

WPA 加密：Wi-Fi 网络安全存取（Wi-Fi Protected Access），加密是在发现 WEP 加密弱点后的改进版，具体又分为 TKIP 加密和 AES 加密两种。TKIP 针对 WEP 的弱点进行了重大的改良（动态密钥），但保留了 WEP 的算法和架构，虽说安全系数大大增强，但相对 AES（对称加密系统）还是稍微差了点，所以只要设备支持，就使用 AES 加密。WPA 加密的安全性相对 WEP 大大加强。

WPA2 加密：WPA 加密作为一个过渡方案，固然不能长久，所以 WPA2 加密就产生了，WPA2 加密同样也分为 TKIP 加密和 AES 加密两种。TKIP 加密、AES 加密的优缺点也如 WPA 加密中所说，就不再表述了，一般只要选了 WPA2 加密，都建议选 AES 加密而不要选 TKIP 加密。WPA2 加密的缺点就是兼容性不是很好，许多老网卡不支持这种加密方式，那样就只能使用 WPA 加密方式。要想破解这种加密同样也需要很长时间（当然密码不能太简单）。但是新出的计算机或 Wi-Fi 设备基本上没有兼容性问题。

4.无线局域网设备

（1）无线路由器

无线路由器是用于用户上网、带有无线覆盖功能的路由器。无线路由器可以被看作一个转发器，将家中墙上接出的宽带网络信号通过天线转发给附近的无线网络设备（笔记本电脑、支持 Wi-Fi 的手机、平板以及所有带有 Wi-Fi 功能的设备），如图 2-2 所示。

市场上流行的无线路由器一般都支持专线 xdsl/cable、动态 xdsl、pptp 等接入方式，它还具有其他一些网络管理的功能，如 DHCP 服务、NAT 防火墙、MAC 地址过滤、动态域名 DDNS 等。

（2）无线 AP

无线接入点（Access Point，AP）的作用类似于以太网中的集线器，如图 2-3 所示。当在网络中增加一个无线 AP 之后，即可成倍地扩展网络覆盖直径，使网络中能容纳更多的网络设备，一个无线 AP 理论上可以支持多达 80 台计算机的接入。

图 2-2　无线路由器

图 2-3　无线 AP

对于多台使用以太网网卡的计算机网络，则可以选择有多个以太网端口的无线 AP 来实现无线与有线的连接。此时的无线 AP 实际上就成了一个无线 AP 和一个多口 HUB 的集合，用户可选择有 1 个、4 个或多个以太网端口的无线 AP，既能实现无线上网又可以连接有线网。

（3）无线网卡

无线网卡的作用类似于以太网中的网卡，作为无线网络的接口，实现与无线网络的连接。根据接口类型的不同，常见的有 PCMCIA、PCI 接口（或 PCI-E 接口）和 USB 接口三种无线网卡。

- PCMCIA 无线网卡，如图 2-4 所示。PCMCIA 无线网卡仅适用于笔记本电脑，支持热插拔，可实现移动式无线接入。
- PCI 接口（或 PCI-E 接口）无线网卡，如图 2-5 所示。PCI 接口无线网卡仅适用于普通的台式计算机使用，不支持热插拔。
- USB 接口无线网卡，如图 2-6 所示。这类无线网卡既适用于笔记本电脑，同时又可用于台式计算机，它支持热插拔。

图 2-4 PCMCIA 无线网卡

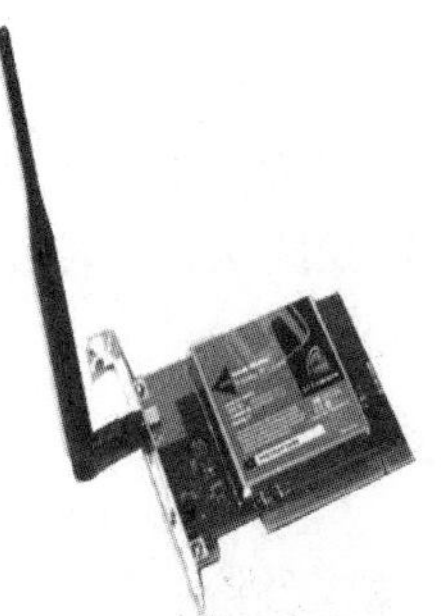

图 2-5 PCI 接口无线网卡

图 2-6 USB 接口无线网卡

(4)无线天线

当计算机与无线 AP 或其他计算机相距较远时，随着信号的减弱，传输速率明显下降或干脆无法实现正常通信，这时就必须借助于无线天线来对接收或发射的信号进行增强。

其实，无论是无线网卡、无线 AP 还是无线路由器都内置了无线天线。因此，当传输距离较近，一般室内 20～30 m，室外 50～100 m 时，根本无须购置外置天线。

无线天线有多种类型，常见的有室内天线和室外天线两种。室内天线一般为全向天线，如图 2-7 所示，室外天线根据用途的不同分为锅状的定向天线，如图 2-8 所示，棒状的全向天线，如图 2-9 所示。

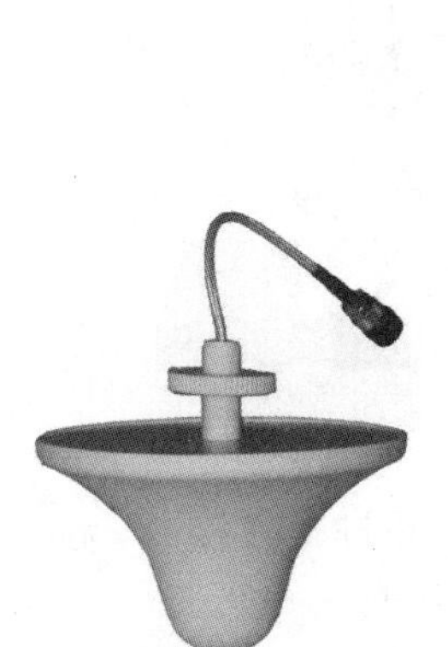

图 2-7 室内全向无线天线

图 2-8 锅状的定向天线

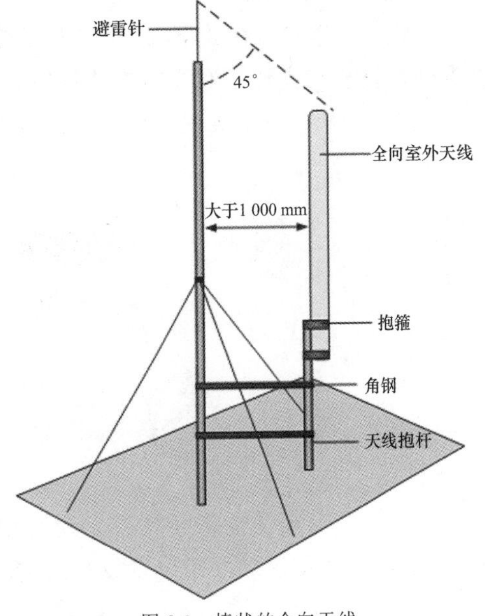

图 2-9 棒状的全向天线

(5)其他无线网络设备

无线打印共享器可以直接接驳于打印机的并行口,实现无线网络与打印机的连接,从而实现无线网络中的计算机共享打印机。

还有其他一些无线设备,如无线摄像头(可用于实现远程无线监控)、无线键盘、无线鼠标、无线麦克风等。

5.无线 AP 工作模式

无线 AP 有 5 种基本的工作模式,分别是:AP 模式、AP 客户端模式、点对点模式、点对多点模式和中继模式。

(1)AP 模式

AP(Access Point,接入点)模式,这是无线 AP 的基本工作模式,用于构建以无线 AP 为中心的集中控制式网络,所有通信都通过无线 AP 来转发,类似于有线网络中的交换机的功能。这种模式下连接方式大致如图 2-10 所示。

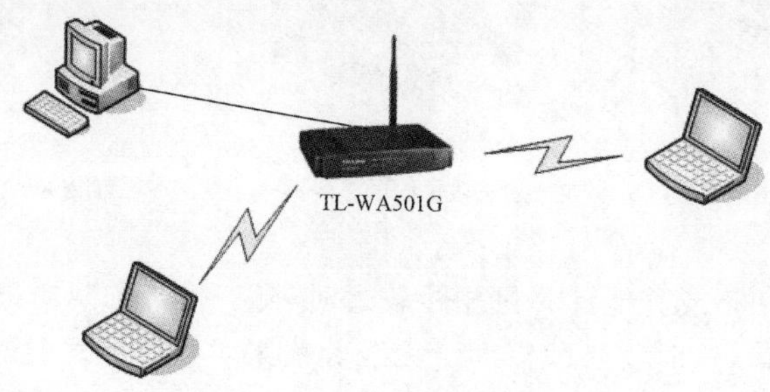

图 2-10　AP 模式

在这种模式下,无线 AP 既可以和无线网卡建立无线连接,也可以和有线网卡通过网线建立有线连接。如果无线 AP 只有一个 LAN 口,一般不用它来直接连接计算机,而是用来与有线网络建立连接,直接连接前端的路由器或者是交换机。

(2)AP 客户端模式

在 AP 客户端模式下,既可以有线接入网络也可以无线接入网络,但此时接在无线 AP 下的计算机只能通过有线的方式进行连接,不能以无线方式与无线 AP 进行连接。工作在 AP 客户端模式下的无线 AP 建立连接的方式大致如图 2-11 所示。

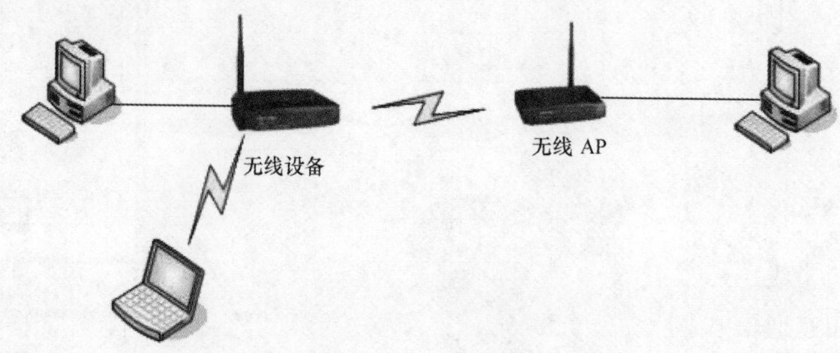

图 2-11　AP 客户端模式

图中的无线设备既可以是无线路由器,也可以是无线 AP。注意在进行连接时,无线 AP 所使用的频段最好是设置成与前端的这个无线设备所使用的频段相同。

(3)点对点模式

在点对点(Point to Point)模式下,无线 AP 不能通过无线的方式与无线网卡进行连接,只能使用无线 AP 的 LAN 口有线连接计算机。在这种模式下使用时,两个无线 AP 一般都设置为桥接模式来进行对连,其效果就相当于一根网线。具体的连接如图 2-12 所示。

图 2-12　点对点模式

(4)点对多点模式

点对多点(Point to Multi-Point)模式下,无线 AP 与设置成桥接模式的无线 AP 配合使用,组建点对多点的无线网络。基本模式如图 2-13 所示。

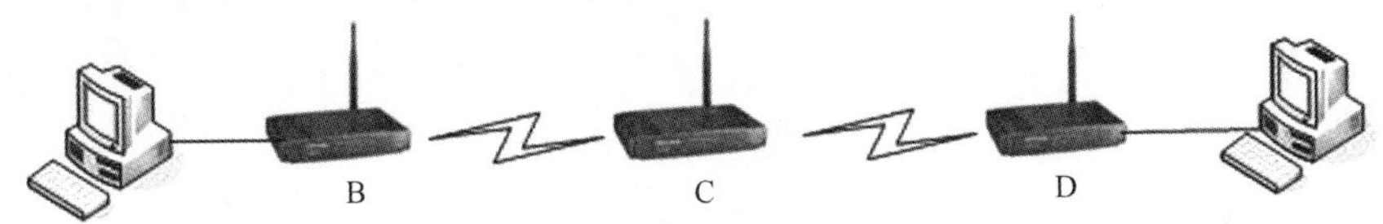

图 2-13　点对多点模式

图 2-13 中有三个无线 AP,分别为 B、C、D。其中 B 和 D 都设置成桥接模式,C 设置为多路桥接模式,在 B 和 D 无线 AP 上都要设置成指向 C,即填入 C 无线 AP 的 MAC 地址,在 C 无线 AP 上同时要添加 B 和 D 无线 AP 的 MAC 地址,从而建立连接。设置成多路桥接模式的无线 AP 中,有多个填写 MAC 地址的栏目需要填写,如果填写的条目少于两条,那么在保存时将会报错。也就是说当无线 AP 设置成多路桥接模式时,至少要与另外的两个无线 AP 进行连接。

(5)中继模式

中继(Repeater)模式下的无线 AP 的作用是对信号进行放大和重新发送,因此它可以与设置成 AP 模式的无线 AP 来进行连接并对它的信号进行中继。中继模式的无线 AP 还可以与同样设置成中继模式的无线 AP 进行连接,如图 2-14 所示。

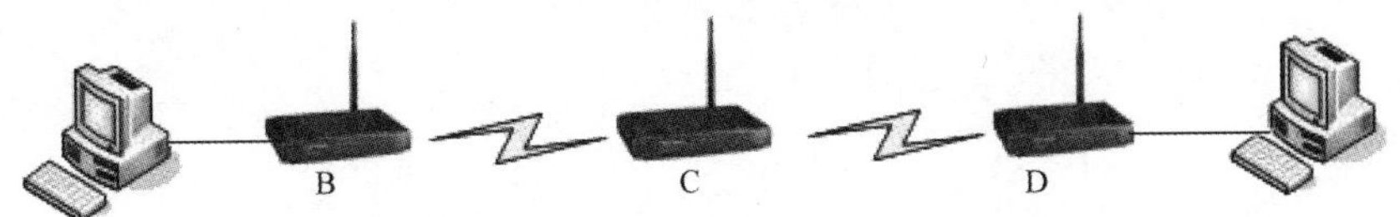

图 2-14　中继模式

中继模式的无线 AP 主要用来扩大无线网络的覆盖范围。在图 2-14 中假设 B 和 D 下面的计算机要相互通信,可是 B 的信号无法到达 D,可以在中间加一个无线 AP 对 B 的信号进行中继,从而实现 B 和 D 的通信。我们可以把 B 设置为 AP 模式,把 C 设置为对 B 的中继,再把 D 设置为对 C 的中继,从而使 B 和 D 实现通信。把 C 设置成对 B 的中继,只要把 B 的 MAC 地址填入 C 的“AP 的 MAC 地址”栏内即可。

2.4 任务实施

2.4.1 设计宿舍局域网网络拓扑结构

王希同学在黄奇的指导下，对学生宿舍局域网的组建进行了充分的调研，经过认真权衡，他认为学生宿舍局域网应采用星型拓扑结构进行构建，以交换机为中心，将宿舍里的计算机连接成一个网络，实现共享上网主要有以下三种方法。

- 采用 ADSL 方式接入 Internet，需要购买宽带路由器，以配置代理服务器的方式组建宿舍局域网。
- 如果 ADSL Modem 带有路由功能，则可选择交换机来组网。如果有多个宿舍的计算机共同上网，则可以通过交换机互联的方式将其连接起来，但要注意超五类双绞线的有效传输距离为 100 m。
- 如果有多种设备(包括 iPad、手机等)需要共享上网，则可以通过使用无线路由器构建宿舍局域网。

确定实施方案后，接下来的事情是先绘制拓扑结构图，然后选购宿舍网网络设备，再根据具体情况来实施任务。

任务 2-1

根据宿舍局域网共享上网的三种方法，分别设计并绘制网络的拓扑结构。

【STEP|01】设计采用代理服务器方式实现共享上网的宿舍局域网的拓扑结构，如图 2-15 所示，此拓扑需要一台计算机充当代理服务器，而且这台机器上必须安装两块网卡。

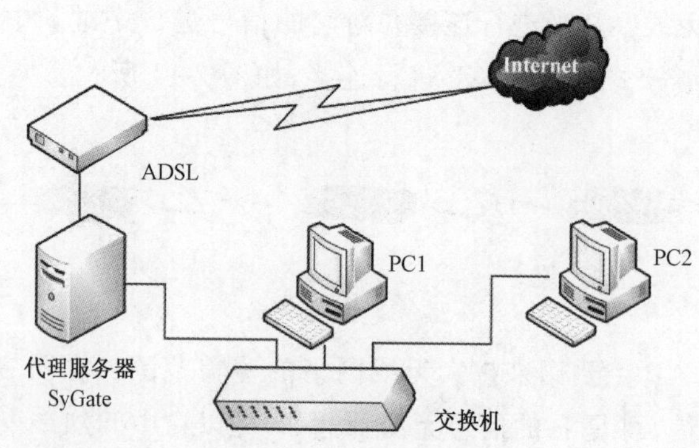

图 2-15　采用代理服务器方式共享上网拓扑结构

【STEP|02】设计采用具有拨号功能的宽带路由器共享上网的宿舍局域网的拓扑结构，如图 2-16 所示，需要将宽带路由器的以太网端口连接到交换机上，将电话线端口连接到已申请开通宽带的电话线上。

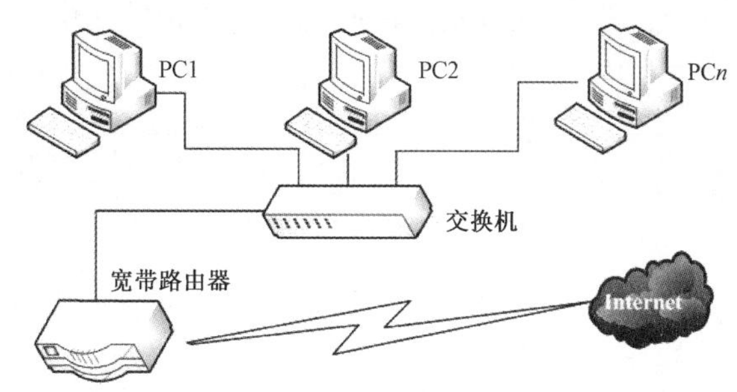

图 2-16　采用带拨号功能的宽带路由器共享上网拓扑结构

【STEP|03】在黄奇的指导下，王希同学设计了采用具有拨号功能的无线宽带路由器实现共享上网的一个集中控制式（Infrastructure）无线宿舍局域网的拓扑结构，如图 2-17 所示。

图 2-17　无线局域网拓扑结构

2.4.2　选购宿舍局域网网络设备与安装系统

组建宿舍局域网前，应先根据能承受的开销确定一套高性价比设备选购方案。设备选购完成后，应按一定的顺序安装和配置相关设备，并进行测试。

任务 2-2

根据宿舍局域网共享上网的方法，以 6 台计算机为例，给出较为常用的两种宿舍局域网设备选购方案。

【STEP|01】了解宿舍局域网网络设备需求。通常构建宿舍局域网需要网卡、网线、水晶头、交换机、宽带路由器、无线宽带路由器、ADSL 等相关网络设备。

【STEP|02】上网查阅相关产品的性能、报价等信息，表 2-2 以 6 台计算机组建宿舍局域网为例，给出较为常用的两种宿舍局域网组网方案，供大家参考。

表 2-2　　宿舍局域网网络设备购置预算表

组网方案	硬件设备	数量	单价(元)	合计(元)	总计(元)
经济型	网卡(主板集成)				136
	非屏蔽超五类双绞线(TCL、AMP、D-LINK)	20 m	2	40	
	水晶头(TCL、AMP、山译、腾达等)	12 个	0.5	6	
	8 口宽带路由器(TP-LINK、水星、腾达等)	1 个	90	90	
发烧型	USB 口无线网卡(TP-LINK、水星、讯捷等)	6 个	60	360	526
	非屏蔽超五类双绞线(TCL、AMP、D-LINK)	20 m	2	40	
	水晶头(TCL、AMP、山译、腾达等)	12 个	0.5	6	
	8 口无线宽带路由器(TP-LINK、水星、腾达)	1 个	120	120	

现在计算机主板基本上都自带网卡,可以不用再次购买网卡,在一定程度上降低了宿舍局域网的组建成本。

任务 2-3

根据宿舍局域网共享上网的拓扑结构,正确安装宿舍局域网网络设备,配置好计算机的 IP 地址,保证能登录宽带路由器。

宿舍局域网网络设备的安装是以宽带路由器为核心完成的,下面以 TP-LINK R460＋为例介绍安装步骤,其他的宽带路由器安装方法与此类似。

【STEP|01】使用原装附带的电源适配器给路由器供电(使用不匹配的电源适配器可能会对路由器造成损坏)。

【STEP|02】利用“任务 1-6”制作的直通网线将路由器 LAN 口与计算机网卡连接。

【STEP|03】将宽带线(电信 ADSL、网通 ADSL、长城宽带、天威视讯等)与路由器的 WAN 口连接。

【STEP|04】查看宽带路由器自身 IP,按照“任务 1-5”设置接入计算机的 IP 地址(如果宽带路由器具有 DHCP 功能,可设为自动获取),保证计算机的 IP 地址与宽带路由器的 IP 地址在同一网段,打开浏览器,在地址栏中输入宽带路由器的 IP 地址进入路由器设置页面。

2.4.3　配置宽带路由器实现共享上网

通过 ICS 或者 SyGate 等共享软件来实现 Internet 共享,需要一台专用的服务器做代理服务器,非常麻烦。而且,如果代理服务器出了问题,整个局域网中的计算机都不能共享上网。如果选择宽带路由器来实现共享上网,不但实施起来比较方便、实用,而且成本很低。本任务就以一款性价比较高的宽带路由器 TP-LINK R460＋为例,按照图 2-18 安装好硬件,然后在任一台 PC 中对路由器进行配置。

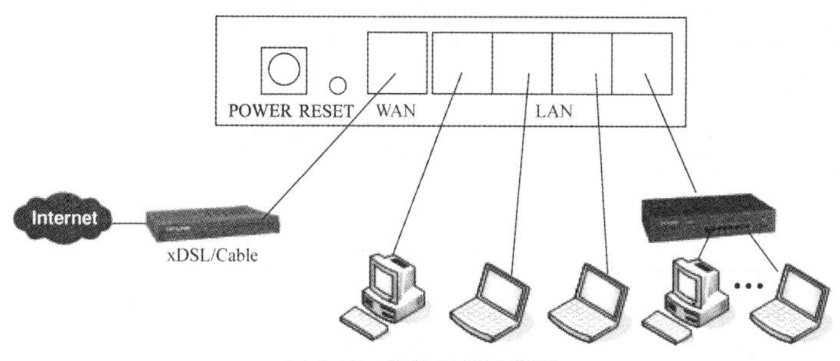

图 2-18　硬件连接示意图

1.构建宽带路由器型对等网

要构建宽带路由器型对等网，首先需要熟悉图 2-17 所示网络拓扑结构，接下来按照前面学习过的技能，安装联网设备、进行相应的配置等，具体构建宽带路由器型对等网的前期任务如下。

- 确定网络拓扑结构，如图 2-17 所示。根据网络拓扑选取相应的设备，宽带路由器自带拨号功能，有的还有 8 个局域网端口，如果设备少于 8 台，就不必选配交换机。
- 根据图 2-17 结构连接好宽带路由器等宿舍网中的各类网络设备，用做好的直通线连接 ADSL Modem 和宽带路由器的 WAN 口。然后将计算机用直通线连接到路由器的 LAN 口，连接邻居的网线往往较长，可以在购买网线之前预测长度(不要超过 100 m)。
- 按照"任务 1-5"的方法和步骤配置网络协议。网络协议规定了网络中各用户之间进行数据传输的方式。

以上任务的内容在项目 1 中都已经做了详细介绍，在此不再重复。

2.配置宽带路由器

宽带路由器也是一种共享上网设备，同路由式 ADSL Modem 相似，它也具有"路由"的功能，可以取代代理服务器的位置而成为客户机的"网关"。客户机通过这个"网关"来上网。

(1)熟悉并安装 TP-LINK R460＋宽带路由器

任务 2-4

了解 TP-LINK R460＋宽带路由器的结构、指示灯的含义和接口的作用。按照宿舍网的要求连接相关设备。

【**STEP|01**】熟悉 TP-LINK R460＋宽带路由器的前面板。在前面板有一排指示灯，如图 2-19 所示，各指示灯的具体含义见表 2-3。

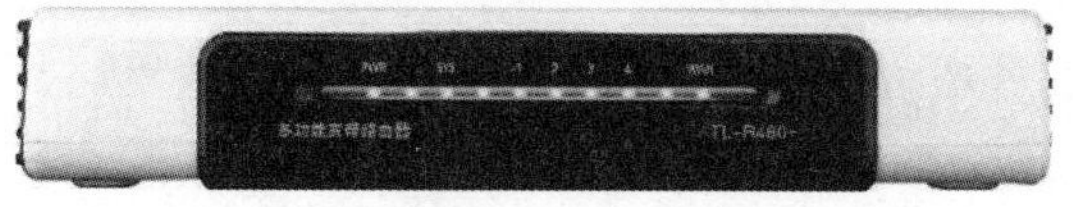

图 2-19　TP-LINK R460＋前面板示意图

表 2-3　　指示灯及其含义

指示灯	描述	功能说明
PWR	电源指示灯	常灭：没有上电；常亮：已经上电

（续表）

指示灯	描述	功能说明
SYS	系统状态指示灯	常灭：系统存在故障；常亮：系统初始化故障；闪烁：系统正常
1/2/3/4	局域网状态指示灯	常灭：相应端口没有连接上；常亮：相应端口已正常连接；闪烁：相应端口正在进行数据传输
WAN	广域网状态指示灯	常灭：端口没有连接上；常亮：端口已正常连接；闪烁：端口正在进行数据传输

【STEP|02】熟悉 TP-LINK R460＋宽带路由器的后面板。后面板上有 5 个 RJ45 端口，其中 WAN 是广域网端口，连接到 ADSL Modem 或小区宽带接口，标有数字 1、2、3、4 的是局域网端口，可以连接计算机网卡、Hub、交换机，组成局域网。最左边是电源插孔，接插变压器为路由器供电，旁边是 RESET 复位按钮，它可以将路由器配置恢复到出厂默认值，其结构如图 2-20 所示。

图 2-20　TP-LINK R460＋后面板示意图

【STEP|03】接线。

连接网线。一根交叉线的一端插入 ADSL，另一端插入路由器的 WAN 口，其他网线（直通线）一端插入宽带路由器 LAN 口的任一接口，另一端接入 PC 的网卡，如图 2-18 所示。

连接电源线。电源线分别插入 ADSL 和路由器的电源孔，再接通 Modem 和 TP-LINK R460＋的电源。

【STEP|04】设置本地网络连接，将连接 TP-LINK R460＋宽带路由器的 PC 的 IP 设置成 192.168.1.*X*（*X* 的值为 2～253）或自动获取，具体配置方法请参考“任务 1-5”。

提示

默认路由器已经启动了 DHCP 服务器，我们可设置网卡自动获得 IP 地址；或将 IP 地址设置为 192.168.1.*X*（必须与宽带路由器在同一网段），否则无法登录路由器。

（2）宽带路由器的基本配置

TP-LINK R460＋宽带路由器的配置比较简单。它采用全中文的配置界面，每步操作都配有详细的帮助说明。特有的快速配置向导更能轻松快速地实现网络连接。为了充分利用该款路由器的各项功能，请仔细阅读配置指南。

任务 2-5

采用 Web 方式登录路由器管理界面，对 TP-LINK R460＋宽带路由器进行合理配置，最后进行上网测试。

【STEP|01】打开 IE 浏览器，在地址栏中输入 192.168.1.1，如图 2-21 所示，按回车键或单击“转到”按钮。

【STEP|02】随后将打开一个新的对话框，如图 2-22 所示，输入默认的用户名和密码（默认值均为 admin，登录可自行更改）。

图 2-21　打开 IE 浏览器进行登录

图 2-22　输入登录用户名和密码

> **提示** 各路由器登录地址不同，一般路由器的默认 IP 地址是 192.168.1.1 或 192.168.1.254，也有的是 192.168.0.1，大家可以查看其说明书，或查看设备底部的标签。

【STEP|03】单击“确定”按钮后，进入路由器设置界面，如图 2-23 所示，将看到一个“设置向导”对话框，如果没有打开该对话框，请单击“设置向导”按钮。

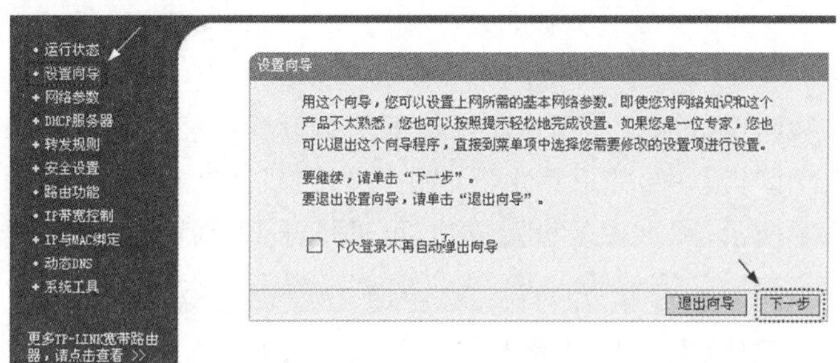

图 2-23　“设置向导”对话框

【STEP|04】单击“下一步”按钮，出现路由器上网方式设置对话框，如图 2-24 所示，此时请根据实际情况选择上网类型。

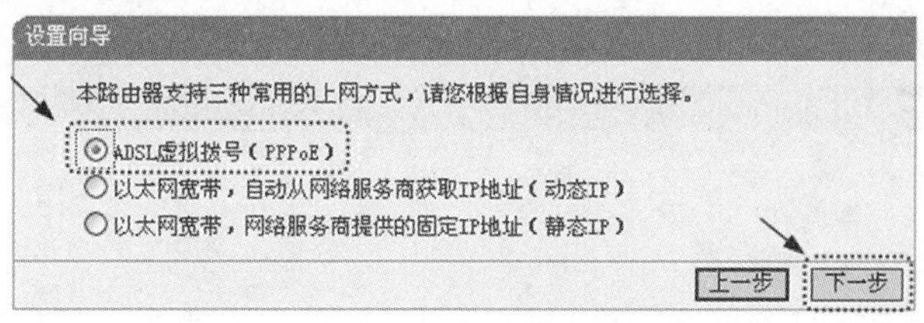

图 2-24　上网方式设置对话框

> **提示** 在配置前应向 ISP 了解相关的局端参数：如果是静态 IP 方式，请了解静态 IP 地址、子网掩码、网关、DNS 服务器、备用 DNS 服务器。如果是动态 IP 方式，从局端获取 IP 地址，如果需要手动设置 DNS 服务器地址，请向局端咨询。如果是 PPPoE 方式，必须知道用户名和密码。

【STEP|05】单击“下一步”按钮，出现输入 PPPoE 上网方式用户名和密码对话框，如图 2-25 所示，输入在 ISP 处申请的 ADSL 上网帐号和上网口令。

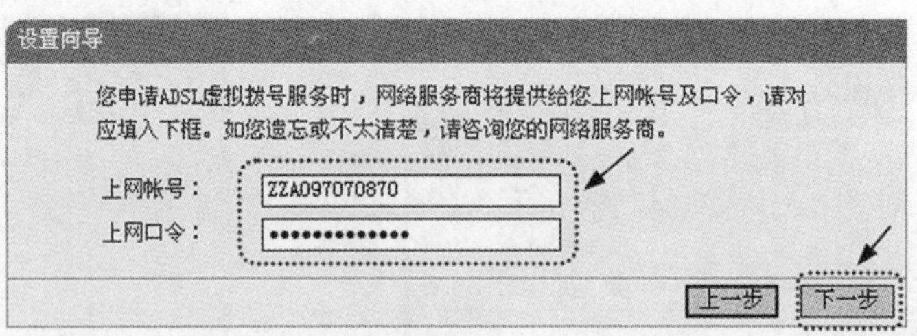

图 2-25　输入上网帐号和上网口令对话框

提示　上网帐号及上网口令由 ISP 提供，并非登录路由器的用户名和密码。

【STEP|06】单击“下一步”按钮，出现设置完成对话框，如图 2-26 所示，单击“完成”按钮完成宽带路由器的基本配置。

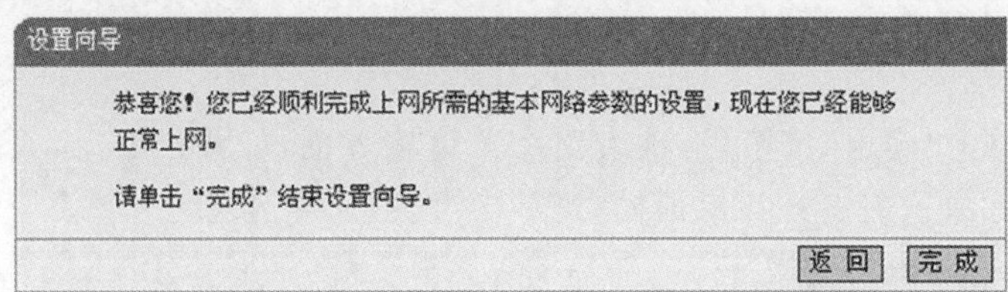

图 2-26　设置完成对话框

【STEP|07】互联网连接测试。现在路由器的基本设置已经完成。在路由器管理界面中的运行状态→WAN 口状态中，如果路由器 WAN 口已成功获得相应的 IP 地址、DNS 服务器等信息，如图 2-27 所示，那么表示设置成功，可以打开 IE 浏览器，浏览喜欢的网页了。

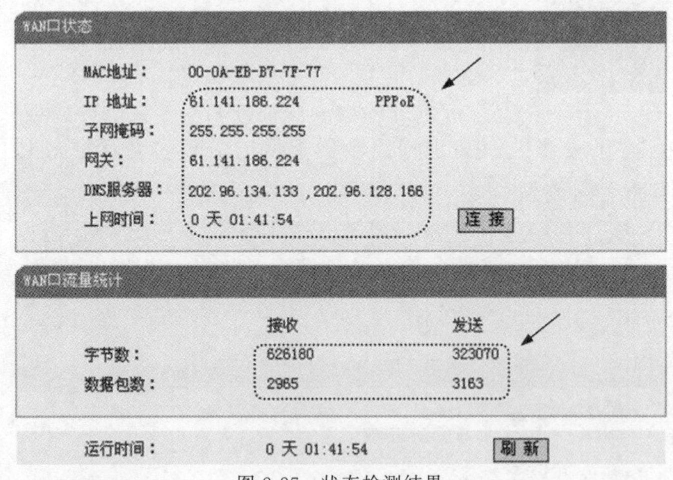

图 2-27　状态检测结果

(3)宽带路由器的高级配置

学生宿舍内的计算机可以共享上网了，但还有些不够理想的地方需要优化，一是每台接入的计算机都要配置 IP 地址，需要熟悉计算机网络，而且比较麻烦；二是连接方式的选择也需灵活配置；三是远端用户无法通过公网 IP 访问宿舍局域网内部的服务器；还有就是经常需要运用 MAC 地址克隆等，要学会这些技能，请完成以下任务。

任务 2-6

在 TP-LINK R460+SOHO 宽带路由器中设置 DHCP 服务；配置连接方式；设置虚拟服务器条目，实现 MAC 地址克隆。

【STEP|01】配置 DHCP 服务器。在主界面的左侧选择菜单中的"DHCP 服务器"→"DHCP 服务"，出现 DHCP 服务设置界面，如图 2-28 所示。选中"启用"选项，在"地址池开始地址"和"地址池结束地址"文本框中输入自动分配给客户机的起始 IP 地址和结束 IP 地址，在"主 DNS 服务器"和"备用 DNS 服务器"文本框中输入 ISP 提供的 DNS 服务器的地址，不清楚可以向 ISP 询问。完成设置后，单击"保存"按钮。

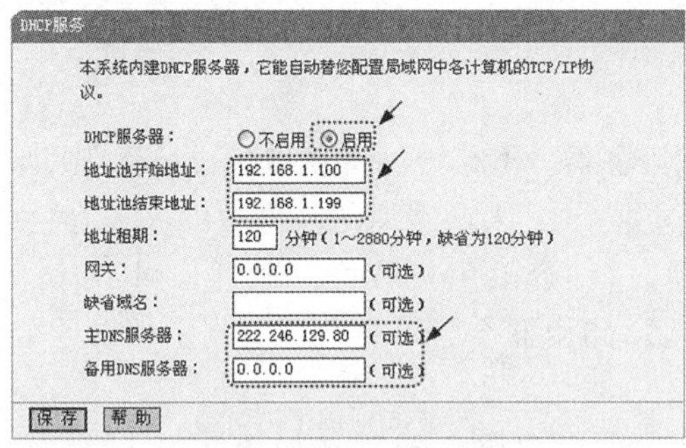

图 2-28　配置 DHCP 服务器

提示　若要使用本路由器的 DHCP 服务器功能，局域网中计算机的 TCP/IP 协议项必须设置为"自动获得 IP 地址"，此功能需要重启路由器后才生效。

【STEP|02】选择连接的方式。选择合适的连接方式是很重要的，根据您安装的 ADSL 套餐可以选择路由器和 ADSL Modem 开机时网络是"按需连接"、"自动连接"还是"手动连接"，如图 2-29 所示。除非宽带是包月不限时，否则不建议选择自动连接，"手动连接"是每次拨号都需要进入路由器管理界面点击拨号，建议采用按需连接，只要客户端发出上网请求，路由器就会自动拨号，自动断线等待时间是指这段时间内没有任何数据请求（即静止状态）就断开网络，这能有效控制上网时间，推荐设置为 8～30 分钟。

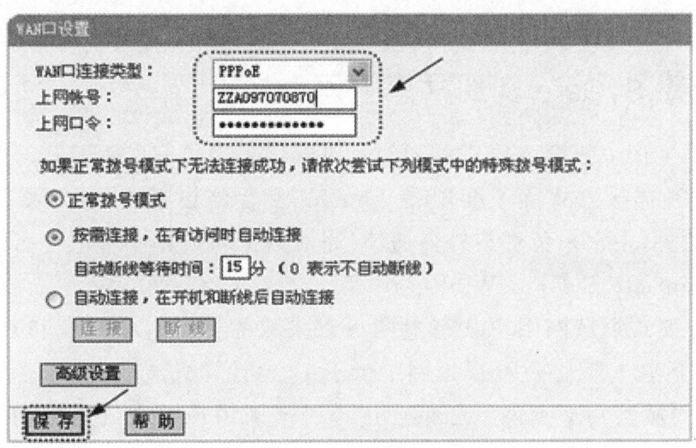

图 2-29　选择连接的方式

保存设置后，需重新启动 TP-LINK R460＋ SOHO 宽带路由器，修改的内容才会生效。

【STEP|03】MAC 地址克隆。选择菜单“网络参数”→“MAC 地址克隆”，在如图 2-30 所示对话框中设置路由器对广域网的 MAC 地址。

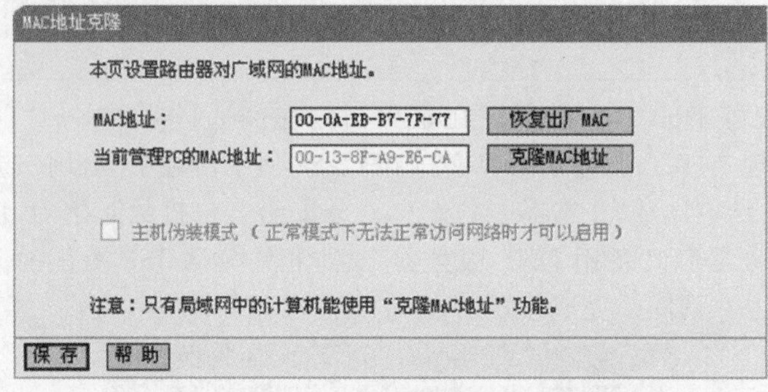

图 2-30 MAC 地址克隆

【STEP|04】配置虚拟服务器。宽带上网会获取一个公网 IP(唯一的)，在单机上网的时候，公网的用户就可以通过这个 IP 来访问你的电脑中的服务，路由器虚拟服务器可以将路由器配置成为虚拟服务器，这样远端用户就可以通过公网 IP 访问局域网中的服务器，如 Web 服务器和 FTP 服务器，路由器会自动将公网上制定端口的数据发送到内网特定的 IP 和端口。

选择菜单“转发规则”→“虚拟服务器”，在如图 2-31 所示对话框中设置虚拟服务器条目。

虚拟服务器

虚拟服务器定义了广域网服务端口和局域网网络服务器之间的映射关系，所有对该广域网服务端口的访问将会被重定位给通过IP地址指定的局域网网络服务器。

ID	服务端口	IP地址	协议	状态	配置
1	21	192.168.1.100	TCP	生效	编辑 删除
2	80	192.168.1.101	ALL	生效	编辑 删除

添加新条目　使所有条目生效　使所有条目失效　删除所有条目

上一页　下一页　帮 助

图 2-31 设置虚拟服务器条目

图例设置是把公网中连接到 21、80 端口的所有请求转到内网中网址为 192.168.1.100 和 192.168.1.101 的客户机。

2.4.4 配置 SyGate 实现共享上网

很多网吧、学生宿舍或个人家中都通过一部 Modem 和一个 ISP 帐号来把整个局域网连入 Internet，这种连接方式除了要配备 Modem 和网络设备外，还需要一套代理服务器(Proxy Server)软件，由它来负责与外界通信，完成数据转换和中继的任务。此类常用的代理软件主要有 WinGate、SyGate、WinRoute 等。

使用 SyGate 实现局域网用户共享上网可以采取的方案有单网卡和双网卡两种方案。单网卡方案适用于客户端比较少(局域网中少于 10 台计算机共享上网)的情况，双网卡适用于规模比较大的局域网共享上网。如果使用单网卡来为规模大的局域网提供共享上网服务，一块网卡同时处理 ADSL 信号和局域网信号，共享上网信号就会影响到系统的上网速度，本项目只讲解双网卡共享上网方式。

无论使用单网卡还是双网卡，SyGate 服务器的配置是相同的，接下来具体讲解代理服务型共享上网方式的配置过程。

1.构建代理型对等网

从项目描述中发现，必须构建对等网，首先按照图 2-15 所示的网络拓扑结构，完成以下构建对等网的任务。

- 根据网络拓扑选取相应的设备，需保证代理服务器上安装两块网卡(按照“任务 1-8”安装网卡)，网卡 1 接局域网，网卡 2 接宽带外网。
- 根据图 2-15 按照“任务 2-3”的方法和步骤连接好宿舍网中的各类网络设备。
- 按照“任务 1-5”的方法和步骤配置网络协议。网络协议规定了网络中各用户之间进行数据传输的方式。
- 按照“任务 1-7”建立宽带连接：在服务器中建立宽带连接，设置帐号和密码，使该计算机能够拨号上网。

2.安装代理服务器软件

代理服务器软件 SyGate 有很多版本，如果对英文不是很熟的话，建议上网下载 Sygate 4.5 汉化版，该版本只需安装服务器端，并在服务器端做相关配置，不需要安装客户端即可使用。

任务 2-7

上网下载代理服务器软件 SyGate 4.5，在代理服务器中进行安装设置，保证其他用户能够通过代理服务器共享上网。

【STEP|01】上网搜索并下载代理服务器软件 SyGate 4.5。

【STEP|02】下载完成后，双击安装目录中的 Sygate45chs，运行 SyGate 安装程序，打开欢迎窗口，单击“下一步”按钮继续，然后打开 SyGate 安装使用协议书，如图 2-32 所示，单击“是”按钮接受协议。

【STEP|03】选择 SyGate 的安装路径，默认安装路径是“C:\Program Files\SyGate\SHN”，要改变默认安装路径则单击“浏览”按钮，否则，单击“下一步”按钮，如图 2-33 所示。

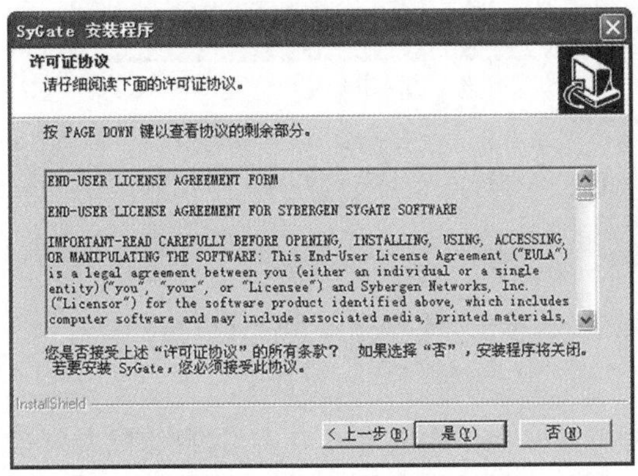

图 2-32　SyGate 安装协议

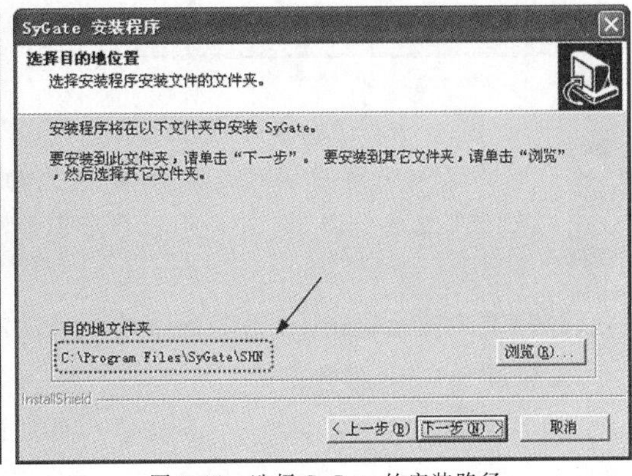

图 2-33　选择 SyGate 的安装路径

【STEP|04】显示 SyGate 将新建程序文件夹“Sygate Home Network”，取默认值，如图 2-34 所示，单击“下一步”按钮。

【STEP|05】SyGate 开始复制文件，复制完成后，要求选择安装模式。这里选择服务器模式，如图 2-35 所示，然后输入本代理服务器的计算机名称，单击“确定”按钮。

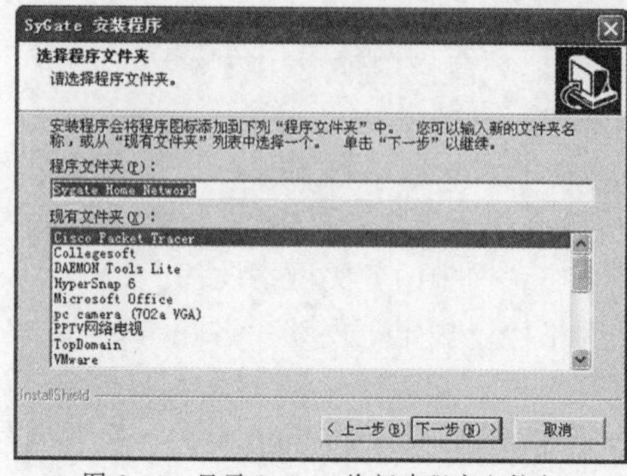

图 2-34　显示 SyGate 将新建程序文件夹

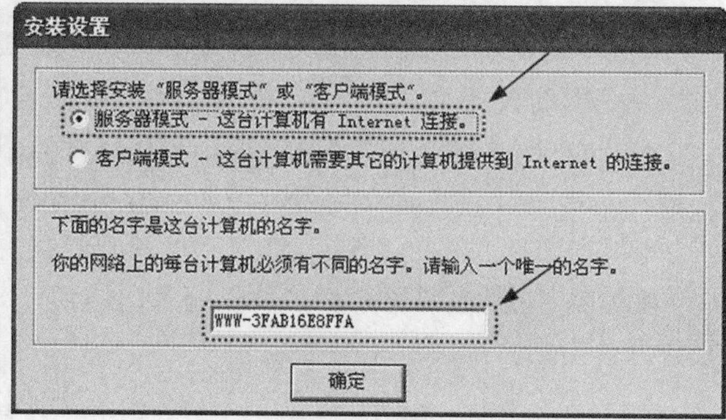

图 2-35　选择 SyGate 安装模式

> **提示**　SyGate 安装分两种模式，一种是服务器模式，即本身已经接入 Internet，用它做代理服务器；另一种是客户端模式，该模式计算机要通过代理服务器上网，同时可以远程管理 SyGate 服务器。

【STEP|06】安装完 SyGate 后，会自动检测 Internet 连接。如 Internet 连接正常，则会显示“Sygate Network Diagnostics finished.”提示，否则会显示检测连接失败。单击“确定”按钮，如图 2-36 所示。

【STEP|07】然后打开感谢试用 SyGate 的对话框，单击“确定”按钮进入试用模式，如图 2-37 所示。

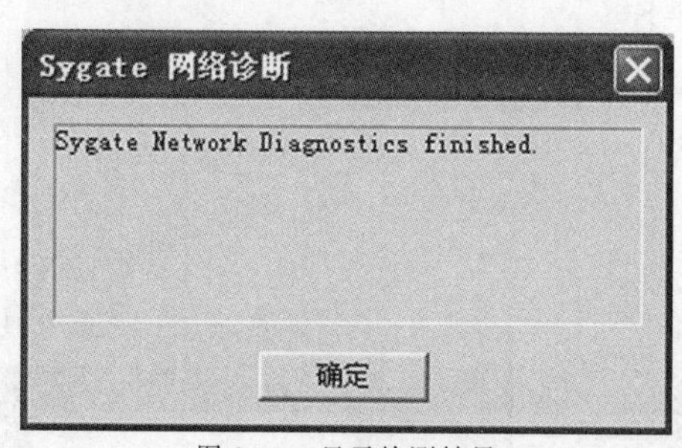

图 2-36　显示检测结果

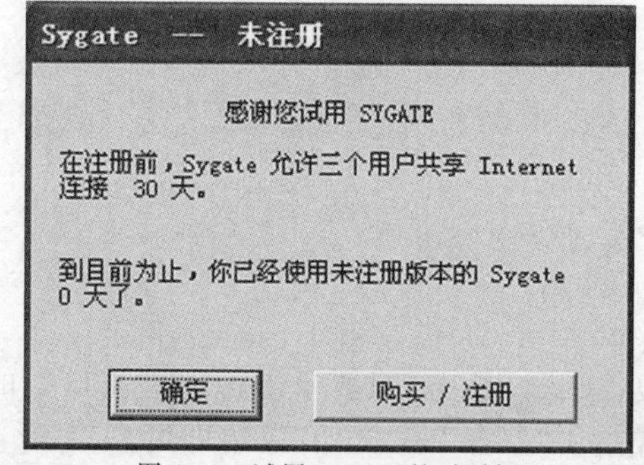

图 2-37　试用 SyGate 的对话框

> **提示**　SyGate 试用模式是限制 30 天或限制 100 MB 流量，超过两者中的任一种，如果还要继续使用，则需要购买 SyGate 的注册码。

【STEP|08】安装完成，要求重启计算机才能生效，单击“是”按钮，重启计算机。

3.配置 SyGate 服务器

在成功安装好 SyGate 后，SyGate 会自动检测 Internet 连接与本地连接，自动配置好代理服务，用户无须参与即可使用 SyGate 的默认服务，但用户往往不满足于这些服务，需要对它进行进一步的设置,以更好、更方便地管理 SyGate 代理服务器。

任务 2-8

进入 SyGate 管理主窗口;熟悉暂停/恢复 SyGate 服务;学会配置网卡;启用 SyGate 内嵌的 DHCP 服务;管理 SyGate 的黑名单和白名单;完成 SyGate 的客户端的设置。

【STEP|01】进入 SyGate 管理主窗口。单击“开始”菜单,然后选择“程序”→“SyGate Home Network”→“Sygate Manager”,进入 SyGate 管理主窗口,如图 2-38 所示,以后所有 SyGate 服务器端管理工作全在此完成。“状态”栏显示是“连接类型: High-Speed Connection”“Internet 共享: Online”,右下角亮的是绿灯,“网络流量信息”栏显示信息传输状况,“INTERNET 接口状态”栏显示线路、用户、连接 Internet 网卡情况,可以看出 SyGate 正在正常工作。

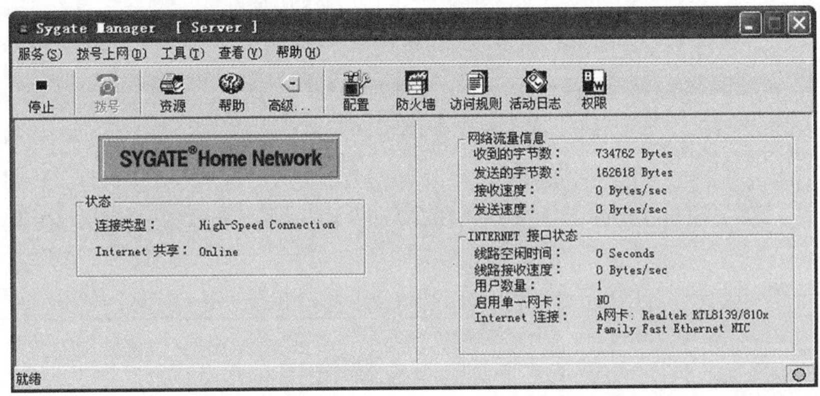

图 2-38　SyGate 管理主窗口

【STEP|02】暂停/恢复 SyGate 服务。有时由于某种原因,需要暂停 SyGate 服务,暂停服务的方法是:进入 SyGate 管理主窗口,单击工具栏左边的“停止”按钮或单击“服务”→“停止”菜单,如图 2-39 所示,打开对话框,询问是否真的想暂停 SyGate 服务,单击“是”按钮。此时“状态”栏显示“连接类型:None”“Internet 共享:Service Off”,同时管理主窗口右下角灯为红色。如想恢复 SyGate 服务,只要单击管理主窗口中的“开始”按钮或单击“服务”→“开始”菜单即可。

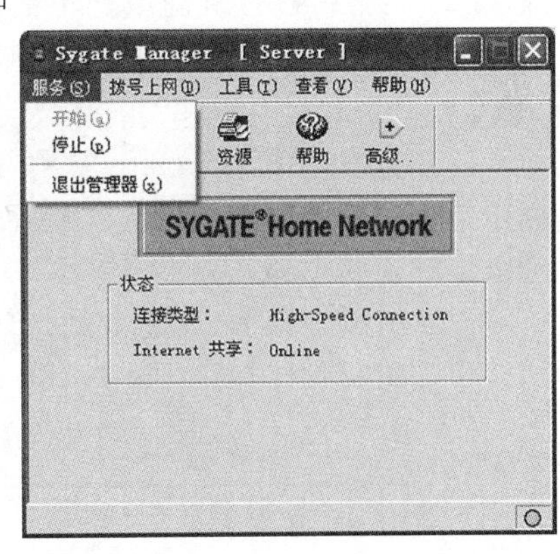

图 2-39　暂停/恢复 SyGate 服务

【STEP|03】配置网卡。如果 SyGate 代理服务器只有两个网卡,在安装 SyGate 时将会自动配置,如果该机器有三个甚至更多网卡,则需要手动配置指定连接 Internet 和接入本地网络的网卡。在 SyGate 管理主窗口中单击“配置”按钮,打开“配置”对话框,配置完毕,单击“确定”按钮,重新启动服务使配置生效。

【STEP|04】自动启动 SyGate 服务。作为代理服务器,机器只要是开着,代理服务器软件应该时刻运行着,有时计算机也需要经常重启,如每次启动时再人为运行 SyGate 服务,既麻烦,又可能忘记,这样其他客户端将无法上网。SyGate 为我们提供了在计算机启动时便自动启动 SyGate 服务功能,启用该项服务的操作步骤是:进入 SyGate 管理主窗口,单击“配

置"按钮,在打开的"配置"对话框中勾选"系统启动时开启 Internet 共享"选项,如图 2-40 所示,单击"确定"按钮。

【STEP|05】启用 SyGate 内嵌的 DHCP 服务器,实现自动分配 IP 地址。

➘在图 2-40 所示的"配置"对话框中,勾选"启用地址服务器(DHCP)",单击"高级"按钮,进入"高级设置"对话框。

➘指定 IP 地址段。在"地址服务器(DHCP)"栏中,单击"使用以下指定的 IP 范围",在"从"与"至"的文本框中分别输入 IP 地址起始地址与 IP 地址结束地址,如图 2-41 所示,这样,SyGate DHCP 只会给局域网中的计算机分配在这个范围内的 IP 地址。

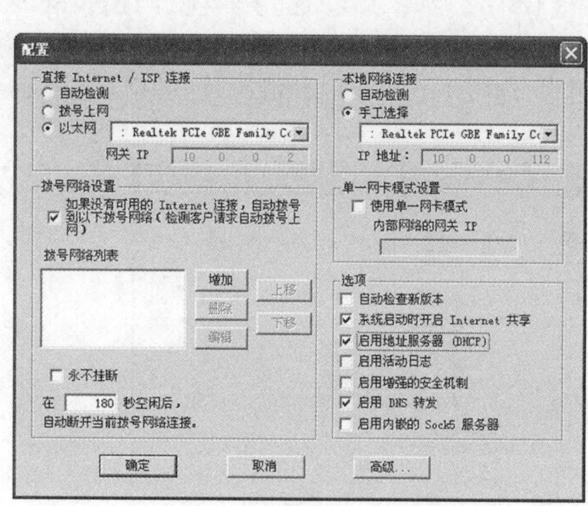

图 2-40 自动启动 SyGate 服务

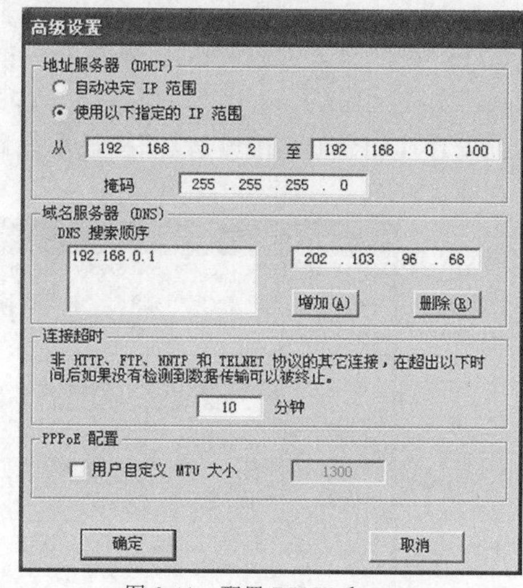

图 2-41 配置 DHCP 和 DNS

➘指定 DNS 搜索顺序。在"域名服务器(DNS)"栏中,单击"DNS 搜索顺序"右边的文本框,输入"192.168.0.1"(局域网上的 DNS 服务器),然后单击"增加"按钮,重复该步骤,添加"202.103.96.68"(互联网上的 DNS 服务器),可配置多个 DNS 服务器,单击"确定"按钮完成配置。

【STEP|06】管理 SyGate 的黑名单。黑名单,即在 SyGate 代理服务器中,不允许这些用户在指定的时间访问指定的站点,而其他用户则无此限制,这里的指定时间和指定站点可以是全部时间和全部站点。

下面将以禁止 IP 地址为 192.168.0.3 的用户在每周一的 9:00～周三 9:00 期间上网为例进行说明。具体操作步骤如下:

(1)在 SyGate 管理主窗口中,单击"权限"按钮,SyGate 打开对话框,要求输入密码,如图 2-42 所示,如无密码,可单击"确定"按钮直接进入"权限编辑器"对话框,如图 2-43 所示。

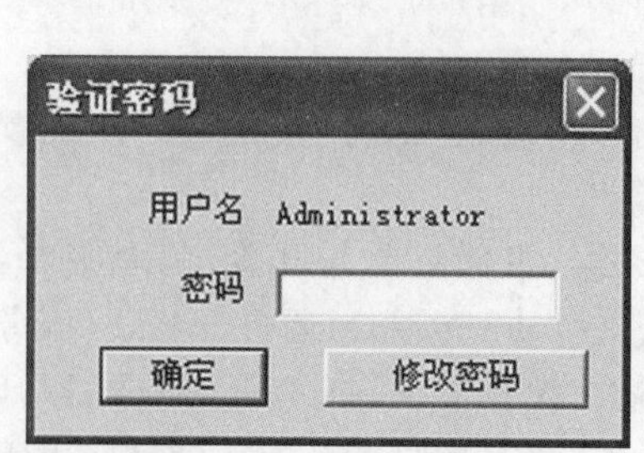

图 2-42 "验证密码"对话框

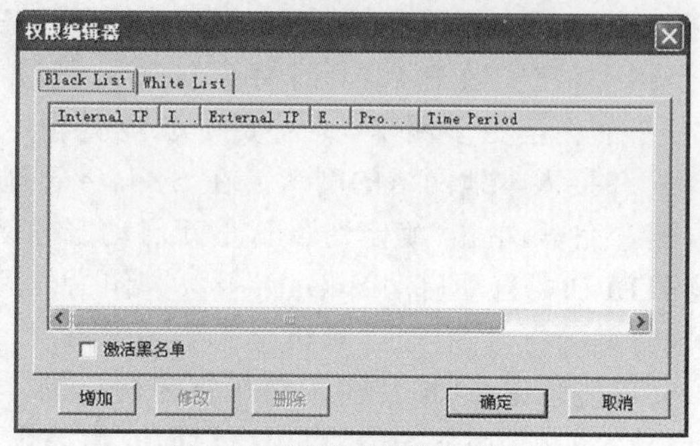

图 2-43 "权限编辑器"对话框

提示　从安全角度出发，建议单击“修改密码”按钮新建一个密码，这样如果其他用户想修改黑名单，如无密码授权，是无法修改的，如图 2-44 所示。

(2)单击“Black List”选项卡，然后单击“增加”按钮，进入“Add BWList Item”对话框，先选择协议类型为“TCP”或“UDP”；在“内网 IP 地址”文本框中输入“192.168.0.3”，“端口”选择“All Port”；选择“在以下期间”，在“开始”栏中，“月”选择“Every Month”，“星期”选择“Monday”，“小时”选择 9，“分钟”选择 0；在“持续”栏中，“日”选择 2，其他选择 0，单击“确定”按钮，如图 2-45 所示。

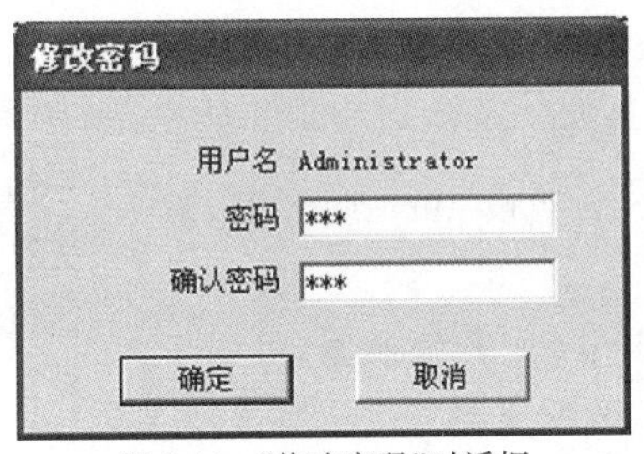

图 2-44　“修改密码”对话框

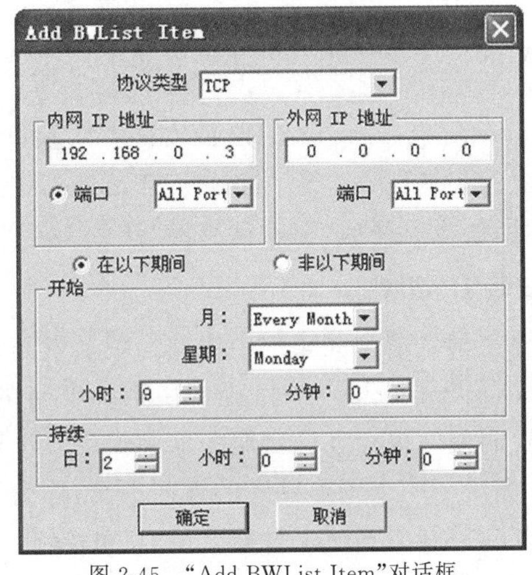

图 2-45　“Add BWList Item”对话框

(3)在“权限编辑器”对话框中勾选“激活黑名单”，单击“确定”按钮。

(4)同理，可屏蔽外网(Internet)的网站被内网访问。

【STEP|07】管理 SyGate 的白名单。SyGate 的白名单与黑名单类似，它们是相互对应的，但黑名单的优先级要高些，比如在白名单允许，只要黑名单中设置禁止，则 SyGate 将采用黑名单中的设置。它们的操作方法类似，这里不再赘述。

【STEP|08】SyGate 的客户端的设置。SyGate 是一款网关软件，它的客户端设置比较简单。如果服务器打开了 DHCP 服务，则客户端只需要设置网卡 IP 为自动获取即可。手动配置时，客户机的 IP 地址和代理服务器连接局域网的网卡的 IP 地址需在同一网段，网关指向代理服务器连接局域网的网卡的 IP 地址，DNS 服务器配置为互联网上的 DNS 服务器或代理服务器连接局域网的网卡的 IP 地址。

也可以在安装 SyGate 时选择客户端模式安装，由 SyGate 自动配置。

【STEP|09】最后在客户机的命令提示符中运行：ping 192.168.0.1(或 ISP 提供的 DNS)，如果可以 ping 通，说明网络已经配置好。

2.4.5　架设与配置 Web 服务器

IIS 是微软推出的一套架设 Web、FTP、SMTP 服务器的整合系统组件，主要捆绑在微软的 Windows Server 2003、Windows Server 2008 等服务器操作系统中。Windows Server

2008 R2 不仅集成有IIS 7，而且还带有一个 Web 版本，专门用于 Web 服务的各种 Web 接口应用，功能极其完美。

1.安装 Windows Server 2008 R2

Windows Server 2008 R2 可以采用多种安装方式进行安装，如光盘安装、硬盘安装、U 盘安装、无盘安装等。一般选择光盘安装方式，首先要设置 BIOS，更改启动顺序，如服务器有 RAID 则要先创建 RAID，然后保证安装介质 ISO 是正式版本即可开始安装。

任务 2-9

设置 BIOS 从光驱启动，将 Windows Server 2008 R2 安装光盘放入光驱，重启计算机安装 Windows Server 2008 R2，安装时注意合理进行分区，正确选择相关选项。

Windows Server 2008 R2 的安装方法及过程与 Windows 7 的安装十分相似，如果大家在项目 1 的拓展任务 1-3 中完成了 Windows Server 2008 R2 的安装，就请使用前面安装的系统，如果还没有完成，那就请参考“任务 1-4”自行完成。

2.安装 IIS 组件

要想在学生宿舍局域网中用动态域名发布宿舍网站，最简单的方法就是在 Windows Server 2008 R2 上利用系统自带的 IIS 7 架设 Web 服务器，然后把开发的网站保存在这台服务器中供用户浏览。

安装 IIS 组件

IIS 提供了一个图形界面的管理工具，称为 Internet 服务管理器，可用于监视配置和控制 Internet 服务。在 IIS 中包括了 Web 服务器、FTP 服务器、NNTP 服务器和 SMTP 服务器等，分别用于网页浏览、文件传输、新闻服务和邮件发送等。

任务 2-10

王希同学想使用 WWW 服务构建宿舍网站，但在 Windows Server 2008 R2 中默认情况下没有安装 IIS 组件，请你帮助王希同学完成 Web 服务器(IIS)角色的安装。

【STEP|01】配置 WWW 服务器的 IP 地址。在 Windows Server 2008 R2 中，选择“开始”→“控制面板”→“网络和 Internet”→“网络和共享中心”命令，打开“网络和共享中心”窗口，单击“本地连接”链接，在打开的“本地连接 状态”对话框中单击“属性”按钮，在打开的“本地连接 属性”对话框中选择“Internet 协议版本 4(TCP/IPv4)”，单击“属性”按钮，在“Internet 协议版本 4(TCP/IPv4)属性”对话框中设置 IP 地址、子网掩码、默认网关和 DNS 服务器地址，如图 2-46 所示。

【STEP|02】打开“服务器管理器”窗口。以管理者的身份登录服务器，选择“开始”→“管理工具”→“服务器管理器”命令，打开“服务器管理器”窗口，如图 2-47 所示。选择左侧“角色”选项，单击右侧的“添加角色”链接。

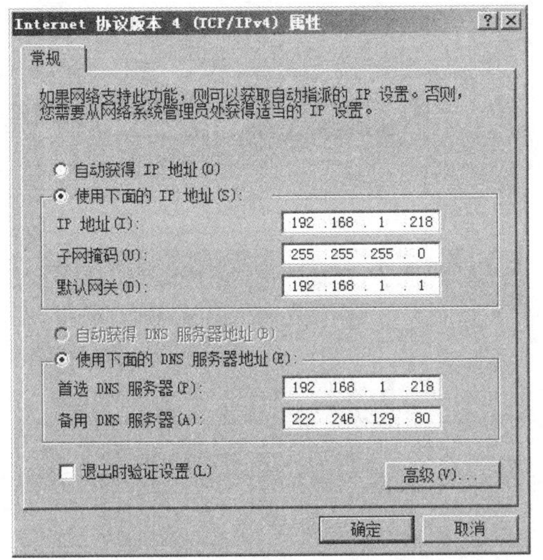

图 2-46　配置 TCP/IP

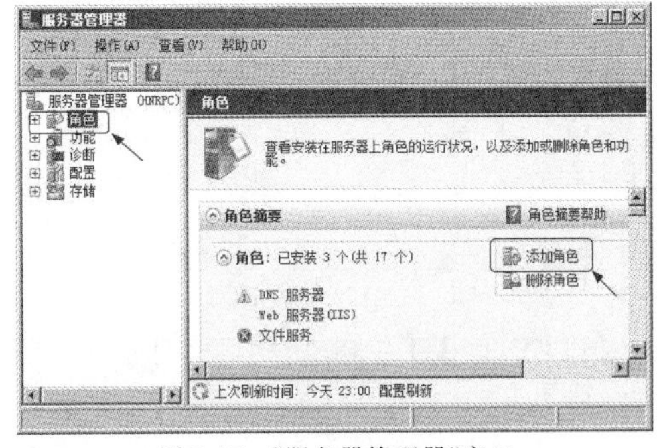

图 2-47　“服务器管理器”窗口

【STEP|03】打开“选择服务器角色”对话框，如图 2-48 所示。在该对话框中可以选择要安装在此服务器上的一个或多个角色，在此选择“Web 服务器(IIS)”，单击“下一步”按钮继续。

【STEP|04】打开“添加角色向导”中的“Web 服务器(IIS)”对话框，如图 2-49 所示。在右侧列出了 Web 服务器的简单介绍，单击“下一步”按钮继续。

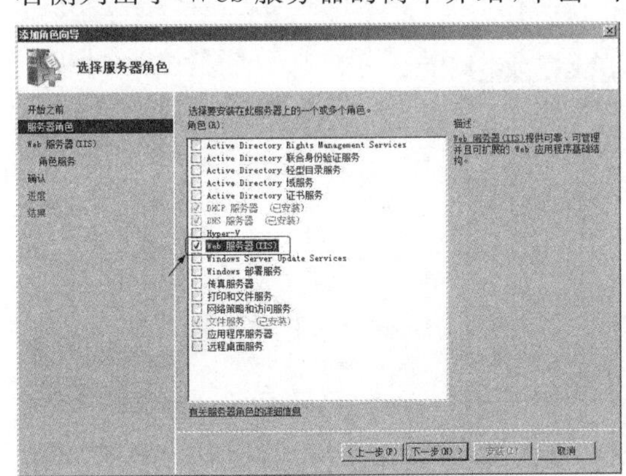

图 2-48　“选择服务器角色”对话框

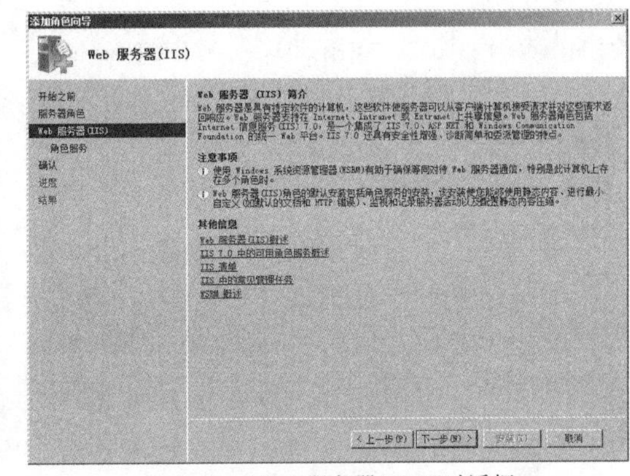

图 2-49　“Web 服务器(IIS)”对话框

【STEP|05】打开“选择角色服务”对话框，如图 2-50 所示。单击每一个服务选项，右边会显示该服务的详细说明。在此采用默认的选择即可，如果有特殊要求则可以根据实际情况进行选择，单击“下一步”按钮继续。

> **提示**　虽然一些基本的网站仅仅使用静态内容就能够满足需求，但对于网站开发者来说，通常需要动态 Web 服务和 Web 应用程序支持。这时就得在“应用程序开发”组中勾选“ASP”和“ASP.NET”等相关组件。

【STEP|06】打开“确认安装选择”对话框，如图 2-51 所示。该对话框显示了 Web 服务器安装的详细信息，确认安装这些信息可以单击“安装”按钮继续。

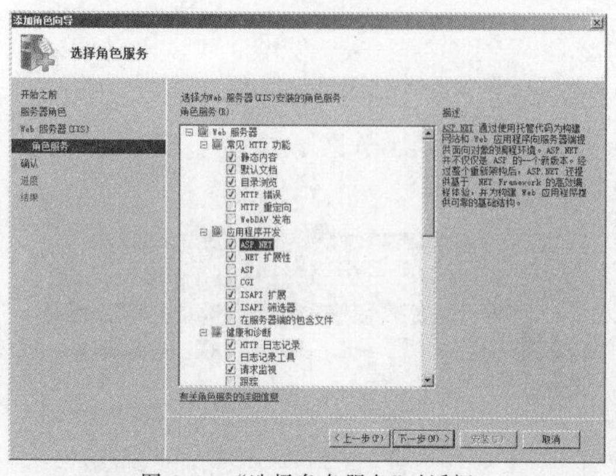

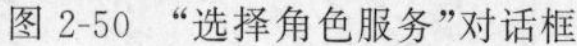
图 2-50 “选择角色服务”对话框

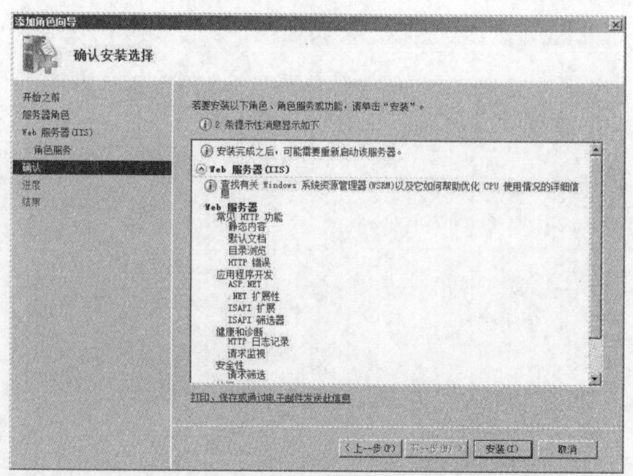

图 2-51 “确认安装选择”对话框

【STEP|07】打开“安装进度”对话框，在该对话框中显示了 Web 服务器(IIS)的安装进度，如图 2-52 所示。

【STEP|08】等待一会安装完成，打开“安装结果”对话框，如图 2-53 所示。此时可以查看到 Web 服务器安装完成的提示，单击“关闭”按钮即可。

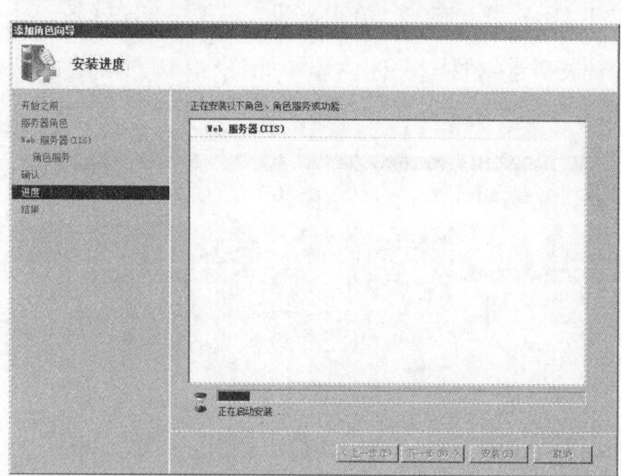

图 2-52 “安装进度”对话框

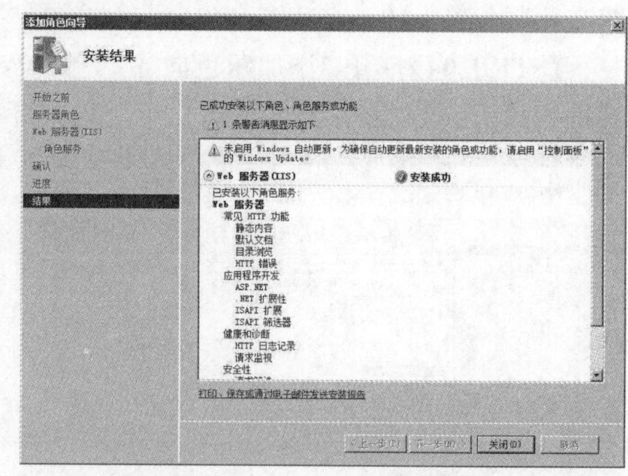

图 2-53 “安装结果”对话框

【STEP|09】打开“Internet 信息服务(IIS)管理器”窗口。完成上述操作之后，依次选择“开始”→“管理工具”→“Internet 信息服务(IIS)管理器”命令，打开“Internet 信息服务(IIS)管理器”窗口，可以发现 IIS 7 的界面和以前版本有了很大的区别，在起始页中显示的是 IIS 服务的连接任务，如图 2-54 所示。

【STEP|10】测试 IIS 7 安装是否成功。安装完 IIS 7 后还要测试其是否安装成功，若 IIS 7 安装成功，在 IE 浏览器中输入服务器的 IP 地址即可出现如图 2-55 所示的 Web 测试页面，建议使用以下 4 种测试方法来进行测试：

- 利用本地回送地址：在本地浏览器中输入“http://127.0.0.1”或“http://localhost”来测试链接网站。
- 利用本地计算机名称：假设该服务器的计算机名称为“hnrpc”，在本地浏览器中输入“http://hnrpc”来测试链接网站。
- 利用 IP 地址：作为 Web 服务器的 IP 地址最好是静态的，假设该服务器的 IP 地址为 192.168.1.218，则可以通过“http://192.168.1.218”来测试链接网站。如果该 IP 地址是局域网内的，则位于局域网内的所有计算机都可以通过这种方法来访问这台 Web 服务器；如果是公网上的 IP 地址，则 Internet 上的所有用户都可以访问。

● 利用 DNS 域名：如果这台计算机上安装了 DNS 服务，网址为 www.xintian.com，并将 DNS 域名与 IP 地址注册到 DNS 服务内，可通过 DNS 网址“http://www.xintian.com”来测试链接网站。

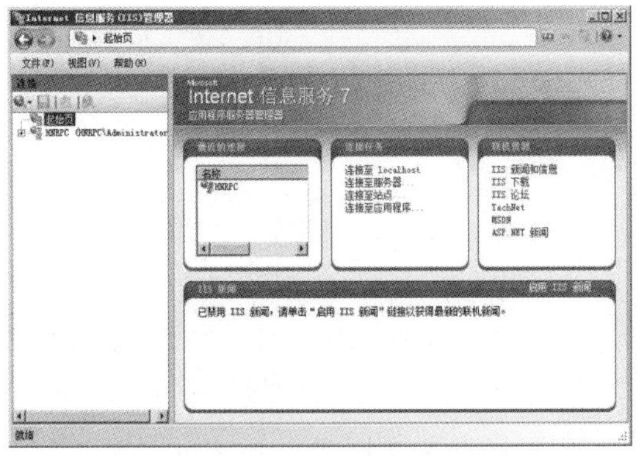

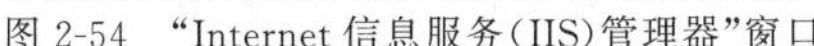
图 2-54　“Internet 信息服务(IIS)管理器”窗口

图 2-55　Web 测试页面

Web 服务器测试成功后，用户只要将已做好的网页文件放在 C:\inetpub\wwwroot 文件夹中，并且将首页命名为 index.htm 或 index. html，网络中的用户就可以访问该 Web 网站了。

3.使用默认 Web 站点发布网站

在安装了 IIS 7 的服务器上，系统会自动创建一个默认的名字为“Default Web Site”的 Web 站点，默认情况下，Web 站点会自动绑定计算机中的所有 IP 地址，端口默认为 80。如果一个计算机有多个 IP 地址，那么客户端通过任何一个 IP 地址都可以访问该站点，但是一般情况下，一个站点只能对应一个 IP 地址，因此，需要为 Web 站点指定唯一的 IP 地址和端口。

微课

使用 Web 站点发布网站

任务 2-11

请你准备 Web 页面文件，使用默认 Web 站点为王希所在宿舍指定唯一的 IP 地址和端口发布网站。

【STEP|01】为王希所在宿舍准备 Web 页面文件。

将王希所在宿舍的 Web 页面文件复制到“C:\inetpub\wwwroot”文件夹中，将主页文件的名称改为 default.htm。IIS 默认要打开的主页文件是 default.htm 或 default.asp，而不是一般常用的 index.htm，如图 2-56 所示。

【STEP|02】打开“Internet 信息服务(IIS)管理器”管理控制台。

在桌面单击“开始”→“管理工具”→“Internet 信息服务(IIS)管理器”，打开“Internet 信息服务(IIS)管理器”管理控制台，在控制台树中依次展开服务器和“HNRPC”结点。可以看到有一个默认网站(Default Web Site)，如图 2-57 所示。在右侧的“操作”栏中，可以对 Web 站点进行相关的操作。

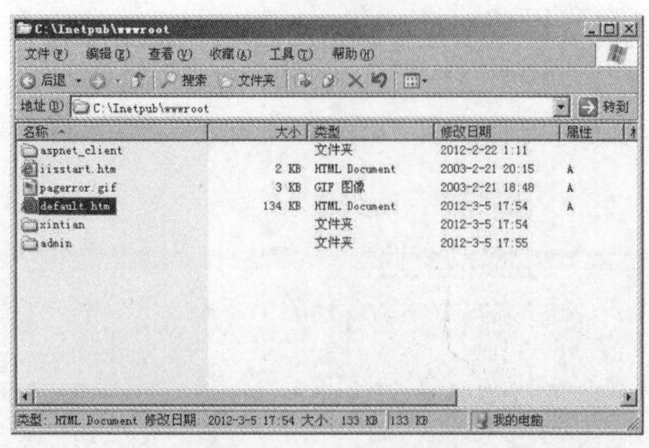
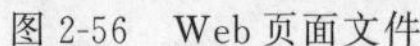

图 2-56 Web 页面文件

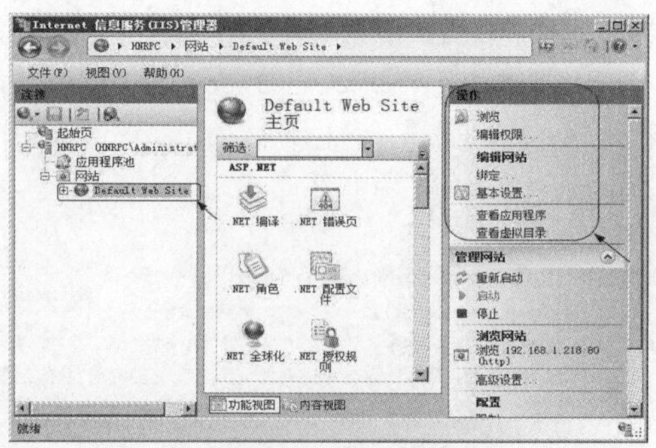

图 2-57 默认网站

【STEP|03】配置 IP 地址和端口。

单击"操作"栏中的"绑定"超链接，打开如图 2-58 所示的"网站绑定"对话框。可以看到 IP 地址下有一个"*"，说明现在的 Web 站点绑定了本机的所有 IP 地址。单击"添加"按钮，打开"添加网站绑定"对话框，如图 2-59 所示。单击"全部未分配"下拉按钮，选择要绑定的 IP 地址(如:192.168.1.218)。这样，就可以通过这个 IP 地址访问 Web 网站了。

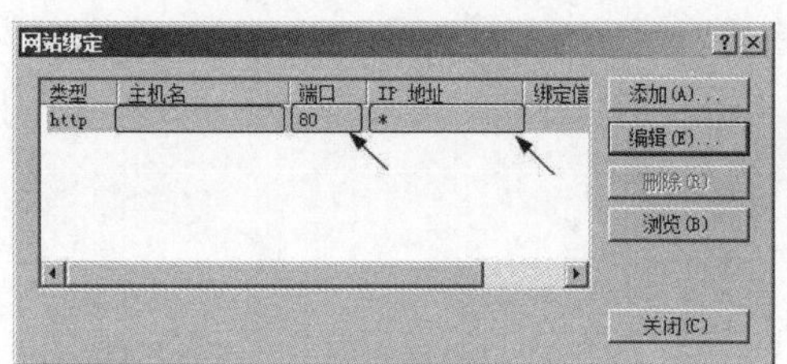

图 2-58 "网站绑定"对话框

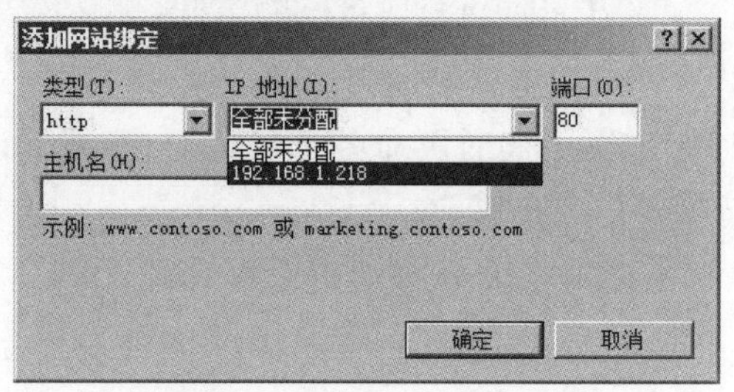

图 2-59 "添加网站绑定"对话框

【STEP|04】配置网站主目录。

主目录即网站的根目录，保存 Web 网站的相关资源，默认的 Web 主目录为"%SystemDriver%:\inetpub\wwwroot"，如果 Windows Server 2008 R2 安装在 C 盘，则路径为"C:\inetpub\wwwroot"。如果不想使用默认路径，可以更改网站的主目录。单击图 2-57 中右侧"操作"栏中的"基本设置"链接，打开"编辑网站"对话框，如图 2-60 所示，单击物理路径右侧按钮即可更改网站的根目录，这里先保持默认目录。

提示 一般情况下，为了减少被黑客攻击以及保证系统的稳定性和可靠性，建议选择其他文件夹存放 Web 网站。

【STEP|05】配置默认主页文档。

在"Internet 信息服务(IIS)管理器"管理控制台中，拖动"Default Web Site 主页"窗口中的滚动条，找到"IIS"区域，双击"默认文档"图标，打开"默认文档"窗口，如图 2-61 所示。在此，选择门户网站的主页文档，将其移至第一行，如果找不到所需主页文档，单击右侧"添加"链接进行添加。

每个网站都有一个主页，当在 Web 浏览器中输入该 Web 网站的地址时，将首先显示主页，默认调用网页文件的顺序依次为 default.htm、default.asp、index.htm、iisstart.asp、default.aspx 等。当然也可以由用户自定义默认主页文件。

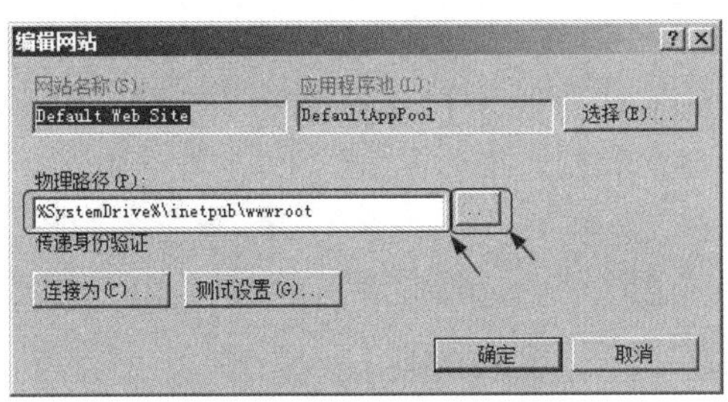

图 2-60　“编辑网站”对话框

图 2-61　配置默认主页文档

【STEP|06】在客户端进行测试。

在本机或局域网中的任意一台计算机上打开 IE 浏览器，在地址栏中输入 http://192.168.1.218 后回车，就可以访问默认网站了，如图 2-62 所示。

图 2-62　访问默认网站

4.建立一个新 Web 网站

前面介绍了直接利用 IIS 7 自动建立的默认网站作为宿舍的网站，这需要将网站内容放到其主目录或虚拟目录中。但为了保证网站的安全，最好重新建立一个网站。如果需要，也可以在一个服务器上建立多个 Web 站点，这样可以节约硬件资源，节省空间，降低成本。

任务 2-12

王希同学所在宿舍准备了一台计算机（IP 为 192.168.1.218），用来发布宿舍网信息，其网站相关文件保存在 D:\xintian-www，主页文件为 xintian.html。

【STEP|01】打开“Internet 信息服务(IIS)管理器”管理控制台。

在桌面单击“开始”→“管理工具”→“Internet 信息服务(IIS)管理器”，打开“Internet 信息服务(IIS)管理器”管理控制台，在控制台树中依次展开服务器和“HNRPC”结点。可以看到有一个默认网站(Default Web Site)。右键单击“网站”下的“Default Web Site”结点，在打开的菜单中选择“管理网站”子菜单中的“停止”选项，将默认网站停止运行，如图 2-63 所示。

【STEP|02】打开“添加网站”对话框添加网站。

在“Internet 信息服务(IIS)管理器”管理控制台中展开服务器结点，右键单击“网站”，在打开的菜单中选择"添加网站",打开"添加网站"对话框,如图 2-64 所示。在该对话框中可以指定网站名称、应用程序池、内容目录、类型、IP 地址、端口、主机名以及是否立即启动网站等参数。

➘在"网站名称"文本框中可以输入任何具有个性特色的网站描述名称。如:新天宿舍网。

➘在"物理路径"文本框中设置网站的存储文件夹,如:D:\xintian_www。

➘在"类型"选择框中选择"http";在"IP 地址"选择框中选择服务器的 IP 地址,如:192.168.1.218;在"端口"文本框中填写 Web 服务器的默认端口"80"。

➘在"主机名"文本框中输入 DNS 的解析域名,如:www.xintian.com。

以上所有信息设置完成后,单击"确定"按钮完成网站的创建。

图 2-63 停止默认网站

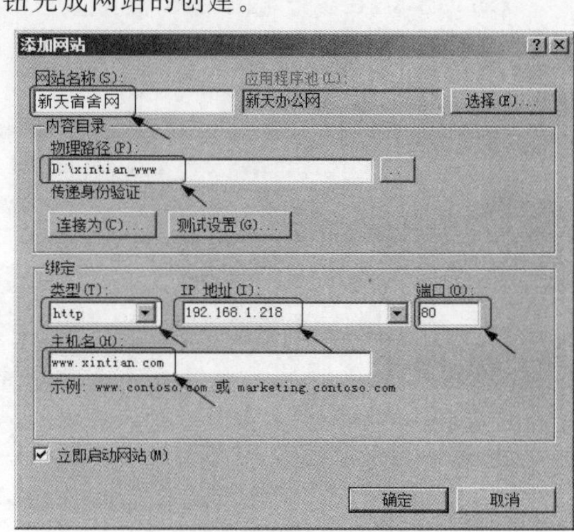

图 2-64 "添加网站"对话框

【STEP|03】打开"新天宿舍网主页"窗口。

选择新建的"新天宿舍网",拖动"新天宿舍网主页"右侧滚动条,在"IIS"选项中找到"默认文档"图标,如图 2-65 所示。

【STEP|04】设置默认主页文档。

双击"默认文档"图标,打开"默认文档"提示框,在右侧单击"添加"链接,打开"添加默认文档"对话框,如图 2-66 所示。在"名称"文本框中输入主页文件名(xintian.html),单击"确定"按钮完成默认主页文档的设置。

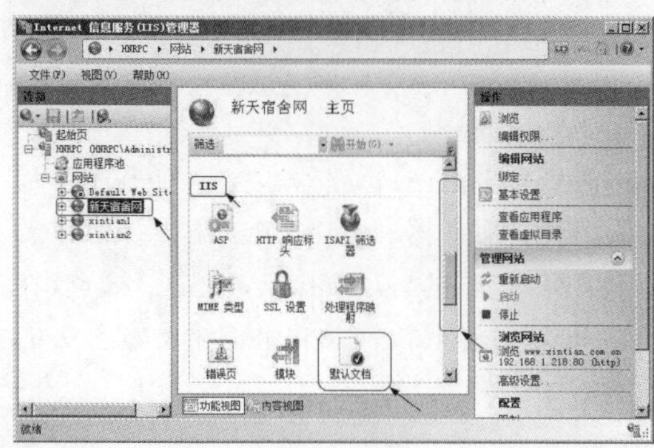

图 2-65 "新天宿舍网主页"窗口

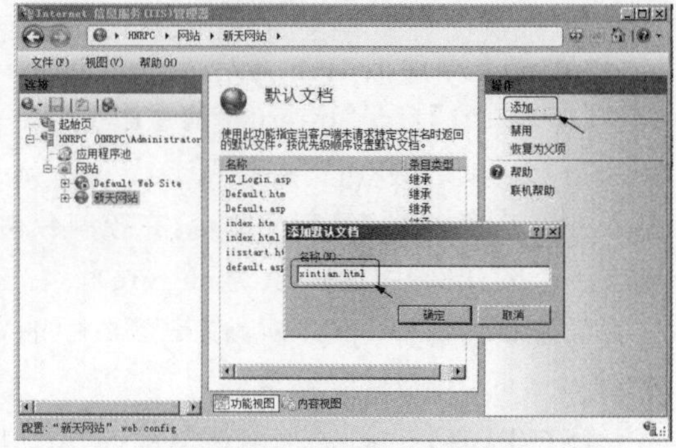

图 2-66 "添加默认文档"对话框

【STEP|05】启用目录浏览功能。

如果在图 2-64 中用户更改了网页文件的存储路径，很可能会出现“HTTP 错误 403.14-Forbidden”，原因是 Web 服务器被配置为不列出此目录的内容，其解决办法是在 IIS 配置时启用目录浏览功能。

打开“Internet 信息服务(IIS)管理器”管理控制台，展开主机结点，在“功能视图”下，单击“目录浏览”链接，如图 2-67 所示。在右边出现操作提示，单击“打开功能”，出现“目录浏览”提示框，如图 2-68 所示。在右边单击“启用”完成目录浏览功能的设置。

图 2-67　“目录浏览”链接

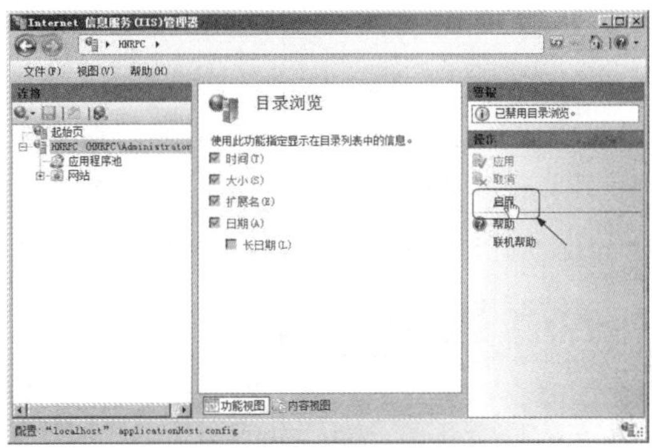

图 2-68　“目录浏览”提示框

【STEP|06】测试新建网站“新天宿舍网”。

将新天宿舍网所有文件保存到 D:\xintian_www，主页文件改为 xintian.html，在局域网中的任意一台计算机上打开 IE 浏览器，在地址栏中输入 http://192.168.1.218 或 http://www.xintian.com 后回车，就可以访问新建的网站了，如图 2-69 所示。

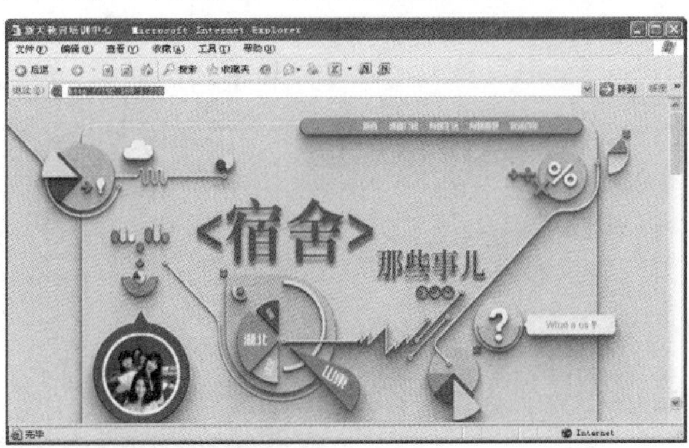

图 2-69　新天宿舍网

5.架设多个虚拟 Web 网站

使用 IIS 7 的虚拟主机技术，通过分配 TCP 端口、IP 地址和主机头名，可以在一台服务器上建立多个虚拟 Web 网站，每个网站都具有唯一的由端口号、IP 地址和主机头名三部分组成的网站标志，用来接收来自客户端的请求，不同的 Web 网站可以提供不同的 Web 服务，而且每一个虚拟主机和一个独立的主机完全一样。

虚拟主机技术将一个物理主机分割成多个逻辑上的虚拟主机使用，显然能够节省经费，对于访问量较小的网站来说比较经济实用，但由于这些虚拟主机共享这台服务器的硬件资源和带宽，在访问量较大时就容易出现资源不够用的情况。

Windows Server 2008 R2 系统支持在一台服务器上安装多块网卡，并且一块网卡还可以绑定多个 IP 地址。将这些 IP 地址分配给不同的虚拟网站，就可以达到一台服务器多个 IP 地址来架设多个 Web 网站的目的。

2.4.6 用动态域名发布宿舍网站

在互联网上是用 IP 地址来标志计算机的，要想访问一台计算机，必须知道其 IP 地址。因为 IP 地址不方便记忆，所以出现了 DNS 服务，DNS 服务将域名转换成为 IP 地址。用户到域名服务提供商注册了域名后，可以将域名和 IP 地址绑定到一起，当其他人访问该域名时，DNS 服务会将域名转换成 IP 地址。传统的域名服务要求用户具有固定的 IP 地址，而在学生宿舍一般是通过拨号的方式上网，每次分配到的 IP 地址都是不同的，这就需要动态域名来解决这个问题。动态域名服务通过在客户计算机上安装客户端软件，每次拨号上网时，自动将域名绑定到新获得的 IP 地址。公云网是一家动态域名服务提供商，提供免费的二级域名。以下任务介绍了如何在公云网注册动态域名服务。

任务 2-13

在花生壳官网注册动态域名服务，让用户以域名的形式来访问宿舍网站，而不用记忆网站的 IP 地址。

【STEP|01】登录花生壳官网(https://hsk.oray.com/download/)，下载并安装花生壳客户端，安装完成后启动花生壳客户端，在主界面单击“注册帐号”按钮继续。

【STEP|02】进入帐号注册窗口，如图 2-70 所示。在“帐号”文本框中输入用户登录时使用的帐号，在“密码”文本框中输入登录时使用的密码，在“手机号码”文本框中输入手机号，单击“获取手机验证码”，接下来查看系统发送到手机上的验证码，并将其填写到“验证码”文本框中，输入完成后，单击“注册”按钮进行注册。注册完成后即可看到注册成功的提示。

【STEP|03】接下来在花生壳客户端主界面输入注册的帐号和密码，单击“登录”按钮，登录到花生壳客户端管理界面，如图 2-71 所示。在此可以看到花生壳客户端有三大功能模块，分别是我的域名、内网穿透和自诊断。

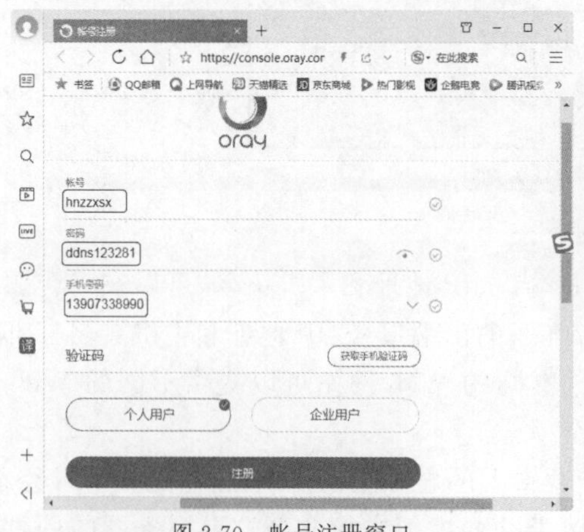

图 2-70 帐号注册窗口

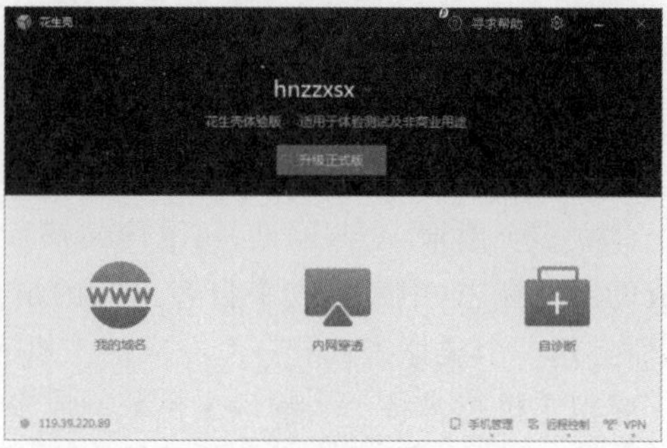

图 2-71 客户端管理界面

【STEP|04】单击“我的域名”，打开花生壳管理域名列表窗口，如图 2-72 所示，此时可对帐号下的域名做开启或关闭花生壳服务以及域名诊断等操作。

【STEP|05】单击“域名诊断”按钮可以看到诊断结果，若服务器所接网络有分配真实动态公网 IP 地址，则花生壳设置到此结束。

【STEP|06】如图 2-73 所示，在路由器中设置端口映射，由花生壳域名绑定动态 IP 地址，实现通过域名访问局域网内搭建的 Web 服务。

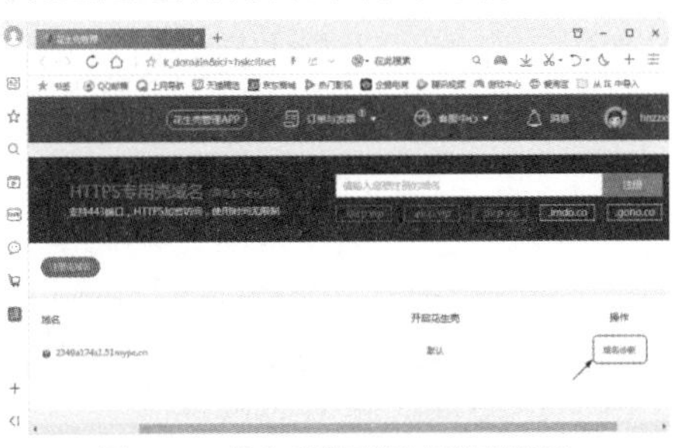

图 2-72　花生壳管理域名列表窗口

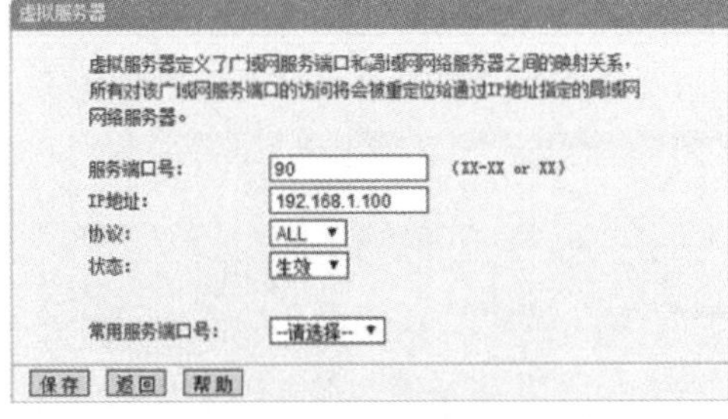

图 2-73　在路由器中设置端口映射

【STEP|07】启动 IIS，在网站目录（wwwroot）中保存已制作好的网页（网页名称为 index.html）。在地址栏中输入网址 http://2349a174s1.51mypc.cn，即可访问到宿舍网站。

2.4.7　配置远程桌面服务

微课
安装远程桌面服务组件

1.安装远程桌面服务

在 Windows Server 2008 R2 中，远程桌面服务并没有默认随系统同步安装，需要通过“添加角色向导”来手动安装。如果在安装远程桌面服务时需要安装 Hyper-V 服务，那么服务器必须支持虚拟化功能，否则将不能同时安装远程桌面虚拟化主机功能。

任务 2-14

在 Windows Server 2008 R2 中，完成远程桌面服务和 Hyper-V 服务的安装。

【STEP|01】选择服务器角色。

在 Windows Server 2008 R2 中，运行“添加角色向导”，当显示“选择服务器角色”对话框时，选中“远程桌面服务”复选框，如图 2-74 所示。

【STEP|02】单击“下一步”按钮，打开“远程桌面服务”对话框，如图 2-75 所示，对话框右侧列出了远程桌面服务的简介及注意事项。

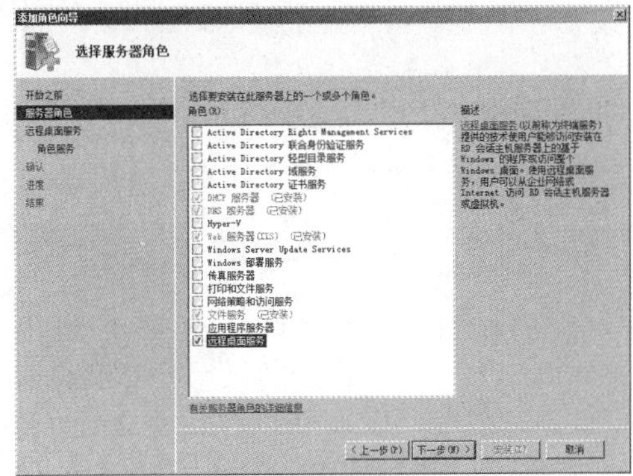

图 2-74　“选择服务器角色”对话框

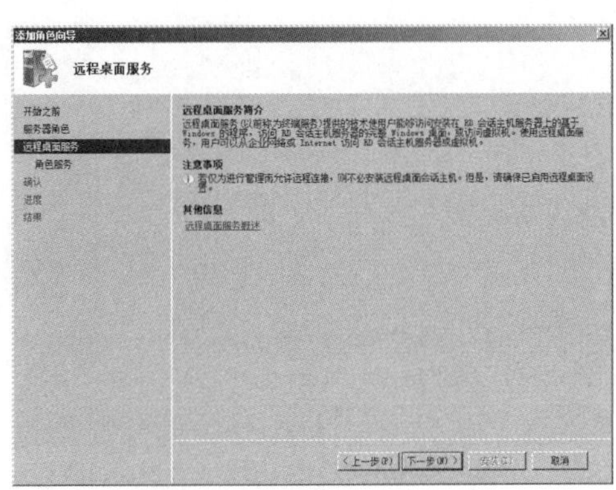

图 2-75　“远程桌面服务”对话框

【STEP|03】选择所要安装的组件。

单击“下一步”按钮，打开“选择角色服务”对话框，如图 2-76 所示。包括远程桌面会话主机、远程桌面虚拟化主机、远程桌面授权、远程桌面连接代理、远程桌面网关和远程桌面 Web 访问等六种组件。这里选择“远程桌面虚拟化主机”，单击“下一步”按钮打开“是否添加远程桌面虚拟化主机所需的角色服务?”对话框，如图 2-77 所示。提示需要同时安装 Hyper-V，单击“添加所需的角色服务”按钮即可。

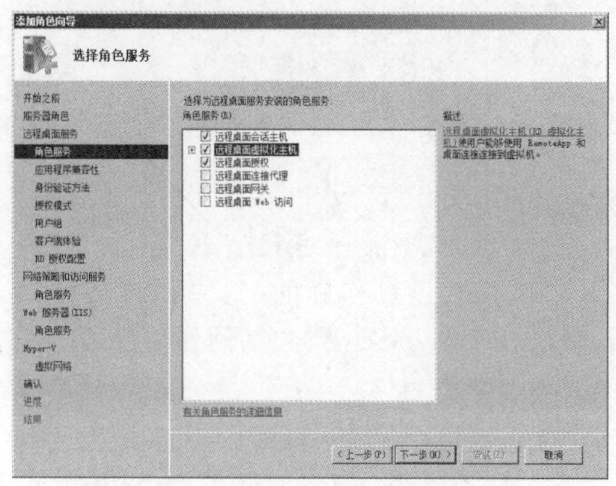

图 2-76 “选择角色服务”对话框

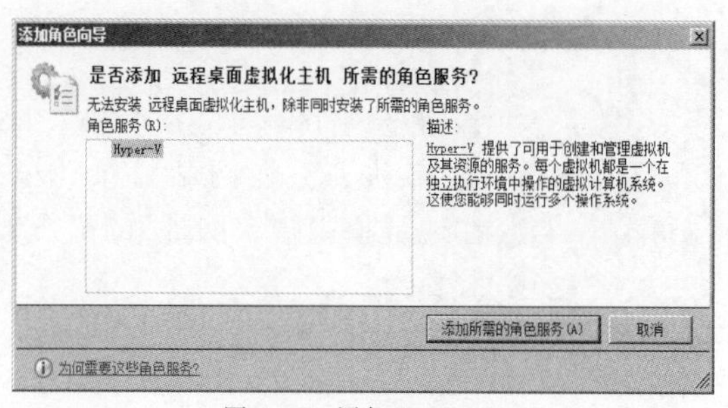

图 2-77 添加 Hyper-V

【STEP|04】卸载并重新安装兼容的应用程序。

单击“下一步”按钮，打开“卸载并重新安装兼容的应用程序”对话框，如图 2-78 所示。提示用户最好在安装远程桌面服务器以后，再安装其他应用程序。

【STEP|05】指定远程桌面会话主机的身份验证方法。

单击“下一步”按钮，打开“指定远程桌面会话主机的身份验证方法”对话框，如图 2-79 所示，根据需要选择合适的身份验证方法，这里选择“不需要使用网络级别身份验证”。

➢ 需要使用网络级别身份验证。要有计算机同时运行 Windows 版本和支持网络级别身份验证的远程桌面连接的客户端版本，才能连接到该远程桌面服务器。如果要向 Internet 提供，建议选择该项。

➢ 不需要使用网络级别身份验证。任何版本的远程桌面连接客户端，都可以连接到该远程桌面服务器。如果仅在局域网中使用，选择该项即可。

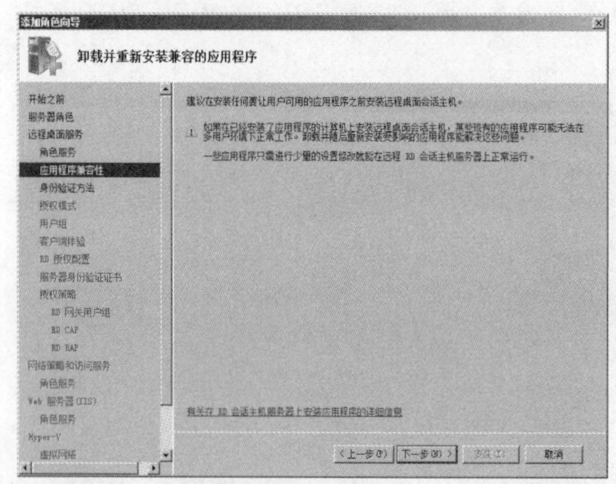

图 2-78 “卸载并重新安装兼容的应用程序”对话框

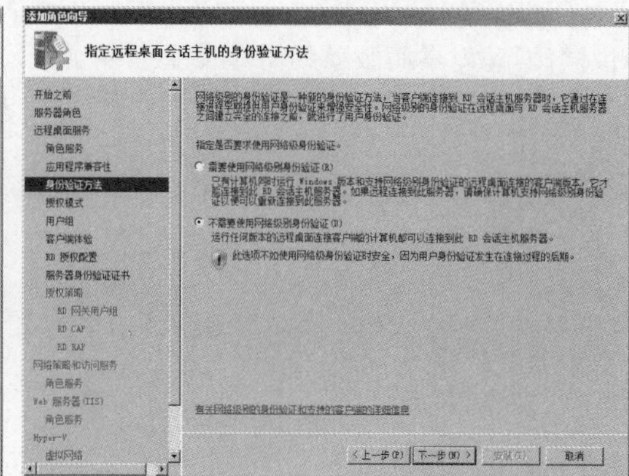

图 2-79 “指定远程桌面会话主机的身份验证方法”对话框

> **提示** 网络级别身份验证是一种身份验证方法，当客户端连接到远程桌面服务器时，它通过在连接进程早期提供用户身份验证来提高安全性。在建立完全远程桌面与远程桌面服务器之间的连接之前，使用网络级别的身份验证进行用户身份验证。

【STEP|06】选择远程桌面服务器客户端访问许可证的类型。

单击“下一步”按钮，打开“指定授权模式”对话框，如图 2-80 所示。选择远程桌面服务器客户端访问许可证的类型。这里选择“每用户”单选按钮。如果选择“以后配置”单选按钮，则在接下来的 120 天以内，必须配置授权模式。

【STEP|07】打开“选择允许访问此 RD 会话主机服务器的用户组”对话框。

单击“下一步”按钮，打开“选择允许访问此 RD 会话主机服务器的用户组”对话框，如图 2-81 所示。可以添加允许访问 RD 服务器的用户或用户组。默认已添加了 Administrators 组，且该组无法删除。

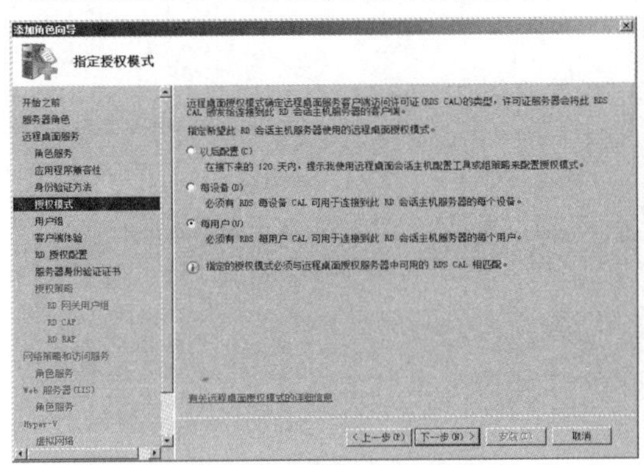

图 2-80 “指定授权模式”对话框

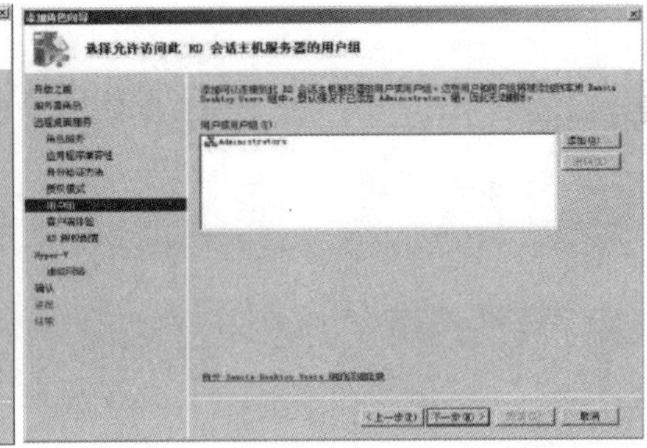

图 2-81 “选择允许访问此 RD 会话主机服务器的用户组”对话框

【STEP|08】添加允许访问 RD 服务器的用户或用户组。

单击“添加”按钮，打开“选择用户”对话框，如图 2-82 所示。输入允许访问远程桌面服务器的用户，单击“确定”按钮添加。所添加的用户将被添加到“Remote Desktop Users”用户组中。

【STEP|09】打开“配置客户端体验”对话框。

单击“下一步”按钮，打开“配置客户端体验”对话框，如图 2-83 所示。用来配置连接到 RD 会话的用户可以使用与 Windows 7 提供的类似的功能，如音频和视频播放、Windows Aero 主题等。启用该功能也会增加系统和网络资源的占用，建议不选择。

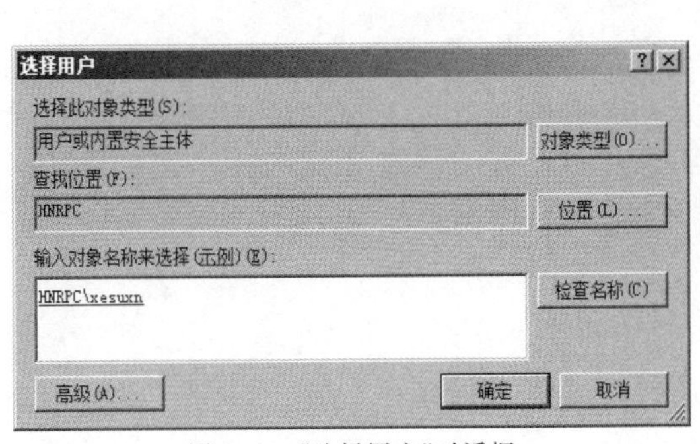

图 2-82 “选择用户”对话框

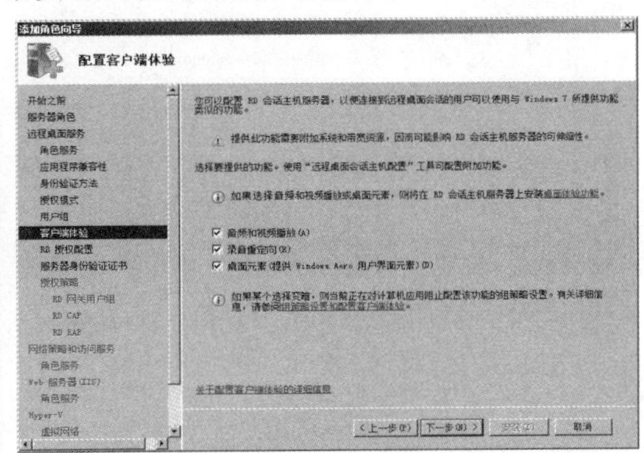

图 2-83 “配置客户端体验”对话框

【STEP|10】打开“为 RD 授权配置搜索范围”对话框。

单击“下一步”按钮，打开“为 RD 授权配置搜索范围”对话框，如图 2-84 所示。使用 RD 会话主机服务器可以自动发现许可证服务器。不过，这不适用于 Windows Server 2008 R2，只适用于 Windows Server 2008，Windows Server 2003 或 Windows Server 2000。

【STEP|11】打开“网络策略与访问服务”对话框。

单击“下一步”按钮，打开“网络策略和访问服务”对话框，如图 2-85 所示。在左侧有网络策略和访问服务的简介，用户可进行了解。

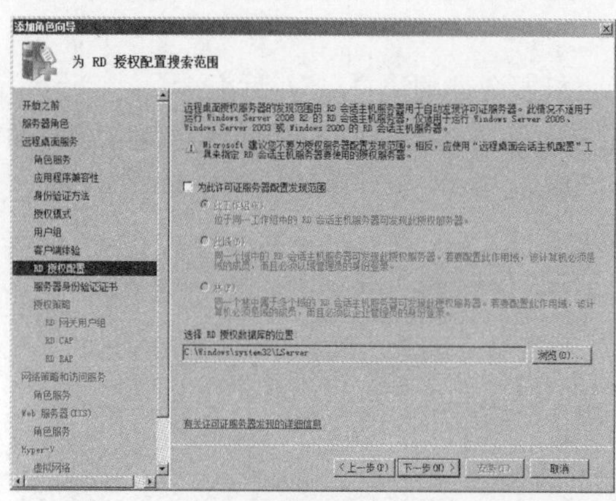

图 2-84 “为 RD 授权配置搜索范围”对话框

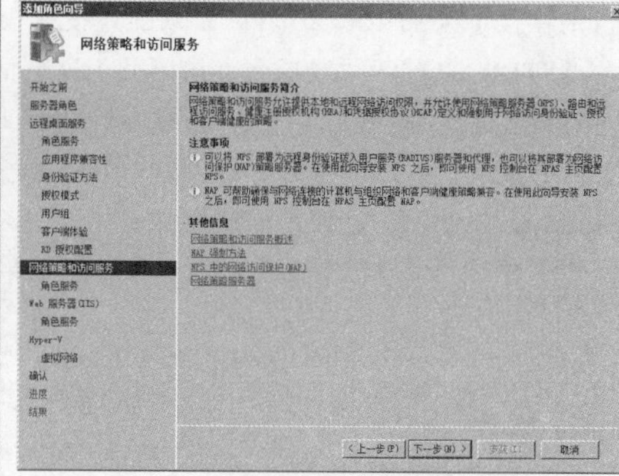

图 2-85 “网络策略和访问服务”对话框

【STEP|12】为网络策略和访问服务安装的角色服务。

单击“下一步”按钮，打开“选择为网络策略和访问服务安装的角色服务”对话框，如图 2-86 所示，在此保持默认值。

【STEP|13】打开“Web 服务(IIS)”对话框。

单击“下一步”按钮，如果服务器未安装 Web 服务，将打开“Web 服务器(IIS)”对话框，如图 2-87 所示，在此保持默认值。

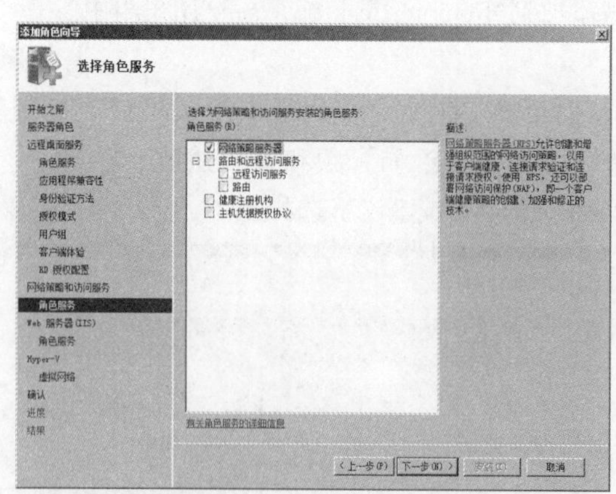

图 2-86 “选择为网络策略和访问服务安装的角色服务”对话框

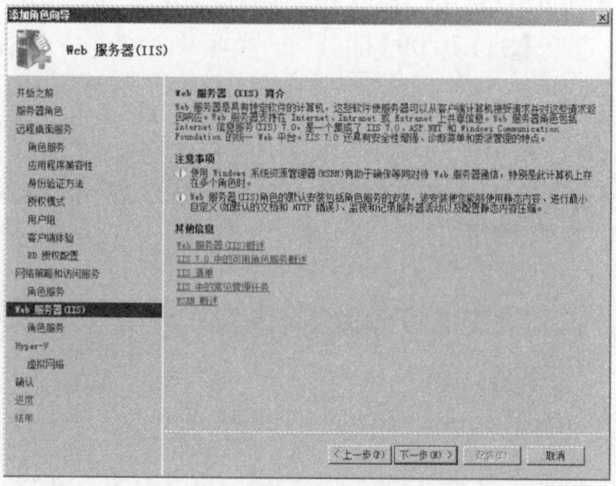

图 2-87 “Web 服务器(IIS)”对话框

【STEP|14】打开“选择为 Web 服务器(IIS)安装的角色服务”对话框。

单击“下一步”按钮，打开“选择为 Web 服务器(IIS)安装的角色服务”对话框，如图 2-88 所示，在此保持默认值。

【STEP|15】打开“Hyper-V”对话框。

单击“下一步”按钮，打开“Hyper-V”对话框，如图 2-89 所示。对话框右侧显示了 Hyper-V 服务的简介和注意事项。如果安装远程桌面虚拟化主机功能，就需同时安装 Hyper-V。

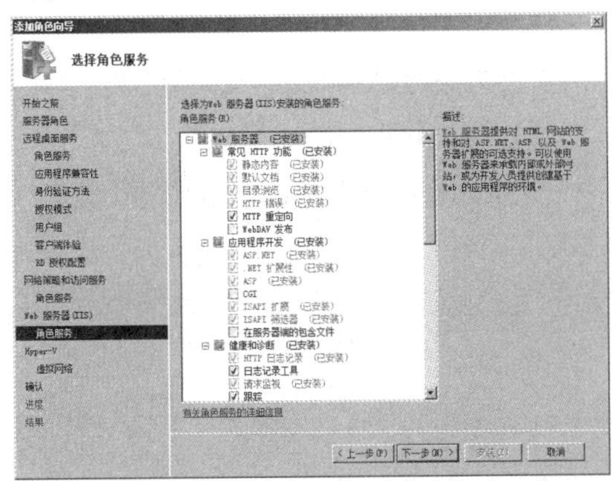

图 2-88　“选择为 Web 服务器(IIS)安装的角色服务”对话框

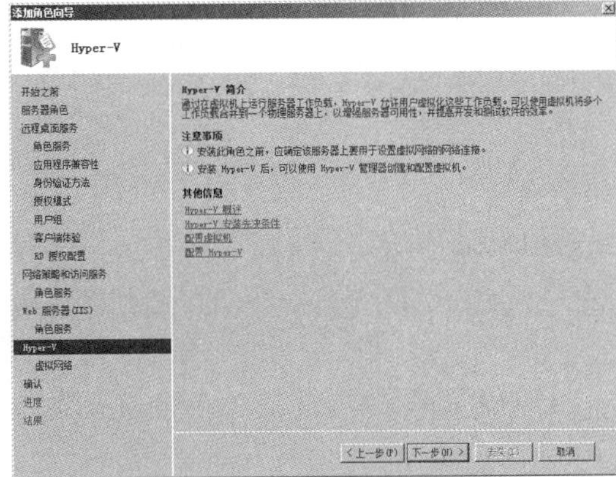

图 2-89　“Hyper-V”对话框

【STEP|16】打开“创建虚拟网络”对话框。

单击“下一步”按钮，打开“创建虚拟网络”对话框，如图 2-90 所示，选择一个网卡，用来创建虚拟网络，以便与其他计算机进行通信。

【STEP|17】打开“确认安装选择”对话框。

单击“下一步”按钮，打开“确认安装选择”对话框，如图 2-91 所示，对话框右侧列出了前面所做的设置。

【STEP|18】打开“安装结果”对话框。

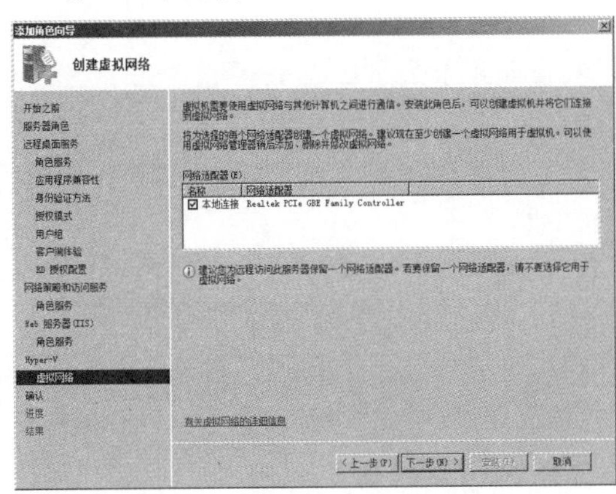

图 2-90　“创建虚拟网络”对话框

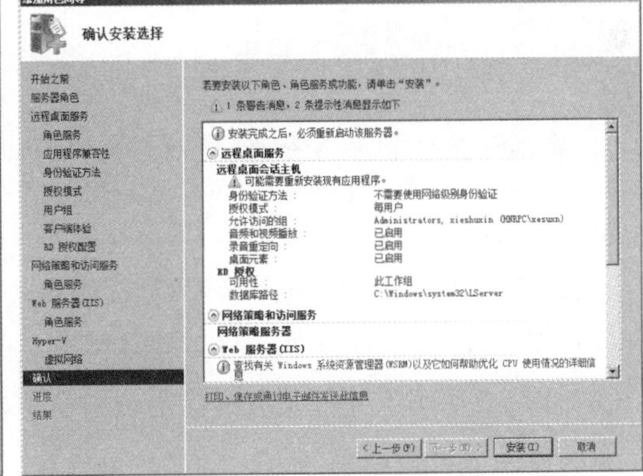

图 2-91　“确认安装选择”对话框

单击“安装”按钮即可开始安装，安装完成后打开“安装结果”对话框，如图 2-92 所示，提示需要重新启动以完成安装过程。

【STEP|19】重新启动计算机。

单击“关闭”按钮，打开“是否希望立即重新启动?”对话框，如图 2-93 所示。单击“是”按钮，重新启动计算机。

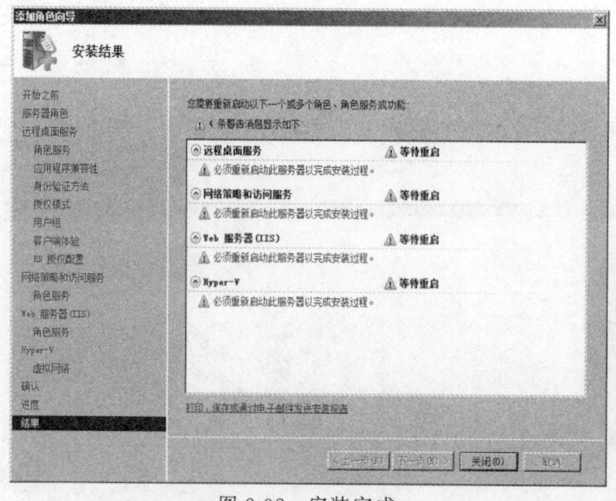

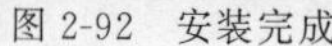
图 2-92　安装完成

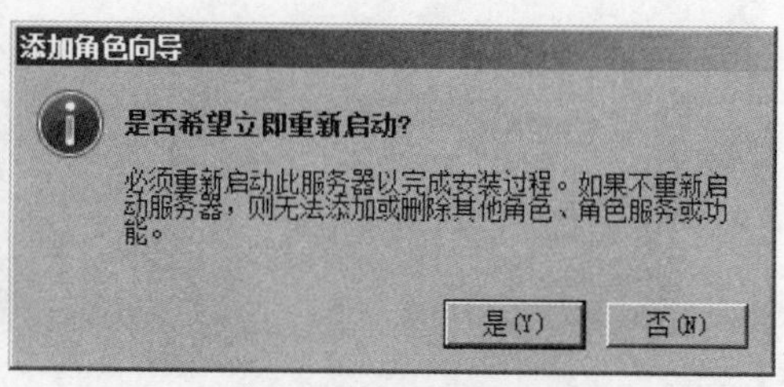

图 2-93　提示重新启动

【STEP|20】完成远程桌面服务的安装。

重新启动后将继续执行配置，完成后显示“安装结果”。单击“关闭”按钮，完成远程桌面服务的安装。

2.为用户授予远程访问权限

默认状态下，只有 Administrator 帐户可以使用远程桌面连接访问远程桌面服务器。但如果服务器要发布虚拟应用程序，那么，也需要在远程桌面服务器上为其他用户授予远程访问权限。不过，访问远程虚拟应用程序的用户可能非常多，因此，应创建一个用户组，将所有用户添加到该组中，为该用户组授予权限即可。

为客户授予远程访问权限

任务 2-15

在远程桌面服务器中，创建一个用户组，将所有用户添加到该组中，为该用户组授予权限。

【STEP|01】打开“服务器管理器”控制台。

在 Windows Server 2008 R2 的桌面上，选择“开始”→“管理工具”→“服务器管理器”，打开“服务器管理器”窗口，将鼠标定位于窗口左侧显示区域中的“服务器管理”选项上，然后在右侧显示区域中找到“服务器摘要”设置区域，选择“配置远程桌面”链接，如图 2-94 所示。

【STEP|02】打开“系统属性”对话框。

打开“系统属性”对话框，默认显示“远程”选项卡，可以启用或禁用远程桌面。当安装了远程桌面服务以后，默认选择“允许运行任意版本远程桌面的计算机连接(较不安全)”单选按钮，启用远程桌面功能，如图 2-95 所示。

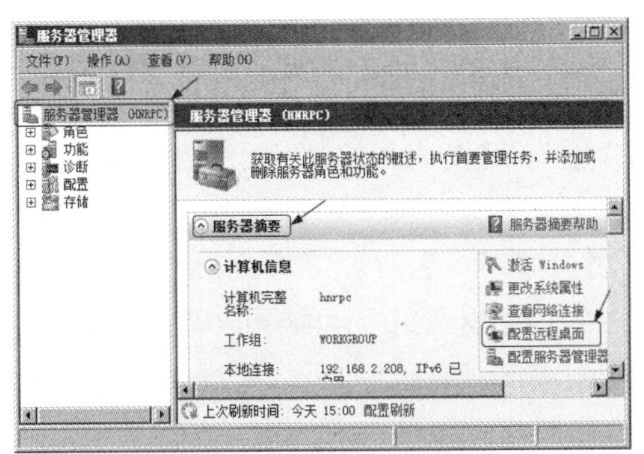

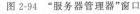

图 2-94　“服务器管理器”窗口

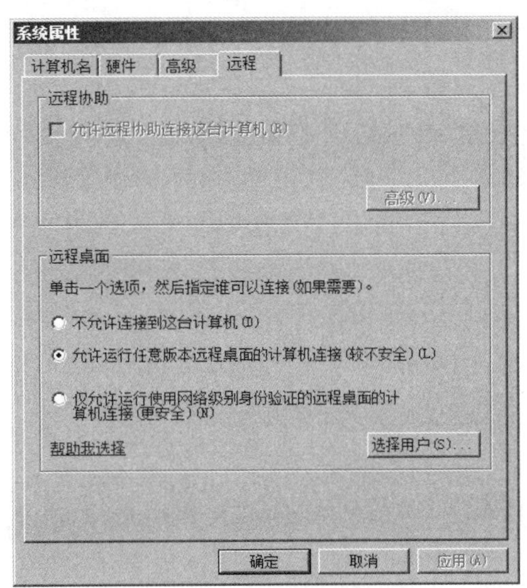

图 2-95　“系统属性”对话框

【STEP|03】查看安装远程桌面服务器时所添加的用户。

单击“选择用户”按钮，打开“远程桌面用户”对话框，如图 2-96 所示，在列表框中显示了安装远程桌面服务器时所添加的用户。

【STEP|04】添加其他用户。

如果需要添加其他用户，可单击“添加”按钮，打开“选择用户”对话框，如图 2-97 所示。在“输入对象名称来选择”文本框中，输入允许访问的用户(或单击“高级”按钮，打开“选择用户”对话框，单击“立即查找”按钮，在搜索结果中选择需添加的用户)，单击“确定”按钮保存，此时，所添加的用户或用户组将都拥有访问远程桌面服务器的权限。

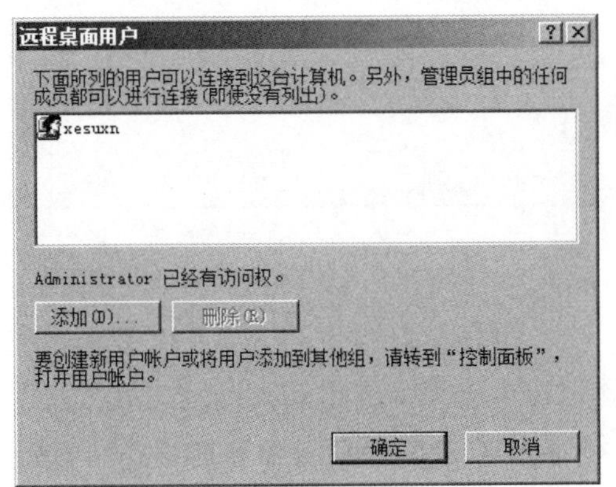

图 2-96　“远程桌面用户”对话框

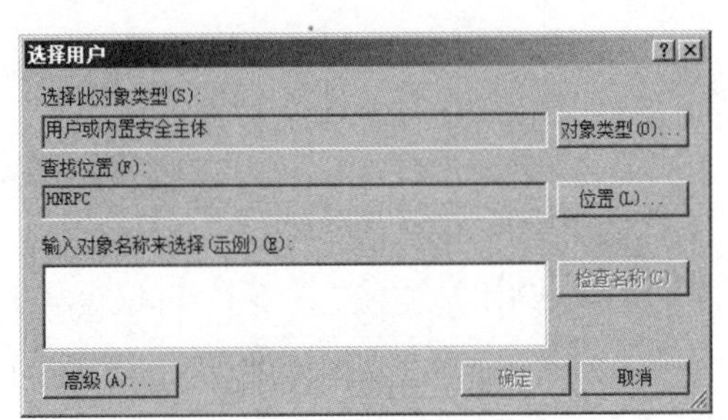

图 2-97　“选择用户”对话框

3.远程桌面连接

利用“远程桌面连接”功能，具有相应权限的用户就可以远程登录到服务器的桌面，利用鼠标和键盘对服务器进行操作，运行服务器中的各种程序、更改系统配置等，实现对服务器的管理。在远程桌面中操作时，所有的操作都会在服务器上生效，而且操作起来非常方便，就如同位于自己的计算机前面一样。

任务 2-16

在 Windows 7 的客户机上，用系统集成远程桌面功能，远程连接到远程桌面服务器的桌面，并进行管理。

【STEP|01】输入远程桌面服务器的 IP 地址。

在 Windows 7 中，依次单击"开始"→"附件"→"远程桌面连接"，打开"远程桌面连接"窗口，如图 2-98 所示。在"计算机"文本框中，输入远程桌面服务器的 IP 地址 192.168.2.218。

【STEP|02】键入登录远程桌面服务器的授权用户的用户名。

单击"选项"按钮，进入"远程桌面连接"窗口中的"常规"选项卡，如图 2-99 所示，在"用户名"文本框中可以输入登录远程桌面服务器的用户名 xesuxn。如果需要配置远程桌面连接的其他选项，可以选择相应的选项卡。

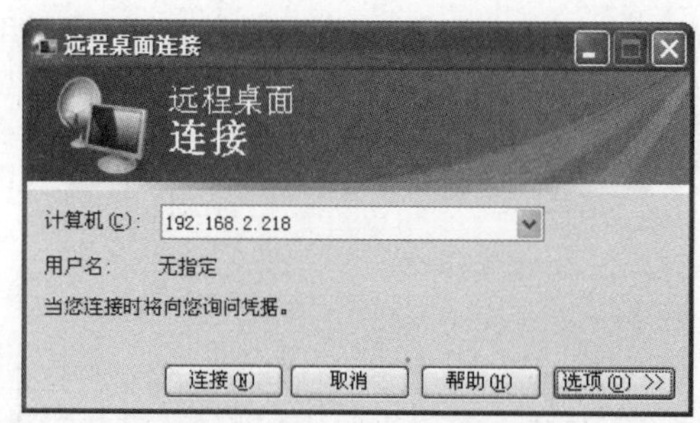

图 2-98 "远程桌面连接"窗口

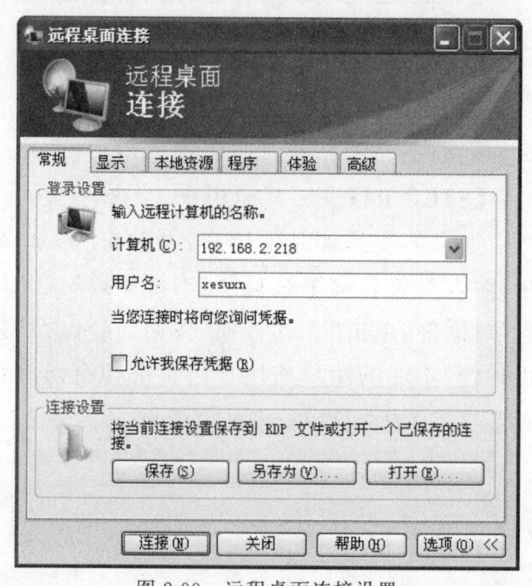

图 2-99 远程桌面连接设置

➢ 选择"显示"选项卡，可以设置远程桌面的大小及颜色质量。通常应根据自己的显示器及分辨率来选择。

➢ 选择"本地资源"选项卡，可以设置要使用的本地资源。

➢ 选择"程序"选项卡，如果选中"连接时启动以下程序"复选框，可以配置在连接到远程桌面服务器时启动的程序。

➢ 选择"体验"选项卡，根据自己的网络状况来选择连接速度及允许启用的功能，以优化性能。

➢ 选择"高级"选项卡，设置服务器身份验证方式。当配置 RD 网关时可以在此处设置。

【STEP|03】输入登录用户的登录密码。

设置完成后，单击"连接"按钮，打开"Windows 安全"登录窗口，如图 2-100。在登录用户名的"密码"文本框中输入具有访问权限用户名的登录密码。

【STEP|04】远程连接到服务器的桌面。

单击➡按钮，即可远程连接到远程服务器的桌面，如图 2-101 所示。

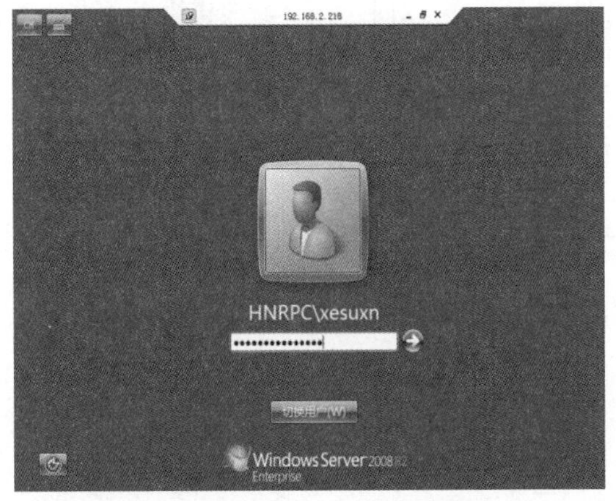

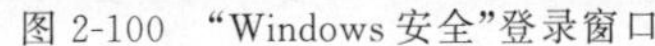
图 2-100　"Windows 安全"登录窗口

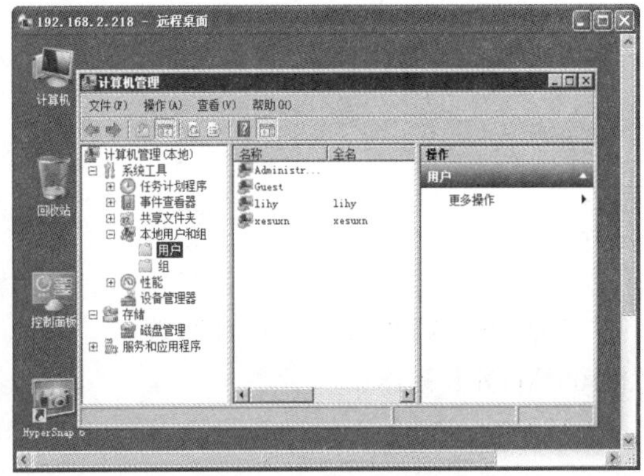

图 2-101　远程服务器桌面

此时，就可以像使用本地计算机一样，根据用户所拥有的权限，利用键盘和鼠标对远程服务器进行相关操作了。

2.4.8　架设与配置宿舍无线局域网

在无线网络迅猛发展的今天，无线局域网(WLAN)已经成为可应用在家庭、宿舍、企业中的一种成熟的网络，无线网络正在以它的高速传输能力和灵活性发挥着日益重要的作用。无线局域网的组网拓扑结构有两种：无中心对等式拓扑结构(Ad-Hoc)和有中心拓扑结构(Infrastructure)。下面介绍采用有中心拓扑结构构建宿舍无线局域网的方法和技巧。

1.连接宿舍网网络设备

按照图 2-17 中的宿舍局域网网络拓扑结构，根据设备的连接要求设计接线图，如图 2-102 所示。

任务 2-17

按照图 2-17 中的宿舍局域网网络设备接线图，连接好无线宿舍局域网网络设备。

【STEP|01】ADSL 语音分离器一端 Line 端口接外线(电话线)，另一端有两个端口，Phone 端口接电话机，Modem 端口接 ADSL Modem。

【STEP|02】将 ADSL Modem 与 TP-LINK WR542G 放好，并预留一定空间用于散热，两台设备最好不要叠放。

【STEP|03】ADSL Modem 的 Line 端口接上 ADSL 语音分离器 Line 端口，并用 1 m 长的网线将 ADSL Modem 的 LAN 端口与 TP-LINK WR542G 的 WAN 端口相连。

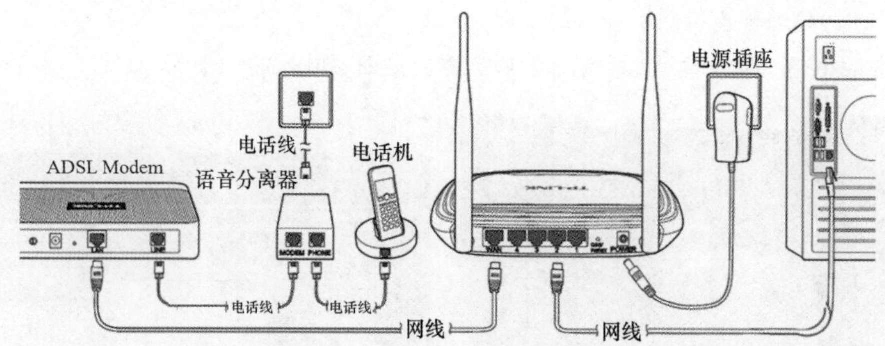

图 2-102　宿舍局域网网络设备接线图

【STEP|04】用 2 m 长的网线将 TP-LINK WR542G 的 LAN 端口与宿舍里的 PC 的100 M 网卡相连。

【STEP|05】确认所有线路都插好后接通电源,启动 PC、ADSL Modem 和路由器。

2.配置无线宽带路由器

当所有设备都连接好并启动之后,接下来就可以开始配置了。其实配置一点都不难,不需要像 Cisco 等路由器那样一条条输入命令。这就是 SOHO(Small Office Home Office)式路由器的优势,简单、方便、快捷的配置系统——Web 管理系统。

任务 2-18

参考"任务 1-5"配置 PC 的 IP 地址(192.168.0.18),然后在 IE 浏览器中配置无线宽带路由器。

【STEP|01】打开浏览器,在地址栏中输入"192.168.0.1"(客户机的 IP 必须与无线宽带路由器的 IP 在同一网络),如图 2-103 所示。

【STEP|02】进入无线宽带路由器登录界面,如图 2-104 所示。输入正确的用户名和密码(用户名和密码在操作手册中可以找到),即可登录到 Web 管理系统的页面。

图 2-103　输入登录 IP 地址

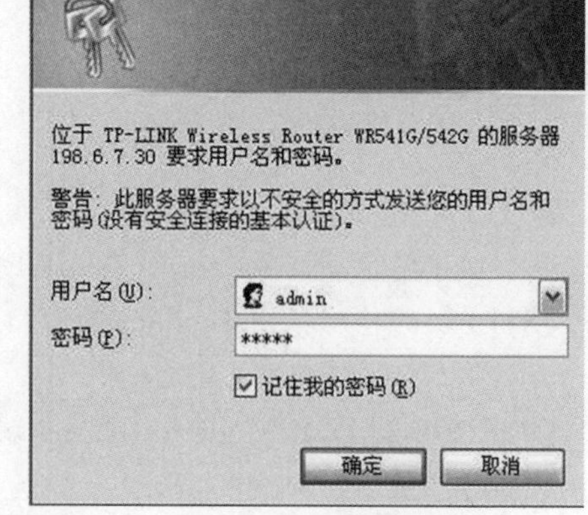

图 2-104　登录界面

提示

如果不能登录成功,则按以下建议操作:

(1)检查物理设备的连接情况;(2)在 PC 上使用 ping 命令检查连通性;(3)重新再做一条超五类网线;(4)更换 LAN 的接口;(5)在路由器的背部有一个“reset”按键,先按 3 秒,然后启动路由器,把路由器还原成出厂的设置。

进行以上操作后如果还不能登录,就需要更换一台新的路由器了。

【STEP|03】采用配置向导配置路由器。

当你第一次成功登录时,Web 管理系统会默认打开一个向导程序,在那里几步就可以将路由器配置好。如果你对路由器的配置理解不够完全,可按向导提示,将相关信息填好即可,然后一直单击“下一步”按钮就行了,如图 2-105～图 2-109 所示。

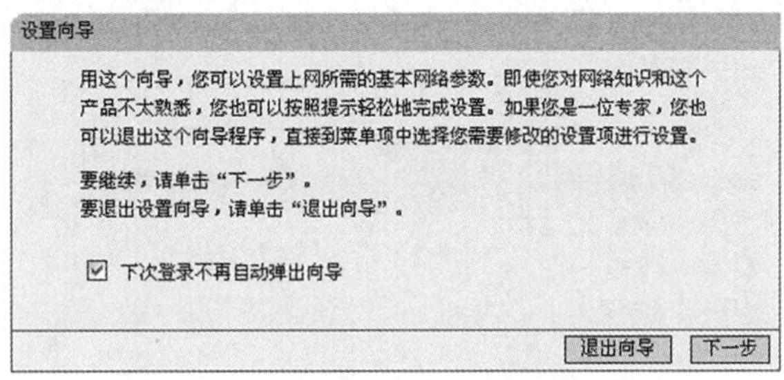

图 2-105　设置向导界面 1

设置向导

本路由器支持三种常用的上网方式,请您根据自身情况进行选择。

ADSL虚拟拨号(PPPoE)

以太网宽带,自动从网络服务商获取IP地址(动态IP)

以太网宽带,网络服务商提供的固定IP地址(静态IP)

上一步　下一步

图 2-106　设置向导界面 2

设置向导

您申请ADSL虚拟拨号服务时,网络服务商将提供给您上网帐号及口令,请对应填入下框。如您遗忘或不太清楚,请咨询您的网络服务商。

上网账号: ZZA0788669

上网口令: ●●●●●●●●●●●●

上一步　下一步

图 2-107　设置向导界面 3

设置向导

本向导页面设置路由器无线网络的基本参数。

无线状态: 开启

SSID: TP-LINK-WR542G

信道: 6

模式: 54Mbps (802.11g)

上一步　下一步

图 2-108　设置向导界面 4

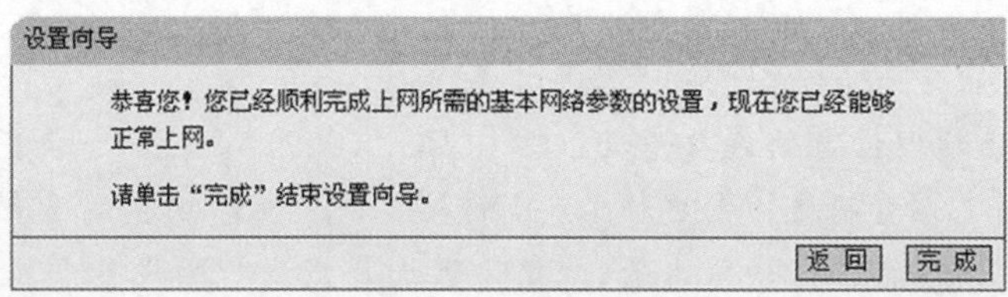

图 2-109　设置向导界面 5

【STEP|04】配置上网的方式。

如图 2-110 所示，在 WAN 端口的页面里，先选择使用的协议，由于使用 ADSL 方式接入 Internet，所以选择 PPPoE 协议（如果上网方式不同，则根据实际情况选择）。然后将 ISP 提供的账号和口令，分别填到"上网账号"和"上网口令"文本框中，如图 2-111 所示。

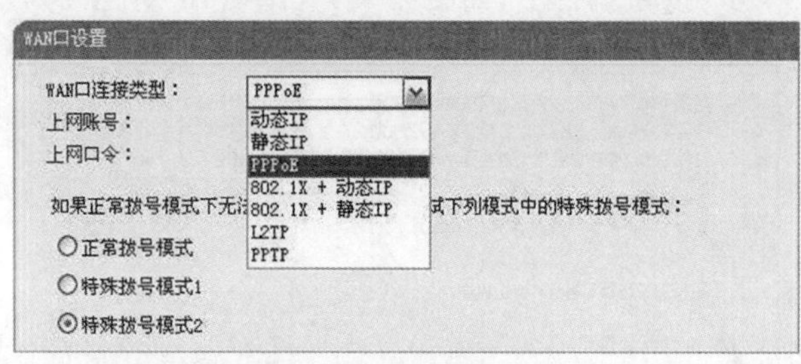

图 2-110　WAN 端口设置 1

图 2-111　WAN 端口设置 2

之后往下移，就可以发现几个选项，分别是按需连接、自动连接、定时连接、手动连接，如图 2-112 所示。这里选择"自动连接"。

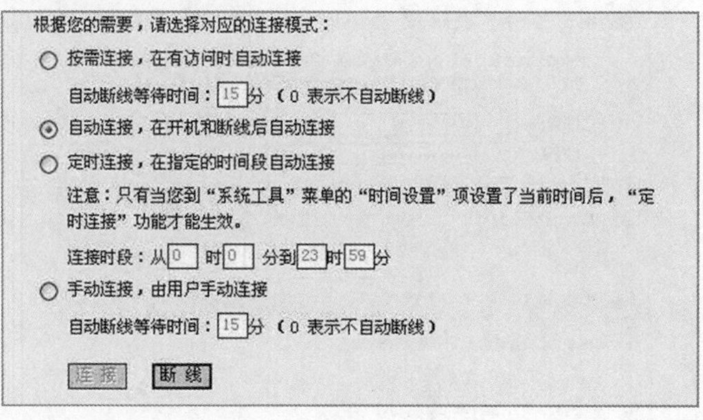

图 2-112　WAN 端口设置 3

3.配置 DHCP 服务

在无线宽带路由器中配置 DHCP 服务可参考"任务 2-6"。

4.配置无线网路

任务 2-19

设置无线宽带路由的加密方式和密码。

【STEP|01】选择无线网络标准。

如图 2-113 所示，在无线网络的页面中选择无线网络标准。

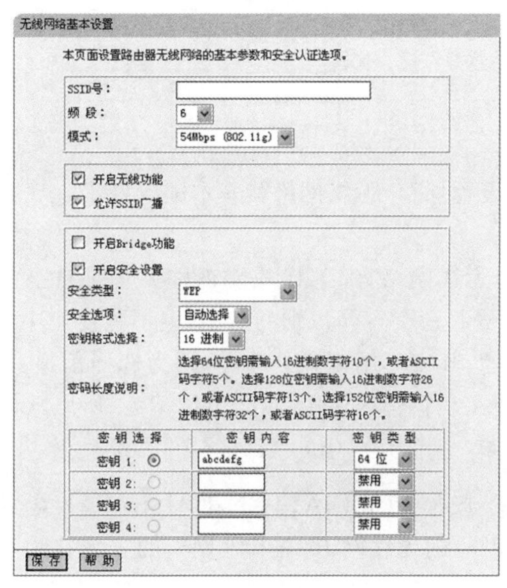

图 2-113　无线局域网配置界面 1

在此说明一下，由于设备的问题，这里只有 802.11b 和 802.11g 两种标准，它们都是 IEEE 所订立的无线网络标准。这里选 802.11g，如图 2-114 所示。

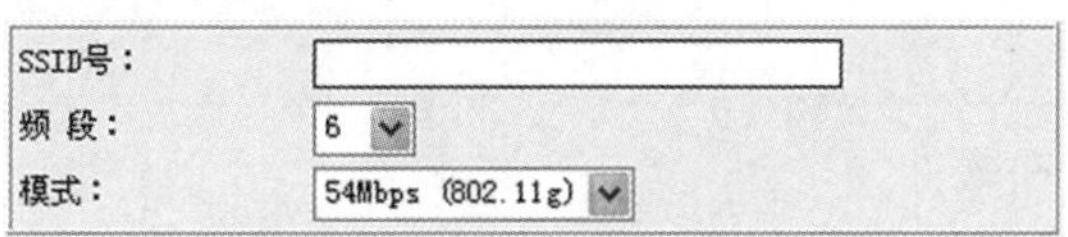

图 2-114　无线局域网配置界面 2

接着下面有两个选项，如图 2-115 所示。一个是无线功能开启的开关，这个一定要选上，否则如下的组建就没有意义了；另外一个是否允许 SSID 广播，这里勾选此项。

图 2-115　无线局域网配置界面 3

【STEP|02】选择加密方式与设置密码。

无线网络完全开放在空间中，安全设置是必需的。这里只需要选择无线网络的加密类型、密钥的格式就可以设置一个较安全的无线网络。

另外，为了达到方便而且安全的目的，我们选择最简单的 WEP，密钥的格式是 64 位。补充一下，16 进制与 ASCII 制在不同数位上，对密码的长度要求是不同的，如图 2-116 所示。

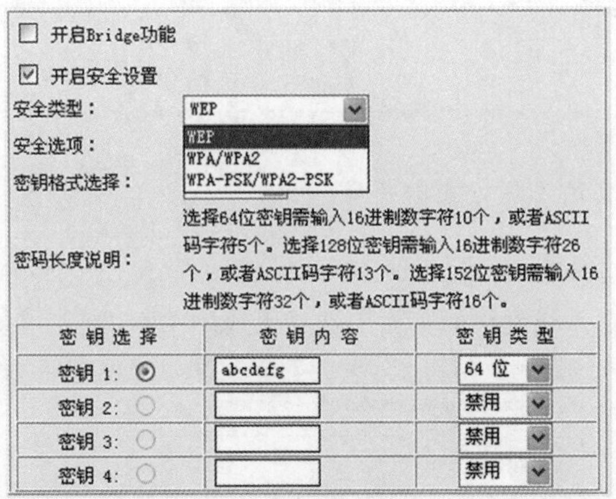

图 2-116　无线局域网配置界面 4

一切都设置好后，将设置保存，无线网络就基本配置好了。现在可以用笔记本电脑来测试一下。

假如同时搜索到多个无线网络，那怎样才能识别哪个是自己的呢？根据 SSID 号即可识别。我们可以给 SSID 号起一个容易识别的名字，但不能使用中文。

另外，还有信道的问题，其实不用刻意去选择，因为选择信道只是为了避免因信号的重叠而影响信号的质量。现在是宿舍内使用，覆盖范围不大，所以默认设置就好。

5.安装无线网卡

目前，常用的无线网卡有 PCMCIA、PCI 和 USB 三种类型。给台式计算机安装 TP-LINK TL-WN550G 型号的无线网卡，与其他网卡的安装有些不同。

任务 2-20

在台式计算机中安装 TP-LINK TL-WN550G 型号的无线网卡，也可参考此任务安装其他类型的无线网卡。

【STEP|01】安装管理软件。

(1)确认你的台式计算机中没有插入无线网卡。

(2)启动计算机，将购买网卡时附带的驱动程序光盘放入光驱，进入光盘文件夹 TP-LINK TL-WN550G\Utility，双击“Setup”进行 TP-LINK TL-WN550G 的管理软件安装。单击“下一步”按钮继续安装。

(3)单击“浏览”按钮，选择软件的安装路径，单击“确定”按钮。

(4)选择“NO，I Will Restart My Computer Later”，单击“Finish”按钮。

> **提示**　如果选择“Yes，I want to restart my computer now”，则计算机会重新启动，而下一步需要安装无线网卡，需要在关闭计算机和电源的情况下完成。

(5)手动关机。

【STEP|02】安装无线网卡。

将 TP-LINK TL-WN550G 网卡插入计算机主板的 PCI 插槽中，并固定好。

【STEP|03】安装无线网卡驱动程序。

安装成功后，在桌面右下角出现如图 2-117 所示图标，图标为绿色，表示管理软件已经正确安装。

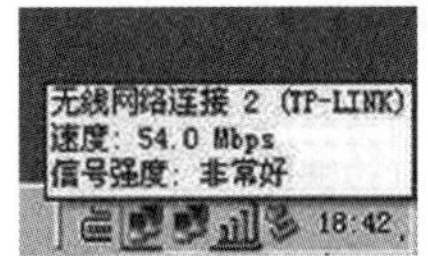

图 2-117　正确安装标志

【STEP|04】配置管理软件。

双击图标，打开管理软件配置界面，对如下参数做好配置即可。

(1)Channel：1～6 的数字可供选择，一般设置为 6，互联的无线设备设置应相同。

(2)网络模式：是组建无中心对等式拓扑结构(Ad-Hoc)网络还是有中心拓扑结构(Infrastructure)网络，在本例中选择 Ad-Hoc 模式。

(3)Preamble：前同步码，选择 Long Preamble。

(4)TxRate：当前用于数据发送的速率模式，是 11 Mbit/s 还是 5.5 Mbit/s。互联的无线设备设置应相同。

(5)SSID(Service Set Identifier，服务集标志符)：互联的无线设备设置应相同。

(6)Mode 4x：ON。

(7)加密方式：WEP 加密，互联的无线设备设置应相同。

(8)验证模式：开放式/共享式/Auto。

至此完成了无线网卡的安装。

6.测试无线网络

【STEP|01】设置 SSID 为 Fox-Basaka，选用 WEP，16 进制 64 位密钥，IP 地址范围为"198.168.0.30～254"。在 PC 上查看无线网络连接情况，如图 2-118 所示。我们需要连接的网络是 Fox-Basaka。PC IP 地址由 DHCP 服务器指派，获得的网络 IP 地址为 192.168.0.142。

【STEP|02】如果以后变更了无线网络的验证密码，客户端可以在图 2-118 中的"更改首选网络的顺序"中，对已变更的无线网络进行编辑，更换验证密码，如图 2-119 所示。

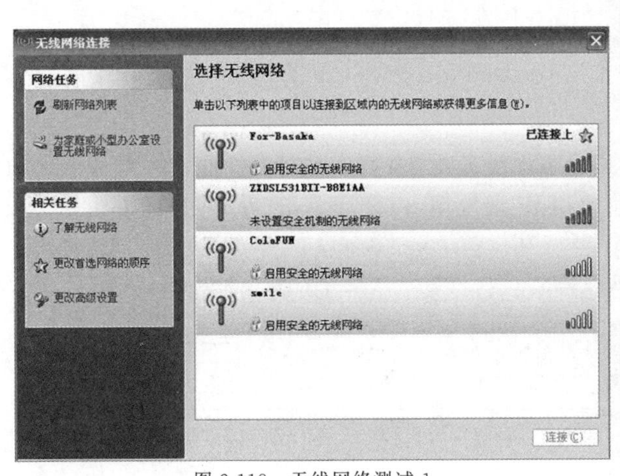

图 2-118　无线网络测试 1

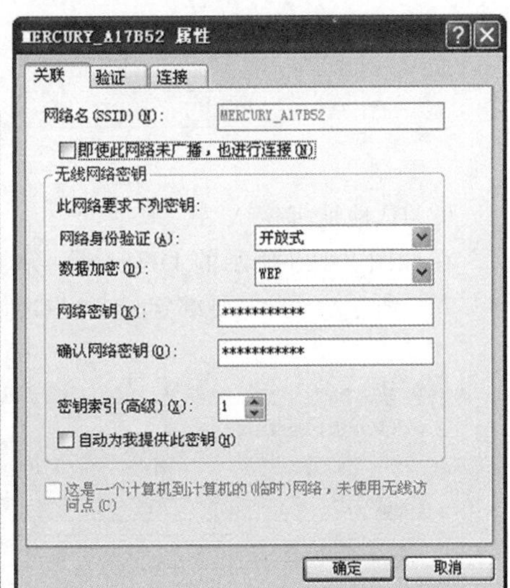

图 2-119　无线网络测试 2

7.无线局域网的安全配置

任务 2-21

参考"任务 2-19"登录无线宽带路由器的管理界面，完成登录口令的修改、IP 与 MAC 地址的相互绑定、设置防火墙、更改远程登录端口等任务。

【STEP|01】更改默认配置。

为什么要更改默认配置呢？因为默认的设置差不多每个人都知道，也就是每个进入局域网的用户，都有可能进入路由器随意修改，所以建议修改默认设置。方法很简单，在 Web 管理系统里面，设置 LAN 端口、修改登录口令就可以了，如图 2-120、图 2-121 所示。

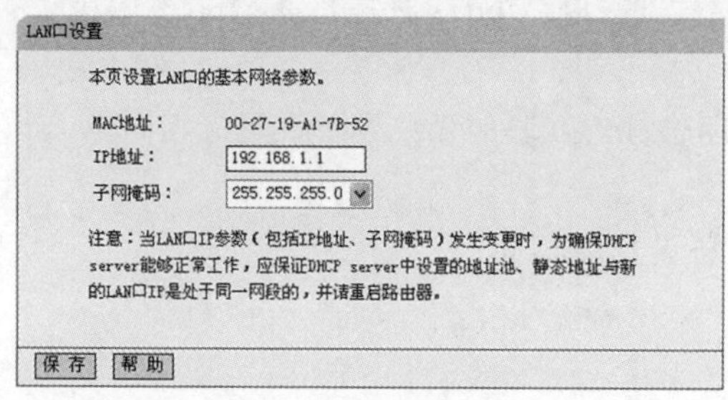

图 2-120　设置 LAN 端口

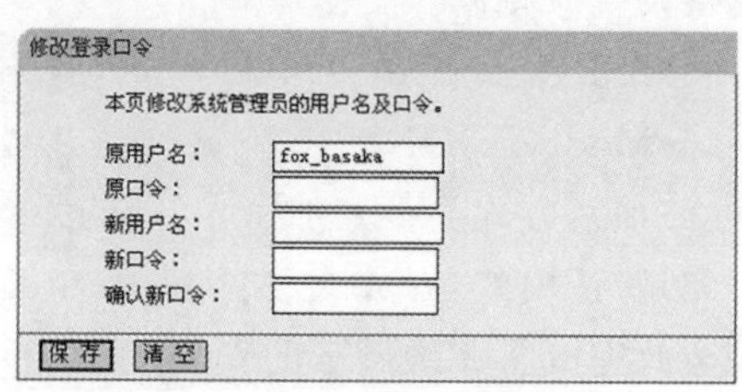

图 2-121　修改登录口令

【STEP|02】IP 与 MAC 的相互绑定。

IP 地址与 MAC 地址绑定后，可以防止 IP 被盗用，避免遭受 ARP 攻击。

(1)获取绑定的 IP 地址

PC、笔记本可以使用"ipconfig"命令获得 MAC 地址。那些不能使用命令获取 MAC 地址的设备(如 PSP、手机等)可以查看 DHCP 服务的客户端列表，如图 2-122 所示。

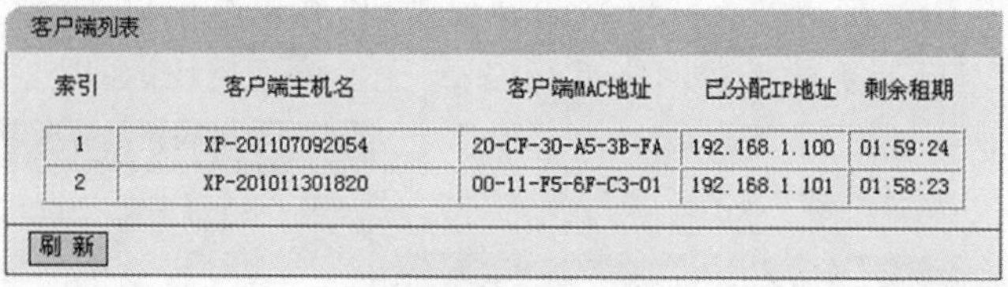

客户端列表

索引	客户端主机名	客户端MAC地址	已分配IP地址	剩余租期
1	XP-201107092054	20-CF-30-A5-3B-FA	192.168.1.100	01:59:24
2	XP-201011301820	00-11-F5-6F-C3-01	192.168.1.101	01:58:23

刷新

图 2-122　客户端列表

(2)IP 地址绑定 MAC 地址

在如图 2-123 所示的 DHCP 服务的"静态地址分配"页面中选择"添加新条目"，出现如图 2-124 所示界面，把要绑定的 MAC 地址和 IP 地址填入，然后单击"保存"按钮即可。

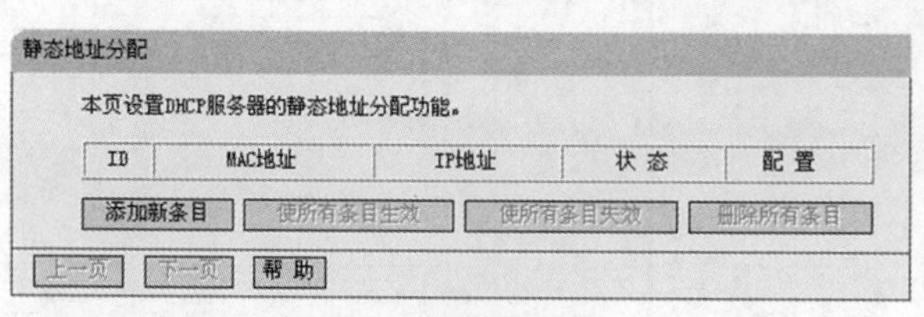

图 2-123　静态地址分配 1

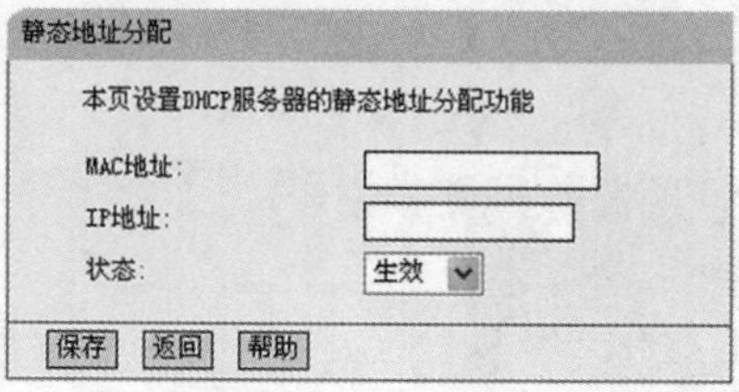

静态地址分配
本页设置DHCP服务器的静态地址分配功能
MAC地址：
IP地址：
状态： 生效
保存 返回 帮助

图 2-124　静态地址分配 2

(3)MAC 地址绑定 IP 地址

进入"静态 ARP 绑定设置"界面，如图 2-125 所示。然后就像 IP 地址绑定 MAC 地址那样,单击“增加单个条目”,出现如图 2-126 所示界面。如果操作正确的话就会在“ARP 映射表”中看到刚才设置的信息,如图 2-127 所示。

图 2-125　静态地址分配 3

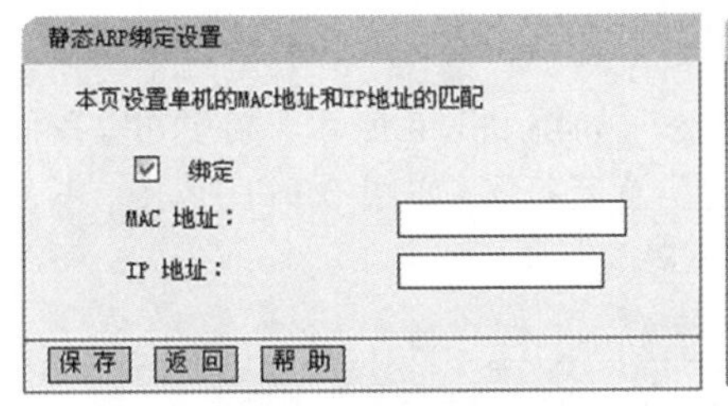

图 2-126　静态地址分配 4

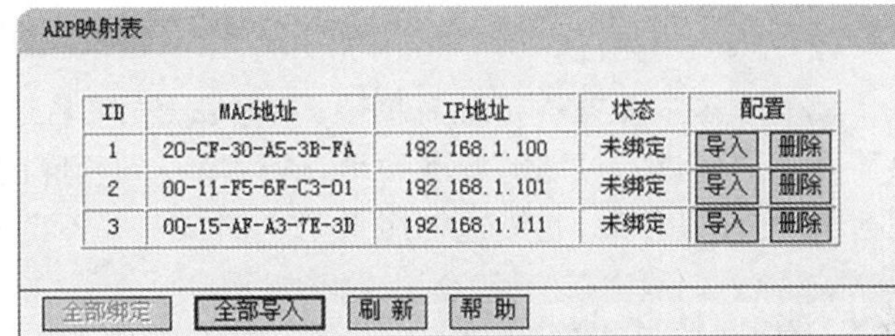

ARP映射表

ID	MAC地址	IP地址	状态	配置
1	20-CF-30-A5-3B-FA	192.168.1.100	未绑定	导入 删除
2	00-11-F5-6F-C3-01	192.168.1.101	未绑定	导入 删除
3	00-15-AF-A3-7E-3D	192.168.1.111	未绑定	导入 删除

全部绑定　全部导入　刷 新　帮 助

图 2-127　ARP 映射表

到此为止,IP 地址与 MAC 地址的相互绑定就完成了,通过这样的配置,无线局域网的稳定性和安全性都会有一定程度的提高。

【STEP|03】防火墙设置。

宽带路由器的防火墙主要有三个功能:IP 地址过滤、域名过滤、MAC 地址过滤。

(1)设置 IP 地址过滤

在配置界面上单击“添加新条目”,如图 2-128 所示。

图 2-128　设置 IP 地址过滤 1

然后进行以下设置:过滤的生效时间;局域网的 IP 地址以及端口过滤范围;在广域网上的某些地址端口的过滤;协议的过滤。如图 2-129 所示。

提示　如果这里设置不当,有可能会影响某些 IP 范围的正常访问,所以没有一定网络基础的人不要随便设置。

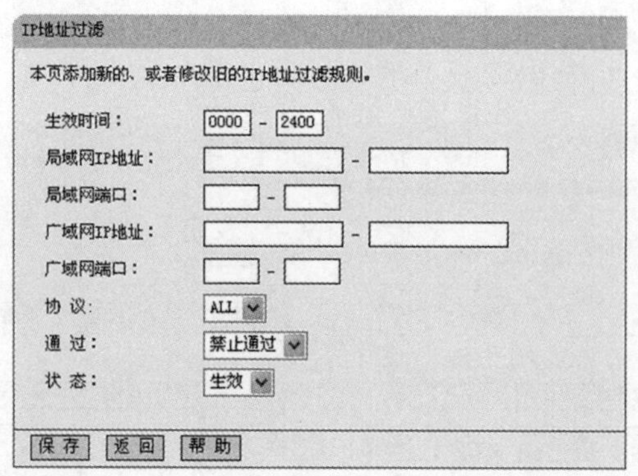

图 2-129　设置 IP 地址过滤 2

(2)设置域名过滤

接下来这个配置就相对简单很多,那就是“域名过滤”,如图 2-130 所示。在这里,我们只需要知道要进行过滤的域名地址,然后填写到相应的位置就行了,如图 2-131 所示。不用理会 IP 地址是什么,它最适合用来阻止浏览一些不良网站。

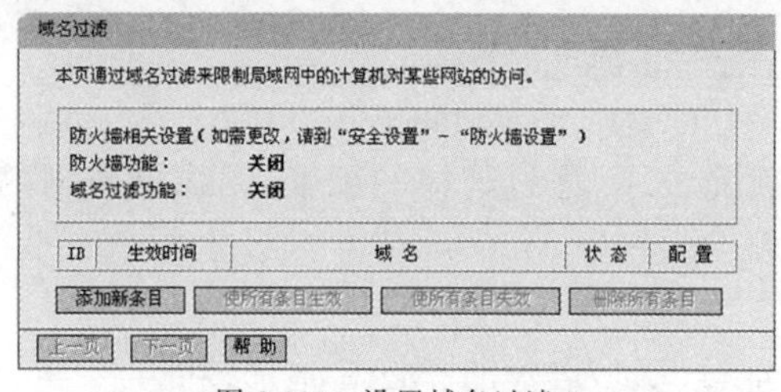

图 2-130　设置域名过滤 1

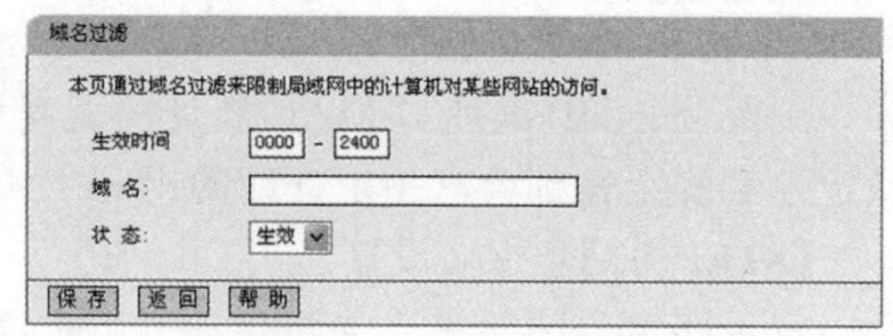

图 2-131　设置域名过滤 2

(3)设置 MAC 地址过滤

MAC 地址过滤,顾名思义就是对列表中的 MAC 地址进行过滤操作,而且过滤只有允许访问 Internet 和禁止访问 Internet 两个,如图 2-132 所示。这样就可以有效防止非法盗用的现象,因为即使你攻破了验证密码,得到了 IP 地址,但是没有符合过滤条件,路由器都一律禁止访问 Internet,这样一刀切的方法非常简单、方便、快捷。

【STEP|04】远程 WEB 管理路由器。

路由器的远程管理设置如图 2-133 所示,若要在端口改变,而地址不改时登录路由器,就必须加上端口号,而且必须是局域网内的计算机才行。若将地址改为广域网地址,则广域网中的计算机可访问路由器的管理页面。

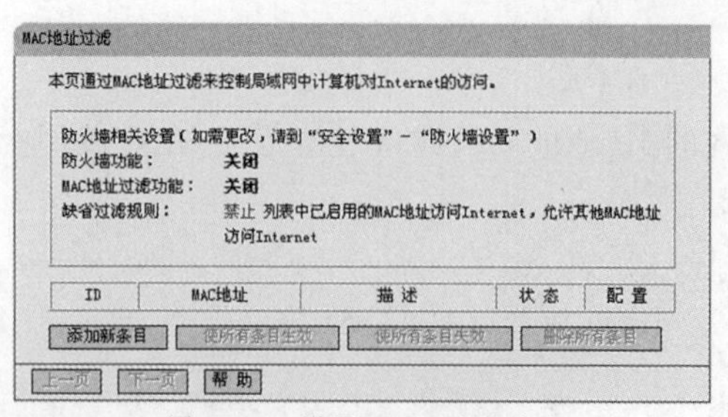

图 2-132　设置 MAC 地址过滤

远端WEB管理

本页设置路由器的WEB管理端口和广域网中可以执行远端WEB管理的计算机的IP地址。

注意：　1、路由器默认的WEB管理端口为80，如果您改变了默认的WEB管理端口（例如改为88），则您必须用“IP地址:端口”的方式（例如http://192.168.1.1:88）才能登录路由器执行WEB界面管理。此功能需要重启路由器才能生效。

2、路由器默认的远端WEB管理IP地址为0.0.0.0，在此默认状态下，广域网中所有计算机都不能登录路由器执行远端WEB管理，如果您改变了默认的远端W管理IP地址（例如改为202.96.12.8），则广域网中只有具有指定IP地址（例如202.96.12.8）的计算机才能登录路由器执行远端WEB管理。如果将远端WEB管理IP地址设为255.255.255.255，那么，广域网中所有的计算机都可以登录路由器执行远端WEB管理。

WEB管理端口：　80

远端WEB管理IP地址：　0.0.0.0

保 存　帮 助

图 2-133　远端 WEB 管理设置

2.4.9　使用影子系统保护系统安全

影子系统(PowerShadow)是一款功能强大的系统安全软件,它独创的影子模式让你的系统具有隐身的能力,使你拥有一个真正能自修复、免维护的系统。用户进入影子模式后,所有操作都是虚拟的,不会对真正的系统产生影响,一切改变将在退出影子模式后消失。因此所有的病毒、木马程序、流氓软件都无法侵害真正的操作系统,它们的所有操作都只是假象。

任务 2-22

上网搜索、下载并安装影子系统(PowerShadow),然后对影子系统进行相关配置,保护宿舍局域网中的计算机系统的安全。

【STEP|01】下载并安装影子系统,解开影子系统的压缩包。

【STEP|02】打开解压后影子系统所在的文件夹,找到影子系统的安装文件,双击它进入安装向导,如图 2-134 所示,单击“Next”按钮。

【STEP|03】出现许可证协议提示框,勾选“I accept the agreement”,再次单击“Next”按钮,如图 2-135 所示。

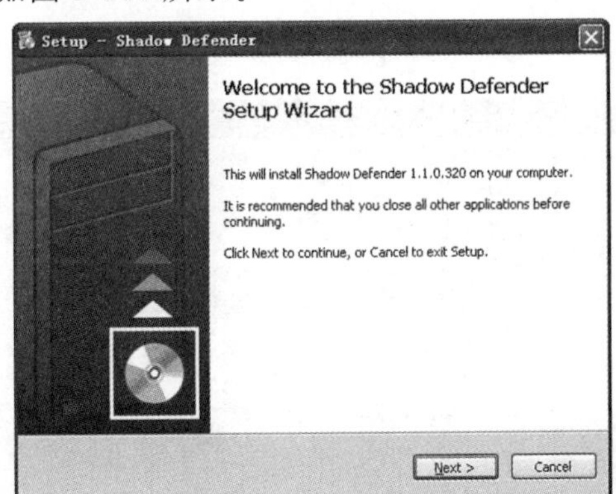

图 2-134　安装向导

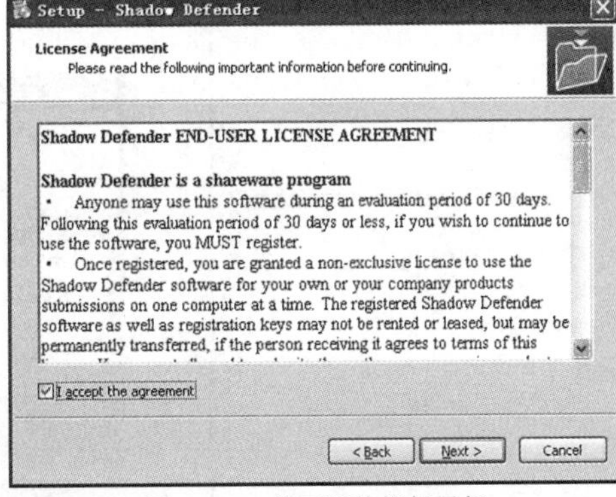

图 2-135　许可证协议提示框

【STEP|04】出现输入用户信息的提示框,如图 2-136 所示。在“User Name”和“Organization”中输入用户名和单位名,完成后单击“Next”按钮。

【STEP|05】继续单击三次“Next”按钮,出现“Ready to Install”对话框,如图 2-137 所示,单击“Install”按钮。

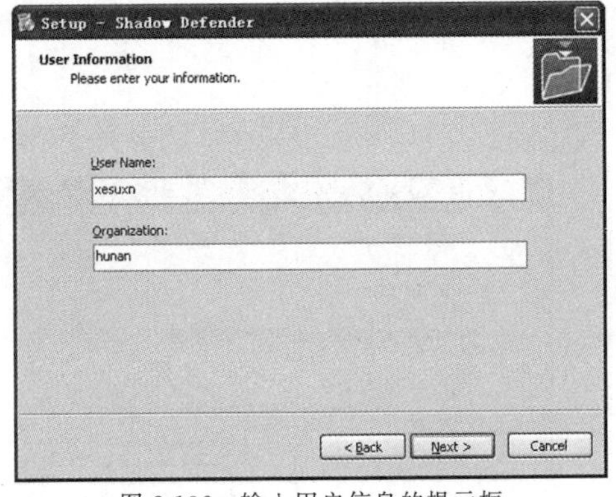

图 2-136　输入用户信息的提示框

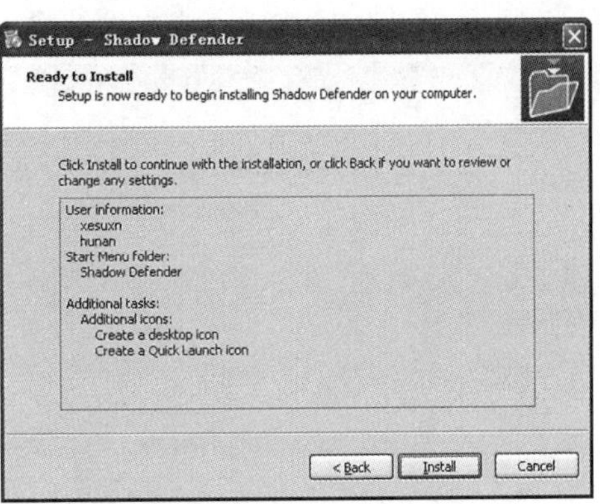

图 2-137　准备安装对话框

【STEP|06】系统进行安装，等待一会，出现是否重新启动计算机的选择提示，如图 2-138 所示，选择“No，I will restart the computer later”，再单击“Finish”按钮。

影子系统安装完成了，这时在桌面出现一个影子系统的快捷启动图标，如图 2-139 所示。

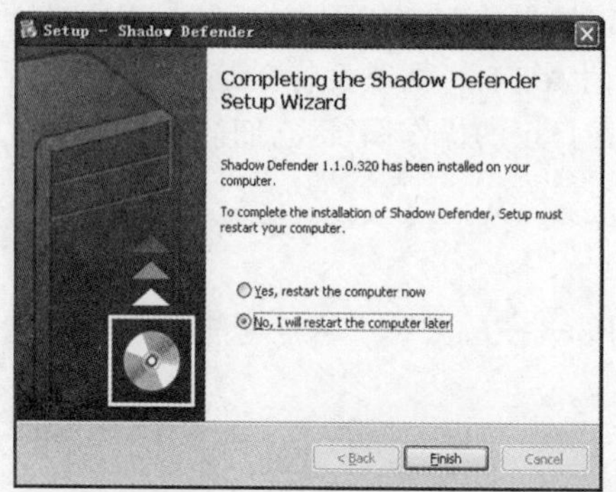

图 2-138　重启计算机提示

图 2-139　快捷启动图标

【STEP|07】右键单击影子系统的图标，在弹出的快捷菜单中选择“属性”，打开影子系统的属性界面，如图 2-140 所示，单击“查找目标”按钮。

【STEP|08】打开影子系统的安装文件夹，如图 2-141 所示。

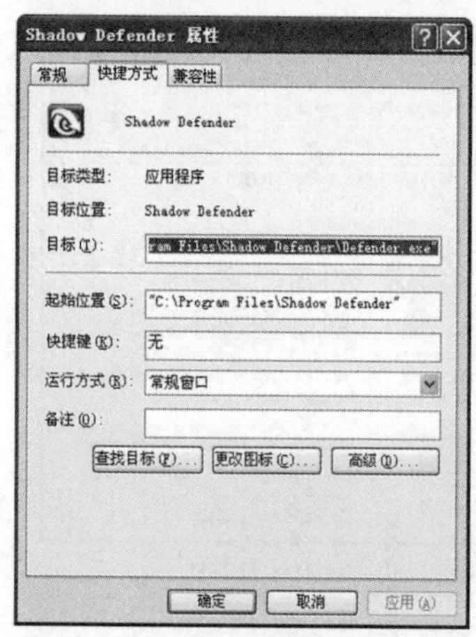

图 2-140　属性界面

图 2-141　安装文件夹

【STEP|09】回到影子系统安装程序所在文件夹，把文件夹中的 res 语言配置文件复制到图 2-142 所示安装影子系统的文件夹中，此时会打开“确认文件替换”提示对话框，如图 2-143 所示，单击“是”按钮完成文件替换，然后重新启动计算机。

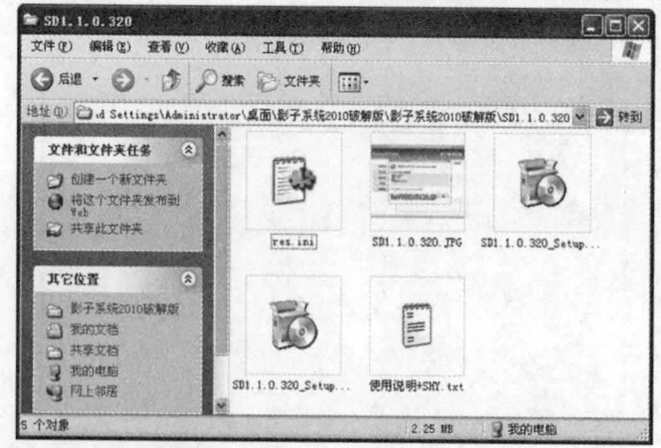

图 2-142　安装影子系统的文件夹

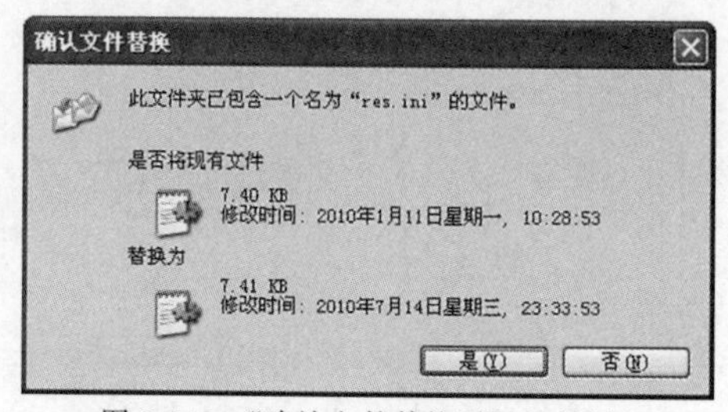

图 2-143　“确认文件替换”提示对话框

【STEP|10】重启计算机后，双击桌面上影子系统的快捷启动图标，启动影子系统，打开注册提示对话框，如图 2-144 所示，单击“注册”按钮。

【STEP|11】出现注册对话框，如图 2-145 所示，输入注册码，单击“确定”按钮。

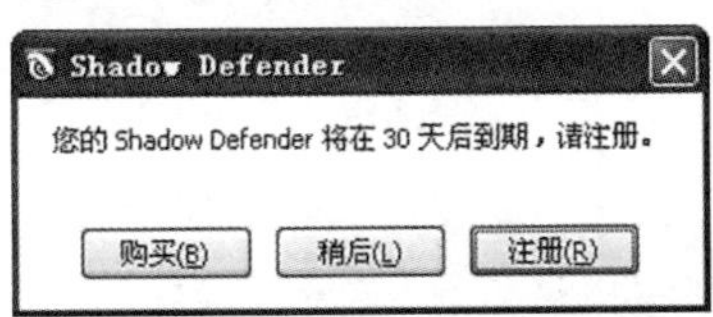

图 2-144　注册提示对话框

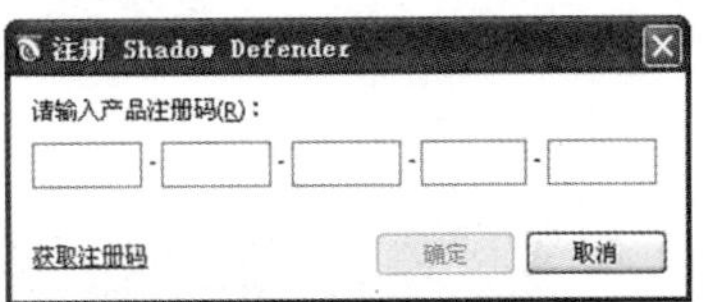

图 2-145　注册对话框

【STEP|12】进入影子系统主窗口，如图 2-146 所示，在主窗口中列出了当前系统分区的模式和所占用的空间信息。

【STEP|13】将系统中的分区 C：和 D：进行保护，单击软件左侧主菜单“模式设置”，进入模式设置窗口后，Shadow Defender 会在其右侧的显示区域内显示当前的所有分区，将需要保护的分区进行勾选，如 C：和 D：，如图 2-147 所示，单击“进入影子模式”按钮。

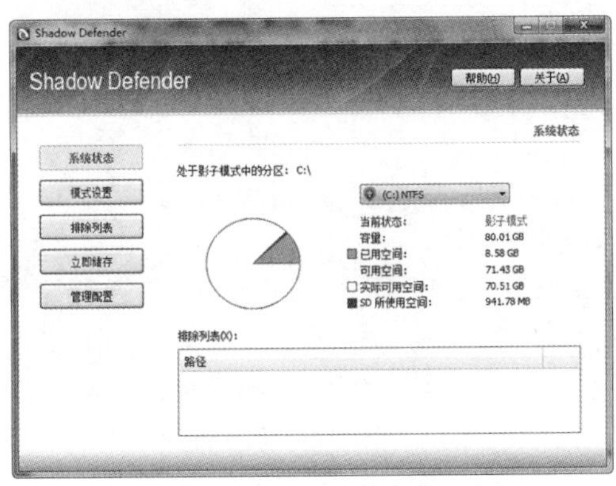

图 2-146　影子系统主窗口

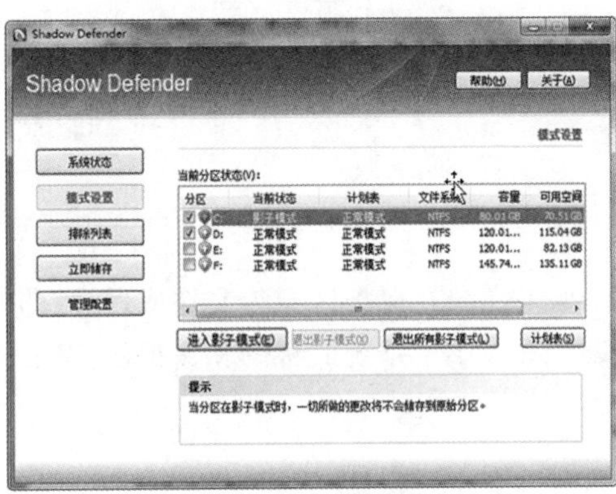

图 2-147　模式设置窗口

【STEP|14】在保护分区中设非保护文件或文件夹。

对于已经处于保护状态下的分区，可以指定该分区中的特定文件或文件夹免于保护(如 D：\BACKUP)，单击“排除列表”，然后通过单击“添加文件”或“添加文件夹”，把不必保护的文件(夹)加入进来，然后单击“应用”按钮，如图 2-148 所示。这样就可以把杀毒软件所在的文件夹加入其中，今后再进行升级，重启之后也不会受影响。

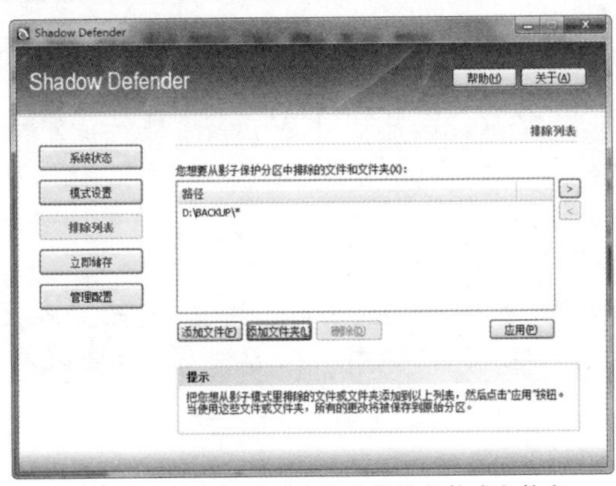

图 2-148　在保护分区中设非保护文件或文件夹

【STEP|15】在影子分区中保存文件。

在影子分区中也可保存文件(如需保存 D:\BACKUP\AOPRecovery.exe),首先把文件保存于影子分区之中,然后单击"立即储存",单击"添加文件"按钮,打开保存于影子分区中的文件,最后单击"应用"按钮,如图 2-149 所示,这样重启计算机后,文件就不会从影子分区中消失了。

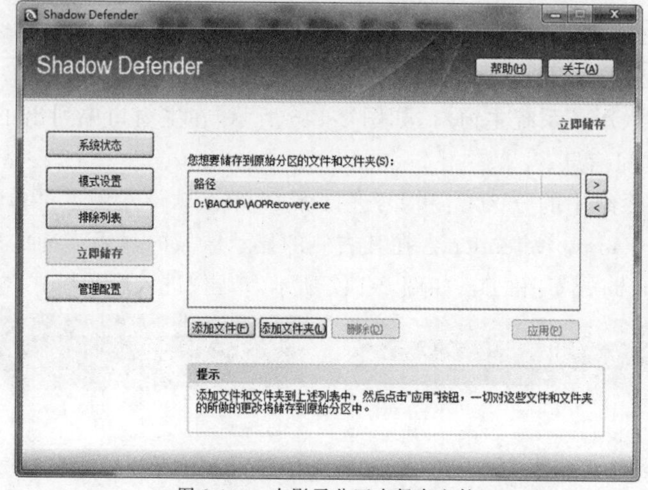

图 2-149　在影子分区中保存文件

如果需要在保护区安装文件或保存文件,必须先退出影子模式。还可以在"管理配置"中设置进入影子系统的密码和保护区空间不足时提醒等信息。

2.5　任务拓展

1.配置 WinGate 服务器

可以在 http://www.wenchuan.com/htm/WinGate.htm 处下载到最新版 WinGate 软件。

拓展任务 2-1

上网搜索、下载并安装 WinGate,然后对 WinGate 进行相关配置,使宿舍局域网运用 WinGate 实现共享上网。

【STEP|01】下载并安装 WinGate 软件。

(1)下载 WinGate 软件,解压,双击.exe 文件进入安装画面。选择 configure this machine as a wingate server 选项,即把 wingate 安装为服务器模式。

(2)输入注册信息。

(3)选择安装模式,在这里选择 Express setup(recommended),即自动安装模式。安装完毕后,重启计算机。

(4)进入 WinGate 管理窗口,第一次进入时,计算机会提示你修改管理员密码。左边是

WinGate 开放的服务类型，右边是对各工作站上网进行监测。

【STEP|02】工作站的参数设置。

(1)修改 hosts 文件。一般在 Windows 目录下有一个 hosts.sam 文件，在初始状态，系统是没有 hosts 文件的，我们可以通过把 hosts.sam 更名为 hosts 或者复制得到这个文件。用记事本打开 hosts，在最后一行加上：192.168.0.1 pc01，存盘退出。注意 192.168.0.1 和 pc01 为安装 WinGate 代理软件的计算机 IP 和计算机名。

(2)设置 DNS。启用 DNS，输入主机名为本机名，域可以不填，DNS 服务器搜索顺序填写为代理上网服务器主机，在这里是 192.168.0.1 或者是当地的 ISP 服务器的 IP 地址，比如在长沙是 202.103.96.111。单击“添加”按钮。

(3)在工作站中，测试网络是否连通。先测试内部网：进入 ms-dos 窗口，输入 ping pc01 内部网测试通过以后，测试 WinGate 是否配置正确。ping www.cn-lan.com 上述两项返回值如下显示则证明网络无问题。

◆ Pinging fengyun [192.168.0.103] with 32 bytes of data：

◆ Reply from 192.168.0.103：bytes＝32 time＜10ms TTL＝128......

◆ 如果返回值为 request times out，则需要检测网络和 WinGate 的配置是否正确。

【STEP|03】工作站应用软件的设置。

(1)浏览器设置：以 IE 为例，其他类似。启动 IE，选择“工具”→“Internet 选项-连接”→“局域网设置”，选择使用代理服务器，在地址栏中输入 192.168.0.1，端口号为 80。

(2) OICQ 设置：OICQ 只要选择使用 proxy socket5 防火墙，并输入防火墙地址 192.168.0.1和端口号 8000，便能轻轻松松接入 Internet，通过 OICQ 与你的好友闲聊或交流技术问题了。

(3)邮件接收设置：以 Foxmail 为例，Outlook 类似。启动 Foxmail，选择“帐户”→“属性”→“邮件服务器”，在发送邮件服务器和接收邮件服务器中均填上 192.168.0.1，POP3 邮箱帐号填你的邮箱全称，并把@改为＃。如我的邮箱为 xesuxn＃163.com，在 POP3 邮箱处应填为 xesuxn＃163.com。

2.动态域名管理和动态域名解析

操作方法和设置步骤因篇幅有限，在此省略。大家可上网搜索相关教程，参考教程进行配置。

拓展任务 2-2

上网搜索动态域名管理和动态域名解析的花生壳客户端软件，然后进行安装和配置；再注册花生护照；申请免费域名；最后用动态域名发布个人主页。

3.使用雨过天晴保护系统安全

雨过天晴保护系统是强大的多点还原系统保护和恢复软件，它可以迅速清除计算机中存在的故障，将瘫痪的系统恢复到正常的工作状态。

拓展任务 2-3

在系统中安装雨过天晴保护系统，然后，创建一个新的恢复进度；最后，利用创建的进度对系统进行恢复。

1.安装雨过天晴保护系统：软件的安装非常简单，如果是单系统用户，一直单击“下一步”按钮就可以了，双系统用户在安装的模式上注意选择即可，这里不再多说。

2.启动雨过天晴保护系统：安装完成后，在桌面上会有雨过天晴保护系统的快捷方式，双击之后会打开雨过天晴保护系统的简易界面，在这里既可以轻松地创建还原点，也可以对系统进行恢复。

3.创建还原点：雨过天晴保护系统在安装的时候会自动为系统创建一个还原点，为了保障系统安全，建议在安装完成后用户再创建一个还原点。在简易界面中单击“创建进度”按钮进入创建进度界面，在创建进度界面中输入一个进度名称，单击“创建进度”按钮，大概几秒钟之后，进度即创建完毕。

4.系统还原：如果系统出现故障了需要恢复，单击“闪电恢复”按钮即可进入闪电恢复界面，在闪电恢复界面中选中一个还原进度，单击“闪电恢复”按钮，等计算机重启之后即可完成恢复。

2.6 总结提高

本项目从宿舍局域网的组建过程出发，介绍了基于代理服务器共享上网和基于宽带路由器共享上网的局域网的组建和用动态域名发布网站等方面的知识和技能。

通过本项目的学习，要求大家能独立构建一个学生宿舍网，并掌握基于代理服务器共享上网和基于宽带路由器共享上网的局域网的组建流程。同时学会用动态域名发布网站，用影子系统保护系统安全。通过本项目的学习，你的收获怎样，请认真填写表 2-4 并及时反馈，谢谢！

表 2-4　　学习情况小结

序号	知识与技能	重要指数	自我评价					小组评价					老师评价				
			A	B	C	D	E	A	B	C	D	E	A	B	C	D	E
1	会设计宿舍网拓扑结构	★★★☆															
2	会选配宿舍网网络设备	★★★★															
3	能进行宿舍网网络设备的连接	★★★★☆															
4	能组建基于代理服务器共享上网的宿舍网	★★★★★															
5	能组建基于宽带路由器共享上网的宿舍网	★★★★★															

（续表）

序号	知识与技能	重要指数	自我评价					小组评价					老师评价				
			A	B	C	D	E	A	B	C	D	E	A	B	C	D	E
6	会申请和管理动态域名	★★★★															
7	会用动态域名发布网站	★★★															
8	能与组员协商工作，步调一致	★★★☆															

说明：评价等级分为 A、B、C、D、E 五等，其中：对知识与技能掌握很好为 A 等、掌握了绝大部分为 B 等、大部分内容掌握较好为 C 等、基本掌握为 D 等、大部分内容不够清楚为 E 等。

2.7　课后训练

一、选择题

1.在 Windows 命令行窗口中，运行 ＿(1)＿ 命令后得到如图 2-150 所示的结果，该命令通常用以 ＿(2)＿。

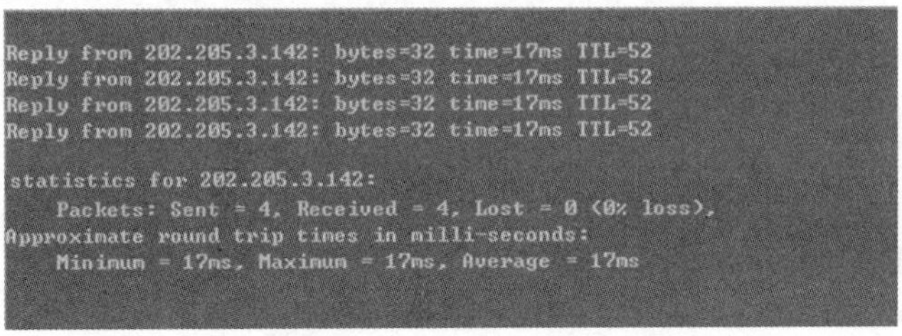

```
Reply from 202.205.3.142: bytes=32 time=17ms TTL=52
Reply from 202.205.3.142: bytes=32 time=17ms TTL=52
Reply from 202.205.3.142: bytes=32 time=17ms TTL=52
Reply from 202.205.3.142: bytes=32 time=17ms TTL=52

statistics for 202.205.3.142:
    Packets: Sent = 4, Received = 4, Lost = 0 (0% loss),
Approximate round trip times in milli-seconds:
    Minimum = 17ms, Maximum = 17ms, Average = 17ms
```

图 2-150　Windows 命令

(1) A.ipconfig /all　　B.ping　　C.netstat　　D.nslookup

(2) A.查看当前 TCP/IP 配置信息

B.测试到达目的主机的连通性

C.显示当前所有连接及状态信息

D.查看当前使用的 DNS 服务器

2.以太网标准 100Base-TX 规定的传输介质是＿＿＿＿。

A.3 类 UTP　　B.5 类 UTP

C.6 类 UTP　　D.STP

3.用户采用 ADSL 虚拟拨号接入因特网，联网时需要输入＿＿＿＿。

A.ISP 的市话号码　　B.ISP 的网关地址

C.用户帐号和密码　　D.用户的 IP 地址

4.在 Windows Server 2008 R2 操作系统中，通常通过安装＿＿＿＿组件架设 Web 服务器。

A.IIS　　B.IE　　C.POP3　　D.DNS

二、问答题

1.说明宽带路由器的主要作用和设置方法。

2.简述动态域名解析服务的实现流程。

3.简述无线局域网安全参数的作用及设置方法。

三、技能训练题

1.建设宿舍局域网要添置哪些硬件？填写表 2-5 。请分组查阅相关信息，并考虑以下问题：

(1)作为代理服务器的计算机和作为工作站的计算机性能上的要求一样吗？原有的那台计算机你想作为工作站还是服务器，为什么？

(2)你准备用哪种通信连接设备，为什么？

(3)你准备选择哪种传输介质，为什么？

表 2-5

硬件类型	硬件名称	品牌、型号或配置	参考价格

2.如果在运行时出现下列问题，故障有可能出现在哪些地方？请填写表 2-6。

表 2-6

故障现象	可能的原因
三台计算机之间能够互相看到，但却都不能正常连上网	
代理服务器能正常上网，但两台工作站都不能正常上网	
有一台工作站不能正常上网，但在“网络邻居”中能看到其他两台计算机	

3.每个宿舍为一组，组建一个拥有四台计算机以上的小型局域网，以其中一台计算机为代理服务器，连接到校园网，并在实践结束后，向全班简单汇报组网过程中遇到的困难与问题。

需准备的设备：计算机四台以上、交换机一台、双绞线若干、水晶头若干、做线工具、网卡若干。

4.某公寓已有一个 100 个用户的有线局域网。由于业务的发展，现有的网络不能满足需求，需要增加 40 个用户的网络连接，并在公寓接待室连接网络以满足外来客人实时咨询的需求。现结合公寓的实际情况组建无线局域网，具体拓扑结构如图 2-151 所示。

图 2-151 中 PC1 的无线网卡配置信息如图 2-152 所示。

【问题 1】目前无线局域网主要有哪两大标准体系？简述各自特点。

【问题 2】在图 2-151 中，为什么采用两种方式连接 Internet?

【问题 3】在图 2-152 中，当有多个无线设备时，为避免干扰需设置哪个选项的值？

【问题 4】IEEE 802.11 中定义了哪两种拓扑结构？简述这两种拓扑结构的结构特点。图 2-152 中“Operating Mode”属性的值是什么？

【问题 5】选项“ESSID” (扩展服务集 ID)的值如何配置？

【问题 6】图 2-152 中“Encryption Level”选项用以配置 WEP。WEP 采用的加密技术是什么？“值”备选项中应包含两种长度为多少的密钥？

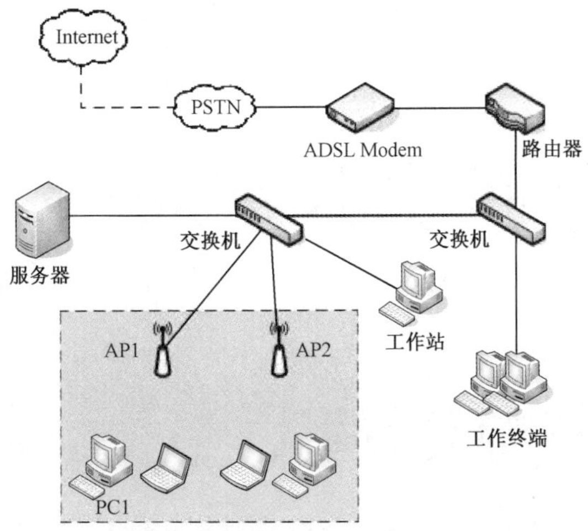

图 2-151　某公寓网络拓扑结构图

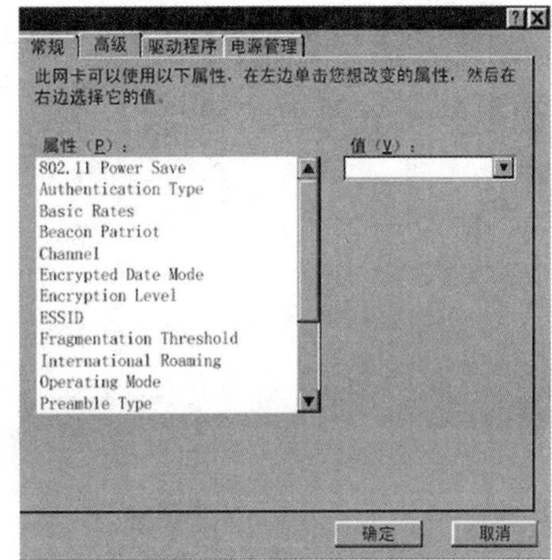

图 2-152　无线网卡配置信息

项目 3　组建与维护实验室局域网

内容提要

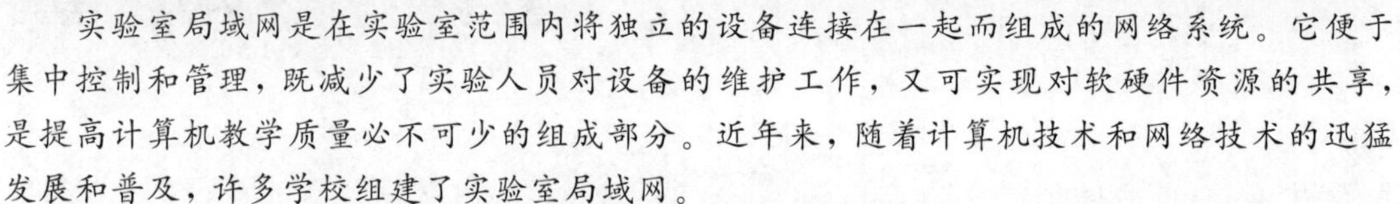

实验室局域网是在实验室范围内将独立的设备连接在一起而组成的网络系统。它便于集中控制和管理，既减少了实验人员对设备的维护工作，又可实现对软硬件资源的共享，是提高计算机教学质量必不可少的组成部分。近年来，随着计算机技术和网络技术的迅猛发展和普及，许多学校组建了实验室局域网。

本项目将引领大家熟悉组建实验室局域网的结构、设备及工作原理，具体训练大家配置NAT、架设 FTP 服务器、构建仿真实验环境、实施网络克隆、保护系统安全等技能。通过以上技能的训练，使大家掌握实验室局域网构建的方法和技巧。

知识目标

了解 VMware 虚拟机的联网模式；掌握模拟仿真软件的安装与使用；掌握 NAT 的安装与配置；掌握 FTP 服务器的配置方法；掌握 Ghost 网络克隆方法。

技能目标

能组建多台计算机组的实验室局域网；会安装与配置 NAT 实现共享上网；会安装与配置 FTP 服务器；会安装和使用还原卡；会用 Ghost 进行网络克隆。

态度目标

培养认真细致的工作态度和工作作风；养成认真分析，认真思考，细心检查的习惯；能与组员协商工作，保持步调一致。

参考学时

12 学时(含实践教学 6 学时)

3.1 情境描述

中新网络工程公司负责的网络组建与改造项目十分广泛，涉及家庭、宿舍、学校和企事业单位，最近公司承接了新天双语培训学校的实验室局域网建设项目，该实验室局域网的建设周期短、任务重、要求高。黄奇已参加过公司承担的 10 多个网络组建项目，加上他的刻苦钻研，具有了一定的组网能力，为此，公司选派他担任此项目的负责人。

通过与新天双语培训学校的领导和实验室老师沟通，他了解了该实验室建成后准备给网络专业使用，但在机房紧张时也得胜任计算机应用方面的教学，经过分析他认为该实验室需要提供的主要功能有：

(1)保证教师能够将实验指导书和实验要求文档等共享资源存放到服务器上，学生可以随时下载资料，同时学生完成的练习能上传到老师的文件夹。

(2)平均每天有三个班级学生在此实验室上课，需要有 Windows 7、Windows Server 2008 R2 和 Linux 等系统可供使用，有时甚至需要同时运行多个操作系统。

(3)要保证每个班上课的环境都是全新的，不能让上次课的操作结果留在计算机上。

(4)学校网络设备比较少，网络专业的学生要在此实验室完成网络设备的安装与配置、网络组建等课程教学的实验。

(5)业余时间，实验室需要开设第二课堂，允许学生上网。

在此情况下，黄奇应该为新天双语培训学校的实验室局域网的构建做好哪些准备工作呢？在构建实验室局域网时，需要完成哪些任务才能解决问题呢？

3.2 任务分析

黄奇对新天双语培训学校的有关要求进行认真、细致分析，他觉得组建实验室局域网需要准备网卡、交换机、双绞线、还原卡、操作系统安装盘、虚拟机软件、仿真软件、电子教室软件和网络克隆软件等。在此基础上，构建实验室局域网还需要进行简单的布线设计，并配备一台服务器完成共享资源的上传与下载。通过对项目进行分解，主要任务如下：

(1)详细了解实训室位置、空间、网络连接、设备数量、设备安装位置等情况，并做好记载，形成详细的调查分析报告；

(2)按照用户需求，设计实验室局域网网络拓扑结构，并做好实验室局域网硬件选型、完成设备的安装；

(3)为保证共享资源能存储到服务器上，需配置 FTP 服务器；

(4)要保证每个班上课的环境都是全新的，在实验室的计算机中必须安装还原卡；

(5)为完成网络设备的安装与配置、保证网络组建等课程教学的实验，需要构建仿真实训环境；

(6)为实现实验室安全上网，需要安装与配置 NAT 服务；

(7)由于实验室计算机数量多、配置相同、使用的系统多，所以必须在一台计算机中安装好操作系统、应用软件、仿真教学软件、虚拟机，并查杀完病毒后，使用网络克隆方式将系统安装到其他的计算机；

(8)任务完成后进行测试。

3.3 知识储备

3.3.1 交换机与路由器概述

计算机网络往往由许多种不同类型的网络互相连接而成，如果几个计算机网络只是在物理上连接在一起，它们之间并不能进行通信，那么这种"互连"并没有什么实际意义。因此通常在谈到"互连"时，就已经暗示这些相互连接的计算机是可以进行通信的，也就是说，从功能上和逻辑上看，这些计算机网络已经组成了一个大型的计算机网络，或称为互联网络，也可简称为互联网。

将网络互相连接起来要使用一些中间设备或中间系统，ISO 的术语称之为中继（Relay）系统。互联网络就是指用交换机和路由器进行互联的网络。

1.交换机

交换机（Switch）是一种基于 MAC（网卡的硬件地址）识别，能完成封装转发数据包功能的网络设备。交换机可以"学习"MAC 地址，并把其存放在内部地址表中，通过在数据帧的始发者和目标接收者之间建立临时的交换路径，使数据帧直接由源地址到达目的地址。交换机也叫交换式集线器，是局域网中的一种重要设备。它可将用户收到的数据包根据目的地址转发到相应的端口。

交换机分为二层交换机、三层交换机和更高层的交换机。三层交换机可以有路由的功能，而且比低端路由器的转发速率更快。它的主要特点是一次路由，多次转发。交换机是数据链路层设备，它可将多个局域网网段连接到一个大型网络上，如图 3-1 所示为交换机的实物图。

图 3-1　交换机实物图

(1)交换机的工作原理

集线器只能在半双工方式下工作，而交换机可以同时支持半双工和全双工两种工作方式。全双工网络允许同时发送和接收数据，从理论上讲，其传输速度可以比半双工方式增加一倍，因此，采用全双工工作方式的交换机可以显著地提高网络性能。

用集线器组成的网络称为共享式网络，而用交换机构建的网络则称为交换式网络。共享式网络存在的最主要的问题是所有用户共享带宽，每个用户的实际可用带宽随着网络用户数目的增加而递减。这是因为当通信繁忙时，多个用户可能同时争用一个信道，而一个信道在某一时刻只允许一个用户占用。因此，大量的用户经常要处于等待状态，并不断地检测信道是否已经空闲。

提示　更为严重的是，当用户同时争用信道并发生“碰撞”时，信道将处于短暂的闲置状态。如果碰撞大量出现，将严重影响性能。

在交换式网络中，交换机提供给每个用户专用的信道，多个端口对之间可以同时进行通信而不会冲突，除非两个源端口同时试图将数据发往同一个目的端口。交换机之所以有这种功能，是因为它能根据数据帧的源 MAC 地址知道该 MAC 地址的机器与哪一个端口连接，并把它记住，以后发往该 MAC 地址的数据帧将只转发到这个端口，而不是像集线器那样转发到所有的端口，这样就大大降低了数据帧发生碰撞的可能性。

(2)交换机的分类

交换机是构成整个交换式网络的关键设备，不同类型的交换机所采用的交换方式也会不同，从而对网络的性能也会造成不同影响。目前，交换机主要使用存储转发(Store and Forward)、直通(Cut Through)和无碎片直通(Fragment Free Cut Through)三种方式。

(3)交换机的选择

对于用户来说，选择交换机最关心的还是端口速率、端口数以及端口类型。目前主流的交换机端口速率有 10/100 Mbit/s 自适应、10/100/1 000 Mbit/s 自适应等种类，有些还带有光口，速率可能是 100 Mbit/s 或 1 000 Mbit/s，端口数可以是 8 个、16 个、24 个和 48 个。其次还要考虑背板带宽、吞吐率交换方式、堆叠能力和网管能力等指标。

(4)交换机连接的网络

交换机的连接有以下几种情况：交换机与交换机的连接、交换机与服务器的连接以及交换机与 PC 的连接等。

➢ 交换机到交换机：用于连接位于同一机架或者同一数据中心、相互距离小于 100 m 的交换机。与采用光纤连接相比，采用千兆铜缆连接可大大降低交换机每端口的成本，同样，布线的成本也相应降低；

➢ 交换机到服务器：用于将高性能服务器连接到网络，利用最小的投资提高服务器性能。提高服务器性能的传统方法是采用多个应用和服务器，以减轻总的流量负载；

➢ 交换机到 PC：用于将高速用户桌面计算机连接到网络，可提高性能，并为未来的多媒体应用(包括 VoIP 和流媒体应用等)奠定基础。

交换机连接的网络如图 3-2 所示。

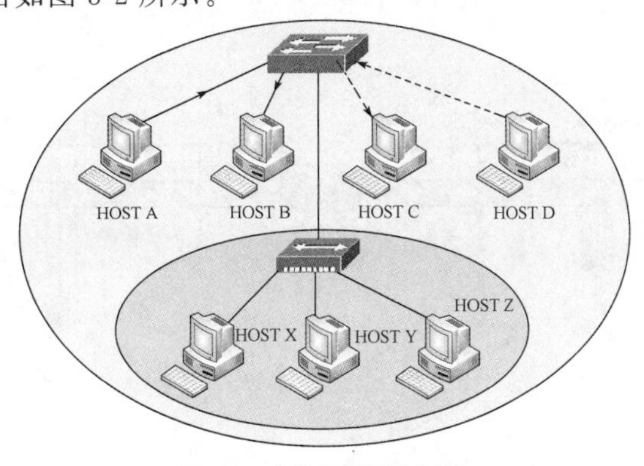

图 3-2　交换机连接的网络

2.路由器

路由器(Router)亦称选径器,是在网络层实现互联的设备。它比网桥更加复杂,也具有更大的灵活性。路由器有更强的异种网互联能力,连接对象包括局域网和广域网。过去路由器多用于广域网,由于路由器性能有了很大提高,价格下降到与网桥接近,因此在局域网互联中也越来越多地使用路由器。路由器是一种连接多个网络或网段的网络设备,如图 3-3 所示。从计算机网络模型角度来看,路由器的行为是发生在 OSI 的第三层(网络层)。

(1)路由器的功能

路由器的功能主要集中在两个方面:路由寻址和协议转换。路由寻址主要包括为数据包选择最优路径并进行转发、学习并维护网络的路径信息(即路由表)。协议转换主要包括连接不同通信协议网段(如局域网和广域网)、过滤数据包、拆分大数据包、进行子网隔离等。

图 3-3　路由器

路由器像其他网络设备一样,也存在它的优缺点。它的优点主要是适用于大规模的网络、适应复杂的网络拓扑结构、负载共享和最优路径、能更好地处理多媒体、安全性高、能够隔离不需要的通信量、节省局域网的带宽、减少主机负担等。它的缺点主要是不支持非路由协议、安装复杂、价格高等。

(2)路由器的工作原理

路由器的工作原理

路由器用来连接多个逻辑上分开的网络,在这里的网络指的是一个单独的网络或者一个子网。路由器在路由的过程中,所要做的主要工作是:判断网络地址和选择路径。为经过路由器的每个数据帧寻找一条最佳传输路径,并将该数据有效地传送到目的站点。为了选择路径,它需要保存各种传输路径的相关数据,这里通过路由表(Routing Table)来实现。该路由表中保存着子网的标志信息、网上路由器的个数和下一个路由器的名字等内容。路由表可以由系统管理员固定设置好,也可以由系统动态修改,可以由路由器自动调整,也可以由主机控制。

(3)路由器连接的网络

路由器是一种连接多个网络或网段的网络设备,它能将不同网络或网段之间的数据信息进行“翻译”,以使它们能够相互“读”懂对方的数据,从而构成一个更大的网络。

路由器的接口类型非常多,它们各自用于不同的网络连接。路由器与局域网接入设备之间的连接主要有 RJ45-to-RJ45、AUX-to-RJ45、SC-to-RJ45 等连接方式,局域网中路由器的连接如图 3-4 所示。

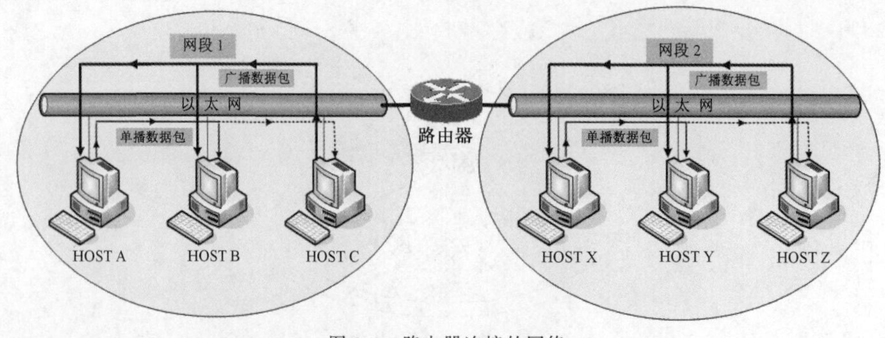

图 3-4　路由器连接的网络

3.3.2 VMware 概述

目前建立虚拟机和构建虚拟网络的工具软件主要有 VMware、Virtual PC 和 Virtual BOX 等三种。VMware 虚拟机软件包括基于个人版的 workstation 和基于企业的 vsphere，它是由 VMware 公司出品。要构建一个虚拟实验环境，不需要额外的硬件设备，只需要在现有的系统上安装 VMware 虚拟机软件即可。

1.虚拟机及虚拟机软件

虚拟机(Virtual Machine)是指一台在物理计算机上虚拟出来的独立的逻辑计算机，它同样拥有真实计算机所拥有的硬件设备(如:CPU、内存、硬盘、显卡、声卡、网卡等)，虚拟机必须通过虚拟机软件进行创建。VMware 可以使用户在一台计算机上同时运行多种操作系统(如:Windows、UNIX、Linux)。而且每个操作系统都可以进行虚拟的分区、配置而不影响真实硬盘的数据，甚至可以通过网卡将几台虚拟机连接为一个局域网。

虚拟机体系结构如图 3-5 所示。安装虚拟机的物理计算机称为宿主计算机(Host PC)，真实的操作系统称为宿主操作系统(Host OS)，其中安装的虚拟机应用程序可以模拟出一个或多个虚拟机，在虚拟机运行的操作系统称为客机操作系统(Client OS)。虚拟机软件可以在宿主计算机上模拟出来若干台虚拟机，虚拟机可以同时运行，可以像标准 Windows 应用程序那样进行相互切换。因此，这款软件非常适合于园区网竞赛和计算机网络技术及相关专业网络服务器的配置与管理、局域网组建等专业课程的学习和测试。

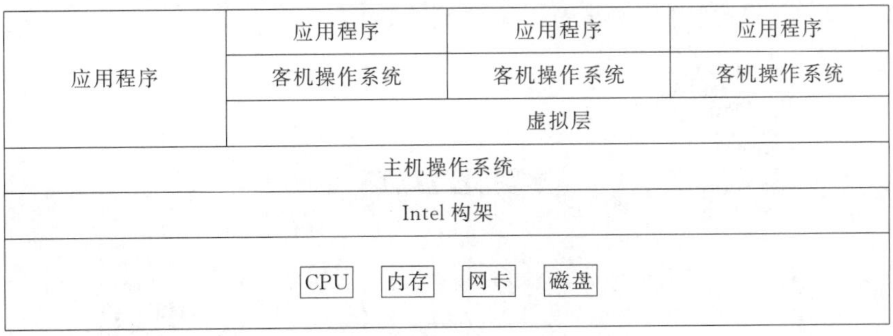

<table>
<tr><td rowspan="3">应用程序</td><td>应用程序</td><td>应用程序</td><td>应用程序</td></tr>
<tr><td>客机操作系统</td><td>客机操作系统</td><td>客机操作系统</td></tr>
<tr><td colspan="3">虚拟层</td></tr>
<tr><td colspan="4">主机操作系统</td></tr>
<tr><td colspan="4">Intel 构架</td></tr>
<tr><td colspan="4">CPU 内存 网卡 磁盘</td></tr>
</table>

图 3-5 虚拟机体系结构

2.VMware 虚拟机的主要特点

➢ 不需要对物理硬盘进行分区或重新开机，就能够在一台 PC 上安装使用多种操作系统；

➢ 完全隔离并且保护不同操作系统的操作环境，以及所有安装在不同操作系统上面的各种应用软件和资料，并且有硬盘还原功能；

➢ 不同的操作系统之间还能进行互动操作，包括网络、周边设备、文件共享以及复制粘贴等功能；

➢ 能够设定并且随时修改操作系统的操作环境，例如：内存、硬盘、周边设备等；

➢ 虚拟机还具有屏幕截图和视频捕捉功能，能在真实主机和虚拟机之间、虚拟机和虚拟机之间拖动文件进行文件的复制和粘贴操作等。

3.虚拟机的联网模式

VMware 难能可贵之处在于,它不但能够虚拟出单一的系统,而且能够虚拟出复杂的网络。在这样的网络中,需要了解虚拟网络设备以及服务,还要知道桥接模式、网络地址转换(NAT)模式和仅主机(Host Only)模式三种联网模式。

(1)虚拟交换机和虚拟网络适配器

虚拟交换机能将一台或多台虚拟机连接到宿主主机或其他虚拟机。在 VMware Workstation 下,可以根据组网的需要虚拟交换机,最多可虚拟出 10 台交换机,即从 VMnet0 到 VMnet9。

在新建虚拟机过程中,无论选择了桥接模式、仅主机模式还是 NAT 模式,都会为虚拟机自动创建虚拟网络适配器,也叫虚拟网卡。另外,还可以通过虚拟机配置面板,为一个虚拟机最多设置三个虚拟网络适配器。

(2)桥接模式联网和虚拟网桥

使用桥接模式联网时,虚拟网桥通过连接宿主主机中的物理以太网适配器和虚拟机中的以太网适配器,将虚拟机连接到宿主主机所在的局域网或 Internet,如图 3-6 所示。默认情况下,虚拟网桥使用 VMnet0 的虚拟网络。对于桥接的虚拟机,只要配置与宿主主机同一网段的 IP 地址,以及相应的 TCP/IP 参数,即可使用宿主主机所有的网络资源。同样,宿主主机及其所在的网络上的任何物理计算机,连同其他虚拟机也都可以使用由它提供的资源或服务。

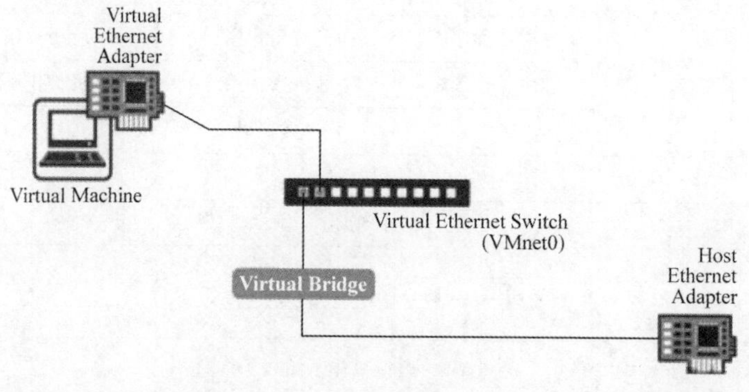

图 3-6　桥接模式

(3)NAT 模式联网和 NAT 设备

使用 NAT 模式联网时,NAT 设备通过连接宿主主机中的物理以太网适配器和虚拟机中的以太网适配器,将虚拟机连接到宿主主机所在的局域网或 Internet,如图 3-7 所示。但是,虚拟主机处于与宿主主机相隔离的私有网段,在这个私有网段中,虚拟机通过虚拟 DHCP 服务器得到 IP 地址。NAT 设备对该 IP 地址与宿主主机连到外部网络的 IP 地址进行相互转换,保证虚拟机能够访问外部网络,但外部网络不能访问虚拟机及所在的私有网络。

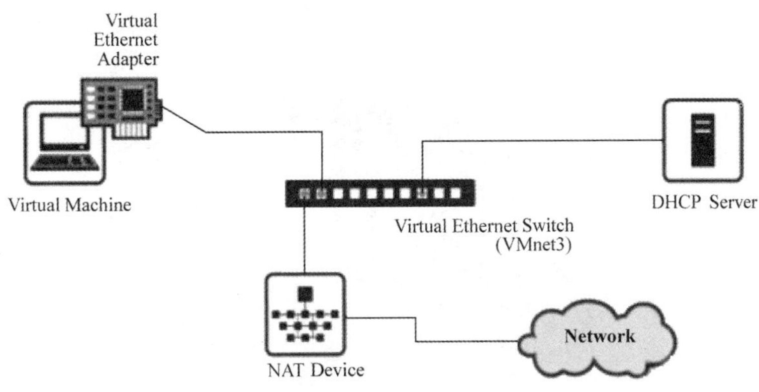

图 3-7　NAT 模式

(4)仅主机模式和主机适配器

该模式创建的网络仅在宿主主机内部,虚拟机通过仅主机适配器(也称为宿主虚拟网络适配器)和宿主主机通信,如图 3-8 所示。仅主机模式只能使用私有 IP,在仅主机模式下,会由 DHCP 服务加载到 VMnet1(仅主机适配器)上,并由 DHCP Server 为虚拟机提供 IP 地址、子网掩码、网关和 DNS 参数。

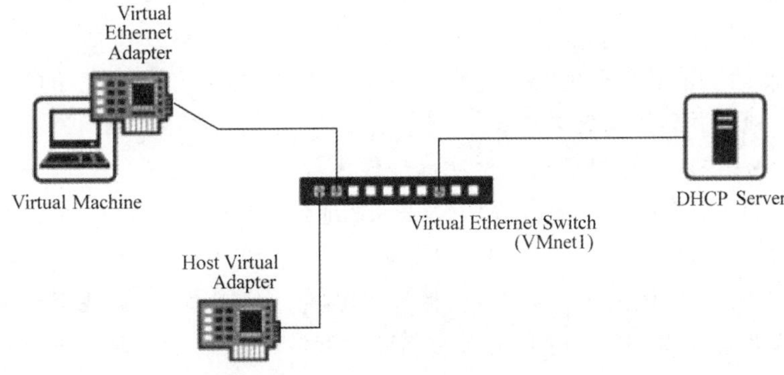

图 3-8　仅主机模式

3.3.3　NAT 概述

网络地址转换(NAT,Network Address Translation)属接入广域网(WAN)技术,是一种将私有(保留)地址转化为合法 IP 地址的转换技术,它被广泛应用于各种类型 Internet 接入方式和各种类型的网络中。

1.NAT 工作原理

NAT 技术主要是为了解决 IP 地址紧缺的问题,通过使用 NAT 技术能实现内、外网络的隔离,提供一定的网络安全保障。它解决问题的办法是:在使用专用地址的 Intranet 和使用公用地址的 Internet 之间架设一台 NAT 服务器,通过 NAT 把内部地址翻译成合法的 IP 地址在 Internet 上使用,其具体的做法是把 IP 包内的地址域用合法的 IP 地址来替换,如图 3-9 所示。

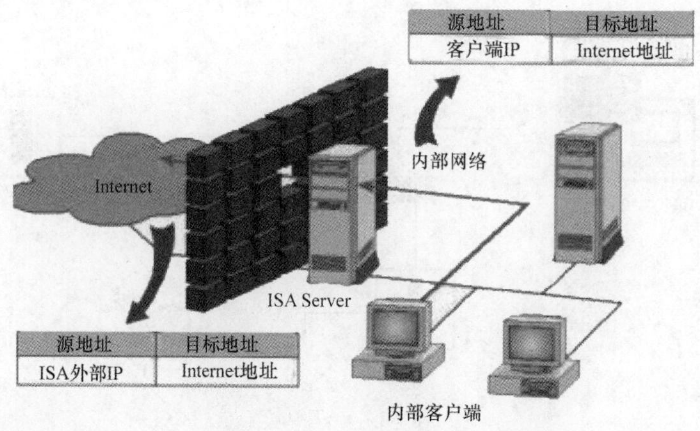

图 3-9　网络地址转换示意图

具体工作流程如下：

(1)客户机将数据包发给运行 NAT 的计算机。

(2)NAT 将数据包中的端口号和专用的 IP 地址换成它自己的端口号和公用的 IP 地址，然后将数据包发给外部网络的目的主机，同时在映像表中记录一个跟踪信息，以便向客户机发送回答信息。

(3)外部网络发送回答信息给 NAT。

(4)NAT 将收到的数据包的端口号和公用 IP 地址转换为客户机的端口号和内部网络使用的专用 IP 地址并转发给客户机。

由此可见，NAT 的工作过程包含两次地址转换：

➤ 对于来自 NAT 协议的传出数据包，源 IP 地址（专用地址）被映射到 ISP 分配的地址（公用地址），并且 TCP/UDP 端口号也会被映射到不同的 TCP/UDP 端口号。

➤ 对于到 NAT 协议的传入数据包，目标 IP 地址（公用地址）被映射到源 Internet 地址（专用地址），并且 TCP/UDP 端口号被重新映射回源 TCP/UDP 端口号。

2.NAT 技术类型

NAT 技术类型有静态 NAT(Static NAT)、动态地址 NAT(Pooled NAT)和网络地址端口转换 NAPT 等三种类型。其中静态 NAT 设置起来最为简单和最容易实现，内部网络中的每个主机都被永久映射成外部网络中的某个合法的地址。而动态地址 NAT 则是在外部网络中定义了一系列的合法地址，采用动态分配的方法映射到内部网络。NAPT 则是把内部地址映射到外部网络的一个 IP 地址的不同端口上。根据不同的需要，三种 NAT 方案各有利弊。

动态地址 NAT 只是转换 IP 地址，它为每一个内部的 IP 地址分配一个临时的外部 IP 地址，主要应用于拨号，对于频繁的远程连接也可以采用动态地址 NAT。当远程用户连接上之后，动态地址 NAT 就会分配给他一个 IP 地址，用户断开时，这个 IP 地址就会被释放而留待以后使用。

网络地址端口转换 NAPT(Network Address Port Translation)是人们比较熟悉的一种转换方式。NAPT 普遍应用于接入设备中，它可以将中小型的网络隐藏在一个合法的 IP 地址后面。NAPT 与动态地址 NAT 不同，它将内部连接映射到外部网络中的一个单独的

IP 地址上，同时在该地址上加上一个由 NAT 设备选定的 TCP 端口号。

在 Internet 中使用 NAPT 时，所有不同的 TCP 和 UDP 信息流看起来好像来源于同一个 IP 地址。这个优点在小型办公室内非常实用，通过从 ISP 处申请的一个 IP 地址，将多个连接通过 NAPT 接入 Internet。实际上，许多 SOHO 远程访问设备支持基于 PPP 的动态 IP 地址。这样，ISP 甚至不需要支持 NAPT，就可以做到多个内部 IP 地址共用一个外部 IP 地址访问 Internet，虽然这样会导致一定程度上的信道拥塞，但考虑到节省的 ISP 上网费用和易管理的特点，用 NAPT 还是很值得的。

3.3.4　FTP 概述

在众多网络应用中，FTP（文件传输协议）有着非常重要的地位。Internet 中有着非常多的共享资源，而这些共享资源大多数都放在 FTP 服务器中。与大多数 Internet 服务一样，FTP 也是一个客户机/服务器系统。用户通过一个支持 FTP 协议的客户机程序，连接到主机上的 FTP 服务器程序。用户通过客户机程序向服务器程序发出命令，服务器程序执行用户发出的命令，并将执行结果返回给客户机。

提供 FTP 服务的计算机称为 FTP 服务器，用户的本地计算机称为客户机。FTP 的基本工作过程如图 3-10 所示。

图 3-10　文件传输的工作过程

FTP 是一种实时的联机服务，用户在访问 FTP 服务器之前必须进行登录，登录时要求用户给出其在 FTP 服务器上的合法帐号和密码。只有成功登录的用户才能访问 FTP 服务器，并对授权的文件进行查阅和传输。FTP 的这种工作方式限制了 Internet 上一些公用文件及资源的发布。为此，多数 FTP 服务器都提供一种匿名 FTP 服务。

如果用户要将一个文件从自己的计算机发送到 FTP 服务器上，称为 FTP 的上传（Upload），而更多的情况是用户从服务器上把文件或资源传送到客户机上，称为 FTP 的下载（Download）。在 Internet 上存在许多 FTP 服务器，它们往往存储了许多允许存取的文件，如：文本文件、图像文件、程序文件、声音文件、电影文件等。

1.FTP 的工作原理

微课

FTP 服务的系统组成和工作工程

FTP（File Transfer Protocol，文件传输协议），定义了一个在远程计算机系统和本地计算机系统之间传输文件的标准。FTP 运行在 OSI 模型的应用层，并利用传输控制协议 TCP 在不同的主机间提供可靠的数据传输。FTP 在文件传输中还支持断点续传功能，可以大幅度地减少 CPU 和网络带宽的开销。

FTP 使用两个 TCP 连接，一个 TCP 连接用于控制信息（ 端口 21），另一个 TCP 连接用于实际的数据传输。客户端调用 FTP 命令后,便与服务器建立连接,这个连接被称为控制连接,又称为协议解析器 (PI),主要用于传输客户端的请求命令以及远程服务器的应答信息。一旦控制连接建立成功,双方便进入交互式会话状态,互相协调完成文件传输工作。另一个连接是数据连接,当客户端向远程服务器提出一个 FTP 请求时,临时在客户端和服务器之间建立一个连接,主要用于数据的传送,因而又称为数据传输过程 (DTP)。FTP 服务的具体工作过程如图 3-11 所示。

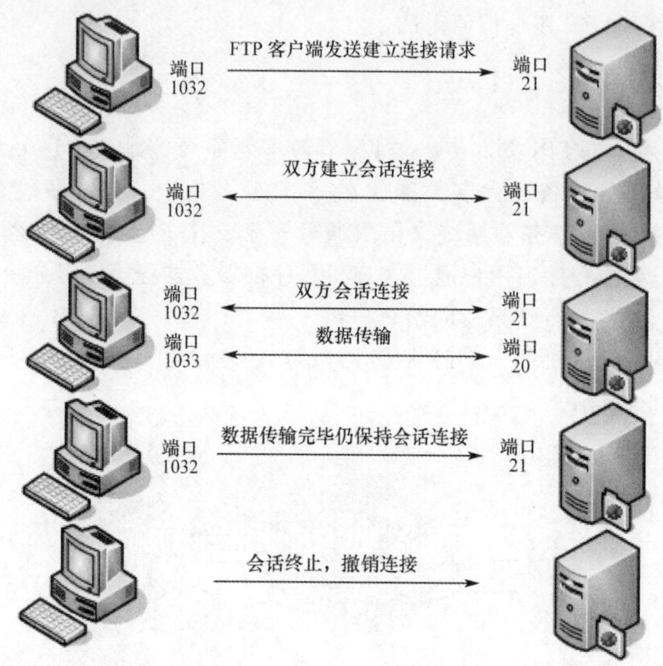

图 3-11　FTP 服务的具体工作过程

① 当 FTP 客户端发出请求时,系统将动态分配一个端口(如:1032)。

② 若 FTP 服务器在端口 21 侦听到该请求,则在 FTP 客户端的端口 1032 和 FTP 服务器的端口 21 之间建立起一个 FTP 会话连接。

③ 当需要传输数据时,FTP 客户端再动态打开一个连接到 FTP 服务器的端口 20 的第 2 个端口(如:1033),这样就可在这两个端口之间进行数据的传输。当数据传输完毕后,这两个端口会自动关闭。

④ 当 FTP 客户端断开与 FTP 服务器的连接时,客户端上动态分配的端口将自动释放掉。

2.FTP 解决方案

FTP 软件工作效率很高,在文件传输的过程中不进行复杂的转换,因而传输速度很快,而且功能集中,易于使用。现在的 FTP 软件在安全方面大大改进了,一些 FTP 服务器软件具有配套的 FTP 客户端软件,如 Serv-U 服务器软件。

(1)FTP 服务器软件

目前有许多 FTP 服务器软件可供选择。FTP 服务器软件都比较小,共享软件和免费软件较多。

Serv-U 是一种广泛使用的 FTP 服务器软件;BulletProof FTP Server 是新一代的 FTP

服务器软件，上传和下载都可续传；ArGoSoft FTP Server 是一款免费的优秀 FTP 服务器软件；Encrypted FTP 是一种支持加密传输的 FTP 服务器软件；CrobFTP Server 是一款高稳定性的中文 FTP 服务器软件。许多综合性的 Web 服务器软件，如 IIS、Apache 和 Sambar 等，都集成了 FTP 功能。

(2)FTP 客户端软件

FTP 服务需要 FTP 客户端软件来访问。用户可以使用任何 FTP 客户端软件连接 FTP 服务器。FTP 客户端软件非常容易得到，有很多免费的 FTP 客户端软件可供使用。

早期的 FTP 客户端软件是以字符为基础的，与使用 DOS 命令行列出文件和复制文件相似。现在广泛使用的是基于图形用户界面的 FTP 客户端软件，如 CuteFTP、LeapFTP、BpFTP、WS_FTP，使用更加方便，功能也更强大。Web 浏览器也具有 FTP 客户端功能，如 IE。

过去使用 FTP 不能在 FTP 站点之间直接移动文件，而是从 FTP 站点将文件移动到临时位置，再将它们上传到另一个 FTP 站点。现在一些 FTP 客户端软件支持所谓的 FXP 功能，即在 FTP 服务器之间直接进行文件传输，此类 FTP 软件中比较有名的有 FlashFXP、FTP FXP 和 UltraFXP 等。

3.3.5 模拟仿真软件概述

目前，常用的模拟仿真软件有 Boson NetSim、Packet Tracer 和 Dynamips 等。Packet Tracer 模拟器软件比 Boson NetSim 功能强大，比 Dynamips 操作简单，非常适合网络设备初学者使用。

1.Packet Tracer

Packet Tracer 是 Cisco 公司推出的交换机和路由器模拟器，为网络管理员设计、配置和解决计算机网络问题提供了非常好的平台，用户可以在该软件的图形界面上直接使用拖曳方法建立网络拓扑，而且可提供数据包在网络中的情况以帮助用户来了解数据的详细处理过程，观察网络实时运行细节，帮助用户更深入地理解网络设备的工作机制，学习 IOS 的配置、锻炼故障排查能力。与真实环境相比较，用 Packet Tracer 构建的仿真网络实训平台具有以下几方面优点：

(1)设备齐全。Packet Tracer 提供了大量仿真网络设备。路由器、交换机、无线网络设备、服务器、各种连接电缆、终端等，在最新版的 Packet Tracer 中还模拟了各种语音设备。

(2)协议丰富。支持常用协议 HTTP、DNS、TFTP、Telnet、TCP、UDP、Single Area OSPF、DTP、VTP 和 STP 等。同时也支持 IP、Ethernet、ARP、Wireless、CDP、Frame Relay、PPP、HDL、Cinter-VLAN、routing 和 ICMP 等协议。

(3)实时仿真。Packet Tracer 提供实时模式(Realtime)和模拟模式(Simulation)两种模式进行仿真实验，实时模式与数据实际传输过程一样，模拟模式以动态方式模拟协议数据单元(PDU)的传输过程。用户可以在实时模式中测试网络的连通性，也可以利用模拟模式观察 PDU 在网络中的传送情况，跟踪 PDU 在网络各结点的详细处理过程，使用户对抽象的数据传送有了生动、具体的理解。

(4)方便灵活。用户可以反复配置某种网络拓扑结构来加深对这种网络类型的理解，也可以按指定需求有针对性地更改网络拓扑结构、网络协议和模拟参数，从不同角度获取有用数据,分析网络性能,全面深刻地理解网络运行过程。

在 Packet Tracer 下可以进行 VLAN 应用、静态路由、动态路由、NAT 配置、RIP 和 OSPF 等基本网络实训,也可以进行无线网、企业网、广域网等大型网络仿真实训。

2.Dynamips

Dynamips 的原始名称为 Cisco 7200 Simulator,源于 Christophe Fillot 在 2005 年 8 月开始的一个项目,其目的是在传统的 PC 上模拟 Cisco 的 7200 路由器。发展到现在,该模拟器已经能够支持 Cisco 的 3600 系列(包括 3620、3640、3660),3700 系列(包括 3725、3745)和 2600 系列(包括 2610 到 2650XM,2691)路由器平台。

3.4 任务实施

3.4.1 设计实验室局域网网络拓扑结构

黄奇参考了公司原有实验室局域网的建设经验,再对实验室局域网的要求进行了充分的调研,经过权衡和比较,他认为实验室局域网采用树型拓扑结构进行构建比较合适。

任务 3-1

根据实验室局域网要求,设计并绘制以交换机为中心,将 52 台实验室计算机连接成一个网络,并通过校园网接入 Internet 的实验室局域网的网络拓扑结构图。

【STEP|01】先熟悉新天双语培训学校校园网的网络拓扑结构图,然后,设计实验室局域网的接入方式。实验室有 50 台学生机、1 台服务器、1 台教师机,共 52 台计算机,因此,必须配备 3 台 24 口交换机,每组连接 20 台以内计算机。在服务器中要安装 NAT 服务和 FTP 服务,这台机器上必须安装两块网卡,黄奇设计的实验室局域网的拓扑结构图如图 3-12 所示。

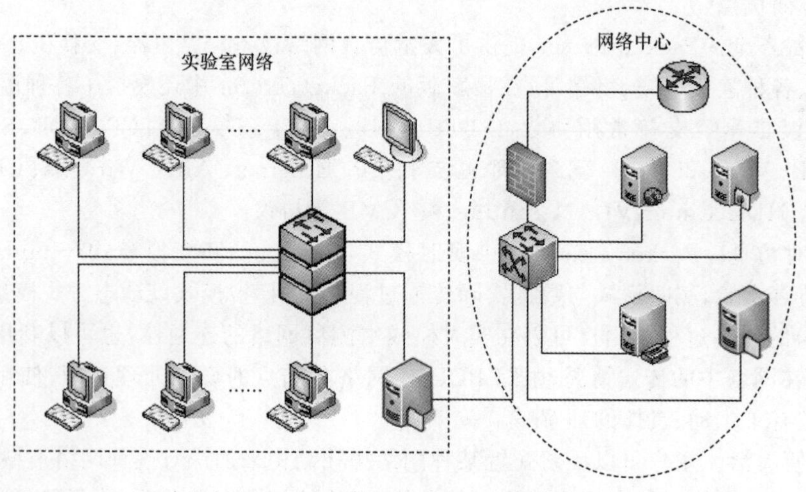

图 3-12 实验室局域网网络拓扑结构图

【STEP|02】使用 Visio 绘制新天双语培训学校的实验室局域网网络拓扑结构图。

3.4.2　选购与安装实验室局域网网络设备

组建实验室局域网前，先根据学校要求确定一套高性价比设备选购方案。设备选购完成后，应按一定的顺序安装和配置相关设备，并进行测试。

任务 3-2

根据实验室局域网的构建需求，以 52 台计算机为例，给出较为常用的实验室局域网设备选购方案。

【STEP|01】了解实验室局域网网络设备需求，通常构建实验室局域网需要网卡、网线、水晶头、交换机、计算机、服务器等相关网络设备。

【STEP|02】交换机的选购。

(1)确定交换机的层次，由于实验室局域网中所需交换机主要用于实验室连接计算机和服务器，因此，使用中低端产品(二层交换机)即可。

(2)确定应用要求，由于实验室局域网中的交换机需要进行大量的数据传输，所以需选择性能较好的二层交换机。

(3)确定交换机的端口数量和端口类型，根据接入计算机的数量确定使用 24 或 48 端口的具有双绞线端口的交换机即可。

【STEP|03】计算机及服务器的选购。

(1)充分了解计算机各部件的工作原理、特点、最新产品，以及选购时应关注的性能指标等。

(2)根据用户需求，主要从主板类型、CPU 的主频、内存大小和硬盘的容量等方面进行综合对比，确定选择组装机还是品牌机。品牌机质量有保障，稳定性相对较高，售后服务也有保障，因此，在实验室局域网中选择性价比高的品牌机。

【STEP|04】根据以上选购原则，上网查阅相关产品的性能、报价等信息，进行合理筛选。下面以 52 台计算机组建实验室局域网为例，给出较为常用的实验室局域网设备选购方案，见表 3-1，供大家参考。

表 3-1　实验室局域网网络设备购置方案

序号	设备名称	参考品牌	主要参数	数量	单价(元)	小计(元)
1	PCI-E 网卡	Intel	10/100/1 000 Mbit/s、RJ45	1 块	800	800
2	超五类双绞线	TCL	100 Mbit/s、305 m	10 箱	600	6 000
3	水晶头	AMP	RJ45	2 盒	120	240
4	24 口交换机	Cisco	48 Gbit/s、全双工/半双工自适应	3 台	750	2 250
5	机柜	跃图	6U、19 英寸国际标准	1 个	450	450
6	教师机、学生机	联想	酷睿 i5、8 G/1T	51 台	4 500	229 500
7	服务器(用高档微机)	联想	CPU 频率:3.1 G、内存:8 GB	1 台	8 000	8 000

3.4.3 安装 Windows Server 2008 R2

在实验室局域网中所使用的操作系统，通常包括 Windows XP/7、Windows Server 2008 R2，有时还可能用 Windows 10 或 Windows Server 2012，由于篇幅所限，Windows Server 2008 R2 的安装步骤此处省略。如果想在一台计算机中安装多个操作系统，最好的办法就是在实验室的计算机中安装虚拟机软件 VMware，然后在 VMware 中新建多个虚拟机，在各虚拟机中安装不同的操作系统即可。

3.4.4 使用 VMware 虚拟机软件进行组网

VMware 难能可贵之处在于：它不但能够虚拟出单一的系统，而且能够虚拟出庞大而复杂的网络。

任务 3-3

在实验室的计算机中安装 VMware，按照图 3-13 所示网络拓扑在 VMware 中配置相应虚拟机，并在各虚拟机中安装 Windows 7、Windows Server 2008 R2 和 Linux 等操作系统。

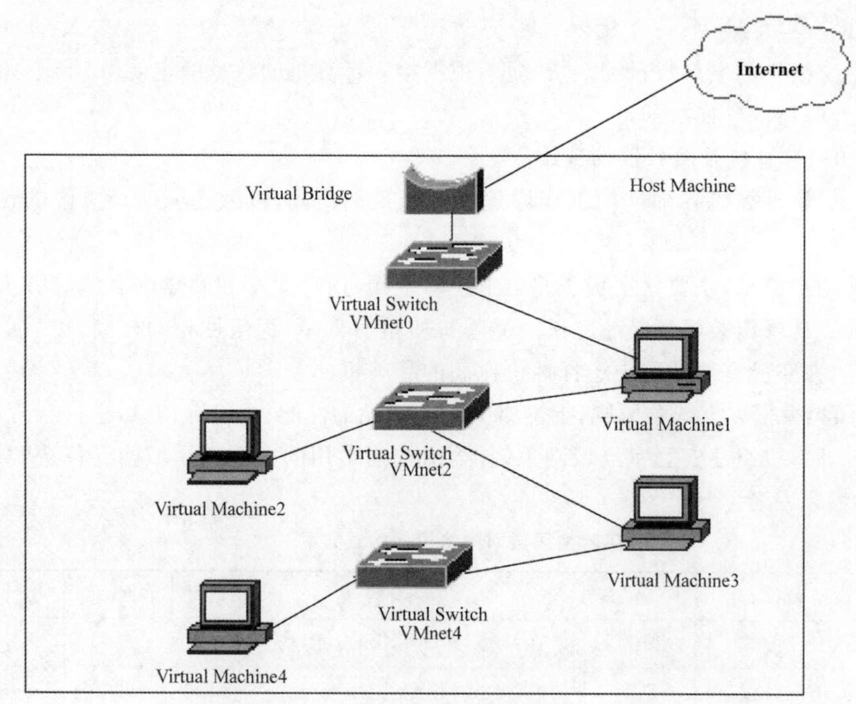

图 3-13 虚拟网络拓扑

【STEP|01】打开虚拟机软件 VMware Workstation，设置虚拟交换机 VMnet2 的子网，并捆绑 DHCP 服务：

(1)在 VMware 用户界面的菜单中，选择“编辑”→“虚拟网络编辑器”，打开“虚拟网络编辑器”对话框，如图 3-14 所示。

(2)单击“添加网络”按钮，打开“添加虚拟网络”对话框，如图 3-15 所示，在“选择要添加的网络”选择框中选择“VMnet2(或其他的 VMnet)”,单击“确定”按钮。

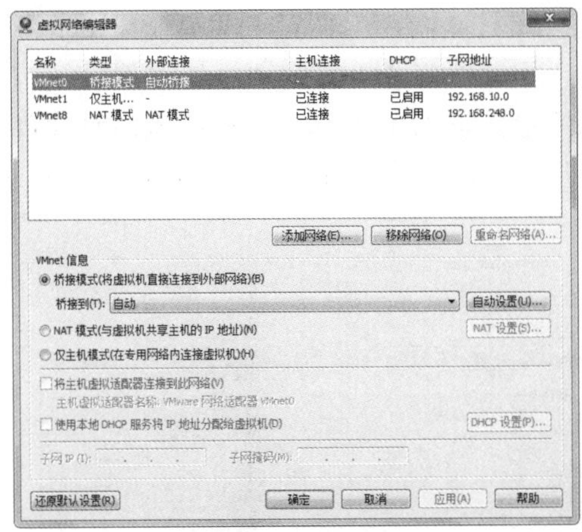

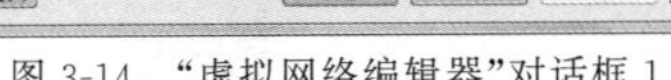
图 3-14　“虚拟网络编辑器”对话框 1

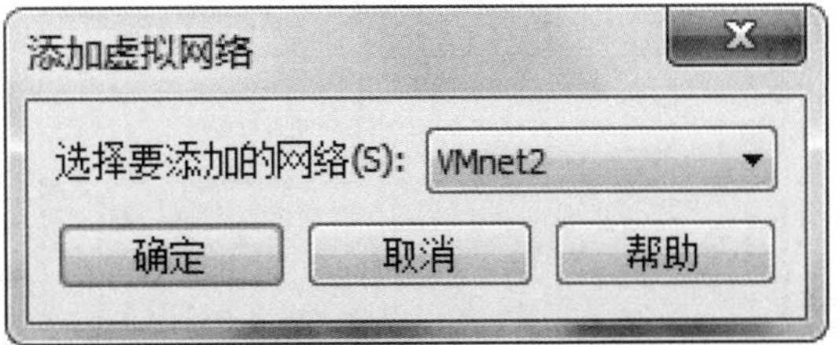

图 3-15　“添加虚拟网络”对话框

(3)返回“虚拟网络编辑器”对话框,在对话框中多了一项名称为“VMnet2”的网络,如图 3-16 所示,选择该网络,在下方勾选“使用本地 DHCP 服务将 IP 地址分配给虚拟机”,然后在“子网 IP”文本框中输入一个 C 类地址 “192.168.2.0”和子网掩码“255.255.255.0”,单击“应用”按钮。

(4)接下来配置 DHCP 的相关参数。在图 3-16 中单击“DHCP 设置”按钮,打开“DHCP 设置”对话框,如图 3-17 所示,在此设置好 DHCP 的“起始 IP 地址”(如:192.168.2.100)、“结束 IP 地址”(如:192.168.2.199)和“最长租用时间”,设置完成后单击“确定”按钮,再次返回“虚拟网络编辑器”对话框,单击“确定”按钮关闭对话框,完成设置。

用同样的方法,为 VMnet4 交换机分配子网,如“192,168.3.0”,并捆绑 DHCP 服务。

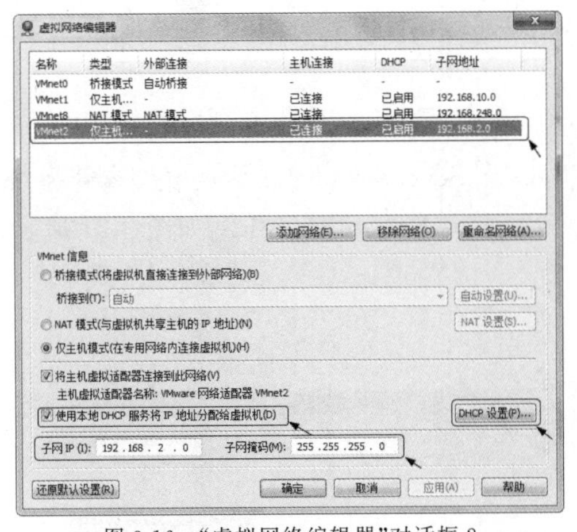

图 3-16　“虚拟网络编辑器”对话框 2

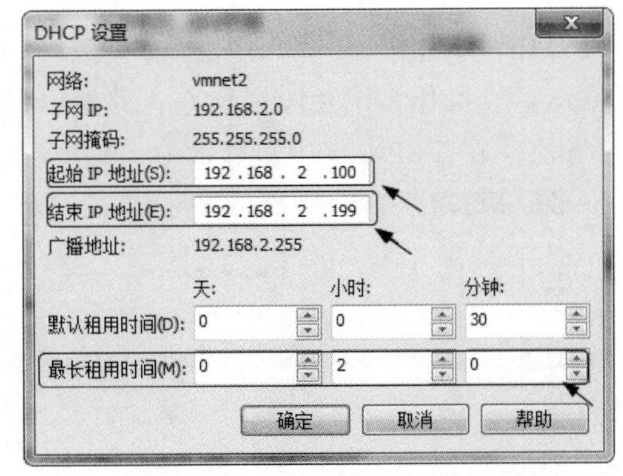

图 3-17　“DHCP 设置”对话框

【STEP|02】新建虚拟机。单击“新建虚拟机”,启动新建虚拟机向导,创建虚拟机 1(VM_Win7)。注意创建虚拟机时,选择相应的操作系统和虚拟机安装目录(注意安装目录所在分区必须有足够的空间),在选择网络模式时,选择“使用桥接网络”。在指定磁盘大小提示框中创建其他三台虚拟机虚拟机 2(VM_Win2008)、虚拟机 3(VM_Linux)和虚拟机 4(VM_Win10)时,选择“不使用网络连接”选项。根据虚拟机安装操作系统的需要设置合适的磁盘大小。

【STEP|03】设置虚拟机。虚拟机新建完成后,先不要启动,按以下步骤进行设置。

(1)设置虚拟机 1(VM_Win7)。在虚拟机 1 中,选择“虚拟机”→“设置”,打开“虚拟机设置”对话框,如图 3-18 所示。选择“网络适配器”,在右侧“自定义(U):特定虚拟网络”选择框中将其设置为“VMnet0(自动桥接)”。然后单击“添加”按钮,打开“添加硬件向导”对话框,如图 3-19 所示。在“硬件类型”框中选择“网络适配器”,单击“完成”按钮返回“虚拟机设置”对话框,最后将新增加的“网络适配器 2”捆绑到 VMnet2,捆绑完成后,可以看到“网络适配器 2”已经捆绑到 VMnet2,如图 3-20 所示。

图 3-18 “虚拟机设置”对话框

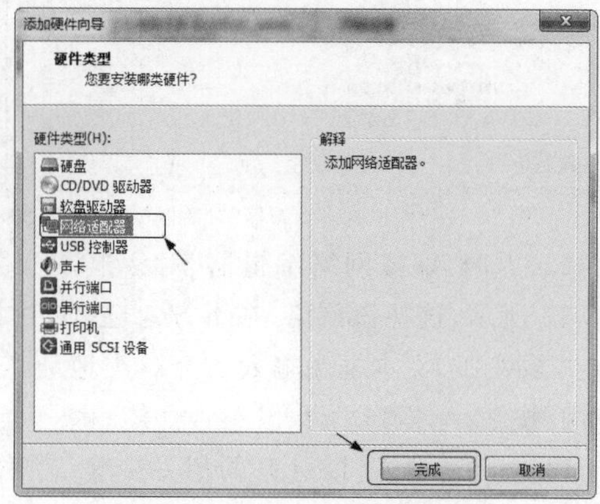

图 3-19 “添加硬件向导”对话框

(2)用同样的方法设置虚拟机 2(VM_Win2008),在虚拟机 2 中将原有网卡捆绑到 VMnet2。

(3)用同样的方法设置设置虚拟机 3(VM_Linux),在虚拟机 3 的配置面板中添加一块以太网适配器,也捆绑到 VMnet2,将原有网卡捆绑到 VMnet4。

(4)用同样的方法设置虚拟机 4(VM_Win10),在虚拟机 4 中将原有网卡捆绑到 VMnet4。

【STEP | 04】在虚拟机中分别安装 Windows 7、Windwos Server 2008 R2、Linux、Windows 10 操作系统及应用软件。此处以 Windwos Server 2008 R2 为例介绍操作系统的安装方法。在 VMware 中主界面中,选择安装 Windows Server 2008 R2,如图 3-21 所示。

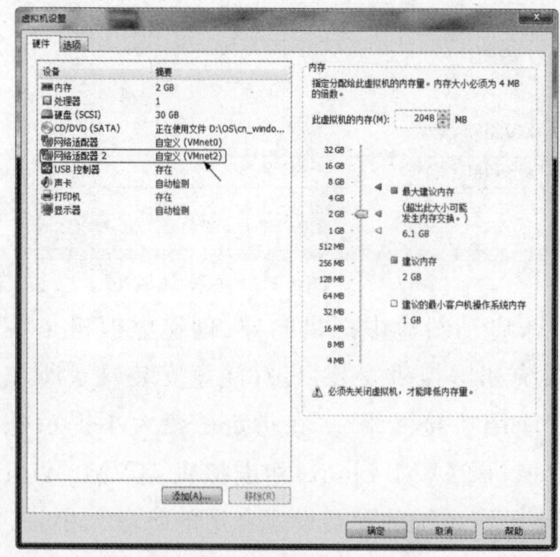

图 3-20 “虚拟机设置”对话框

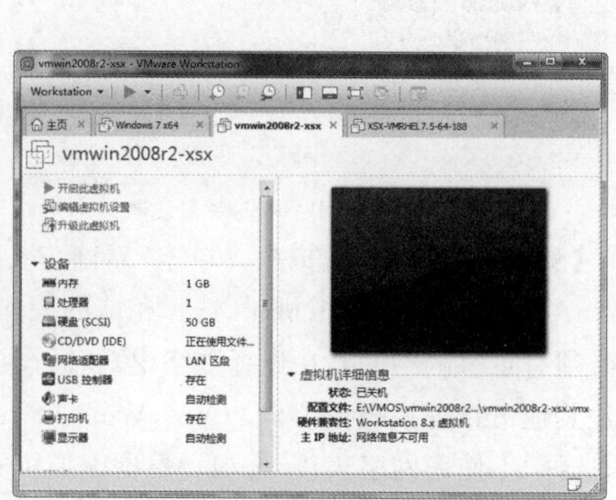

图 3-21 VMware 主界面

【STEP | 05】设置虚拟主机参数，在图 3-22 中分别选择“内存”和“CD/DVD(IDE)”，设置虚拟机的内存和虚拟机的光驱。

(1)虚拟机中的内存是计算机上的物理内存，所以在配置虚拟机的内存时，首先必须保证真实机正常运行时所需的内存，否则计算机运行速度会很慢。虚拟机的内存最多是真实机内存的 1 半，如果真实机内存为 2G，那么虚拟机的内存最好小于 1G，设置方法如图 3-22 所示。

(2)如果采用 ISO 映像文件安装系统，请准备好 Windows Server 2008 R2 的映像文件(扩展名为 ISO)，并将光驱设置成使用 ISO 映像文件，单击“浏览”按钮进行选择。这样就可以使用 Windows Server 2008 R2 的映像盘进行系统的安装了，设置方法如图 3-23 所示。

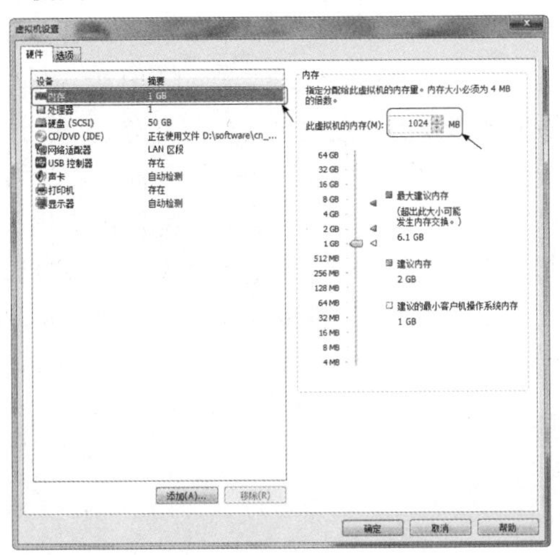

图 3-22　配置虚拟机的内存

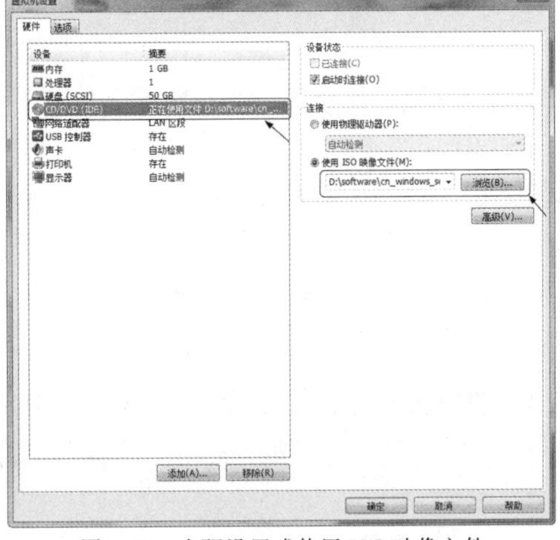

图 3-23　光驱设置成使用 ISO 映像文件

【STEP | 06】设置 BIOS 从光盘引导

启动 VMware，按 F2 键进入 BIOS 设置页面，设置虚拟机的 BIOS 从光盘引导，如图 3-24 所示。

【STEP | 07】安装 Windows Server 2008 R2。插入 Windows Server 2008 R2 安装光盘，重新启动计算机，进入 Windows Server 2008 R2 安装向导，首先显示 Windows Server 2008 R2 安装界面。

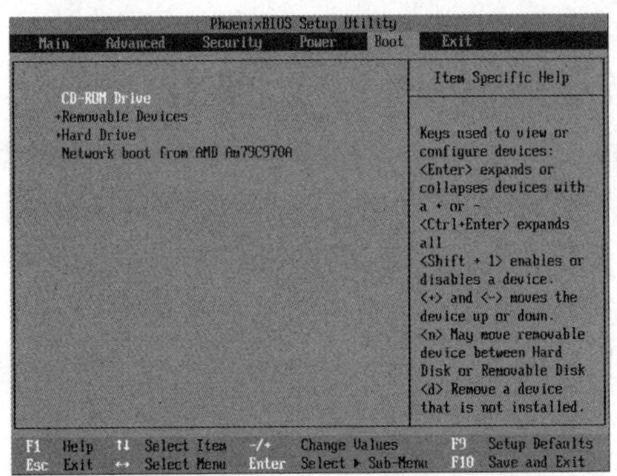

图 3-24　设置虚拟机的 BIOS 从光盘引导

此后的操作可参考“任务 1-4”中的第 2 步到第 18 步完成 Windows Server 2008 R2 的安装。

3.4.5 使用 Packet Tracer 构建仿真实验环境

Packet Tracer 是 Cisco 公司为思科网络技术学院开发的一款模拟软件，可以用来模拟 CCNA 的实验，也可以用 Packet Tracer 6.0 作为模拟软件来进行组网实验。

任务 3-4

熟悉 Packet Tracer 的界面，并运用 Packet Tracer 进行简单的网络设备连接和配置，然后测试配置结果。

【STEP|01】上网下载并安装 Packet Tracer，双击桌面图标，打开 Packet Tracer，如图 3-25 所示。可以看到 Packet Tracer 的基本界面包括菜单栏、主工具栏、常用工具栏、逻辑/物理工作区转换栏、工作区、实时/模拟转换栏、网络设备库和用户数据包窗口等部分。

【STEP|02】选择设备，为设备选择所需模块并且选用合适的线型互联设备。在设备类型库中选中"Routers(路由器)"，再在特定设备库中选中 2620XM 路由器，然后在工作区中单击一下就可以把 2620XM 路由器添加到工作区中(也可以在选中 2620XM 路由器后，按住鼠标左键将其拖曳到工作区中)。用同样的方式再添加一台 2950-24 交换机和两台 PC。完成后，在工作区中可以看到如图 3-26 所示设备。

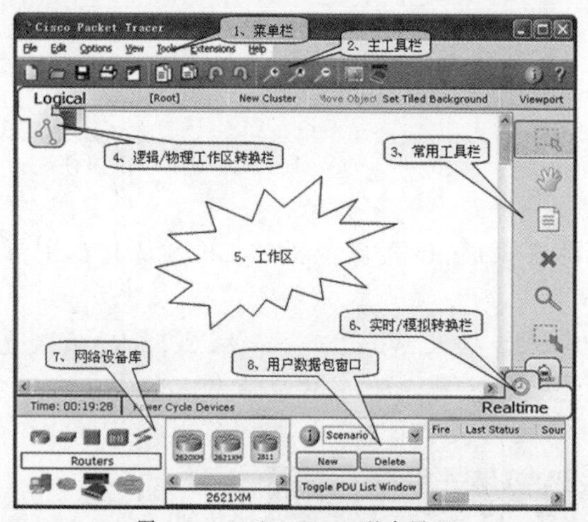

图 3-25　Packet Tracer 基本界面

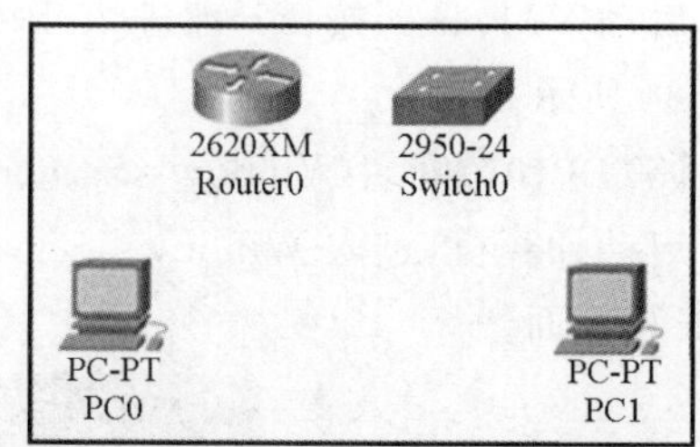

图 3-26　在工作区中添加设备

【STEP|03】接下来选取合适的线型将设备连接起来。根据设备间的不同接口选择特定的线型来连接。如果只是想快速地建立网络拓扑而不考虑线型选择可以选择自动连线。主要线型如图 3-27 所示。

选择自动连线方式连接 Router0 和 PC0 后，再连接 Router0 和 Switch0，此时提示出错，如图 3-28 所示。

出错的原因是 Router 上没有合适的端口，默认的 2620XM 只有三个端口，刚才连接 PC0 已经占去了 Ethernet0/0，而 Console 口和 AUX 口不是连接交换机的，所以会出错。因此，在设备互连前要添加所需的模块(添加模块时注意要关闭电源)。

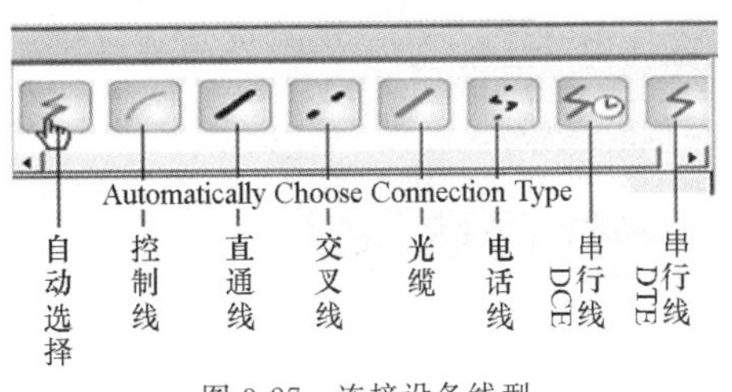

图 3-27　连接设备线型

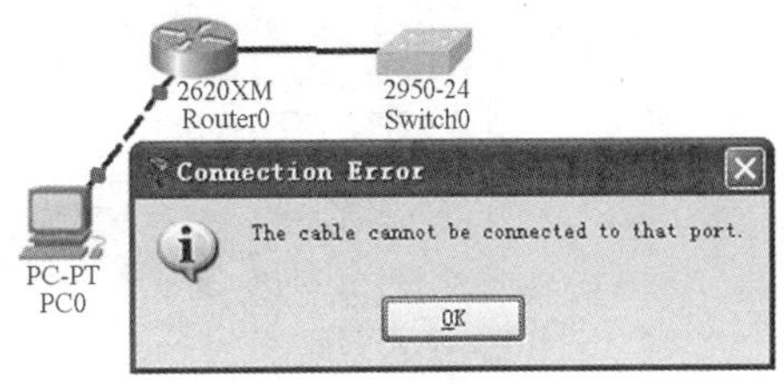

图 3-28　出错信息

【STEP|04】为 Router0 添加 NM-4E 模块。在图 3-28 中单击“OK”按钮，再在工作区中

图 3-29　Cisco 2620XM 接口面板

单击“2620XM Router0”，可以看到 2620XM 路由器的接口面板，如图 3-29 所示。将模块 NM-4E 拖曳到空缺处即可，删除模块时将模块拖回到原处即可，模块化的特点增强了 Cisco 设备的可扩展性，如图 3-30 所示。

图 3-30　添加 NM-4E 模块后 Cisco 2620XM 接口面板

【STEP|05】继续选择连线完成其他连接，如图 3-31 所示。连接完成后，在工作区中可以看到各线缆两端有不同颜色的圆点，它们的含义见表 3-2。

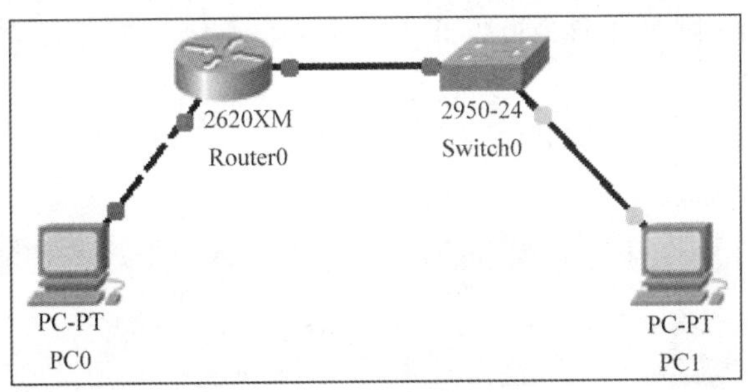

图 3-31　设备连接

表 3-2　线缆两端亮点含义

链路圆点的状态	含义
亮绿色	物理连接准备就绪，还没有 Line Protocol Status 的指示
闪烁的绿色	连接激活
红色	物理连接不通，没有信号
黄色	交换机端口处于“阻塞”状态

线览两端圆点的不同颜色有助于将来排除连通性故障。

【STEP|06】配置不同设备。首先配置 Router0，单击 Router0，打开设备配置对话框，如图 3-32 所示。

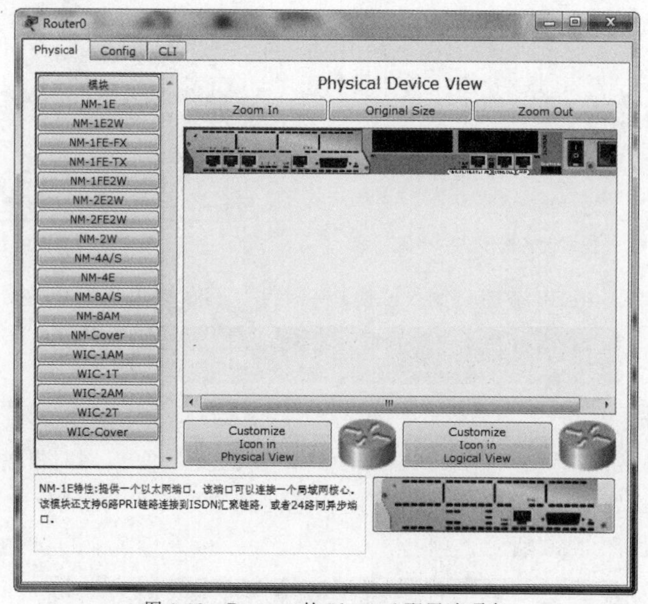

图 3-32　Router0 的 Physical 配置选项卡

在 Physical 选项卡中提供了路由器简单图形化界面配置，在这里可以配置全局信息、路由信息和端口信息。当进行某项配置时下面会显示相应的命令。这是 Packet Tracer 中的快速配置方式，主要用于简单配置，将注意力集中在配置项和参数上，实际设备中没有这样的方式。

对应的 CLI 选项卡则是在命令行模式下对 Router0 进行配置，这种模式和实际路由器的配置环境相似。

【STEP|07】选择 Config 选项卡，配置 FastEthernt0/0 端口的 IP 和子网掩码，如图3-33所示，配置完成单击【关闭】按钮。

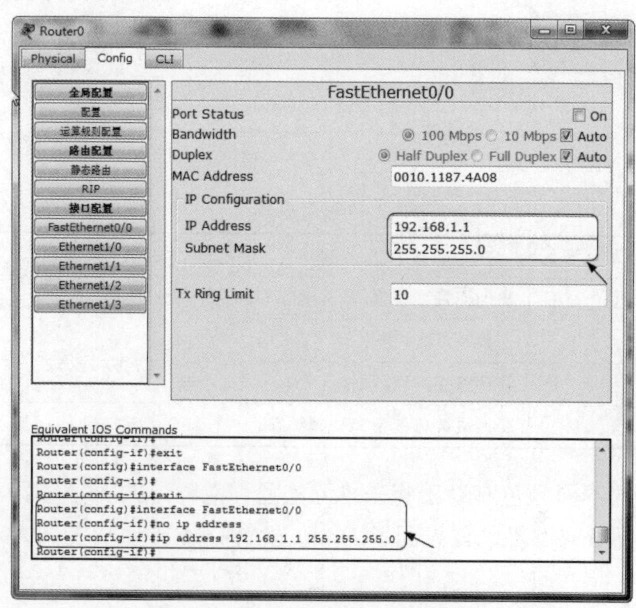

图 3-33　在 Config 选项卡中配置端口

【STEP|08】配置终端设备。在工作区单击 PC0 打开配置对话框，如图 3-34 所示。在

Config 选项卡中配置 IP 地址和子网掩码分别为 192.168.0.2,255.255.255.0。

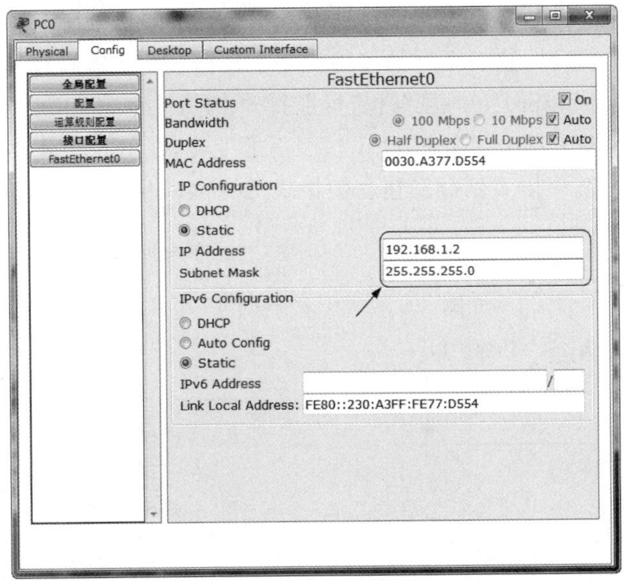

图 3-34　PC0 配置对话框

【STEP|09】在 PC0 的 Desktop 选项卡的 IP Configuration 中设置默认网关和 DNS，如图 3-35 所示。在 Packet Tracer 中可以模拟一个超级终端对路由器或者交换机进行配置，Command Prompt 相当于计算机中的命令窗口。

接下来用相似的方法配置 Router0 上 Ethernet 1/0(192.168.2.1,255.255.255.0)和 PC1(IP 地址为 192.168.2.2,255.255.255.0,默认网关为 192.168.2.1)。

配置完成后我们发现所有的圆点已经变为闪烁的绿色，如图 3-36 所示。

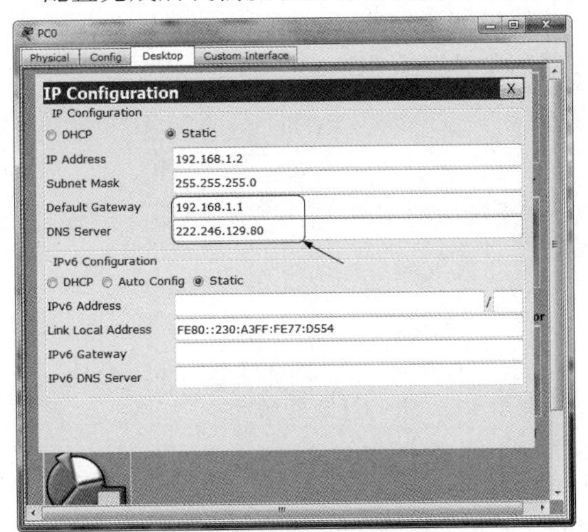

图 3-35　终端设备配置面板

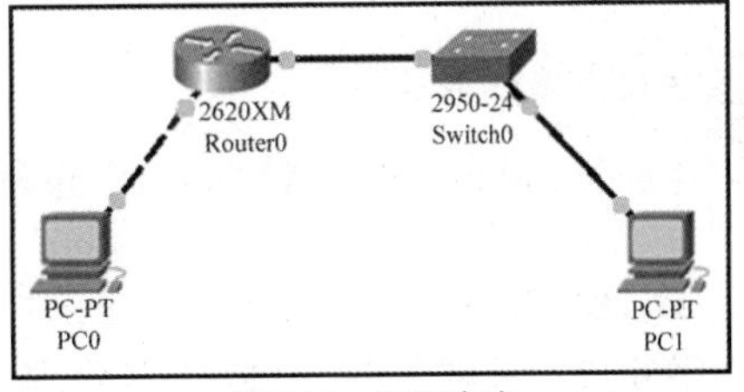

图 3-36　配置成功

【STEP|10】测试设备的连通性，并在 Simulation 模式下跟踪数据包查看数据包的详细信息。在 Realtime 模式下添加一个从 PC1 到 PC0 的简单数据包，结果如图 3-37 所示。

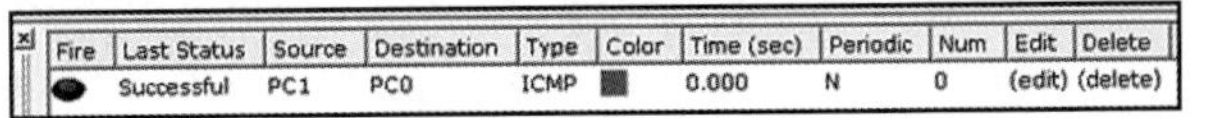

Fire	Last Status	Source	Destination	Type	Color	Time (sec)	Periodic	Num	Edit	Delete
●	Successful	PC1	PC0	ICMP	■	0.000	N	0	(edit)	(delete)

图 3-37　添加简单数据包

Last Status 的状态是 Successful，说明 PC1 到 PC0 的链路是通的。

【STEP|11】在 Simulation 模式下跟踪这个数据包，如图 3-38 所示。单击 Capture/Forward 会产生一系列的事件，这一系列的事件说明了数据包的传输路径。

【STEP|12】单击 Router0 上的数据包，可以打开 PDU Information 对话框，在这里可以看到数据包在进入设备和离开设备时 OSI 模型上的变化，在 Inbound PDU Details 和 Outbound PDU Details 中，可以看到数据包和帧格式的变化，如图 3-39 所示。

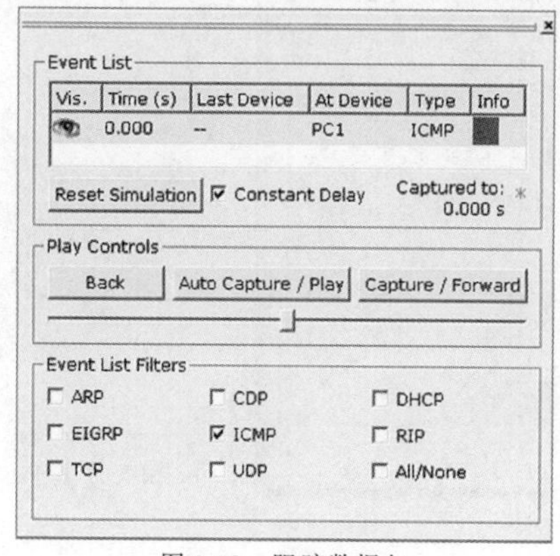

图 3-38　跟踪数据包

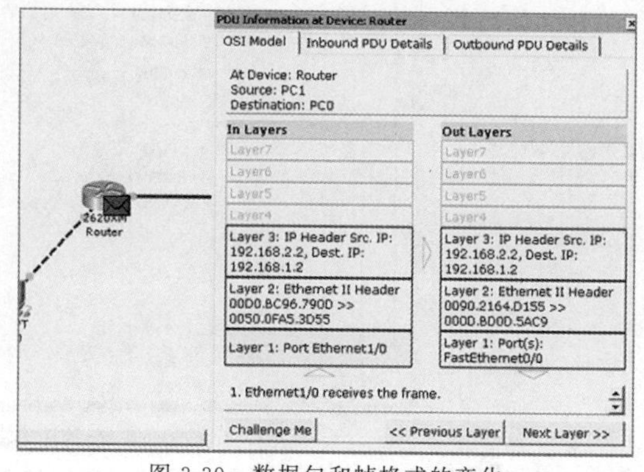

图 3-39　数据包和帧格式的变化

3.4.6　架设与配置 FTP 服务器

在新天双语培训学校的实验室局域网中，有很多服装样图、设计软件和技术参数表需提供给学生在课堂内外使用；在课堂布置的课堂内外作业，也希望学生能够上传到老师指定的文件夹。同时，必须保证这些资源的安全。

从任务描述中发现，要实现上述功能，不能采用共享服务，因为共享服务只能在局域网使用，也不能使用邮件服务器，因为邮件服务器的附件是有限制的。为此，在实验室局域网中要配置 FTP 服务才能完成这项任务。

1.安装文件传输协议（FTP）服务组件

FTP 服务组件是 Windows Server 2008 R2 系统中的 IIS 7 集成的网络服务组件之一，默认情况下没有安装，需要手动选择进行安装。

任务 3-5

在 Windows Server 2008 R2 中添加文件传输协议(FTP)服务角色。

【STEP|01】以管理员的身份登录 Windows Server 2008 R2，运行“开始”→“管理工具”→“服务器管理器”，打开“服务器管理器”窗口，单击左侧的“角色”结点，然后再单击“Web 服务器(IIS)”，打开“Web 服务器(IIS)”对话框，如图 3-40 所示。

【STEP|02】单击其中的“添加角色服务”按钮，打开“选择角色服务”对话框，在中间拖动滚动条，勾选“FTP 服务器”复选框，如图 3-41 所示。

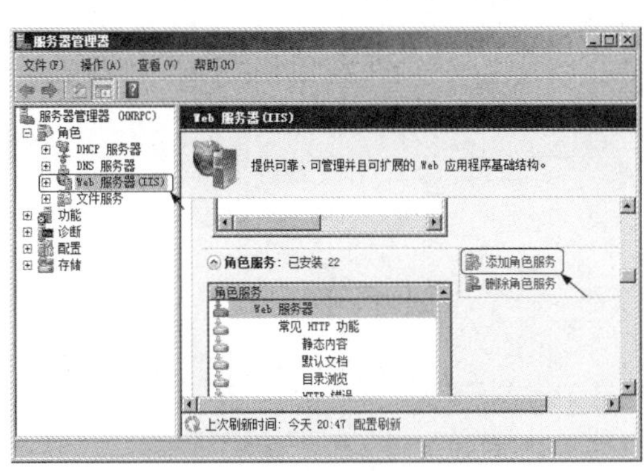

图 3-40　“Web 服务器(IIS)”对话框

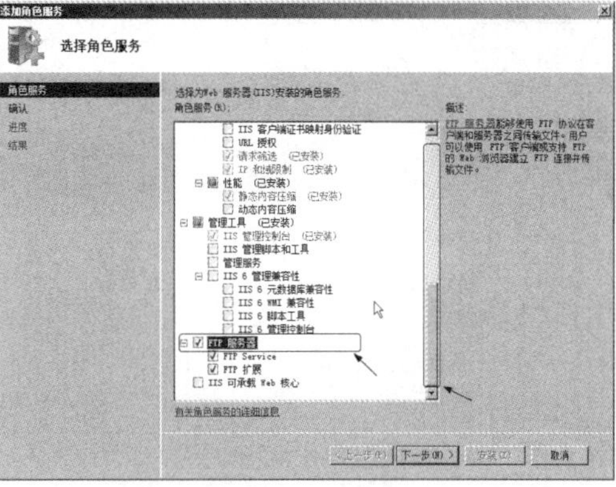

图 3-41　勾选“FTP 服务器”复选框

【STEP | 03】单击“下一步”按钮，出现“确认安装选择”对话框，如图 3-42 所示。

【STEP | 04】单击“安装”按钮开始安装 FTP 服务，安装完成后出现如图 3-43 所示的“安装结果”对话框，可以看到“安装成功”的提示，此时单击“关闭”按钮完成 FTP 服务的安装。

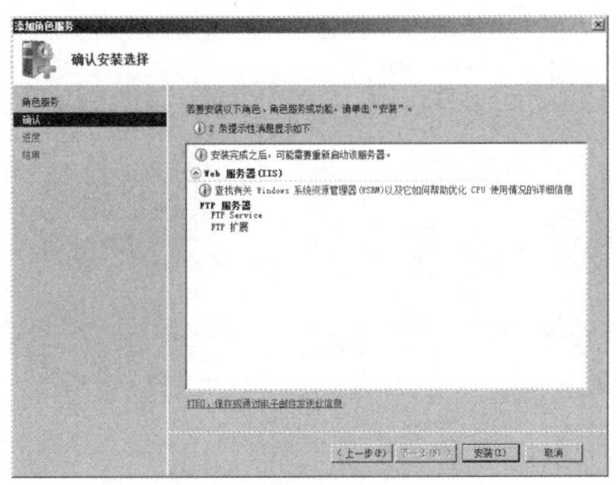

图 3-42　“确认安装选择”对话框

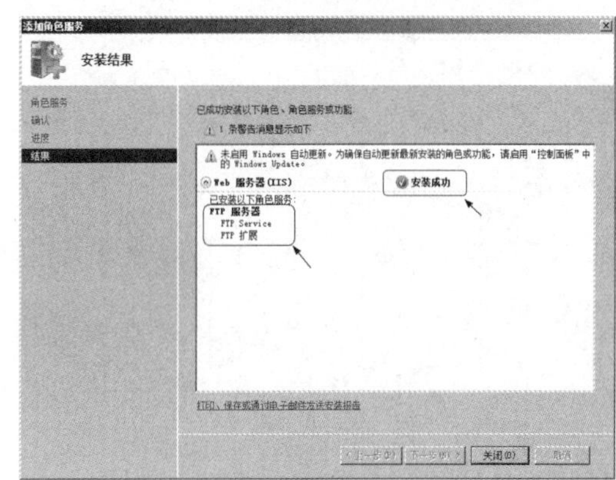

图 3-43　“安装结果”对话框

2.建立新的 FTP 站点

安装完 IIS 组件后，要想系统提供 FTP 服务，就得创建 FTP 站点，在 Windows Server 2008 R2 中可以创建常规的 FTP 站点和具有隔离功能的 FTP 站点。

任务 3-6

新天教育培训集团的产品样文、产品报价和客户资料要求集中存放在 192.168.1.218 的 D:\XTZL 文件夹中，现在要求创建一个不隔离的 FTP 站点供员工上传和下载资料。

【STEP | 01】选择“开始”→“管理工具”→“Internet 信息服务(IIS)管理器”，打开“Internet 信息服务(IIS)管理器”管理控制台，展开主机结点，默认状态下只看到一个“网站”结点，如图 3-44 所示。

【STEP | 02】选中“网站”，右键单击“网站”，在打开的快捷菜单中选择“添加 FTP 站点”，或单击右侧“操作”栏中的“添加 FTP 站点”链接，打开“添加 FTP 站点”对话框，如图 3-45 所示。在“FTP 站点名称”文本框中键入一个名称(如：新天 FTP)，在“物理路径”文本框中设置好 FTP 站点的存储目录(如：D:\XTZL)。

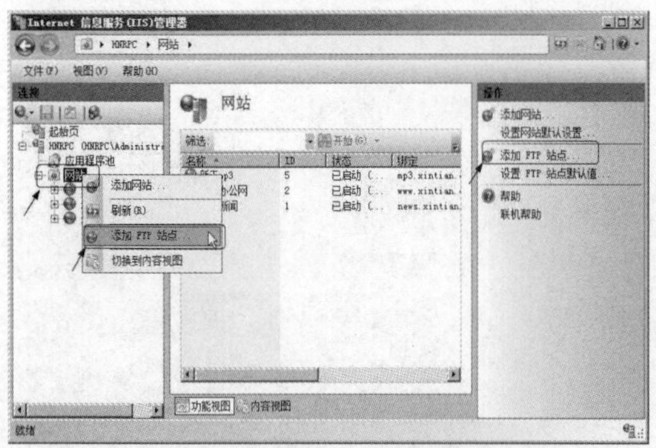

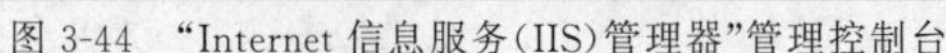
图 3-44 “Internet 信息服务(IIS)管理器”管理控制台

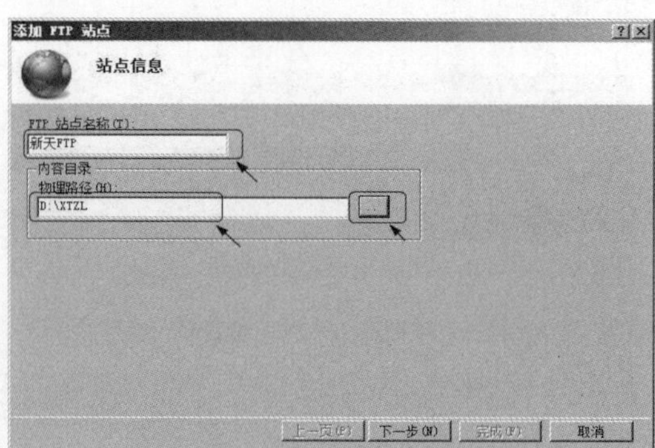

图 3-45 “添加 FTP 站点”对话框

【STEP|03】单击“下一步”按钮，打开“绑定和 SSL 设置”对话框，在“IP 地址”列表框中选择 FTP 服务器的 IP 地址(192.168.2.218)，在 SSL 选择框中选择“无”，如图 3-46 所示。

【STEP|04】单击“下一步”按钮，打开“身份验证和授权信息”对话框，设置身份验证方式、授权方式和权限，如图 3-47 所示。

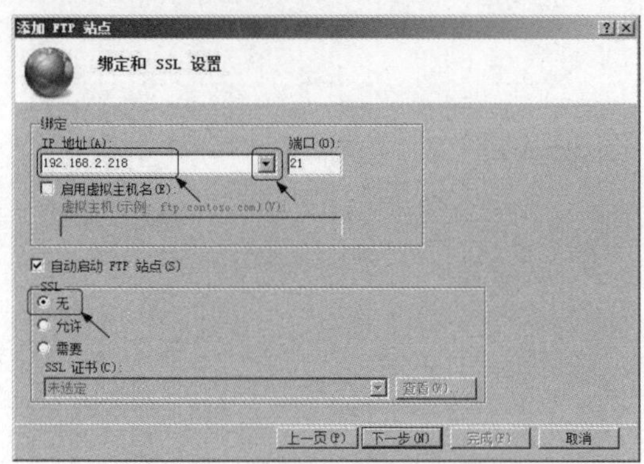

图 3-46 “绑定和 SSL 设置”对话框

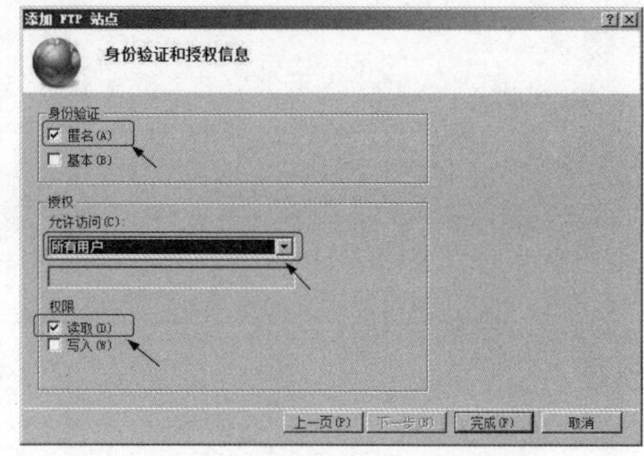

图 3-47 “身份验证和授权信息”对话框

【STEP|05】单击“完成”按钮，FTP 站点添加完成，和原有的 Web 站点排列在一起，单击“新天 FTP”，打开“新天 FTP”窗口，如图 3-48 所示。此时，还可以对当前站点的相关属性进行设置。

【STEP|06】FTP 服务器建立好后，测试一下是否可以访问正常。打开 IE 浏览器，在地址栏中输入 ftp://192.168.2.218 后回车，如图 3-49 所示，说明 FTP 站点设置成功。公司的员工可以采用同样的方式访问资源。如果配置好了 DNS 服务，同样可以以域名的方式进行访问，如输入 ftp://ftp.xintian.com 访问 FTP 服务器。

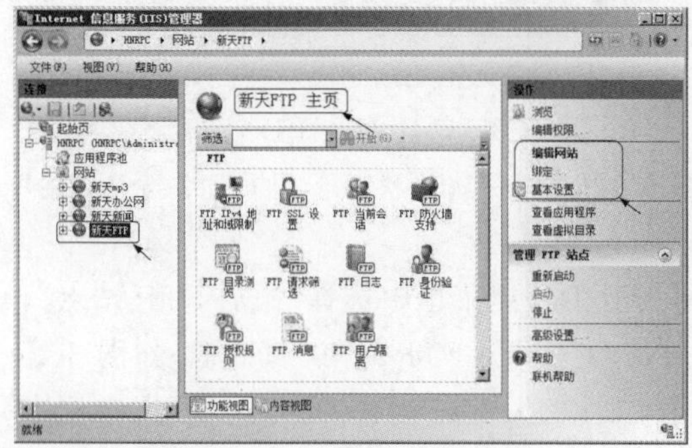

图 3-48 “新天 FTP”窗口

图 3-49 测试 FTP 站点

3.创建虚拟目录

FTP 虚拟目录是在 FTP 主目录下建立的一个友好的名称或别名，可以将位于 FTP 主目录以外的某个物理目录或在其他计算机上的某个目录链接到当前 FTP 主目录下。这样，FTP 客户端只需要连接一个 FTP 站点，就可以访问存储在 FTP 服务器中各个位置的资源以及存储在其他计算机上的共享资源。虚拟目录没有独立的 IP 地址和端口，只能指定别名和物理路径，客户端用户访问时要根据别名来访问。

任务 3-7

为了进一步方便 FTP 站点的使用，保证目录的安全，新天教育培训集团技术销售中心希望在另外一个地方的目录或计算机上建立 FTP 主目录，用来发布信息。

【STEP|01】创建与虚拟目录名称相同的空的子目录。

使用具有管理者权限的用户帐户登录 FTP 服务器。在 FTP 主目录(XTZL)下创建与虚拟目录名称相同的空的子目录(XT_XN)，如图 3-50 所示。

【STEP|02】使用“添加虚拟目录”命令。

单击“开始”→“管理工具”→“Internet 信息服务(IIS)管理器”，打开“Internet 信息服务(IIS)管理器”管理控制台。在左侧窗格中双击展开主机，再双击展开“网站”，然后右键单击要创建虚拟目录的 FTP 站点(如：新天新闻)，在打开的快捷菜单中单击“添加虚拟目录”命令，如图 3-51 所示。

注意　在右侧“操作”窗格中选择“查看虚拟目录”→“添加虚拟目录”，也会打开“添加虚拟目录”对话框。

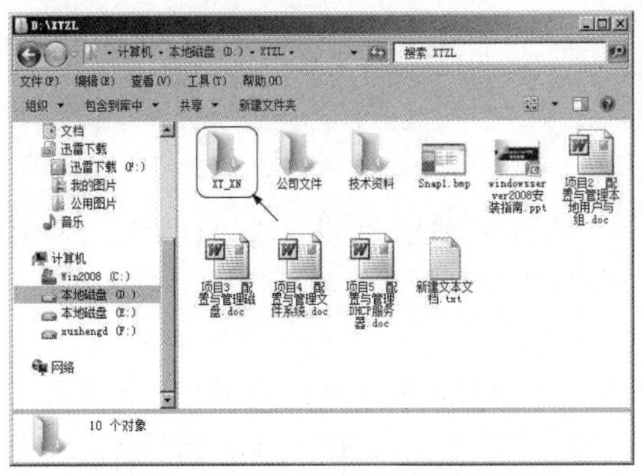

图 3-50　在 FTP 主目录下创建别名子目录

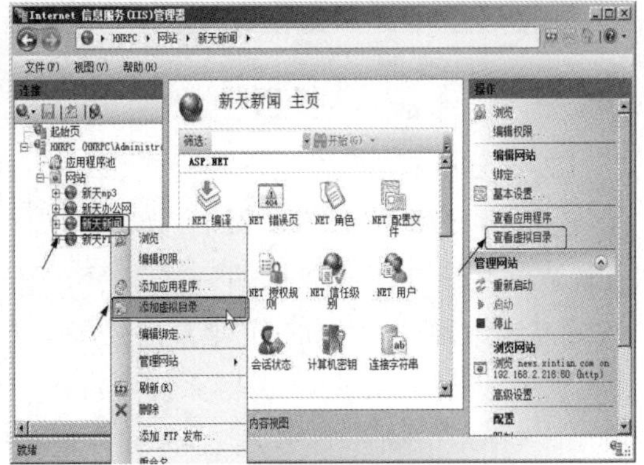

图 3-51　“添加虚拟目录”命令

【STEP|03】打开“添加虚拟目录”对话框，如图 3-52 所示。在“别名”文本框中输入虚拟目录的名称，此名称必须与步骤 1 中创建的别名子目录名称相同，在“物理路径”文本框中输入虚拟目录映射的实际物理位置，本案例的文件实际存储在 D:\XTABC 文件夹中。

【STEP|04】在 IE 浏览器中进行测试。

虚拟目录创建完成后，可以在 IE 浏览器中采用 IP 地址的方式进行测试，可以看到实际目录（D:\XTABC）中的内容，如图 3-53 所示。

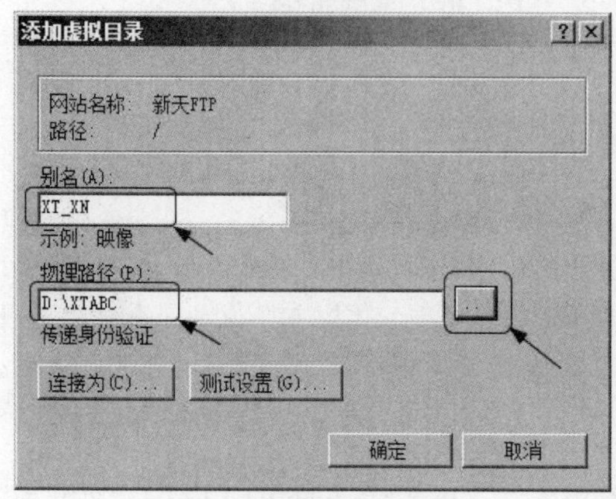

图 3-52 “添加虚拟目录”对话框

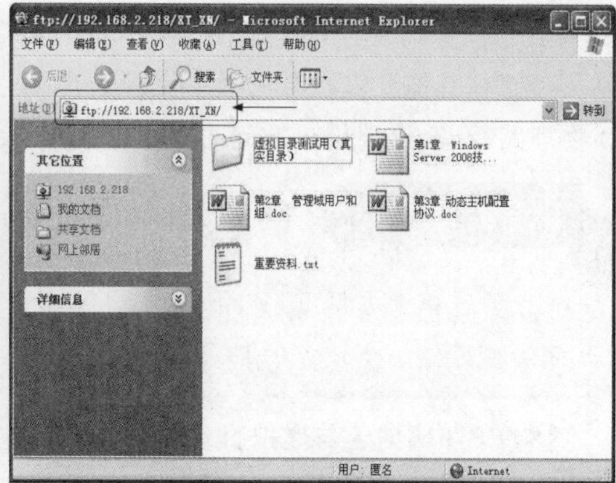

图 3-53 在 IE 浏览器中测试

4.建立多个 FTP 站点

在 Windows Server 2008 R2 中创建 FTP 站点时可以在一台服务器上配置多个 FTP 站点。

一个 FTP 站点由一个 IP 地址和一个端口号唯一标志，改变其中任何一项均可标志不同的 FTP 站点。因此，在实际应用中，可以使用多个不同的 IP 地址或端口在一台 FTP 服务器上创建多个 FTP 站点。

任务 3-8

新天教育培训集团的产品样文、产品报价和客户资料要求集中存放在 D:\XTZL 中，销售部的统计报表存放在 D:\XSZL 中，现在要求在一台服务器上架设两个 FTP 站点将相关资料提供给员工下载。

【方法分析】

在创建 FTP 站点的过程中，分析如图 3-46 所示的对话框，可以发现通过指定与现有 FTP 站点不同的 IP 地址或端口，可以实现在一台 FTP 服务器上创建多个 FTP 站点。

【方法一】使用不同的 IP 地址建立多个 FTP 站点。

Windows Server 2008 R2 系统支持在一台服务器上安装多块网卡，并且一块网卡还可以绑定多个 IP 地址。将这些 IP 地址分配给不同的 FTP 站点，就可以达到一台服务器多个 IP 地址来架设多个 FTP 站点的目的。例如，要在一台服务器上创建两个 FTP 站点：ftp.xintian.com 和 ftp1.xintian.com，对应的 IP 地址分别为 192.168.2.219 和 192.168.2.220，需要在服务器网卡中添加这两个地址。

【STEP|01】添加多个 IP 地址。

选择“开始”→“控制面板”→“网络和 Internet”→“网络和共享中心”，打开“网络和共享中心”窗口，单击“本地连接”按钮，在打开的“本地连接 状态”对话框中单击“属性”按钮，在打开的“本地连接 属性”对话框中选择“Internet 协议版本 4(TCP/IPv4)”，单击“属性”按钮，打开“Internet 协议版本 4(TCP/IPv4)属性”对话框，单击“高级”按钮，打开“高级 TCP/IP 设置”对话框，单击“添加”按钮，分别将 192.168.2.219 和 192.168.2.220 这两个 IP 地址添加到“IP 地址”列表框中，如图 3-54 所示，单击“确定”按钮。

【STEP|02】配置第二个 FTP 站点。

执行“任务 2-11”的步骤 1—3 打开“添加网站绑定”对话框进行 IP 地址和端口设置，IP 地址选择 192.168.2.219 即可，如图 3-55 所示。余下步骤与“任务 2-11”的 4～6 步相同。

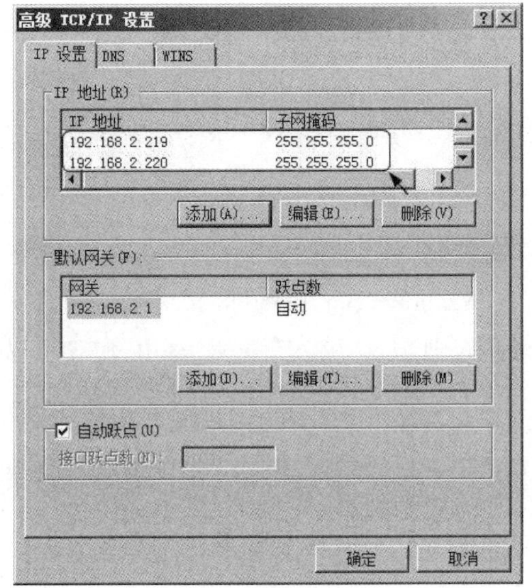

图 3-54　添加 IP 地址

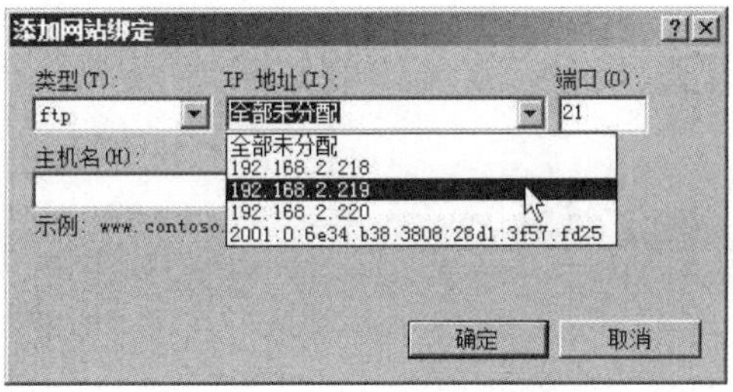

图 3-55　IP 地址和端口设置

【方法二】使用不同端口号建立多个 FTP 站点。

由于在默认情况下，FTP 客户端程序会调用端口 21 来连接 FTP 站点，因此，如果要使用多个不同的端口号来创建多个 FTP 站点，FTP 客户端程序必须知道 FTP 站点的新端口号，并且在连接该 FTP 站点时明确指定该端口号。

【STEP|01】配置第二个 FTP 站点。

执行“任务 2-11”的步骤 1～3 打开“添加网站绑定”对话框设置 IP 地址和端口，输入此 FTP 站点的 TCP 端口(默认为 21)2121，如图 3-56 所示，余下步骤与“任务 2-11”的 4～6 步相同。

【STEP|02】测试新的 FTP 站点。

使用 IE 浏览器打开端口为 2121 的 FTP 站点，需要在 URL 后面通过“:2121”的格式指定端口号，如图 3-57 示。

提示　如果在一台 FTP 服务器上使用与现有 FTP 站点相同的 IP 地址和端口来创建新的 FTP 站点，则新站点将不会启动。在一台 FTP 服务器上虽然可以有多个站点使用相同的 IP 地址和端口，但是每次只能运行一个站点。

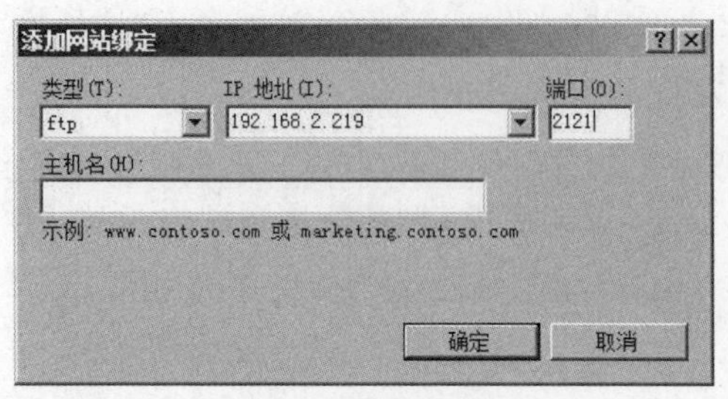

图 3-56　指定端口号

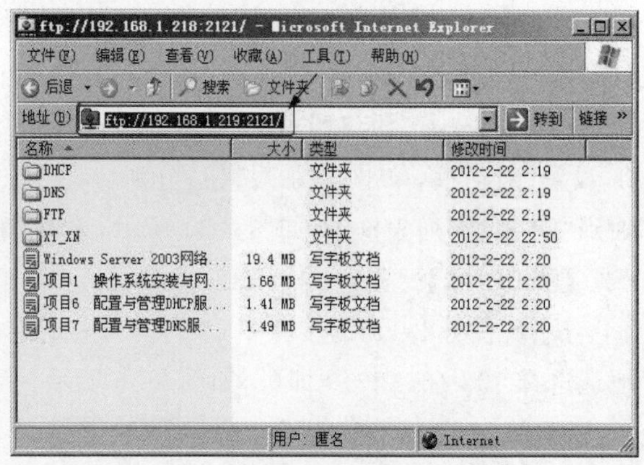

图 3-57　打开端口为 2121 的 FTP 站点

3.4.7　配置与管理路由访问服务

1.查看路由表

在每台路由器中都维护着去往一些网络的传输路径，这就是路由表，每一个运行 TCP/IP 的计算机都要进行由路由表控制的路由决策。在 Windows Server 2008 R2 中，使用具有管理员权限的用户帐户登录计算机，打开命令行提示符对话框，输入“route print”命令可以查看路由表。

任务 3-9

在 Windows Server 2008 R2 中，使用具有管理员权限的用户帐户登录计算机，以命令方式查看并分析路由表信息。

【STEP|01】查看路由表。

在 Windwos Server 2008 R2 中，单击“开始”，在“搜索程序和文件”文本框中输入“cmd”，单击“搜索”按钮或回车，打开命令提示符对话框，输入“route print”即可查看路由表。输出结果可以分为 3 个部分，第一部分是网络接口状态，包括操作系统中网络接口的编号、网卡卡号及网卡型号，第二部分是本机到目标服务器所经过的每一跳(结点)的详细信息，如图 3-58 所示。

【STEP|02】分析路由表内容。

首先看到最上方的接口列表，一个本地循环，一个网卡接口，网卡的 MAC 地址。再分析每一列的内容，每一行从左到右包括 5 列，依次是：Network Destination(目的地址)，Netmask(掩码)，Gateway(网关)，Interface(接口)，Metric(跳数，该条路由记录的质量)。下面分析一下每一行的内容。

第 1 行是缺省路由：这表示发往任意网段的数据通过本机接口 172.21.15.223 被送往一个默认的网关：172.21.15.254，它的管理距离是 20。

第 2 行是本地环路：A 类地址中 127.0.0.0 留作本地调试使用，所以路由表中所有发向 127.0.0.0 网络的数据通过本地回环 127.0.0.1 发送给指定的网关：127.0.0.1，也就是从自己的回环接口发到自己的回环接口，这将不会占用局域网带宽。

第 3 行是直联网段的路由记录:这里的目的网络与本机处于一个局域网,所以发向网络的数据 172.21.0.0(也就是发向局域网的数据)使用 172.21.15.223 作为网关,这便不再需要路由器路由或不需要交换机交换,加快了传输效率。

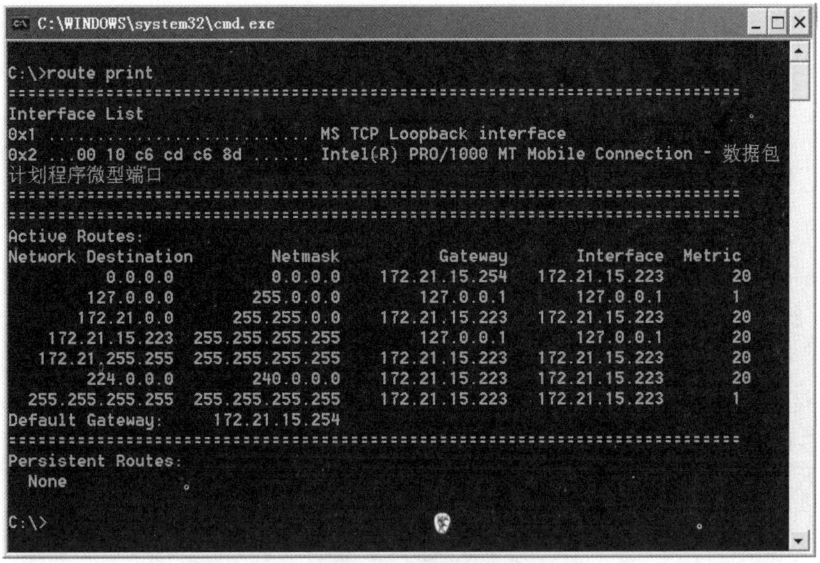

```
C:\WINDOWS\system32\cmd.exe

C:\>route print
===========================================================================
Interface List
0x1 ........................... MS TCP Loopback interface
0x2 ...00 10 c6 cd c6 8d ...... Intel(R) PRO/1000 MT Mobile Connection - 数据包
计划程序微型端口
===========================================================================
===========================================================================
Active Routes:
Network Destination        Netmask          Gateway       Interface  Metric
          0.0.0.0          0.0.0.0    172.21.15.254   172.21.15.223      20
        127.0.0.0        255.0.0.0        127.0.0.1       127.0.0.1      1
       172.21.0.0      255.255.0.0    172.21.15.223   172.21.15.223      20
    172.21.15.223  255.255.255.255        127.0.0.1       127.0.0.1      20
   172.21.255.255  255.255.255.255    172.21.15.223   172.21.15.223      20
        224.0.0.0        240.0.0.0    172.21.15.223   172.21.15.223      20
  255.255.255.255  255.255.255.255    172.21.15.223   172.21.15.223      1
Default Gateway:     172.21.15.254
===========================================================================
Persistent Routes:
  None

C:\>
```

图 3-58　查看路由表

第 4 行是本地主机路由:表示从自己的主机发送到自己主机的数据包,如果使用的是自己主机的 IP 地址,跟使用回环地址效果相同,通过同样的途径被路由,也就是如果我有自己的站点,我要浏览自己的站点,在 IE 地址栏里面输入 localhost 与 172.21.15.223 是一样的。

第 5 行是本地广播路由:这里的目的地址是一个局域网广播地址,系统对这样的数据包的处理方法是把本机 172.21.15.223 作为网关,发送局域网广播帧,这个帧将被路由器过滤。

第 6 行是组播路由:这里的目的地址是一个组播(Muticast)网络,组播指的是数据包同时发向几个指定的 IP 地址,其他的地址不会受到影响。

最后一行是广播路由:目的地址是一个广域广播,同样适用本机为网关广播广播帧,这样的包到达路由器之后被转发还是丢弃根据路由器的配置决定。

Default Gateway: 172.21.15.254;这是一个缺省的网关,当发送的数据的目的地址根前面例举的都不匹配的时候,就将数据发送到这个缺省网关,由其决定路由。

2.规划路由服务

路由器是一种连接多个网络或网段的网络设备,它实现了在 IP 层的数据包交换,从而实现了不同网络地址段的互联通信。当一个局域网中必须存在两个以上网段时,分属于不同网段内的主机彼此是互不可见的。把自己的网络同其他的网络互联起来,从网络中获取更多的信息和向网络发布自己的消息,是网络互联的最主要的动力。网络的互联有多种方式,其中使用最多的是网桥互联和路由器互联。

Windows Server 2008 R2 路由和远程访问服务组件提供构建软路由的功能,在小型网络中可以安装一台 Windows Server 2008 R2 服务器并设置成路由器,来代替昂贵的硬件路由器,而且基于 Windows Server 2008 R2 构建的路由器具有图形化管理界面、管理方便且易用等特点。

根据网络规模的不同,有不同的路由访问方法,路由功能和路由支持算法的选择需要根据网络规模和应用而定,确定路由功能包括以下几个方面:

- IP 地址空间:是否使用私有 IP 地址,是否需要启动 NAT 地址转换功能。
- 是否与 Internet 之类的其他网络连接,还是只与本地局域网互联。
- 支持协议:IP 协议、IPX 协议,或同时支持两个协议。
- 是否支持请求拨号连接。

首先,看一个例子,如图 3-59 所示,配置一台 Windows Server 2008 R2 路由服务器连接两个子网(安装两个网络适配器)。假设网络通信协议采用 TCP/IP,每个网段包含一个 C 类地址空间。

局域网中两个子网的地址空间规划如下:子网 1 为 211.163.25.0/255.255.255.0;子网 2 为 211.163.26.0/255.255.255.0;路由服务器的两个网络适配器(网卡)的 IP 地址,连接 1 网段的网卡 IP 配置为 211.163.25.1/255.255.255.0,这一地址同时也为 2 网段内主机的默认网关地址;连接 2 网段的网卡 IP 配置为 211.163.26.1/255.255.255.0,这一地址同时也为 2 网段内主机的默认网关地址。

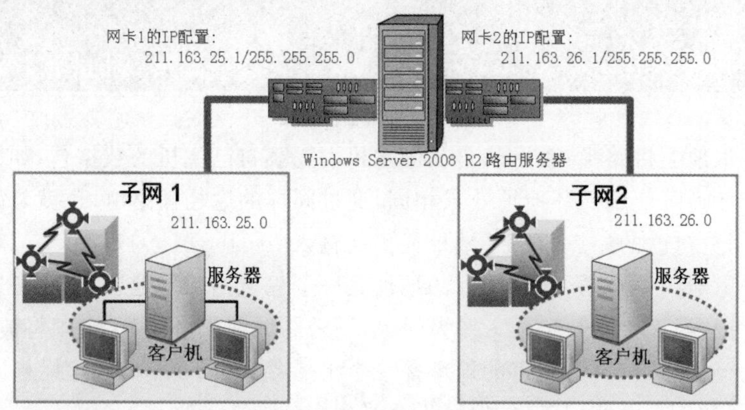

图 3-59 规划路由服务器

3.配置路由服务

配置路由服务器

安装 Windows Server 2008 R2 路由服务器之前,按照图 3-59 构建网络(在服务器中安装两块网卡,分别连接两个网段),并使其正常工作。接下来分两步启用 RRAS,首先,必须在"服务器管理器"中安装"网络策略和访问服务"角色,然后,利用"路由与远程访问"管理工具启用并配置 RRAS。

任务 3-10

在安装的 Windows Server 2008 R2 服务器中,安装"网络策略和访问服务"角色,然后启用并配置 RRAS。

【STEP|01】配置网卡 IP 信息。

在路由服务器上安装好网卡及驱动程序后,开机进入 Windows Server 2008 R2,分别设置两块网卡的相关参数。

(1)设置第一块网卡(网卡 1)的相关参数:IP 地址(211.163.25.1)、子网掩码(255.255.

255.0)，DNS(222.246.129.80)，如图 3-60 所示。

(2)设置第二块网卡(网卡 2)的相关参数：IP 地址(211.163.26.1)、子网掩码(255.255.255.0)，DNS 服务器(222.246.129.80)。

【STEP|02】打开“选择服务器角色”对话框。

选择“开始”→“管理工具”→“服务器管理器”，打开“服务器管理器”窗口，在“服务器管理器”窗口中的“角色摘要”区域中单击“添加角色”链接，打开“添加角色向导”对话框，单击“下一步”按钮，打开“选择服务器角色”对话框，勾选“网络策略和访问服务”复选框，如图 3-61 所示，单击“下一步”按钮继续。

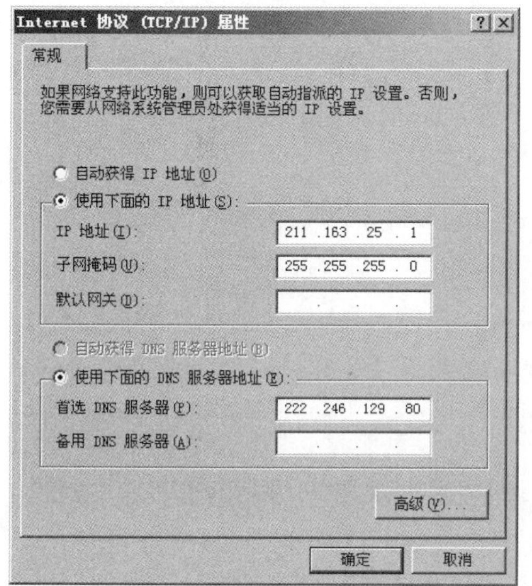

图 3-60　设置网卡的相关参数

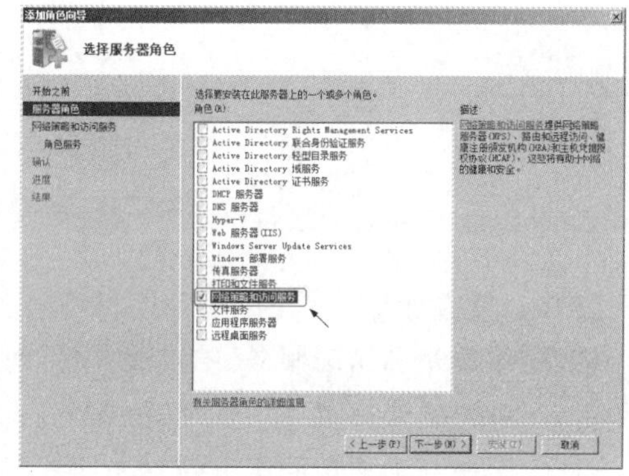

图 3-61　“选择服务器角色”对话框

【STEP|03】打开“选择角色服务”对话框。

打开“网络策略和访问服务”对话框，在对话框右边提供了网络策略和访问服务简介，用户可视情况进行了解，单击“下一步”按钮继续，打开“选择角色服务”对话框，勾选“路由和远程访问服务”复选框，如图 3-62 所示，单击“下一步”按钮继续。

【STEP|04】打开“确认安装选择”对话框。

打开“确认安装选择”对话框，如图 3-63 所示。查看所要安装的角色服务是否正确，如果没有问题，单击“安装”按钮进行安装，单击“完成”按钮，结束安装过程。

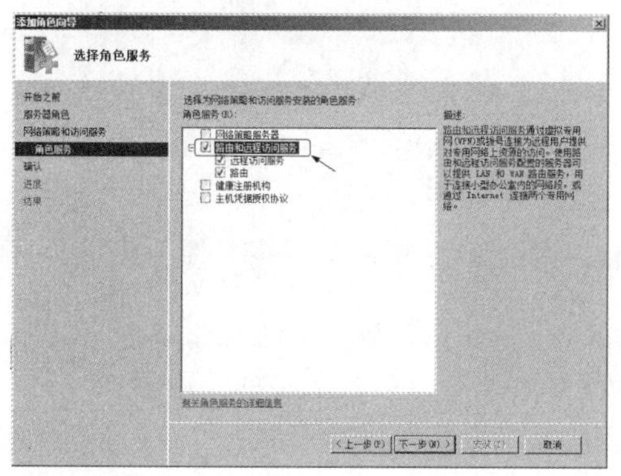

图 3-62　“选择角色服务”对话框

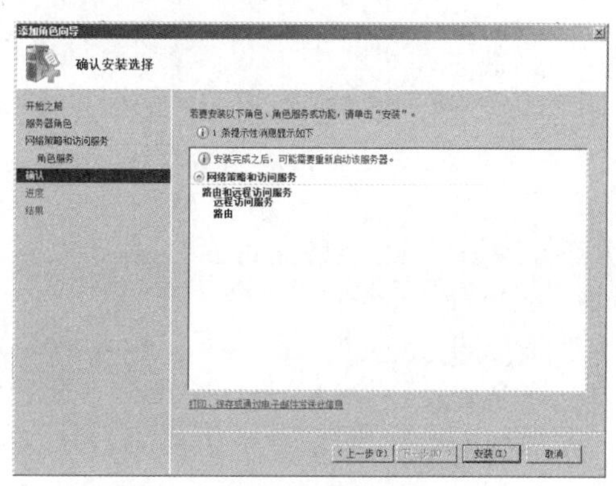

图 3-63　“确认安装选择”对话框”

【STEP|05】打开“安装结果”对话框。

角色服务安装完成后，打开“安装结果”对话框，添加角色向导会显示相关服务安装摘要信息，如图 3-64 所示，单击“关闭”按钮。

【STEP|06】返回“服务器管理器”窗口。

返回“服务器管理器”窗口，在“角色摘要”区域中可以看见已经安装完成的“网络策略和访问服务”，如图 3-65 所示。由于目前该服务还尚未配置，因此服务状态是以“红叉”来表示，直接单击“网络策略和访问服务”链接可显示该服务目前的摘要信息。

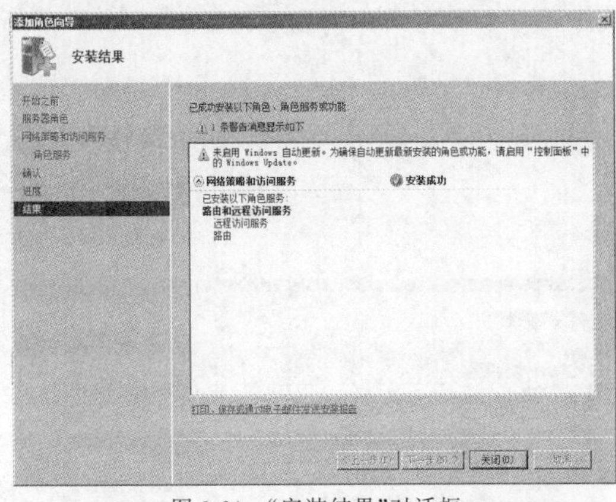

图 3-64 “安装结果”对话框

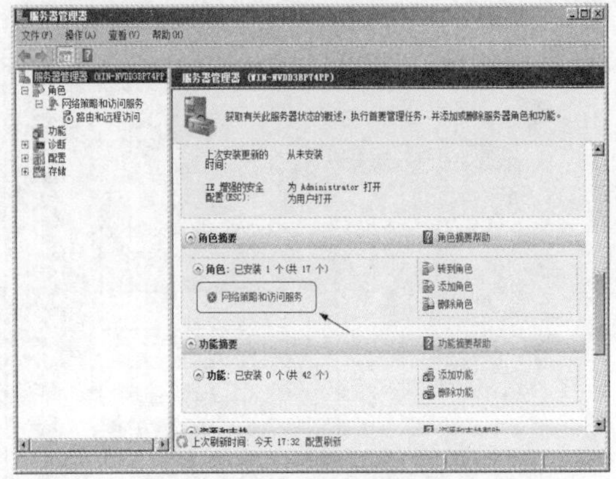

图 3-65 “服务器管理器”窗口

【STEP|07】配置并启用路由和远程访问。

将“网络策略和访问服务”结点展开后，可看到“路由和远程访问”结点。在该结点上右键单击，在弹出的快捷菜单中选择“配置并启用路由和远程访问”命令，如图 3-66 所示，打开“欢迎使用路由与远程访问服务器安装向导”对话框，单击“下一步”继续。

【STEP|08】打开“配置”对话框。

打开“配置”对话框，如图 3-67 所示，可依照需要选择服务组合，这里选择“自定义配置”，单击“下一步”按钮。

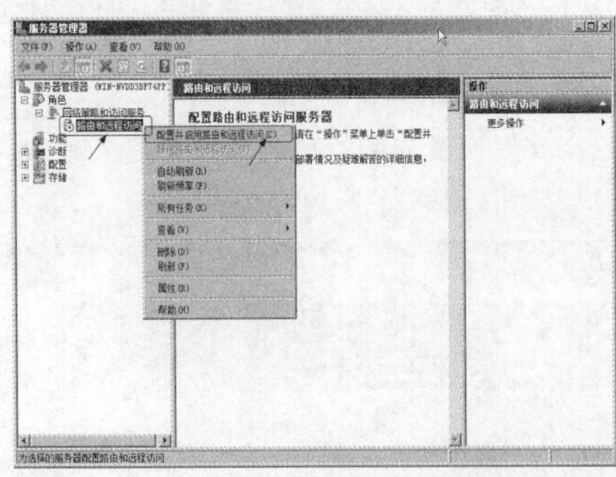

图 3-66 配置并启用路由和远程访问

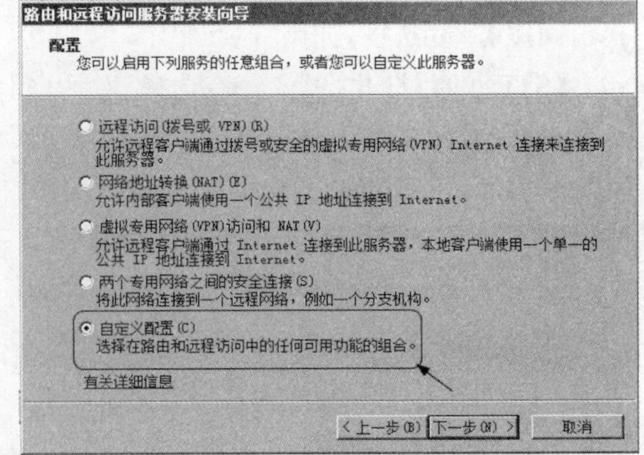

图 3-67 “配置”对话框

◆ 远程访问：将 RRAS 配置为可提供拨号或 VPN 连接的远程访问服务器。

◆ 网络地址转换(NAT)：将 RRAS 配置为提供网络地址转换服务的路由器。

◆ 虚拟专用网络(VPN)访问和 NAT：将 RRAS 配置为可供客户端进行 VPN 连接的远程访问服务器及提供网络地址转换服务的路由器。

◆ 两个专用网络之间的安全连接：将RRAS配置为以VPN方式连接远程网络的路由器。

◆ 自定义配置：以手动方式自行指定RRAS所要使用的服务。

不管选择上述哪一个项目进行配置，事后都可以在RRAS中依照需要进行相关功能调整。此处将以“自定义配置”为例进行配置。

【STEP|09】打开“自定义配置”对话框。

打开“自定义配置”对话框，如图3-68所示，在此可以看到RRAS所能提供的服务。用户可根据需要启用相关功能，此处选择最单纯的“LAN路由”。

【STEP|10】打开“正在完成路由和远程访问服务器安装向导”对话框。

相关功能设置完成后，打开“正在完成路由和远程访问服务器安装向导”对话框，如图3-69所示，单击“完成”按钮即可完成LAN路由服务器的安装。

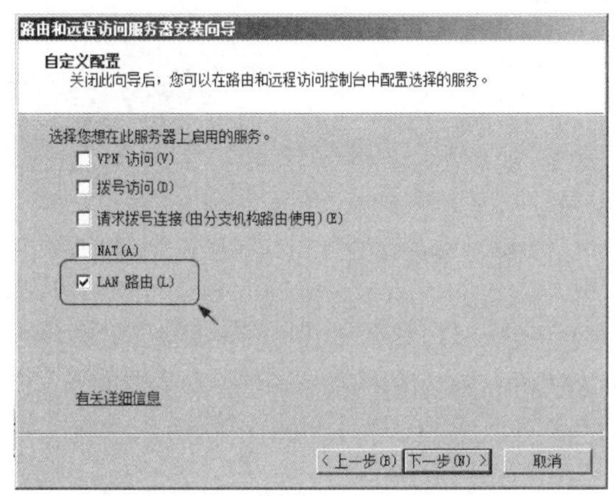

图3-68　“自定义配置”对话框

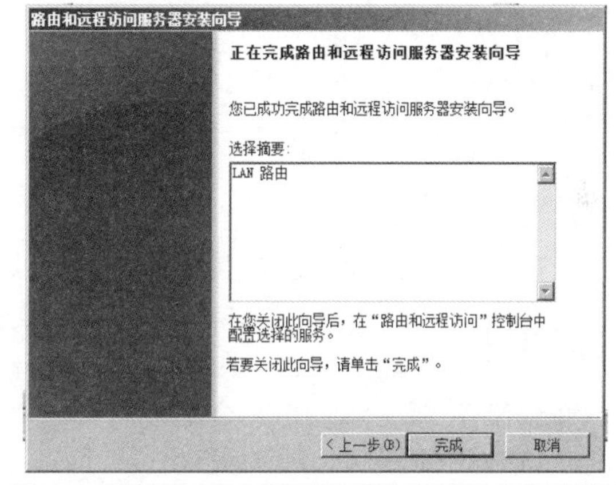

图3-69　“正在完成路由和远程访问服务器安装向导”对话框

【STEP|11】启动RRAS服务。

RRAS服务配置完成后，在图3-70中单击“启动服务”按钮，即可启动RRAS服务。

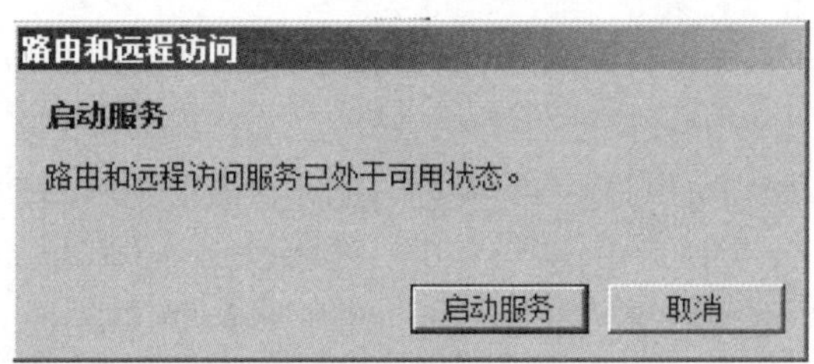

图3-70　“启动服务”对话框

单击“完成”按钮，完成路由访问服务器的安装，此时，可以看到“路由和远程访问”上的箭头变成绿色向下箭头。展开左侧对话框目录树，选择“IPv4”→“常规”选项，可以查看当前网络配置。

4.设置静态路由

静态路由是由管理员人工建立和更新的，由于静态路由不能对网络的改变做出反映，所以静态路由适合小型、单路径、静态IP网络。静态路由的优点是简单、高效、可靠。在所有的路由中，静态路由优先级最高。当动态路由与静态路由发生冲突时，以静态路由为准。

在上节中的路由服务器的设置只能使子网1和子网2互访，如果子网1通过另一路由器连接 Internet，如图 3-71 所示，通过配置路由表才能使子网 2 访问外网。

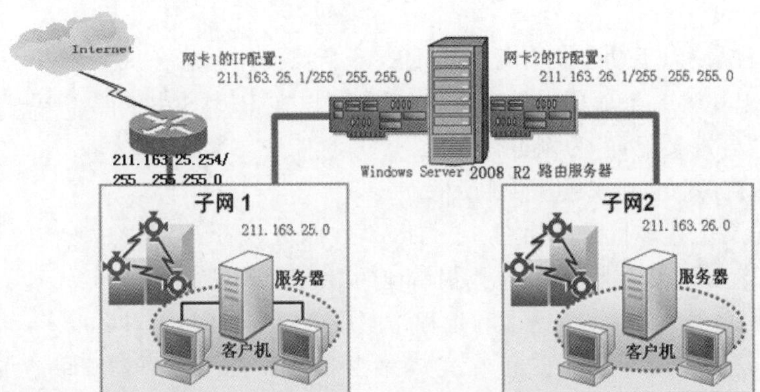

图 3-71　规划静态路由

任务 3-11

配置静态路由

设置 Windows Server 2008 R2 路由访问服务器的静态路由表，实现不同网段路由访问。

【STEP|01】添加静态路由表。

选择“开始”→“管理工具”→“路由和远程访问”菜单，打开“路由和远程访问”窗口，如图 3-72 所示。选择左侧窗格内的目录树，展开“IPv4”结点，右击“静态路由”，在弹出的快捷菜单中选择“新建静态路由”命令。

【STEP|02】打开“IPv4 静态路由”对话框。

打开“IPv4 静态路由”对话框，如图 3-73 所示。在“目标”和“网络掩码”文本框中输入“0.0.0.0”，在“网关”文本框中输入 IP 地址 211.163.25.254，设置合适的“跃点数”，此处设为 100，单击“确定”按钮。

这样设置表示，到达本路由器的数据包，若不是子网 1、子网 2 的地址，均路由到路由器的 211.163.25.254 端口上。

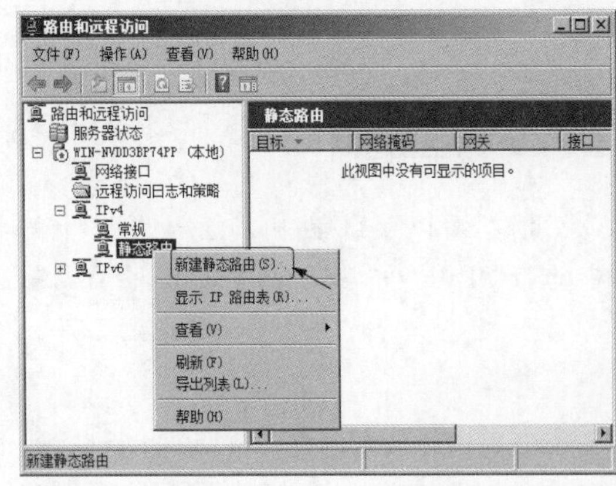

图 3-72　“路由和远程访问”窗口

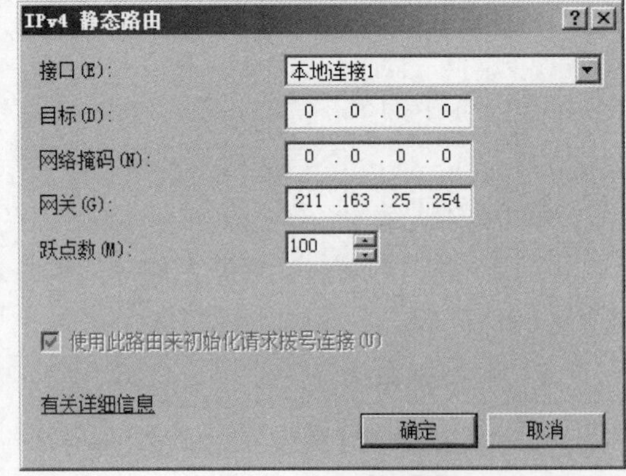

图 3-73　设置静态路由

【STEP|03】加入路由访问服务器的路由记录。

同样，在连接 Internet 的路由器上，也需加入路由访问服务器的路由记录，设定将目标地址段为 211.163.26.0 的数据包转发至路由器(路由访问服务器)211.163.25.1 上,跃点为 1,这样子网 2 中的计算机与 Internet 可以实现互访。

【STEP|04】查看增加的静态路由记录。

配置好静态路由表后,在"静态路由"项目中将增加一个静态路由记录,如图 3-74 所示,若网络中存在多条路径,可重复上述操作,添加多条静态路由记录。

【STEP|05】查看本机路由表。

右击"静态路由",选择"显示 IP 路由表"菜单,打开如图 3-75 所示对话框,在此可以看到本机路由表。

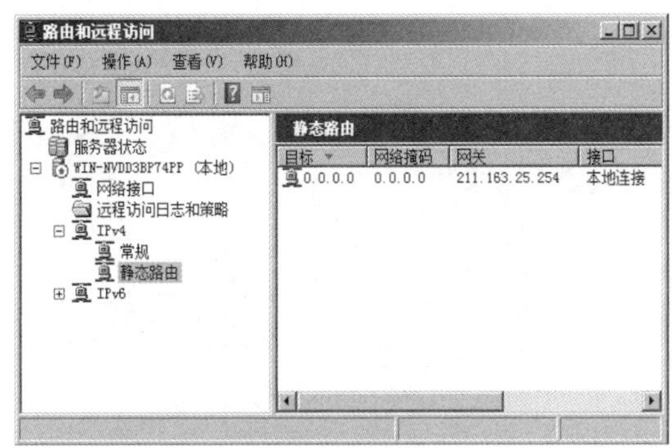

图 3-74　静态路由表

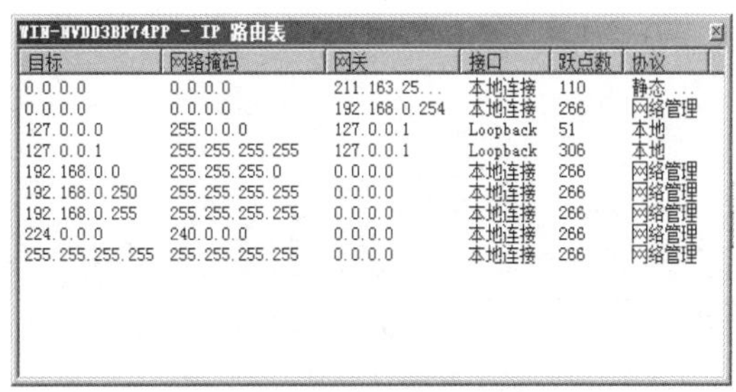

WIN-NVDD3BP74PP - IP 路由表

目标	网络掩码	网关	接口	跃点数	协议
0.0.0.0	0.0.0.0	211.163.25...	本地连接	110	静态...
0.0.0.0	0.0.0.0	192.168.0.254	本地连接	266	网络管理
127.0.0.0	255.0.0.0	127.0.0.1	Loopback	51	本地
127.0.0.1	255.255.255.255	127.0.0.1	Loopback	306	本地
192.168.0.0	255.255.255.0	0.0.0.0	本地连接	266	网络管理
192.168.0.250	255.255.255.255	0.0.0.0	本地连接	266	网络管理
192.168.0.255	255.255.255.255	0.0.0.0	本地连接	266	网络管理
224.0.0.0	240.0.0.0	0.0.0.0	本地连接	266	网络管理
255.255.255.255	255.255.255.255	0.0.0.0	本地连接	266	网络管理

图 3-75　查看本机路由表信息

5.配置 NAT

网络地址转换(Network Address Translation,NAT)是一种延缓 IPv4 地址耗尽的方法,它是一种将无法在 Internet 上使用的保留 IP 地址翻译成可以在 Internet 上使用的合法 IP 地址,从而使内网可以访问外部公共网上的资源。

当内部网络客户端发送要连接 Internet 的请求时,NAT 协议驱动程序会截取该请求,并将其转发到目标 Internet 服务器。这样,通过在内部使用非注册的 IP 地址,并将它们转换为一小部分外部注册的 IP 地址,从而减少了 IP 地址注册的费用以及节省了目前越来越缺乏的地址空间。同时,这也隐藏了内部网络结构,从而降低了内部网络受到攻击的风险。

任务 3-12

将"任务 3-10"中的 211.163.26.0 网段替换成私有 IP 地址段 192.168.2.0 网段,此时,为了使子网 2 正常访问子网 1 及外网,需要配置 NAT 协议,即将 192.168.2.0 内 IP 地址映射为 211.163.26.0 上的合法地址。

【STEP|01】打开"路由和远程访问"窗口。

在 Windows Server 2008 R2 中,选择"开始"→"管理工具"→"路由和远程访问",打开"路由和远程访问"窗口,如图 3-72 所示。

【STEP|02】选择"网络地址转换(NAT)"选项。

展开节点,在"IPv4"结点上右键单击"常规"选项,在弹出的快捷菜单中选择"新增路由协议",打开如图 3-76 所示对话框,在列表中选择"NAT"选项,单击"确定"按钮返回。此时,在左侧窗格的"IP 路由选择"项目中,将会增加了新的"NAT"子项。

【STEP|03】新建路径规则。

右键单击“NAT”子项，并在弹出的快捷菜单中选择“新增接口”，显示“IPNAT 的新接口”对话框，如图 3-77 所示，在“接口”列表框中选择合法 IP 地址对应的网络接口，即“本地连接 2”，单击“确定”按钮。

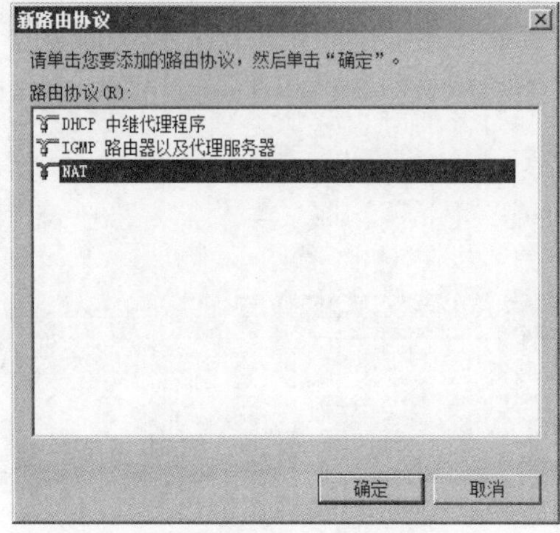

图 3-76 “新路由协议”对话框

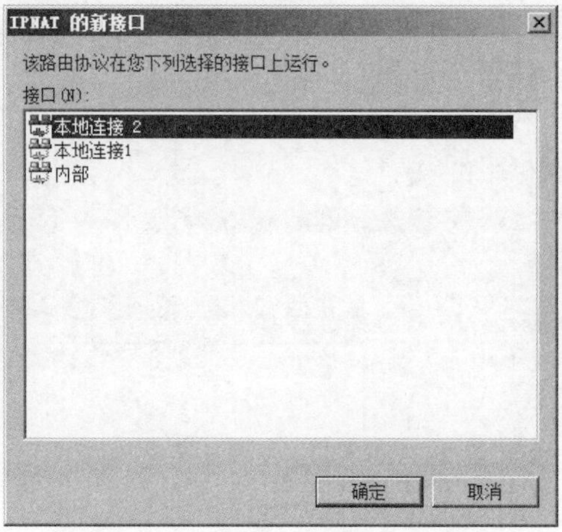

图 3-77 “IPNAT 的新接口”对话框

【STEP|04】选择网络连接方式。

打开“网络地址转换－本地连接 2 属性”对话框，如图 3-78 所示。在“接口类型”选项组下，选择网络连接方式，这里选择“公用接口连接到 Internet”，再勾选“在此接口上启用 NAT”。

【STEP|05】输入映射合法 IP 地址的范围。

选择“地址池”选项卡，单击“添加”按钮，在打开的对话框中输入映射合法 IP 地址的范围(如 211.163.26.1～211.163.26.100)，如图 3-79 所示，配置后的路由器将把内部专用 IP 地址映射到上述地址池中的合法 IP 地址上。

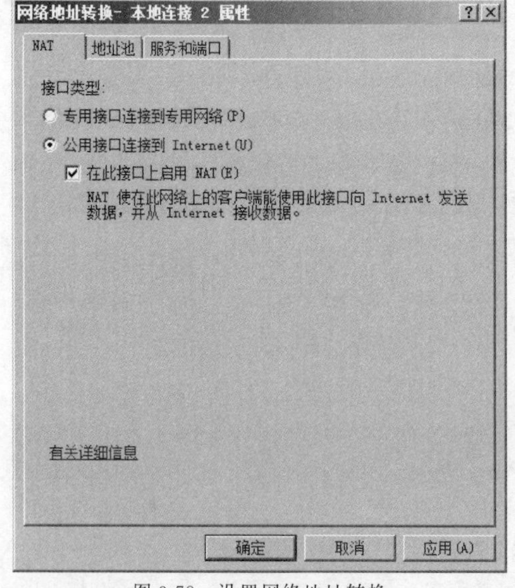

图 3-78 设置网络地址转换

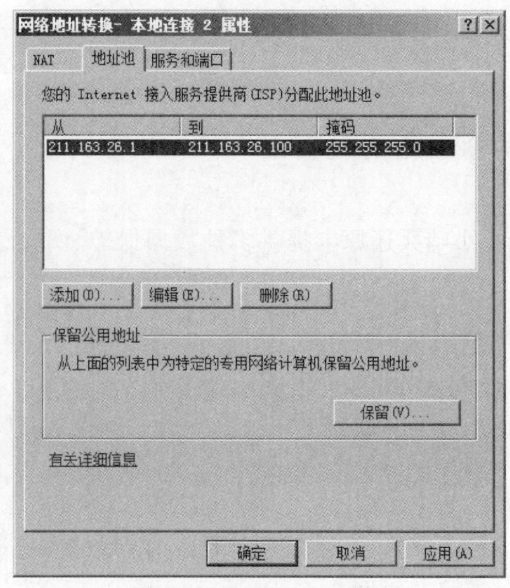

图 3-79 设置 NAT 地址池

【STEP | 06】保留特定公网 IP 地址。

在如图 3-79 所示的对话框中单击“保留”按钮，打开如图 3-80 所示的对话框，在此可以设置合法 IP 地址与私有 IP 地址的一一对应关系，即保留特定公网 IP 地址供特定专用网用户使用。

【STEP | 07】设置“网络地址转换一内部”。

右键单击“NAT”子项，并在弹出的快捷菜单中选择“新增接口”，打开“IPNAT 的新接口”对话框，在“接口”列表框中选择“内部”(此接口为连接私有 IP 地址网段的网络适配器)，打开“网络地址转换一内部属性”对话框，选择“专用接口连接到专用网络”，如图 3-81 所示，单击“确定”按钮。

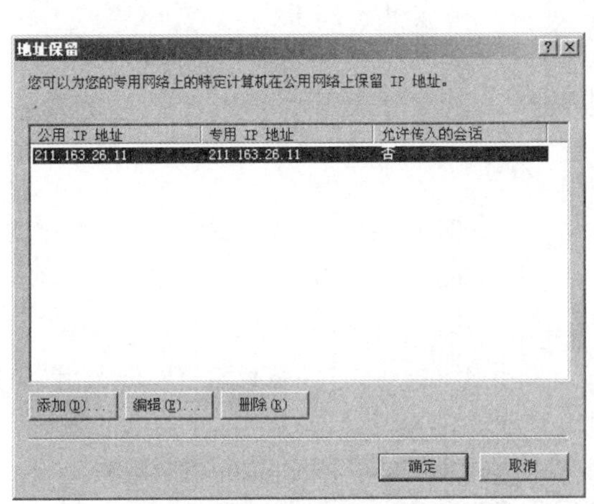

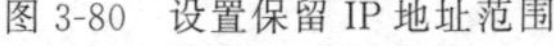
图 3-80　设置保留 IP 地址范围

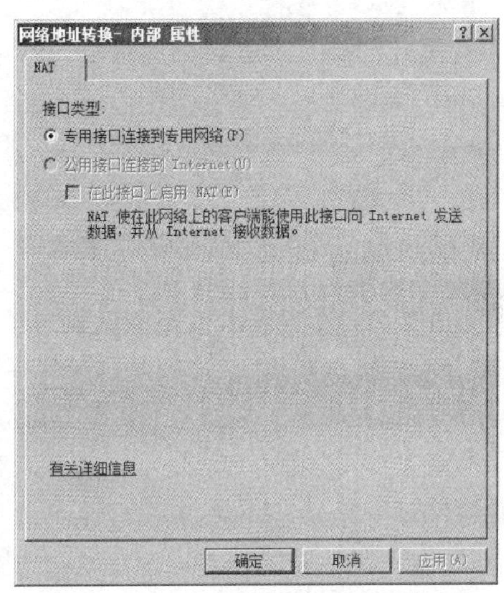

图 3-81　“网络地址转换一内部属性”对话框

提示　NAT 和我们前面所学的 DHCP 之间有区别，DHCP 是动态地将 IP 地址分配给联网用户，若可用于 DHCP 分配的 IP 地址有 10 个，则只能连接 10 个用户；而 NAT 是将内部私有 IP 地址转换成公网 IP 地址，映射关系可以是多对一的。

3.4.8　配置与使用还原卡保护系统安全

小哨兵还原卡提供多种数据保护、恢复及追加功能，能有效地防止病毒、FDISK、格式化等对硬盘数据的破坏，还能保护 CMOS 参数。它不占硬盘实用空间、快速保存、瞬间恢复、即插即用，无须重做硬盘。

任务 3-14

在实验室局域网的计算机中安装小哨兵还原卡，并在操作系统中为它安装驱动，再进行相关设置，以此保护系统安全。

【STEP | 01】安装小哨兵还原卡。关闭计算机电源，打开机箱，在 PCI 扩展槽中插入小哨兵还原卡，如图 3-82 所示。

【STEP|02】安装驱动程序。为了让还原卡能够保护系统，需要安装还原卡驱动程序。在 Windows 操作系统中，双击厂家提供的驱动程序 setup.exe 完成安装。

【STEP|03】设置还原卡。计算机开机自检后，快速按下 Ctrl＋F10，输入管理员口令(manager)进入小哨兵还原卡的安装界面，如图 3-83 所示。

图 3-82　安装小哨兵还原卡

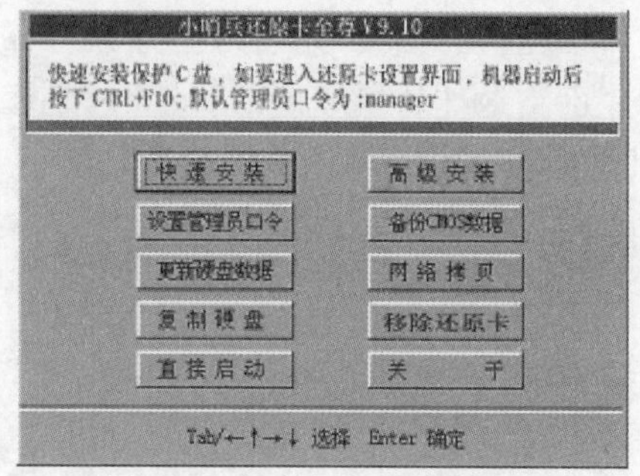

图 3-83　小哨兵还原卡安装界面

(1)快速安装

还原卡为每个系统参数都预置了一个缺省值，如果只保护 C 盘数据，并且不需要修改任何系统参数，请单击“快速安装”按钮，打开如图 3-84 所示对话框。

(2)高级安装

在图 3-83 中，单击“高级安装”按钮或在安装还原卡后单击“参数设置”按钮，打开“参数设置”对话框，如图 3-85 所示，可根据需要进行相应的选择或设置。

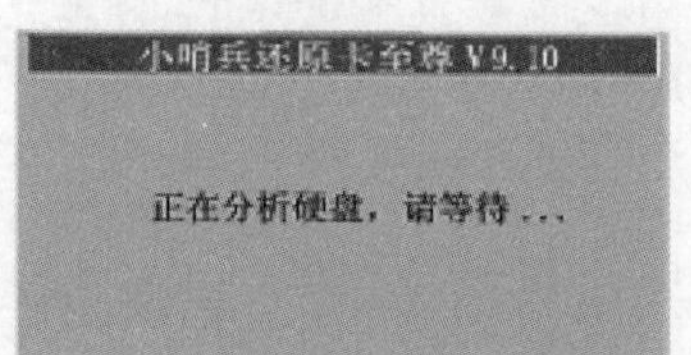

图 3-84　快速安装对话框

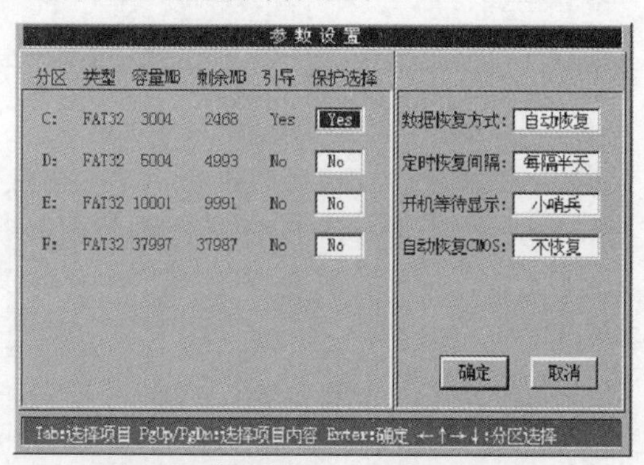

图 3-85　高级安装中“参数设置”对话框

参数设置：在图 3-85 的左侧页面中列出了所有的分区、类型、容量 MB、剩余 MB、引导以及保护选择，右侧页面显示数据恢复方式等参数。用户可根据需要，用 Tab 键、PGDN、PGUP、上、下、左、右方向键选择，对相应的系统参数进行调整，设置多盘保护、恢复方式及开机等待显示等。

①设置“数据恢复方式”

数据恢复有五种方式：

➢ 自动恢复：每次重新启动后硬盘数据自动复原，这是默认的恢复方式。

➢ 手动恢复：“手动恢复”是在 3 秒等待结束时出现提示“请选择是否恢复被保护的数据”和两个按钮“恢复数据”及“继续保持”，用户可以选择恢复或者保持(即在上次基础上继续操作)。

➢ 继续保持:可以从字面理解,继续保持即在每次操作的基础上继续操作,直到重新修改这个参数时,才恢复所有数据。当然期间如果进行过“数据更新”,则只能恢复更新操作之后的数据。

➢ 完全开放:不做任何保护。

➢ 定时恢复:按照设置的时间间隔来进行数据的恢复。定时间隔可调,到了或超过预定的时间会自动恢复数据。

②设置“定时恢复间隔”

当选择定时恢复类型时,必须在“定时恢复间隔”文本框中设置时间间隔,定时恢复间隔时间可设置为:半天、1 天、3 天、7 天、15 天、30 天。

③设置“开机等待显示”

热键提示:开机时显示几个热键,如 F1、Ctrl+F10 等键的用法,如图 3-86 所示。

④设置“自动恢复 CMOS”

可以彻底保护 CMOS,防止外部有意或无意的破坏。设置 CMOS 复原之前,必须备份 CMOS 数据。

(3)更新硬盘数据

为保存上次操作时对硬盘内容所做的修改,可在重新启动计算机后、即将引导操作系统前按下 Ctrl+F10 热键,更新数据过程中伴有进度百分比显示,更新完成后,这些原来可能会被下次开机时破坏的有用资料将受到正式保护。

更新完成后,将显示如图 3-87 所示界面。

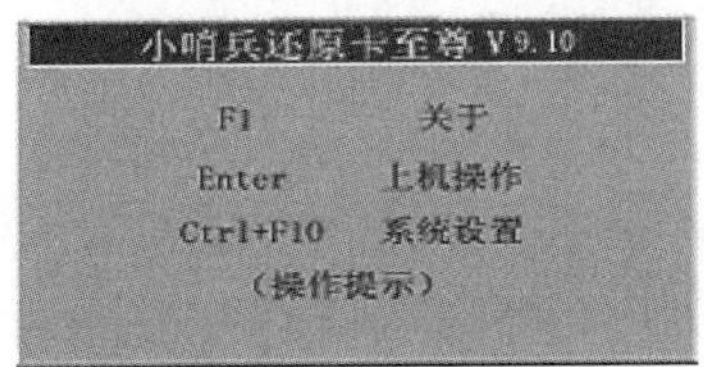

图 3-86　开机时的热键提示

图 3-87　更新硬盘数据

(4)移除还原卡

有时因机房维护需要,或考试需要,必须移除还原卡,如图 3-88 所示。如果决定不再使用还原卡,可单击“确定”按钮,关机拔掉还原卡即可。

(5)直接启动

不安装还原卡,直接启动操作系统。在即将引导操作系统前按 Ctrl+F10 热键进入首次安装界面,设置完系统参数后进入操作系统可选择此项。

(6)网络拷贝

网络拷贝是指将网络拷贝发送端上的硬盘数据拷贝到网络拷贝接收端的计算机上。通过执行网络拷贝功能,每一个网络拷贝接收端(可以事先没经过分区)将拥有和网络拷贝发送端一样的硬盘数据。这样网络管理员就省去到网络上每台接收端重复进行网络配置与数据维护的烦琐工作,大大提高了网络配置与数据维护效率。

运行网络拷贝功能,网络拷贝发送端与接收端必须符合以下要求:

➢ 都必须插有 RTL8139/8100 系列网卡。

➤ 都必须插有小哨兵还原卡至尊 V9.10，且网络通信畅通。

➤ 如需发送 CMOS 参数，还必须保证主板相同且主板 BIOS 版本号相同。

操作方法如下：

①选择一台系统完整的计算机作为样机，开机自检时，快速按下 Ctrl+F10，输入管理员口令（manager）进入小哨兵还原卡的安装界面，单击"网络拷贝"按钮，打开如图 3-89 所示界面。

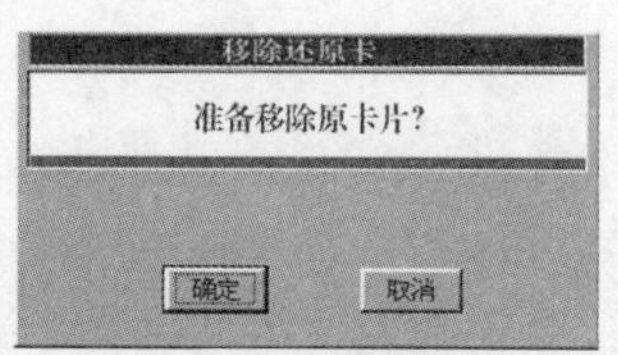

图 3-88　移除还原卡

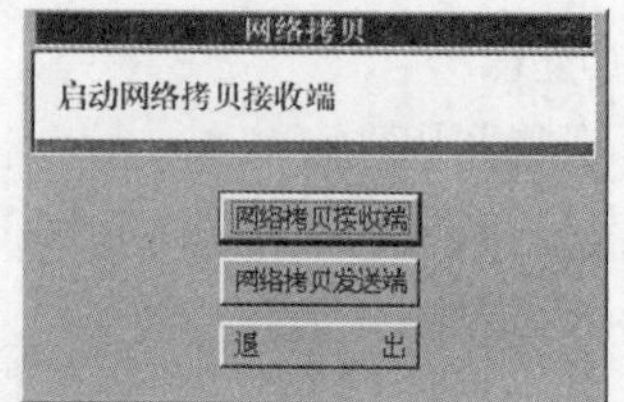

图 3-89　"网络拷贝"提示框

➤ 单击"网络拷贝发送端"按钮，则网络拷贝将处于发送状态，发送方首先处于等待接收方登录的界面，单击"等待登录"按钮，按回车键，显示已登录用户数，如图 3-90 所示。

②接收端登录发送端

➤ 自动登录。当发送端已进入等待用户登录的界面，此时若打开实验室局域网中需要接收网络拷贝的计算机，则计算机会自动登录到发送端，且出现如图 3-91 所示界面。

图 3-90　显示已登录用户数

图 3-91　登录发送端提示框

➤ 手工登录。在实验室网络中，打开需要拷贝系统的计算机，快速按下 Ctrl+F10，输入管理员口令（manager）进入小哨兵还原卡的安装界面，单击"网络拷贝"按钮，打开如图 3-89 所示界面，单击"网络拷贝接收端"按钮，则网络拷贝处于接收状态，接收端会自动登录发送方。

③网络拷贝

当实验室局域网所有客户机登录完成后，在发送端单击"确定"按钮，进入网络拷贝界面，如图 3-92 所示。

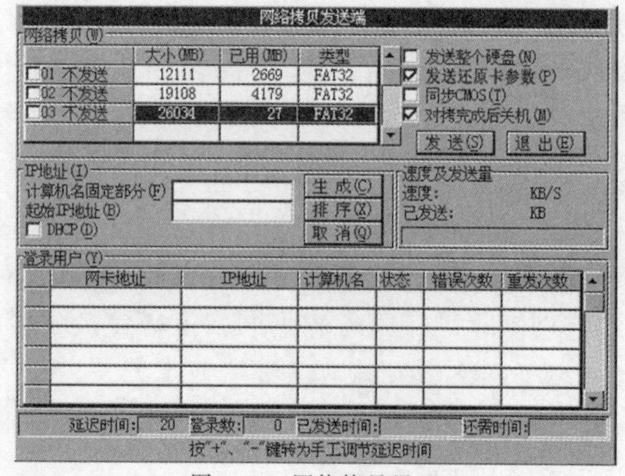

图 3-92　网络拷贝界面

该界面分为网络拷贝、IP 地址、速度及发送量、登录用户及状态几个部分。

在网络拷贝部分左侧页面中列出拷贝方式、所有分区的容量大小、已用容量以及类型，右侧页面显示是否发送整个硬盘、是否发送还原卡参数、是否同步 CMOS 以及对拷完成后是否关机。用户可根据需要，用 Tab 键和上、下、左、右方向键及空格键，对相应的参数进行调整。

拷贝方式

➢ 有效数据：此功能仅拷贝当前分区的有效数据，节省了大量的工作时间，有效地提高了工作效率。

➢ 完整数据：此功能拷贝所选定分区的所有扇区。

➢ 不发送：此功能屏蔽不需要拷贝的分区。此方式为默认方式。

注：如欲改变拷贝方式，按光标键选取所需设置的分区，再按空格键切换设置状态即可。

IP 地址

为了统一与方便管理，用户可对网络中计算机的 IP 地址和计算机名以一定的命名原则重新定义，该功能特别适用于那些还未配置 IP 地址与命名的新机器。

如果网络拷贝接收端是一批还未配置 IP 地址与命名的新机器，或者想改变它们的 IP 地址和计算机名，具体操作如下：

在"计算机名固定部分"文本框中，输入长度不大于 5 位的计算机名，比如 XSB，该计算机名将作为所有网络拷贝接收端计算机名的前缀，会自动生成 XSB001、XSB002 等的计算机名。

➢ 如果网络中计算机 IP 地址是根据 DHCP 自动分配的，可以选择"DHCP"复选框，此时起始 IP 地址文本框会变为灰色，处于不可编辑状态。

➢ 如果网络中计算机 IP 地址没有根据 DHCP 自动分配，可以在"起始 IP 地址"文本框中定义，比如 192.168.0.1。

➢ 用 Tab 键将光标移到"生成"按钮上再按一下 Enter 键，或直接使用热键 Alt＋C，在"登录用户"列表里，便会出现更改后的所有网络拷贝接收端的信息，详细列出最新的"IP 地址"和"计算机名"。

➢ 用 Tab 键将光标移到"排序"按钮上再按一下 Enter 键，或直接使用热键 Alt＋X，在"登录用户"列表里，便会对"IP 地址"及"计算机名"进行排序。

➢ 用 Tab 键将光标移到"取消"按钮上再按一下 Enter 键，或直接使用热键 Alt＋Q，就会取消生成的"IP 地址"及"计算机名"。

速度及发送量

用户根据需要设置参数完毕，单击"发送"按钮，进入网络拷贝，则会在"速度及发送量"部分显示当前拷贝的速度(单位为 KB/S)及已发送的字节数(单位为 KB)。

登录用户

其下有六个参数：网卡地址、IP 地址、计算机名、状态、错误次数、重发次数。

状态列

➢ 延迟时间：发送数据包后需要延迟一会才能发送下一个数据包，此延迟时间越短，发送速度越快，此延迟时间可自动调节也可手动调节，范围为 2～150 个延迟时间单位，当发送错误数较高时可手动按＋号增加延迟时间，调节到错误数不再增加为止，反之可适当减少延迟时间以增加发送速度。

- 登录数:显示的是已登录到发送端的接收端的数量。
- 已发送时间:显示网络拷贝已经发送的时间。
- 还需时间:显示完成网络拷贝仍需的时间。

④接收端接收时的状态

网络拷贝接收端在接收数据时,其屏幕上会显示该接收端为第几号接收机,以及当前接收的百分比及进度条,同时提醒用户在接收数据时,请勿将其中断,如图 3-93 所示。等待接收端全部完成接收,重新启动计算机,完成客户机系统的拷贝。

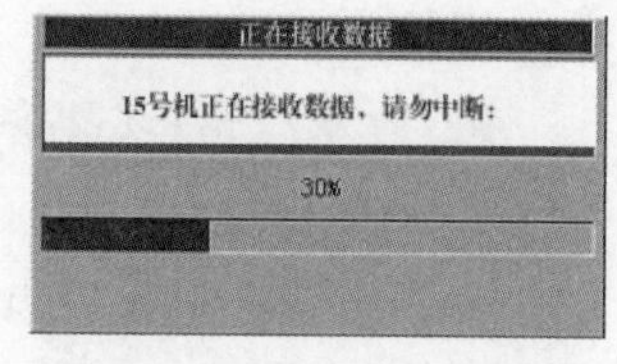

图 3-93　客户端接收数据进度

3.4.9　使用 Ghost 网络克隆方式安装系统

网络克隆是目前非常流行的一种网络维护手段。所谓网络克隆,就是把一块硬盘上的数据通过网络复制到其他硬盘中。网络克隆有许多种方法,主要包括运用还原卡进行克隆、运用 U 盘或光盘启动通过 DOS 环境引导进行克隆和利用网卡的 PXE 启动芯片引导进行克隆等形式。

利用还原卡进行克隆在"任务 3-14"中进行了介绍,本任务将详细介绍利用网卡的 PXE 启动芯片引导进行克隆的方法,PXE 最大的好处就是不需要 DOS 环境,也不需要硬盘上有任何的数据。

要进行 PXE 网络克隆,首先要简单地了解一下 PXE(Preboot Execution Environment,预置启动环境)。PXE 根据服务器端收到的工作站 MAC 地址(就是网卡号),使用 DHCP 服务给这个 MAC 地址动态地分配一个 IP 地址,而不需要预先存在客户机的数据。

下面结合 PXE 网络克隆过程简单地介绍一下 PXE 的启动原理:

(1)当客户机开机后,PXE BOOT ROM 以广播的形式先发出一个请求 FIND 帧。

(2)服务端收到客户机的请求后,就会给一个 DHCP 回应,内容包括客户机的 IP 地址、预设通信通道及启动映像文件。否则,服务器会忽略这个请求。

(3)客户端收到 DHCP 回应后,则会响应一个 FRAME,以请求传送启动文件。

(4)之后,服务端将和客户机再进行一系列应答,以决定启动的一些参数。这时需要用到 TFTP 协议了,BOOT PROM 是通过 TFTP 协议从服务器下载启动文件的。

(5)客户机使用 TFTP 协议接收启动文件后,将控制权转交给启动块来引导系统,完成远程启动过程。

任务 3-15

在实验室局域网的计算机中,通过网络克隆方式安装学生机系统。

【STEP|01】网络克隆之前最重要的工作就是在 52 台实验室客户机中安装好一台计算机(样机),将样机中的硬盘(母盘)做全盘镜像,将镜像文件取名为 SYS.GHO。

【STEP|02】准备 PXE 启动文件 maxdos6.pxe、Ghost11 企业版、Tftpd32(传送网卡 DOS 驱动到客户机工具)、网卡 DOS 驱动(将网卡的 PXE 驱动和 Tftpd32 放在同一个文件夹)等相关软件,与 SYS.GHO 一并保存到网络克隆服务器的 maxback 文件夹,同时将网络

克隆服务器的 IP 地址改为 10.1.1.1,子网掩码改为 255.0.0.0。

【STEP|03】在网络克隆服务器中双击“GhostSrv.exe”,打开 Ghost 服务端程序,如图 3-94 所示。

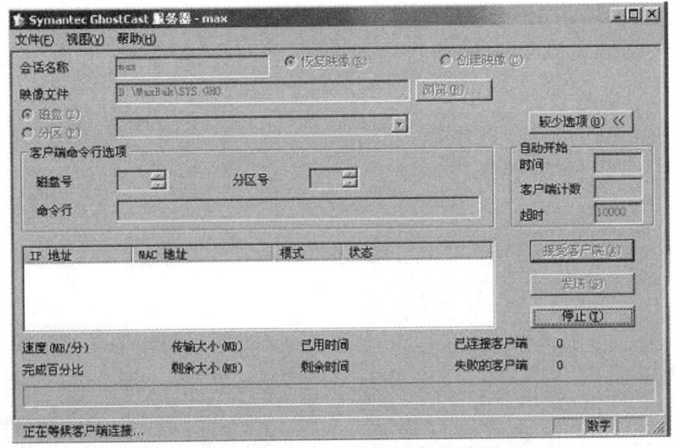

图 3-94　Ghost 服务端程序主界面

【STEP|04】设置网络克隆的传输模式。选择“文件”→“选项”菜单,打开“选项”对话框,选择“直接广播”,单击“确定”按钮。如果多台计算机进行网络克隆,可选“直接广播”或“多点传送”,如图 3-95 所示。

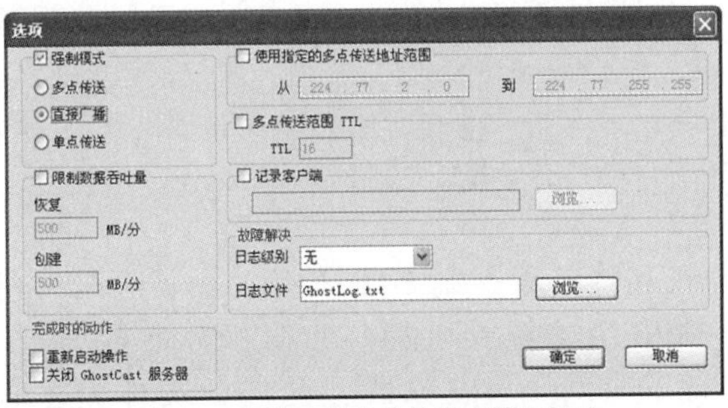

图 3-95　网络克隆的传输模式设置界面

【STEP|05】在如图 3-96 所示对话框的“会话名称”中任意填写一名称(如:max),如果克隆全盘那就用 Ghost 默认的“磁盘”,如果进行单分区网络克隆,则选择“分区”。单击“浏览”按钮找到映像文件(SYS.GHO),在“自动开始”选项组的“超时”处输入想使用的时间。

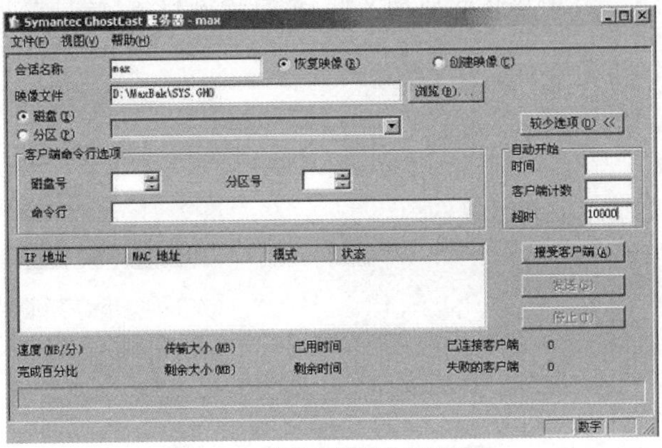

图 3-96　网络克隆服务器端界面

【STEP|06】单击“接受客户端”按钮，等待客户端连接。此时“接受客户端”按钮变成灰色。

【STEP|07】克隆主机运行 Tftpd32，并进行相关设置。选择“DHCP 服务器”选项卡，设置好 DHCP 的 IP 起始地址、动态 IP 地址数量(即克隆计算机的数量)、启动文件名(网卡的 PXE 驱动文件名)、WINS/DNS 服务器、子网掩码等参数，如图 3-97 所示。最后单击“保存设置”按钮，保存后重新启动 Tftpd32。

【STEP|08】启动客户端进入 CMOS(BIOS)，设置首选项启动项为网络启动，保存重启客户端。系统重启后，客户端将从网络启动并自动搜索、连接服务器，如图 3-98 所示。

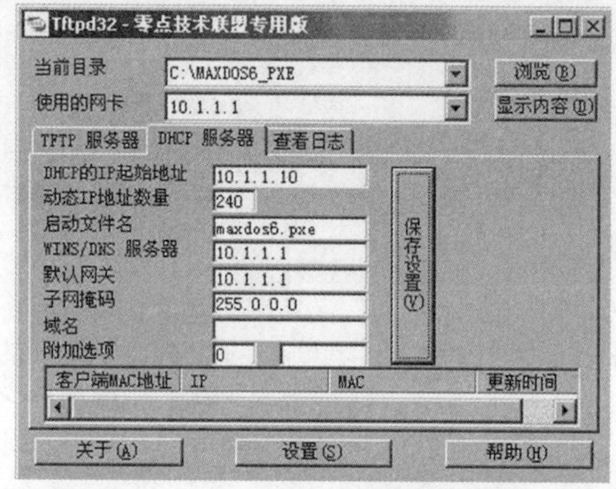

图 3-97　Tftpd32 的 DHCP 服务器设置

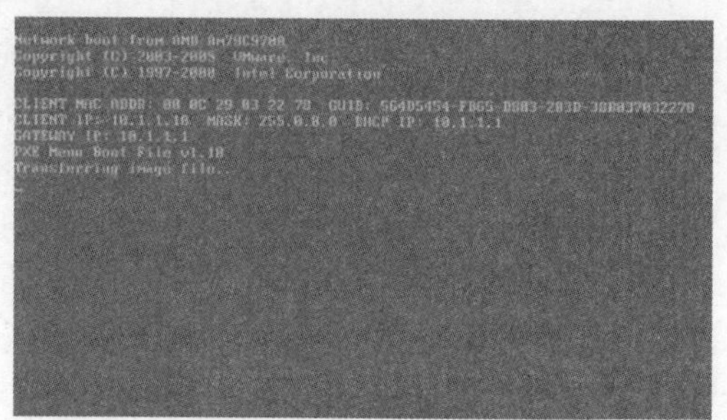

图 3-98　计算机从网络启动并连接网络克隆服务器

> **提示**　目前大多数集成网卡的计算机都支持网络启动。至于独立网卡的计算机，则需要购买一块网卡启动芯片，才能支持网络启动。

【STEP|09】当客户机连接上服务器之后，稍等片刻就会运行网络克隆启动菜单，如图 3-99 所示。此时客户机还并未连接上网络克隆服务器(GHOSTSRV)，而只连接了 Tftpd32 服务器，并运行了 Tftpd32 服务器上的启动文件。这个启动文件显示的是 MaxDOS 菜单。因为目的是网络克隆，所以选“B”。

【STEP|10】系统自动搜索并安装网卡驱动，然后进入网络克隆菜单，如图 3-100 所示。如果是全盘网络克隆，那么选第一个菜单项。如果是分区克隆，则选第二个菜单项。

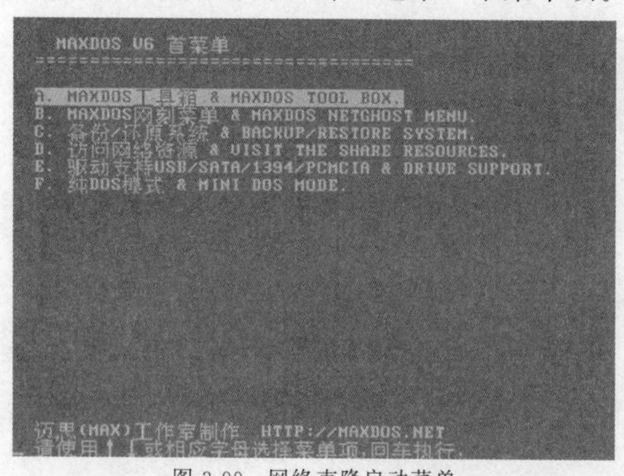

图 3-99　网络克隆启动菜单

图 3-100　网络克隆菜单

【STEP|11】选择“全盘网络克隆”后，显示全盘网络克隆的信息，如图 3-101 所示。

【STEP|12】单击“确定”按钮开始连接 GHOSTSRV 服务器，将出现 Ghost 程序界面。界面中显示分区文件信息，如图 3-102 所示。

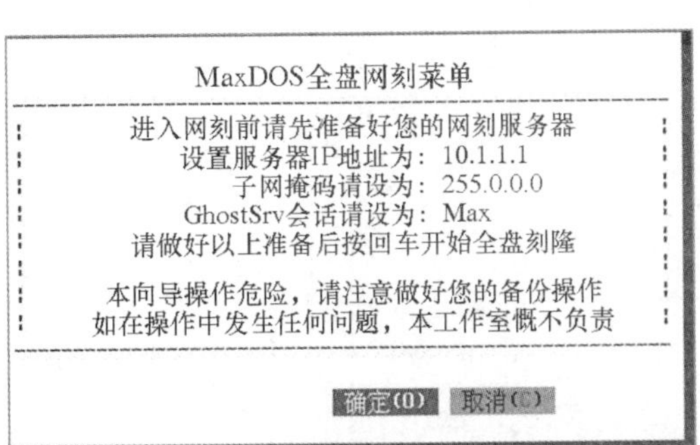

图 3-101　全盘网络克隆信息

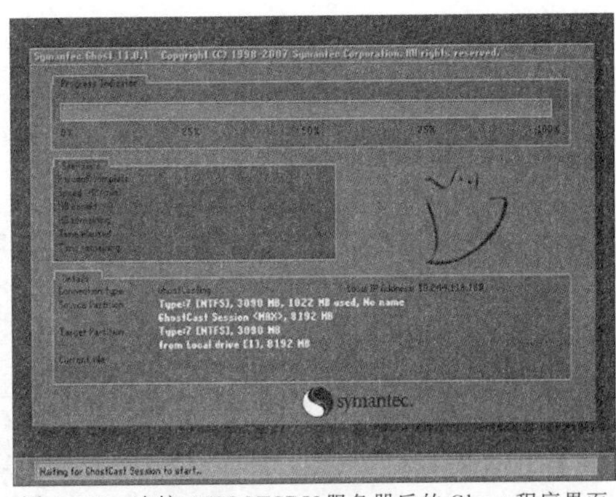

图 3-102　连接 GHOSTSRV 服务器后的 Ghost 程序界面

【STEP|13】客户端连上网络克隆服务器之后，在服务器上也可以看到已连接的客户机，如图 3-103 所示。

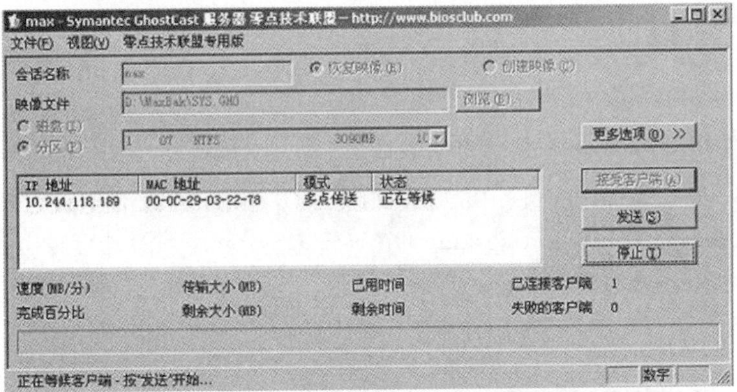

图 3-103　客户端已连接上服务器端

【STEP|14】在网络克隆服务器端，单击“发送”按钮，就可以发送数据开始网络克隆了。

【STEP|15】网络克隆客户端会接收数据，并自动开始克隆，如图 3-104 所示。

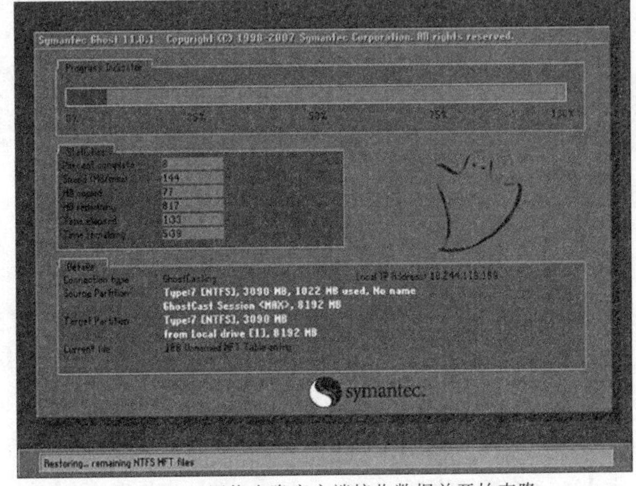

图 3-104　网络克隆客户端接收数据并开始克隆

【STEP|16】至此,所有操作已完成,只需等待网络克隆自动完成即可。根据不同的网络速度以及母盘文件的大小,网络克隆所需的时间也不同。网络克隆完成后,计算机的操作系统和应用软件也就安装完成了,如图 3-105 所示。

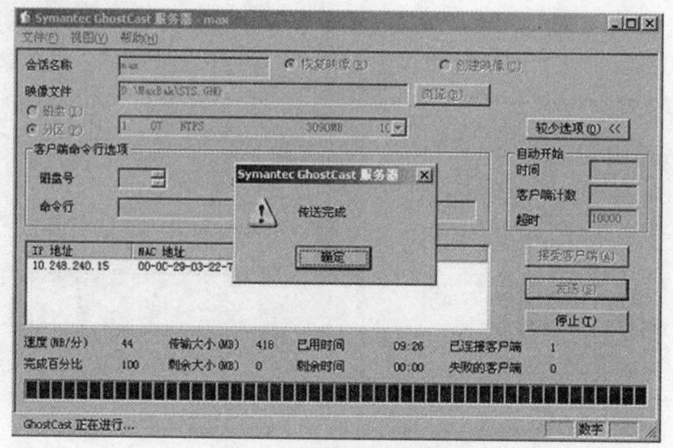

图 3-105 网络克隆完成

3.5 任务拓展

1.熟悉并使用 Dynamips 配置仿真实验环境

Dynamips 是一个非商业软件,由法国 UTC 大学 Christophe Fillot 开发。其特点是使用了 Cisco 的 IOS 文件(Internetworking Operating System,IOS)进行路由器模拟,因而可以使用绝大多数 IOS 命令及参数。

Dynamips 英文官方网站:http://www.ipflow.utc.fr/index.php/Cisco_7200_Simulator

以 Dynamips 为基础的 Cisco 模拟工具有多个,如 GNS、DynamipsGUI 等。

任务拓展 3-1

上网搜索、下载并安装 Dynamips,然后熟悉它并使用 DynamipsGUI 设计如图 3-106 所示实验环境,并予以验证。

【STEP|01】熟悉 DynamipsGUI 界面。

(1)熟悉 DynamipsGUI 使用界面一,如图 3-106 所示,区域的参数含义如下:

➢ 区域 1:根据实验的拓扑图选择路由器、交换机、防火墙的个数。

➢ 区域 2:实验拓扑图中若有 PC,则选取虚拟 PC;根据模拟的 IOS 版本选取相应路由器的型号,如 3640。

➢ 区域 3:根据不同的设备类型选取并指定对应的 IOS 文件位置。Idle-pc 值可以使用默认值,也可以重新计算,单击“计算 idle”按钮后,在出现的 IOS 界面随意输入一些配置命令,然后使用 Ctrl+]+I 键,从对应的 count 值列表中选择最大的参数即可。

➢ 区域 4:虚拟 RAM 及寄存器参数一般无须更改;但寄存器参数设置为 0x2142 时,路由器启动时是不从 NVRAM 读配置参数的;而为 0x2102 则需要读取 NVRAM 中的配置参数。

➢ 区域 5:通过“浏览”按钮确定输出的目录位置后,单击“下一步”按钮进入第二个界面。

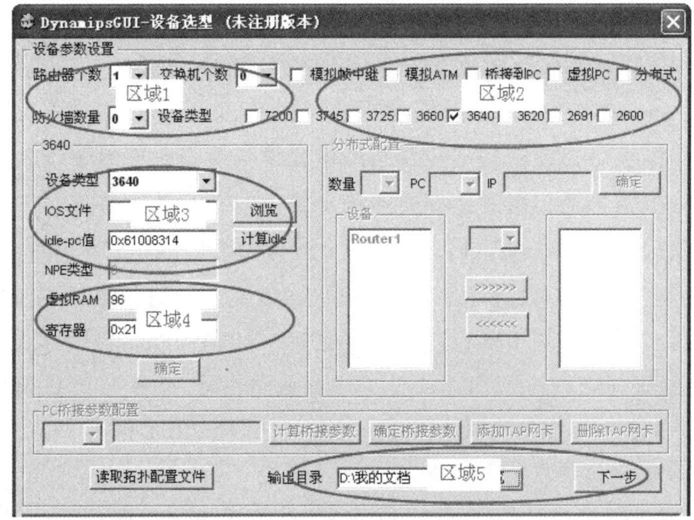

图 3-106　DynamipsGUI 使用界面一

(2)熟悉 DynamipsGUI 使用界面二,如图 3-107 所示,区域的参数含义如下:

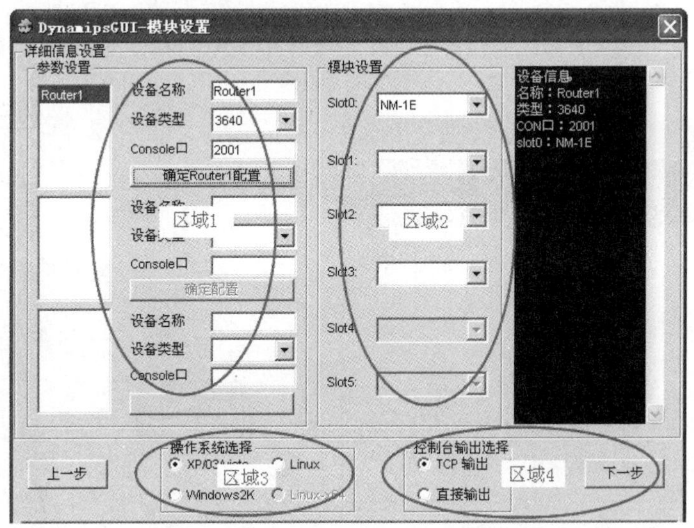

图 3-107　DynamipsGUI 使用界面二

➢ 区域 1:第一个列表框用于设置路由器参数,第二个列表框用于设置交换机参数,第三个列表框用于设置防火墙参数。对于每个列表中的设备名须依次选定后,选择其对应的设备类型和模块 slot 参数。

➢ 区域 2:针对不同设备类型选择相应的模块参数。不同设备对应的模块设置参数及个数均有不同,Slot0 表示第一个模块插槽,Slot1 表示第二个;Slot 中常用的模块参数表示如下:

- NM－1E:表示配置一个以太网口,一般用 e 简称;
- NM－1FE－TX:表示配置一个快速以太网口,一般用 f 简称;
- NM－4T:表示配置 4 个串口,一般用 s 简称;

◆ NM－16ESW：表示配置一个包含 16 个以太网口的交换模块。

➢ 区域 3：根据当前使用的操作系统如实选取。

➢ 区域 4：选择 TCP 输出时，需要通过 Telnet 方式进行设备配置；选择直接输出时，可以在打开的 DOS 对话框中直接配置设备。单击“下一步”按钮可以进入第三个界面。

(3)熟悉 DynamipsGUI 使用界面三，如图 3-108 所示，区域的参数含义如下：

➢ 区域 1：根据实验拓扑图的链接线路确定源设备及其对应的端口。

➢ 区域 2：根据实验拓扑图的链接线路确定目的设备及其对应的端口。

➢ 区域 3：当区域 1 与 2 选定后，单击“连接”按钮，若连接成功，中间的列表会显示对应的链接线路，对已有的链接线路也可以通过单击“取消连接”按钮去掉链接。

➢ 区域 4：当实验拓扑图中所有链路连接完后，可以单击“生成.BAT 文件”按钮得到实验用的相关文件夹及文档。其中 PC1 文件夹中存放路由器、交换机设备模拟用的批处理文件，运行相应的批处理可以模拟对应的设备；VPCS 文件夹用于模拟 PC；文件 conninfo.txt 中保存有实验拓扑结构信息。

【STEP|02】使用 DynamipsGUI 设计如图 3-109 所示实验环境，并予以验证，其中：

Router1 的 f0/1：192.168.1.1/24；Router1 的 f0/0：10.1.1.1/24；Router2 的 f0/1：192.168.1.2/24；

Router2 的 f0/0：10.1.2.1/24；PC1/PC2 的 IP：10.1.1.2/10.1.1.3；PC3/PC4 的 IP：10.1.2.2/10.1.2.3。

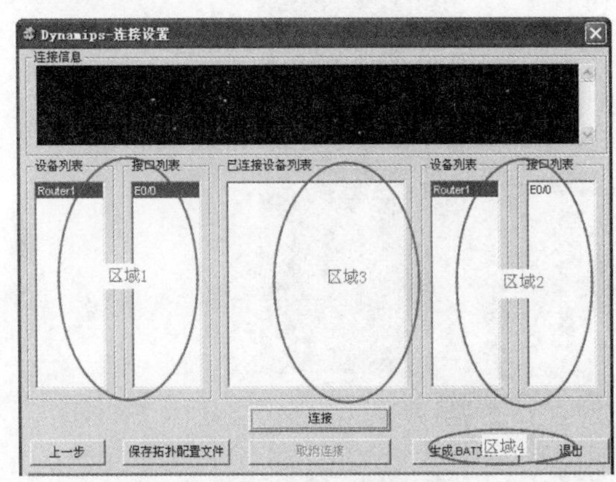

图 3-108 DynamipsGUI 使用界面三

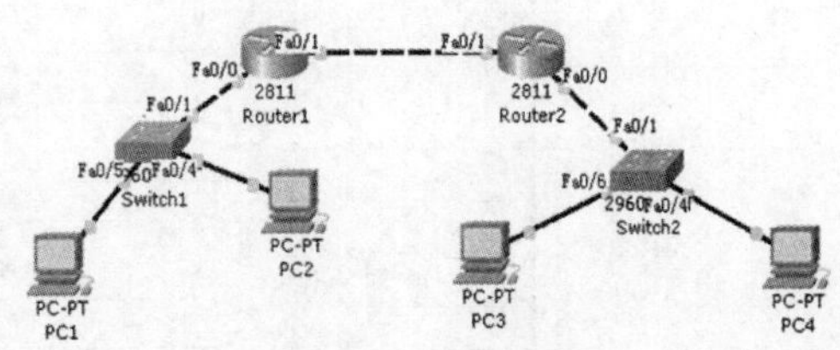

图 3-109 实验环境

2.基于 MaxDOS 网络克隆

任务拓展 3-2

上网搜索基于 MaxDOS 的网络克隆的软件使用教程，下载相关软件，然后进行安装和配置，在虚拟机中体验网络克隆软件的使用方法和使用技巧。

操作方法和设置步骤因篇幅有限，在此省略。大家可上网搜索相关教程，参考教程制作镜像文件、制作启动文件，配置两台虚拟机，将虚拟机 1 配置为网络克隆服务器、在虚拟机 2 中安装 MaxDOS 实现网络克隆。

3.6 总结提高

本项目从实验室局域网的组建过程出发，介绍了配置 NAT 服务实现共享上网、架设与配置 FTP 服务器、进行系统安全维护和网络克隆等方面的知识和技能。

通过本项目的学习，要求大家能独立构建一个实验室局域网，并掌握基于 NAT 方式共享上网服务的配置方法、FTP 服务器的架设与配置、虚拟机软件 VMware 的配置与使用、Packet Tracer 的安装与使用、还原卡的安装与使用等技能。同时学会网络克隆工具的使用。通过本项目的学习，你的收获怎样，请认真填写表 3-3 并及时反馈，谢谢！

表 3-3　学习情况小结

序号	知识与技能	重要指数	自我评价					小组评价					老师评价				
			A	B	C	D	E	A	B	C	D	E	A	B	C	D	E
1	会设计实验室局域网拓扑结构	★★★☆															
2	会选配实验室局域网网络设备	★★★★															
3	能进行网络设备的连接	★★★★☆															
4	能配置 NAT 服务实现共享上网	★★★★★															
5	能架设与配置 FTP 服务器	★★★★★															
6	会使用 VMware、Packet Tracer	★★★★															
7	会安装并使用还原卡	★★★☆															
8	会使用基于 PXE 的网络克隆	★★★															
9	能与组员协商工作，步调一致	★★★☆															

说明：评价等级分为 A、B、C、D、E 五等，其中：对知识与技能掌握很好为 A 等、掌握了绝大部分为 B 等、大部分内容掌握较好为 C 等、基本掌握为 D 等、大部分内容不够清楚为 E 等。

3.7 课后训练

一、选择题

1.网络服务器的功能是________。

A.存储数据　　B.资源共享　　C.提供服务　　D.以上都是

2.下列软件中属于网络操作系统的是________。

A.Windows 7　　B.MSDOS 6.2

C.Windows Server 2008 R2　　D.SQL Server 2008

3.一个拥有 80 名职员的公司，不久的将来将发展到 100 多人，每个员工拥有一台计算机，现要求将这些计算机联网，实现资源共享，最能满足公司要求的网络类型的________。

A.主机终端　　B.对等方式

C.客户机/服务器方式　　D.Internet

4.当两个不同类型的网络彼此相连时，必须使用的设备是________。

A.交换机　　B.路由器　　C.收发器　　D.中继器

5.NAT 的地址翻译类型有________。(选择三项)

A.静态 NAT　　B.动态地址 NAT

C.端口 NAT(PAT)　　D.SAT

E.NAPT

6.关于 FTP 协议，下面的描述中不正确的是________。

A.FTP 协议使用多个端口号　　B.FTP 可以上传文件，也可以下载文件

C.FTP 报文通过 UDP 报文传送　　D.FTP 是应用层协议

7.匿名登录 FTP 服务器使用的帐户名是________。

A.anonymous　　B.anyone　　C.everyone　　D.guest

8.________不能作为 FTP 客户端来访问 FTP 服务器。

A.浏览器　　B.CuteFTP　　C.IIS　　D.FTP 命令行

二、简答题

1.VMware 的优点在于，它不但能够虚拟出单一的系统，而且能够虚拟出复杂的网络。在这样的网络中，VMware 设置了哪几种联网模式？它们各有什么特点？

2.可以使用 NAT 技术实现内、外网络的隔离，提供一定的网络安全保障，简要说明 NAT 技术解决问题的办法。

3.常用的模拟仿真软件有 Boson NetSim、Packet Tracer 和 Dynamips 等。Packer Tracer 模拟器软件比 Boson NetSim 功能强大，具体体现在哪些方面？

三、技能训练题

1.分别使用 IIS 和 Sew-V 建立 FTP 服务器，IP 地址为 202.204.118.1，端口号为 21，主目录为 D:\ftp，服务器的限制为 10 000 个连接，600 秒超时；并设置此站点只允许 202.204.118.* 的用户具有读取和日志访问的权限。

2.上网下载 Windows 10 的映像文件，在虚拟机中完成安装，并体验 Windows 10。

(1)上网搜索 Windows 10 映像文件的下载网址。

(2)打开 VMware Workstation，新建虚拟机，进入虚拟机设置，将光驱 CD-ROM 设置成使用 ISO 映像，启动虚拟机。

(3)启动虚拟机后，大约等待 2 分钟即可进入安装向导界面，单击“确定”按钮后等待一会进入欢迎界面，此时单击“开始安装”按钮即可进入 Windows 10 的安装。

(4)按提示一步一步等待安装完毕，重启即可进入 Windows 10。

项目4 组建与维护单位办公局域网

内容提要

为了实现企业的无纸化办公，提高企业的工作效率，降低企业的总体成本，在很多企业、事业单位和学校的内部都在进行自动化和信息化的建设，尤其是近年来电子商务的兴起使得办公局域网的建设更是突飞猛进。企业的局域网接入Internet，不仅有助于企业的宣传，也可以帮助企业完成更多的工作。

本项目以组建一个典型的单位办公局域网为例，阐述了中小型企业网络设计的基本方法和具体的实现过程。其主要内容包括网络拓扑结构设计、设备选用、IP地址的划分和VLAN(虚拟局域网)的划分，通过NAT和ACL技术实现网络的安全访问。

知识目标

了解中小型企业网络设计的基本方法；掌握单位办公局域网拓扑结构设计；掌握单位办公局域网设备的选用；掌握虚拟局域网VLAN的划分；掌握单位办公局域网的安全访问控制。

技能目标

能设计和绘制办公局域网拓扑结构；能选配办公局域网网络设备；会划分虚拟局域网VLAN；会配置单位办公局域网；能维护与管理办公局域网。

态度目标

培养认真细致的工作态度和工作作风；养成认真分析、认真思考、细心检查的习惯；能与组员协商工作，保持步调一致。

参考学时

16学时(含实践教学8学时)

4.1 情境描述

亿都公司是一家从事电子产品生产的中小型企业，公司有三层办公楼，第一层是技术部，共有 20 台计算机；第二层是销售部，共有 15 台计算机；第三层是人事部和财务部，其中人事部有 5 台计算机，财务部有 10 台计算机。随着公司人员的增多，公司规模的不断扩大，办公信息化以及自动化的需求越来越高，为提高办公效率，加强部门间的信息交流，实现现代化的办公环境，特委托中新网络工程公司为其建立一个完善和稳定的办公局域网。黄奇同学作为进入公司的新员工也参加了项目的建设与管理，他具体负责与亿都公司之间的项目沟通和技术实施工作。

通过与亿都公司交流，黄奇了解到企业本部技术大楼与信息中心的网络带宽为 1 000 Mbit/s，使用光纤进行连接；用户主机到桌面交换机的网络带宽为 100 Mbit/s，使用双绞线连接。企业的大部分管理事务都将放在网络上，要保证各个部门数据的安全，对各个部门数据的访问权限进行严格的控制。办公局域网建成后能实现数据共享、OA 办公、DNS 服务、Web 服务、FTP 服务和 DHCP 服务等。同时要求办公局域网必须采用双线路接入 Internet，还要保证设备具有很高的可靠性，能做到 24 小时不间断、无故障、稳定地运行。此时，中新网络工程公司应从哪些方面入手构建亿都公司的单位办公局域网呢？

4.2 任务分析

中小企业办公局域网通常规模较小，结构相对简单，对性能的要求则因应用的不同而差别较大。许多中小企业网络技术人员较少，因而对网络的依赖性很高，要求网络尽可能简单、可靠、易用，降低网络的使用和维护成本、提高产品的性能价格比就显得尤为重要。

基于以上特点，应遵循下列设计原则：

1.把握好技术先进性与应用简易性之间的平衡。

2.具有良好的升级扩展能力。

3.具有较高的可靠性和安全性。

4.产品功能与实际应用需求相匹配。

80％的中小企业用户通常只用到局域网 20％的功能。精简功能设计的产品不但可以在满足大多数需求的情况下有效降低成本，而且还能够提高系统的稳定性和易维护性。

5.尽可能选择成熟、标准化的技术和产品。

恰当运用以太网的不同标准和功能，以太网技术能够在双绞线、多模光纤、单模光纤等介质上传输数据，可以非常简单地升级到百兆、千兆的速率，而且具有很高的稳定性和可管理性。

4.3　知识储备

4.3.1　DNS 概述

DNS(Domain Name Service,域名服务)是 Internet/Intranet 中最基础也是非常重要的一项服务,它提供了网络访问中域名和 IP 地址的相互转换。

1.DNS 域名空间

整个 DNS 域名空间呈树状结构分布,被称为“域树”,如图 4-1 所示。树的每个等级都可代表树的一个分支或叶。分支是多个名称被用于标志一组命名资源的等级;叶代表在该等级中仅使用一次来指明特定资源的单独名称。其实这与现实生活中的树、枝、叶三者的关系类似。

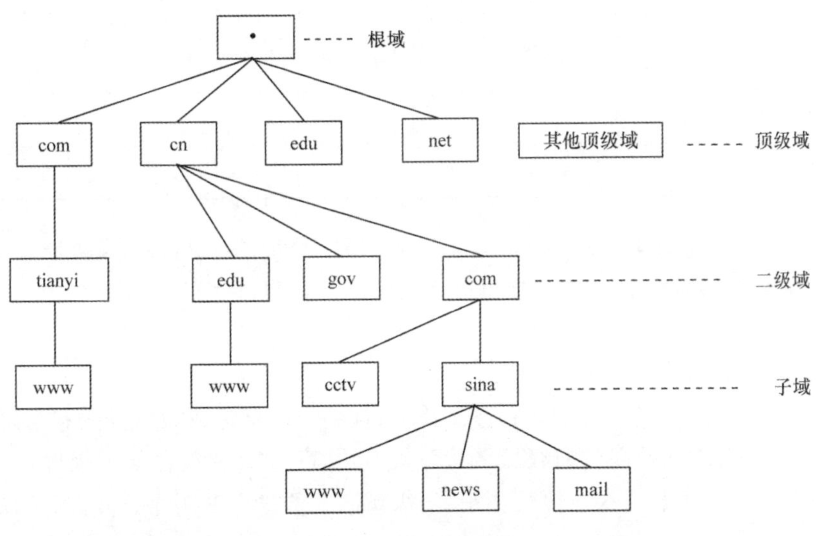

图 4-1　DNS 域名空间

DNS 域名空间树的最上面是一个无名的根(root)域,用点“.”表示。这个域只是用来定位的,并不包含任何信息。在根域的下面是顶级域,目前有 3 种顶级域。

- 组织域(Organizational Domain),是根据 DNS 域中组织的主要职能或行为的编码来进行命名的。常见的组织域是.com、.net、.edu 和.org。其他顶级组织域包括.aero、.biz、.info、.name 和.pro。
- 地理域(Geographical Domain),根据国际标准化组织(ISO)3166 规定的国家和区域双字符码来命名(例如,英国为.uk,意大利为.it)。这些域一般由美国以外的组织使用,但这并不是硬性规定。
- 反解域(Reverse Domain),是一种称为 in-addr.arpa 的特殊域,用于从 IP 地址到名称的解析(也被称为逆向查询)。

每个顶级域又可以进一步划分为不同的二级域,二级域再划分出子域,子域下面可以是主机也可以是再划分的子域,直到最后的主机。常用的组织上的顶级域名见表 4-1。

表 4-1 组织上的顶级域名

域名	表示	域名	表示
com	通信组织	mil	军事部门
edu	教育机构	net	网间连接组织
gov	政府	org	非营利性组织
int	国际组织		

除美国以外的国家或地区都采用代表国家或地区的顶级域名，它们一般是相应国家或地区的英文名的两个缩写字母，部分国家或地区的顶级域名见表 4-2。

表 4-2 地理上的顶级域名

域名	表示	域名	表示
ca	加拿大	cn	中国
de	德国	tw	中国台湾
fr	法国	hk	中国香港
it	意大利	in	印度

在 DNS 域名空间树中，每一个结点都用一个简单的字符串(不带点)标志。这样，在 DNS 域名空间中的任何一台计算机都可以用从叶结点到根结点的字符串来标志，中间用点“.”相连接：

叶结点名.三级域名.二级域名.顶级域名

域名使用的字符包括字母、数字和连字符，而且必须以字母或数字开头和结尾。级别最低的写在最左边，而级别最高的顶级域名写在最右边，高一级域包含低一级域，整个域名总长度不得超过 255 个字符。在实际使用中，每级域名一般少于 8 个字符，域名的级数通常不多于 5 个。

2.DNS 的工作原理

DNS 域名解析过程

DNS 的作用就是将计算机名称解析成对应的 IP 地址，或者把 IP 地址解析成对应的计算机名称。这个解析过程是通过正向查询或反向查询过程来完成的。DNS 客户端需要查询所使用的名称时，它会查询 DNS 服务器来解析该名称。查询时可以以本地解析、直接解析、递归查询或迭代查询的方式对 DNS 查询进行解析。

(1)本地解析

本地解析的过程如图 4-2 所示。客户机平时得到的 DNS 查询记录都保留在本地 DNS 缓存中，客户机操作系统上都运行着一个 DNS 客户端程序。当其他程序提出 DNS 查询请求时，这个查询请求要传送至 DNS 客户端程序。DNS 客户端程序首先使用本地缓存信息进行解析，如果可以解析所要查询的名称，则 DNS 客户端程序就直接应答该查询，而不需要向 DNS 服务器查询，该 DNS 查询处理过程也就结束了。

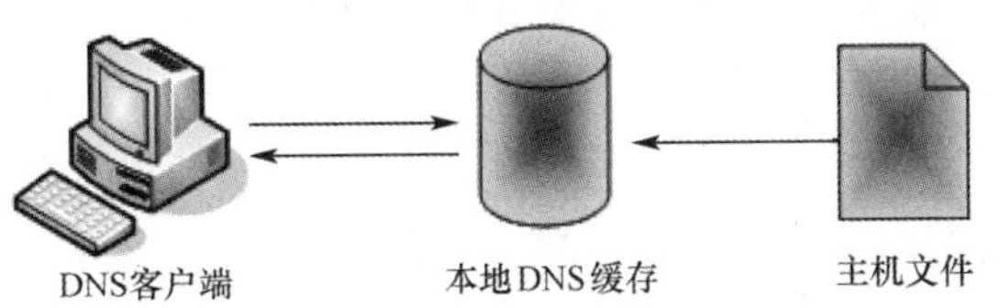

图 4-2　本地解析

(2)直接解析

如果 DNS 客户端程序不能通过本地 DNS 缓存回答客户机的 DNS 查询,它就向客户机所设定的本地 DNS 服务器发送一个查询请求,要求本地 DNS 服务器进行解析。如图 4-3 所示,本地 DNS 服务器得到这个查询请求,首先查看所要求查询的域名是不是自己能回答的,如果能回答,则直接给予回答,如是不能回答,再查看自己的 DNS 缓存,如果可以从缓存中解析,则也是直接给予回应。

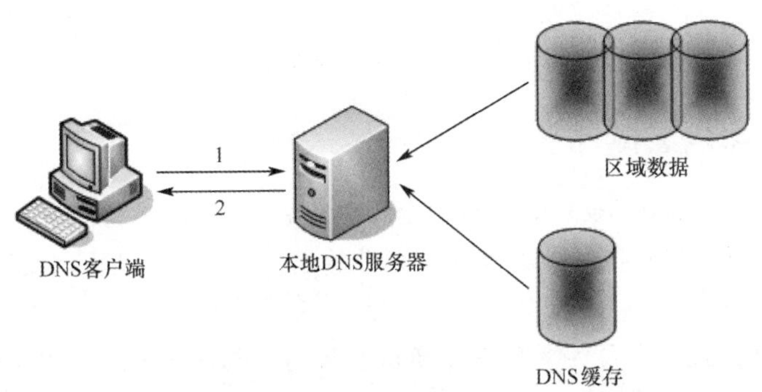

图 4-3　本地 DNS 服务器解析

(3)递归查询

当本地 DNS 服务器自己不能回答客户机的 DNS 查询时,它就需要向其他 DNS 服务器进行查询。此时有两种方式,如图 4-4 所示的是递归方式。如要递归查询 certer.example.com 的地址,首选 DNS 服务器通过分析完全合格的域名,向顶级域.com 查询,而.com 的 DNS 服务器与 example.com 服务器联系以获得更进一步的地址。这样循环查询直到获得所需要的结果,并一级级向上返回查询结果,最终完成查询工作。

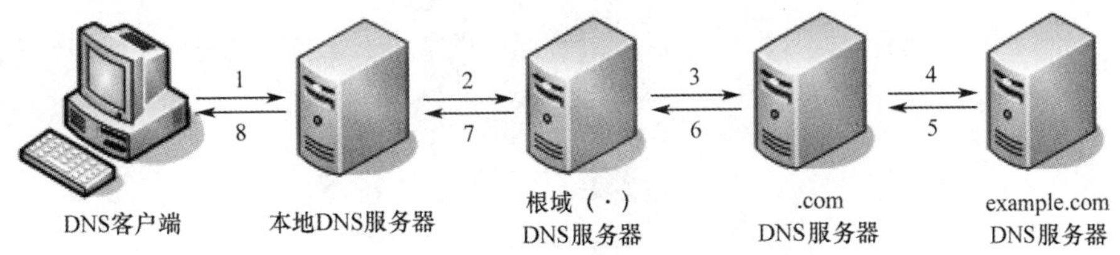

图 4-4　DNS 的递归查询方式

(4)迭代查询

当本地 DNS 服务器自己不能回答客户机的 DNS 查询时,也可以通过迭代查询的方式进行解析,如图 4-5 所示。如要迭代查询 certer.example.com 的地址,首先 DNS 服务器在本地查询不到客户端请求的信息时,就会以 DNS 客户端的身份向其他配置的 DNS 服务器继续进行查询,以便解析该名称。在大多数情况下,可能会将搜索一直扩展到 Internet 上的根域服务器，但根域服务器并不会对该请求进行完整的应答，它只会返回 example.com 服务器的 IP 地址，这时 DNS 服务器就根据该信息向 example.com 服务器查询，由 example.com 服务器完成对 certer.example.com 域名的解析后，再将结果一级级反回。

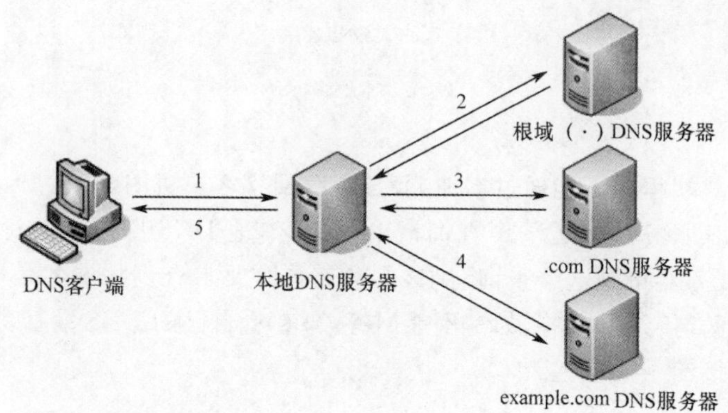

图 4-5　DNS 的迭代查询方式

4.3.2　VLAN 技术

VLAN(Virtual Local Area Network)全称虚拟局域网，就是将局域网上的用户或资源按照一定的原则进行划分，把一个物理网络划分为若干个小的“逻辑网络”，这种小的逻辑网络就是虚拟局域网。

VLAN 技术的出现，主要为了解决交换机在进行局域网互联时无法限制广播的问题。这种技术可以把一个 LAN 划分成多个逻辑的 LAN——VLAN，每个 VLAN 是一个广播域，VLAN 内的主机间通信就和在一个 LAN 内一样，而 VLAN 间则不能直接互通，这样，广播报文被限制在一个 VLAN 内，如图 4-6 所示。

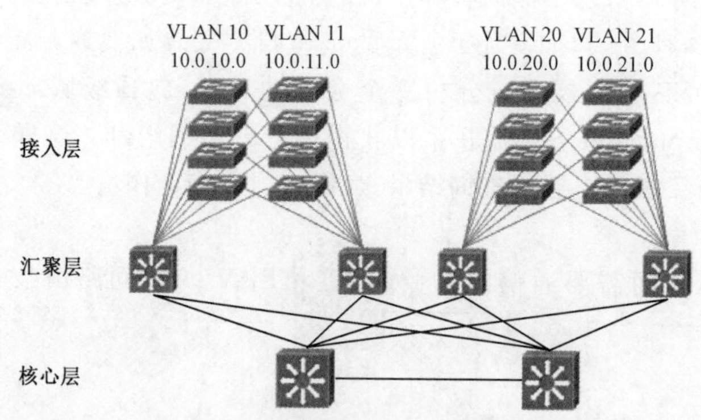

图 4-6　一个使用 VLAN 的多层次网络

1.VLAN 的主要特性

(1)限制广播域。广播域被限制在一个 VLAN 内，节省了带宽，提高了网络处理能力。

(2)增强局域网的安全性。不同 VLAN 内的报文在传输时是相互隔离的，即一个 VLAN 内的用户不能和其他 VLAN 内的用户直接通信，如果不同 VLAN 要进行通信，则需要通过路由器或三层交换机等三层设备。

(3)灵活构建虚拟工作组。用 VLAN 可以划分不同的用户到不同的工作组，同一工作组的用户也不必局限于某一固定的物理范围，网络构建和维护更方便灵活。

（4）VLAN 是在数据链路层，划分子网是在网络层，所以不同子网之间的 VLAN 即使是同名也不可以相互通信。

微课

VLAN 的分类

2.VLAN 的划分依据

从技术角度讲，VLAN 的划分可依据不同原则，一般有以下三种划分方法：

（1）基于端口的 VLAN 划分

这种划分是把一个或多个交换机上的几个端口划分为一个逻辑组，这是最简单、最有效的划分方法。该方法只需网络管理员对网络设备的交换端口进行重新分配即可，不用考虑该端口所连接的设备。

（2）基于 MAC 地址的 VLAN 划分

MAC 地址其实就是指网卡的标志符，每一块网卡的 MAC 地址都是唯一且固化在网卡上的。MAC 地址由 12 位十六进制数表示，前 6 位为网卡的厂商标志（OUI），后 6 位为网卡标志（NIC）。网络管理员可按 MAC 地址把一些站点划分为一个逻辑子网。

（3）基于路由的 VLAN 划分

路由协议工作在网络层，相应的工作设备有路由器和路由交换机（即三层交换机）。该方式允许一个 VLAN 跨越多个交换机，或一个端口位于多个 VLAN 中。

就目前来说，对于 VLAN 的划分主要采取上述第 1、3 种方式，第 2 种方式为辅助性的方案。

3.不同 VLAN 间的通信

在不同 VLAN 间不通过路由是无法通信的。在 LAN 内的通信，必须在数据帧头中指定通信目标的 MAC 地址。而为了获取 MAC 地址，TCP/IP 协议下使用的是 ARP。ARP 解析 MAC 地址的方法则是通过广播。也就是说，如果广播报文无法到达，那么就无法解析 MAC 地址，也就无法直接通信。

计算机分属不同的 VLAN，也就意味着分属不同的广播域，自然收不到彼此的广播报文。因此，属于不同 VLAN 的计算机之间无法直接互相通信。为了能够在 VLAN 间通信，需要利用 OSI 参照模型中更高一层——网络层的信息（IP 地址）来进行路由。

因此，在 VLAN 间需要通信的时候，可以利用 VLAN 间路由技术来实现，如图 4-7 所示。

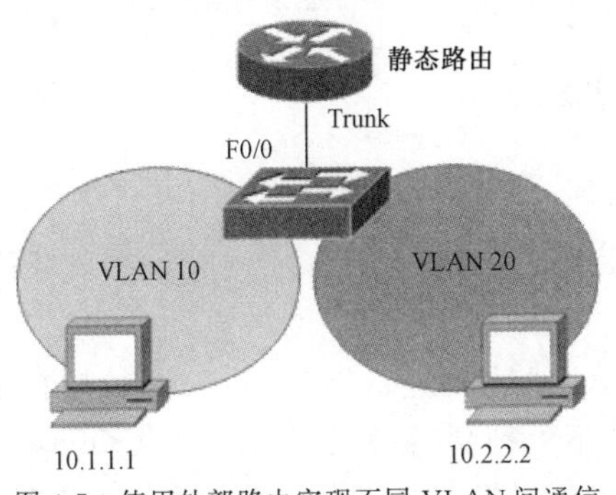

图 4-7　使用外部路由实现不同 VLAN 间通信

4.3.3 VTP 技术

当网络管理人员需要管理的交换机数量很多时，可以使用 VLAN 中继协议（VLAN Trunking Protocol，VTP）简化管理，它只需在单独一台交换机上定义所有 VLAN。然后通过 VTP 协议将 VLAN 定义传播到本管理域中的所有交换机上。这样，大大减轻了网络管理人员的工作负担和工作强度。

VTP 也被称为虚拟局域网干道协议。它是一个 OSI 参考模型第二层的通信协议，主要用于管理在同一个域的网络范围内 VLAN 的建立、删除和重命名。在一台 VTP Server 上配置一个新的 VLAN 时，该 VLAN 的配置信息将自动传播到本域内的其他所有交换机。这些交换机会自动地接收这些配置信息，使其 VLAN 的配置与 VTP Server 保持一致，从而减少在多台设备上配置同一个 VLAN 信息的工作量，而且保持了 VLAN 配置的统一性。

VTP 通过网络（ISL 帧或 Cisco 私有 DTP 帧）保持 VLAN 配置的统一性。VTP 在系统级管理增加、删除、调整的 VLAN，自动地将信息向网络中其他的交换机广播。此外，VTP 减小了因为配置信息导致安全问题的可能性。使用 VTP 便于管理，只要在 VTP Server 做相应设置，VTP Client 会自动学习 VTP Server 上的 VLAN 信息。

VTP 有三种工作模式：VTP Server、VTP Client 和 VTP Transparent，如图 4-8 所示。一般，一个 VTP 域内的整个网络只设一个 VTP Server。VTP Server 维护该 VTP 域中所有 VLAN 信息列表，VTP Server 可以创建、删除或修改 VLAN。VTP Client 虽然也维护所有 VLAN 信息列表，但其 VLAN 的配置信息是从 VTP Server 学到的，VTP Client 不能创建、删除或修改 VLAN。VTP Transparent 相当于是一台独立的交换机，它不参与 VTP 工作，不从 VTP Server 学习 VLAN 的配置信息，而只拥有本设备上自己维护的 VLAN 信息。VTP Transparent 可以创建、删除和修改本机上的 VLAN 信息。

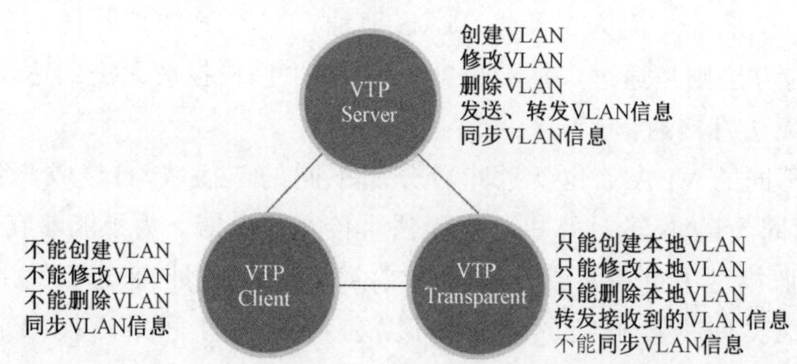

图 4-8 VTP 的不同工作模式

4.3.4 三层交换技术

1.三层交换技术的产生

二层交换技术从网桥发展到 VLAN（虚拟局域网），在局域网建设和改造中得到了广泛的应用。第二层交换技术是工作在 OSI 七层网络模型中的第二层，即数据链路层。它按照所接收到数据包的目的 MAC 地址来进行转发，对于网络层或者高层协议来说是透明的。它不处理网络层的 IP 地址，不处理高层协议（如：TCP、UDP）的端口地址，它只需要数据包的物理地址即 MAC 地址，数据交换是靠硬件来实现的，其速度相当快，这是二层交换技术的一个显著的优点。但是,它不能处理不同IP子网之间的数据交换。传统的路由器在网络中有路由转发、防火墙、隔离广播等作用,而在一个划分了VLAN以后的网络中,逻辑上划分的不同网段之间通信仍然要通过路由器转发。由于在局域网上,不同VLAN之间的通信数据量是很大的,这样,如果路由器要对每一个数据包都路由一次,随着网络上数据量的不断增大,路由器将不堪重负,成为整个网络的瓶颈。

在这种情况下,出现了三层交换技术,三层交换机处于OSI模型的第三层,三层交换机除具有二层交换机的所有功能以外,同时在第三层还具有路由器的功能。它是将路由技术与交换技术合二为一的技术。三层交换机在对第一个数据流进行路由后,会产生一个MAC地址与IP地址的映射表,当同样的数据流再次通过时,将根据此表直接从二层通过而不是再次路由,从而消除了路由器进行路由选择而造成的网络延迟,提高了数据包转发的效率,消除了路由器可能产生的网络瓶颈问题。可见,三层交换机集路由与交换功能于一身,在交换机内部实现了路由,提高了网络的整体性能。因此,在划有VLAN的局域网中,一般都要采用三层交换机来实现各VLAN的通信。

2.三层交换机的特点

(1)线速路由

和传统的路由器相比,三层交换机的路由速度一般要快十倍或数十倍,能实现线速路由转发。传统路由器采用软件来维护路由表,而三层交换机采用ASIC(Application Specific Integrated Circuit)硬件来维护路由表,因而能实现线速的路由。

(2)IP路由

在局域网上,二层的交换机通过源MAC地址来标志数据包的发送者,根据目的MAC地址来转发数据包。对于一个目的地址不在本局域网上的数据包,二层交换机不可能直接把它送到目的地,需要通过路由设备(比如传统的路由器)来转发,这时就要把交换机连接到路由设备上。

如果把交换机的缺省网关设置为路由设备的IP地址,交换机会把需要经过路由转发的包送到路由设备上。路由设备检查数据包的目的地址和自己的路由表,如果在路由表中找到转发路径,路由设备把该数据包转发到其他的网段上,否则,丢弃该数据包。

三层交换机既能像二层交换机那样通过MAC地址来标志转发数据包,也能像传统路由器那样在两个网段之间进行路由转发。而且由于是通过专用的芯片来处理路由转发,三层交换机能实现线速路由。

(3)路由功能

与传统的路由器相比,三层交换机不仅路由速度快,而且配置简单。在最简单的情况下,三层交换机默认启动自动发现功能,一旦交换机接入网络,只要设置完VLAN并为每个VLAN设置一个路由接口,三层交换机就会自动把子网内部的数据流限定在子网之内,并通过路由实现子网之间的数据包交换。

(4)路由协议支持

三层交换技术可以通过自动发现功能来处理本地IP包的转发及学习邻近路由器的地址,同时也可以通过动态路由协议RIP1、RIP2、OSPF来计算路由路径。

3.三层交换机的工作原理

假设两个使用IP协议的站点A、B通过三层交换机进行通信,发送站点A在开始发送时，把自己的 IP 地址与 B 站点的 IP 地址进行比较，判断 B 站是否和自己在同一子网内。若目的站 B 与发送站 A 在同一子网内，则进行二层转发。

若两个站点不在同一子网内，如发送站 A 要与目的站 B 通信，如图 4-9 所示。

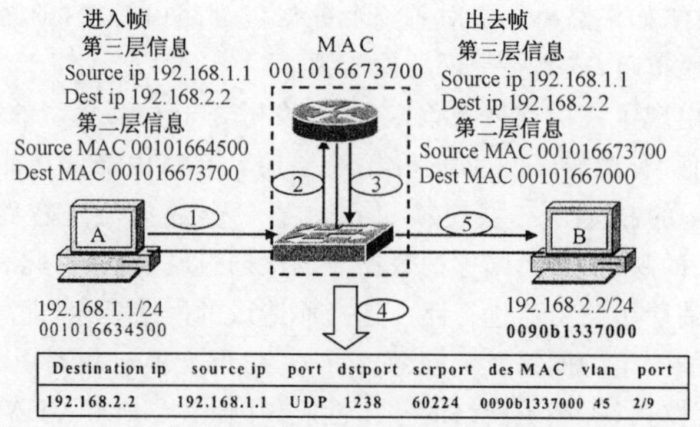

Destination ip	source ip	port	dstport	scrport	des MAC	vlan	port
192.168.2.2	192.168.1.1	UDP	1238	60224	0090b1337000	45	2/9

图 4-9　三层交换机的工作原理图

(1)发送站 A 要向“缺省网关”(三层模块地址)发出 ARP(地址解析)封包，交换机收到一个 A 要到达 B 的数据帧，并查看数据帧的目的 MAC 地址，如果缓存有相应的条目，就可以根据相应条目直接使用快速交换技术完成三层数据路由，如果没有相应条目，则执行步骤(2)。

(2)二层交换模块将数据帧转入三层交换模块，根据三层路由协议找到目的路径，并重新改变二层的源 MAC 地址，并将三层相应的路由路径映射成二层条目。

(3)三层交换模块将生成的条目回传到二层交换模块的相应缓存中。

(4)二层交换模块根据三层模块回传的条目，来比较后续的数据帧的目的地址，如果数据帧中的目的地址与缓存相匹配则执行步骤(5)，否则执行步骤(1)。

(5)将进入交换机的数据帧的目的地址与二层缓存中的比较，如果匹配，数据帧将直接进入二层交换，旁路三层路由，完成快速的三层交换。

从以上可以看到，A 向 B 发送的数据包全部交给二层交换机处理。由于大部分数据都通过二层交换机转发，因此，三层交换机的处理速度很快，接近二层交换机的速度，从而实现“一次路由，多次交换”的快速交换。

4.3.5　VPN 技术

企业在规划内部网络架构时，对于不同地区间网络的连接，传统方案多以专线连接方式来解决。这种解决方案通常投资巨大。由于现今 Internet 连接的费用大幅度降低，对于某些需要建构跨区域内部网络的企业而言，通过 Internet 连接其实是较节省成本的做法。借助 Internet 连接进行数据传输，虽然可以节省成本，但企业必须承担通过公用网络传输敏感信息的风险。因此如何保护数据的安全，是在使用 Internet 传输数据时所必须考虑的问题。VPN 技术的问世，为保证通过公用网络传输数据的安全性找到了答案。

VPN(Virtual Private Network)即虚拟专用网络的简称。简单地说，VPN 是在不安全网络(如互联网)上建立的一个临时的、安全的连接。它像一条隧道一样，把用户的机密数据通过不安全网络来安全地传递。IETF 草案理解基于 IP 的 VPN 为：“使用 IP 机制仿真出一个私有的广域网”，是通过私有的隧道技术在公用网络上仿真一条点到点的专线技术。

1.VPN 含义

VPN 包含如下三层含义。

(1)VPN 是虚拟的,不是真的专用网络。任意两个结点之间的连接并没有传统专用网所需的端到端的固定物理链路,而是利用某种公众网的资源动态组成的,网路只在用户需要时才建立。

(2)能实现专用网络的功能,用户可以为自己设计一个最符合自己需求的网络。

(3)VPN 实际上是一种服务,用户感觉好像直接和个人网络相连,但实际上是通过服务商来实现连接的。

2.VPN 工作原理

VPN 采用 Client/Server 工作模式,在有应用需求时,VPN 客户机通过电话线路或 LAN 接入本地 Internet,然后利用 Internet 或其他公共互联网络的基础设施为用户创建"隧道"。当数据在 Internet 上传输时,VPN 协议对数据进行加密和鉴别,以保证数据的安全性,使客户机与服务器的连接如同建立了专用的安全通道一样,如图 4-10 所示。

图 4-10　VPN 工作原理图

3.VPN 的连接类型

虚拟专用网络(VPN)是跨专用网络或公用网络的点对点连接。VPN 客户端使用基于 TCP/IP 的隧道协议对 VPN 服务器上的虚拟端口进行虚拟呼叫。在典型的 VPN 部署中,客户端通过 Internet 启动与远程访问服务器的虚拟点对点连接。远程访问服务器应答呼叫,对呼叫方进行身份验证,并在 VPN 客户端与组织的专用网络之间传输数据。这种封装并加密专用数据的链路称为 VPN 连接,VPN 连接有两种常见类型:

➢ 远程访问 VPN 连接:远程访问 VPN 连接使在家中或路上工作的用户可以使用公用网络提供的基础结构来访问专用网络上的服务器。从用户的角度来看,VPN 是客户端计算机与组织的服务器之间的点对点连接。与共享网络或公用网络真实存在的基础结构不相关,VPN 是以逻辑形式出现,如同数据通过专用链路发送一样。

➢ 站点间 VPN 连接:站点间 VPN 连接,也称为路由器间 VPN 连接,它使组织可以在各个独立办公室之间或与其他组织之间通过公用网络建立路由的连接,同时保证通信的安全。跨 Internet 的路由 VPN 连接在逻辑上作为专用广域网链路使用。通过 Internet 连接网络时,路由器将通过 VPN 连接将数据包转发到其他路由器。对于路由器来说,VPN 连接是作为数据链路层链路使用的。站点间 VPN 连接用于连接专用网络的两个部分。VPN 服务器提供与 VPN 服务器连接到的网络的路由连接。呼叫路由器(VPN 客户端)向应答路由器(VPN 服务器)进行自我身份验证,为了进行相互身份验证,应答路由器也向呼叫路由器进行自我身份验证。

4.VPN 协议

VPN 协议用于加密 VPN 客户端和 VPN 服务器之间传送的数据,Windows Server

2008 R2 支持 PPTP、L2TP/IPSec、SSTP 及 IKEv2 协议。

➢ PPTP 可以用于各种 Microsoft 客户端。与 L2TP/IPSec 不同，PPTP 不要求使用公钥结构(PKI)。基于 PPTP 的 VPN 连接使用加密来提供数据保密性，但不提供数据完整性或数据源身份验证。

➢ L2TP/IPSec 支持将计算机证书或预共享密钥作为 IPSec 的身份验证方法。在使用计算机证书身份验证时，要求使用 PKI 来向 VPN 服务器计算机和所有 VPN 客户端计算机颁发计算机证书。L2TP/IPSec VPN 连接使用 IPSec 来提供数据保密性、数据完整性和数据源身份验证。与 PPTP 和 SSTP 不同，L2TP/IPSec 启用 IPSec 层的计算机身份验证和 PPP 层的用户级身份验证。

➢ SSTP 只能用于运行 Windows Vista Service Pack 1，Windows Server 2008 或 Windows Server 2008 R2 的客户端计算机。SSTP VPN 连接使用 SSL 来提供数据保密性、数据完整性和数据源身份验证。

这几种协议的主要区别见表 4-3。

表 4-3　　VPN 协议对比

VPN 协议	支持的操作系统	部署场合	穿透能力	行动能力	加密方法
PPTP	Windows XP、Vista、Windows 7、Windows Server 2003、Windows Server 2008、Windows Server 2008 R2	远程访问、站点间	NAT(支持 PPTP 的 NAT)	无	RC4
L2TP/IPSec	Windows XP、Vista、Windows 7、Windows Server 2003、Windows Server 2008、Windows Server 2008 R2	远程访问、站点间	NAT（需支持 NAT-T)	无	DES、3DES、AES
SSTP	Vista、Windows 7、Windows Server 2008、Windows Server 2008 R2	远程访问	NAT、防火墙、代理服务器	无	RC4、AES
IKEv2	Windows 7、Windows Server 2008 R2	远程访问	NAT（需支持 NAT-T)	有	3DES、AES

5.VPN 安全技术

VPN 是一个虚拟网，在公网之上传输的是私有数据，因此 VPN 用户对数据的安全性更加关心。VPN 技术主要体现在 Tunnel、相关隧道协议、数据安全协议(IPSec)等方面。

目前 VPN 主要采用四项技术来保证安全，分别是隧道技术(Tunneling)、加解密技术(Encryption & Decryption)、密钥管理技术(Key Management)、身份认证技术(Authentication)。

4.4　任务实施

4.4.1　办公局域网需求分析

企业办公网络中包含的计算机数目较多，用户数在 100～500，局域网中的应用也有所增加，企业内部往往还拥有自己的管理服务器。网络要实现的功能不仅仅是共享文件和打印机等，同时还包含 DNS 服务、WWW 服务和 FTP 服务等。因此组建这类局域网需要对网络带宽、网络的可扩展性、网络服务及网络安全性等进行细致的分析。

任务 4-1

请为亿都公司的办公局域网从网络带宽需求、网络扩展需求、网络服务需求和网络安全性需求等方面进行设计。

【STEP|01】网络带宽需求设计。

亿都公司为中型企业,公司对网络带宽要求较高,因为公司需要保证网络视频、语音、图像等信息传输顺畅。因此,应以 100 Mbit/s 光纤作为主干和垂直布线,以 100 Mbit/s 超五类双绞线作为水平布线,来构建该企业网络。

公司已申请了两个公网 IP(221.195.66.117、221.195.66.118)和 100 M 带宽专线,实现接入 Internet。

【STEP|02】网络扩展需求设计。

一个完善的网络设计方案,应该充分考虑到网络的可扩展性。因为随着企业的发展,规模的增大,网络上的用户将不断增加,保证网络的可扩展性则至关重要。因此,在布线和设置信息点端口等工作时,应该充分考虑到企业网的可扩展性,从而保障在未来几年内网络可随时扩展。

【STEP|03】网络服务需求设计。

亿都公司构建办公局域网的主要目的是更好地宣传产品,实现资源共享,解决内、外网之间的信息交流等。为此,需要构建 DNS 服务器、Web 服务器、FTP 服务器、VPN 服务器和电子邮件服务器等。

【STEP|04】网络安全性需求设计。

网络的安全性对于任何网络来说都是非常重要的,它包括网络的防攻击(服务攻击和非服务攻击),网络安全漏洞的弥补,网络信息传输的安全(防止信息被黑客截获、窃取、破译、篡改和伪造),防止抵赖问题(防止信息源用户发送信息后不承认,或者是用户接收到信息之后不认账),网络内部安全防范(防止局域网内部具有合法身份的用户有意或无意地做出对网络与信息安全有害的行为),网络防病毒,抵制无用信息(俗称垃圾)邮件与灰色软件,网络高度冗余能力以及数据备份恢复与灾难恢复。

4.4.2　办公局域网拓扑结构设计

作为公司的网络管理员,首先应该对公司的网络拓扑结构有清晰的认识,以此作为网络设计、管理和维护的依据。

任务 4-2

请根据亿都公司办公局域网的需求设计并绘制网络拓扑结构图。

【STEP|01】设计亿都公司的局域网构建模块。通过分析,亿都公司的局域网应包括以下几个部分:交换模块、广域网接入模块、服务器。

【STEP|02】设计亿都公司的局域网网络拓扑结构图。亿都公司的局域网拓扑采用了星型拓扑结构,相对其他拓扑结构来说,星型拓扑在将用户接入网络时具有更大的灵活性。当系统不断发展或系统发生重大变化时,这种优点将变得更加突出。设计好的拓扑结构如

图 4-11 所示,请在 Visio 中进行绘制。

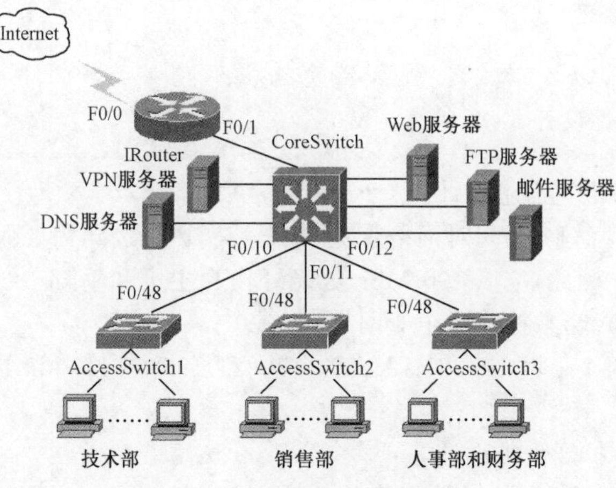

图 4-11　办公局域网拓扑结构图

【STEP|03】分层设计分析。为了简化交换网络设计、提高交换网络的可扩展性,网络设计是分层进行的,可以划分为三个层次:接入层、汇聚层、核心层。

说明:对于中小型企业,可将汇聚层和核心层紧缩到一层,实现两层设计,本项目即采用两层设计。

4.4.3　办公局域网网络设备选型

具有一定规模的网络系统可能涉及各种各样的网络设备,根据网络需求分析和扩展性要求,选择合适的网络设备,是构建一个完整的计算机网络系统非常关键的一环。目前生产网络设备的厂商很多,著名的有 Cisco、华为、H3C、锐捷、联想、Intel、3COM、Bay、IBM 等。

任务 4-3

请根据亿都公司的办公局域网的设计需求,并按照设备选型原则,为亿都公司的办公局域网合理选购网络设备。

【STEP|01】选购接入层交换机。

在该局域网中,接入层大概有 100 台计算机,网络需要覆盖整个公司三个办公楼层。根据交换机的端口数和价格,决定选择 3 台 48 口的接入层交换机,既满足了当前的连接要求,又为以后的发展预留了空间,扩展时只需要把网线插入交换机其余端口就行。

整个局域网规模不大,功能需求不多,可选择比较流行、性能较好的 Cisco Catalyst 2900 系列交换机。这里我们选用 Cisco WS-C2960x-48TS-LL 交换机,因为它可以提供桌面快速以太网和千兆以太网连接,它具有集成安全特性,包括网络准入控制(NAC)、高级服务质量(QoS)和永续性,可为网络边缘提供智能服务,该产品的主要参数见表 4-4。

表 4-4　　Cisco WS-C2960x-48TS-LL 参数列表

应用类型	背板带宽(Gbit/s)	传输速率(Mbit/s)	端口数量	网络报价(元)	接口类型	备注
智能交换机	4.4 Gbit/s	10 Mbit/s/100 Mbit/s/1 000 Mbit/s	48	4 000	10/100/1 000 Base-Tx 端口	

【STEP|02】选购核心层交换机。

在核心层由于需要连接 3 台服务器，还要与路由器连接，因此，需要选用大容量、高密度千兆端口、提供万兆上行的三层交换机。

可选择比较流行、性能较好的 Cisco Catalyst 4500 系列交换机。这里我们选用 Cisco Cata 4504-E 交换机。Cisco Catalyst 4500 系列是中端、中等密度的模块化交换机，它们提供了强大的第二到第四层智能服务。它的模块化架构、介质灵活性和可扩展性延长了部署寿命，同时通过减少重复运营开支和提高投资回报而降低了拥有成本。该产品具体参数见表 4-5。

表 4-5　Cisco Cata 4504-E 参数列表

应用类型	背板带宽(Gbit/s)	传输速率(Mbit/s)	包转发率(Mpps)	端口数量	网络报价(元)	备注
企业级交换机	100 Gbit/s	10/100/1 000 Mbit/s	75 Mpps	模块化	18 000	

【STEP|03】选购路由器。

在企业组网中，路由器是不可或缺的重要设备。特别是对于一些中型企业来说，路由器不再仅仅是简单的网络出口，而是承载多种业务传输的大动脉。

路由器品牌越来越多，主要有思科、华为、锐捷、H3C 和 TP-LINK 等，对企业而言，挑选到一款合适的企业路由器很重要。在挑选企业路由器时，用户除了要关注该路由器的价格外，还需要注意产品的性能(处理器主频、内存容量、吞吐量)、产品的功能、产品的质量和服务等。

这里我们选用 Cisco 2821C/K9 路由器，它具有全新内嵌服务选项，且大大提高了插槽性能和密度，同时还保持了对 Cisco 1700 系列和 Cisco 2600 系列中现有 90 多种模块中大多数模块的支持，它具有极大的性能优势，该产品具体参数见表 4-6。

表 4-6　Cisco 2821C/K9 参数列表

设备类型	最大 Flash 内存	最大 DRAM 内存	控制端口	数量	网络报价(元)	备注
多业务路由器	256 MB	1 024 MB	模块化	1	8 100	

【STEP|04】选购网络服务器。

服务器作为互联网的核心驱动力量，是一种高技术、高性能、高价值、价格也相对普通系统要高很多的产品，因此，怎样选购一款性能和价格与当前业务需求和未来业务扩展相适合的产品，就变得非常重要。

由于中小企业具有其特殊性，因此在选购服务器时首先要确定选购的服务器级别，包括入门级、工作组级、部门级和企业级；接着就是权衡可管理性、可用性、可扩展性、安全性、高性能以及模块化等主要的性能指标。

目前，生产服务器的企业很多，有惠普、dell、IBM、联想、浪潮、曙光等。惠普具有业界最完善的服务器产品线，可以根据中小企业用户从小到大的不同阶段提供对应的产品。包括入门级的 ProLiant ML110 G6 服务器、中高端的 ProLiant ML330 G6 系列服务器等，这里我们选用 ProLiant ML110 G6 服务器，ProLiant ML110 G6 服务器的基本参数见表 4-7。

表 4-7　惠普 ProLiant ML110 G6 参数列表

级别	CPU 频率	CPU 核心/线程	内存	硬盘容量	网络控制器	网络报价(元)	备注
入门级	2.67 GHz	四核/八线程	GDDR3-4G	3 TB	NC107i PCI-Express 千兆网卡	7 800	

【STEP|05】选择布线介质。

在该局域网中连接的是普通办公用户，可使用普通的双绞线。网络设备摆放在办公室中心，连接计算机的网线不用很长，用户可根据实际情况选择。

楼内综合布线的垂直子系统采用多模光纤，每层楼到一层机房用两条12芯室内多模光纤连接。建筑物之间通过两条12芯的室外单模光纤连接。

4.4.4 VLAN划分及IP编址方案

VLAN(Virtual Local Area Network)全称虚拟局域网，就是将局域网上的用户或资源按照一定的原则进行划分，把一个物理网络划分为若干个小的"逻辑网络"，这种小的逻辑网络就是虚拟局域网，如图4-12所示。虚拟局域网实际上就是一种利用交换机对局域网进行逻辑分段的技术，交换机可以把一个局域网(LAN)划分为若干个相对独立的逻辑网络，每个逻辑网络内的计算机可以直接通信，不同逻辑网络的计算机之间不能直接通信，除非通过路由器或三层交换机设备。

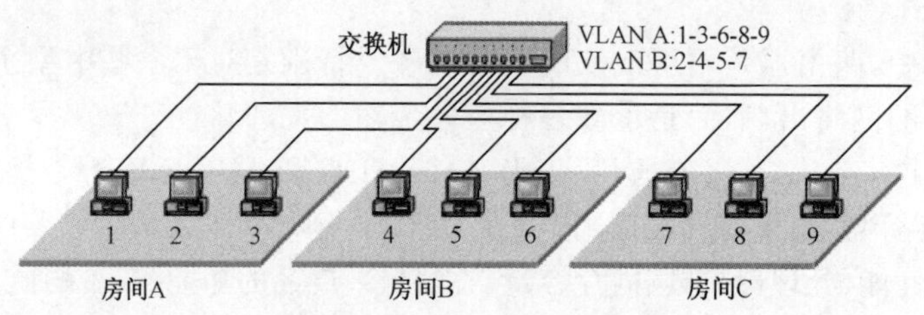

图4-12 VLAN的物理结构

VLAN是建立在局域网的交换机上，它以软件方式实现逻辑网络的划分与管理。所以，逻辑网络的用户或站点可以根据功能、部门等因素来划分而无须考虑计算机所处的物理位置，如图4-13所示。只要以太网交换机是互联的，同一逻辑网络的计算机既可以连接到同一个局域网上的交换机，也可以连接到不同局域网上的交换机，但它们之间的通信就像在同一个物理网段上一样。

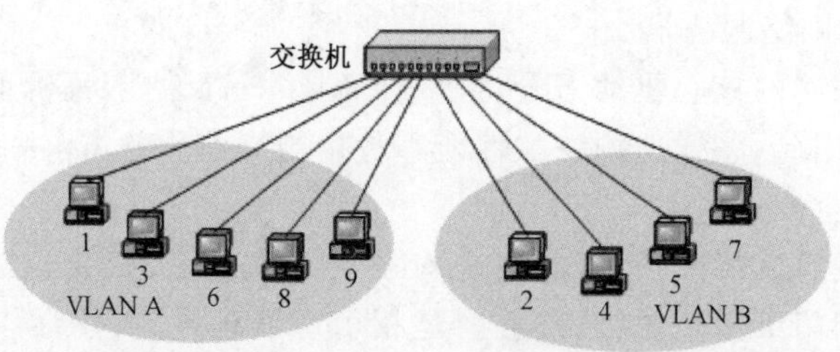

图4-13 VLAN的逻辑结构

任务4-4

请根据亿都公司办公局域网的安全设计需求，为每个部门设计一个VLAN，服务器群单独设计一个VLAN。

根据亿都公司的情况，在组建该公司局域网时，每个部门对应一个VLAN，服务器群单独对应一个VLAN，整个网络的VLAN划分与IP规划见表4-8。

表 4-8　　VLAN 划分及 IP 方案

VLAN 号	VLAN 名称	IP 网段	默认网关	说　明
VLAN 1	—	192.168.0.0/24	192.168.0.254	管理 VLAN
VLAN 10	JSB	192.168.1.0/24	192.168.1.254	技术部 VLAN
VLAN 20	XSB	192.168.2.0/24	192.168.2.254	销售部 VLAN
VLAN 30	RSB	192.168.3.0/24	192.168.3.254	人事部 VLAN
VLAN 40	CWB	192.168.4.0/24	192.168.4.254	财务部 VLAN
VLAN 100	SERVER	192.168.100.0/24	192.168.100.254	服务器群 VLAN

4.4.5　配置办公局域网网络设备

亿都公司办公局域网的网络设备配置任务包括接入层交换机 AccessSwitch1～AccessSwitch3、核心层交换机 CoreSwitch 和路由器 IRouter 的配置，具体操作如下。

1.配置接入层交换机 AccessSwitch1～AccessSwitch3

任务 4-5

配置接入层交换机 AccessSwitch1～AccessSwitch3，配置主干端口。

接入层为所有的终端用户提供一个接入点。这里的接入层交换机采用的是 Cisco WS-C2960x-48TS-LL 交换机。交换机拥有 48 个 10/100 Mbit/s 自适应快速以太网端口，运行的是 Cisco 的 IOS 操作系统。我们以图 4-11 所示的接入层交换机 AccessSwitch1 为例进行介绍。

【STEP|01】配置接入层交换机 AccessSwitch1 的基本参数。

(1)设置交换机名称

设置交换机名称，也就是出现在交换机 CLI 提示符中的名字。一般我们会以地理位置或行政划分来为交换机命名。当我们需要 Telnet 登录到若干台交换机以维护一个大型网络时，通过交换机名称提示符提示自己当前配置交换机的位置是很有必要的。

使用 Secure CRT 登录 AccessSwitch1 进入界面后，输入以下命令为接入层交换机命名。

```
Switch>en
Switch#config t                              //进入特权模式
Switch(config)#hostname AccessSwitch1        //修改 Switch 名称
AccessSwitch1(config)                        //修改成功后的显示效果
```

(2)设置交换机的加密口令

当用户在普通用户模式而想要进入特权用户模式时，需要提供此口令。此口令会以 MD5 的形式加密，因此，当用户查看配置文件时，无法看到明文形式的口令。

```
AccessSwitch1(config)#enable secret company    //设置特权用户密码为 company
```

(3)设置登录虚拟终端线时的口令

对于一个已经运行着的交换网络来说，交换机的远程管理为网络管理人员提供了很多的方便。但是，出于安全考虑，在能够远程管理交换机之前网络管理人员必须设置远程登录交换机的口令。

```
AccessSwitch1(config)#line vty 0 15          //设置登录交换机时需要验证用户身份
AccessSwitch1(config-line)#login
AccessSwitch1(config-line)#password yuancheng          //设置登录密码为 yuancheng
```

(4)设置终端线超时时间

为了安全考虑,可以设置终端线超时时间。在设置的时间内,如果没有检测到键盘输入,IOS 将断开用户和交换机之间的连接。

```
AccessSwitch1(config)#line vty 0 15
AccessSwitch1(config-line)#exec-timeout 6 0 //设置登录交换机的虚拟终端线
                                            //路的超时时间为 6 分 0 秒
AccessSwitch1(config-line)#line con 0
AccessSwitch1(config-line)#exec-timeout 6 0 //设置登录交换机的控制台终端
                                            //线路的超时时间为 6 分 0 秒
```

(5)设置禁用 IP 地址解析特性

在交换机默认配置的情况下,当我们输入一条错误的交换机命令时,交换机会尝试将其广播给网络上的 DNS 服务器并将其解析成对应的 IP 地址。利用命令 no ip domain-lookup 设置禁用 IP 地址解析特性。

```
AccessSwitch1(config)#no ip domain-lookup    //设置禁用 IP 地址解析特性
```

(6)设置启用消息同步特性

有时用户输入的交换机配置命令会被交换机产生的消息打乱。可以使用命令 logging synchronous 设置交换机在下一行 CLI 提示符后复制用户的输入。

```
AccessSwitch1(config)#logging synchronous    //设置启用消息同步特性
```

【**STEP|02**】配置接入层交换机 AccessSwitch1 的管理 IP、默认网关。

接入层交换机是 OSI 参考模型的第二层设备,即数据链路层的设备。因此,给接入层交换机的每个端口设置 IP 地址是没意义的。但是,为了使网络管理人员可以从远程登录到接入层交换机上进行管理,有必要给接入层交换机设置一个管理用 IP 地址。这种情况下,实际上是将交换机看成和 PC 一样的主机。给交换机设置管理用 IP 地址只能在 VLAN1,即本征 VLAN 中进行。管理 VLAN 所在的子网是:192.168.0.0/24,这里将接入层交换机 AccessSwitch1 的管理 IP 地址设为:192.168.0.10/24。

```
AccessSwitch1(config)#interface vlan 1
AccessSwitch1(config)#ip address 192.168.0.10 255.255.255.0     //设置管理用 IP 地址
AccessSwitch1(config)#no shutdown
```

为了使网络管理人员可以在不同的子网管理此交换机,还应设置默认网关地址192.168.0.254。

```
AccessSwitch1(config)#ip default-gateway 192.168.0.254          //设置默认网关地址
```

【**STEP|03**】配置接入层交换机 AccessSwitch1 的 VLAN 及 VTP。

从提高效率的角度出发,在企业网中使用了 VTP 技术。同时,将核心层交换机 CoreSwitch 设置成为 VTP 服务器,其他交换机设置成为 VTP 客户机。这里接入层交换机AccessSwitch1 将通过 VTP 获得在核心层交换机 CoreSwitch 中定义的所有 VLAN 的信息。

```
AccessSwitch1(config)#vtp mode client      //设置为 VTP 客户机
```

【STEP|04】配置接入层交换机 AccessSwitch1 端口基本参数。

(1)端口双工配置

可以设定某端口根据对端设备双工类型自动调整本端口双工模式，也可以强制将端口双工模式设为半双工或全双工模式。在了解对端设备类型的情况下，建议手动设置端口双工模式。

```
AccessSwitch1(config)#interface range f0/1-48
AccessSwitch1(config-if-range)#duplex full        //设置所有端口均工作在全双工模式
```

(2)端口速度

可以设定某端口根据对端设备速度自动调整本端口速度，也可以强制将端口速度设为 10 Mbit/s或 100 Mbit/s。在了解对端设备速度的情况下，建议手动设置端口速度。

```
AccessSwitch1(config)#interface range f0/1-48
AccessSwitch1(config-if-range)#speed 100        //设置所有端口的速度均为 100 Mbit/s
```

【STEP|05】配置接入层交换机 AccessSwitch1 的访问端口。

接入层交换机 AccessSwitch1 为 VLAN 10 提供接入服务。

下面设置接入层交换机 AccessSwitch1 的端口 1～40。

```
AccessSwitch1(config)#interface range f0/1-40
AccessSwitch1(config-if-range)#switchport mode access   //设置端口 1～40 工作
                                                         //在接入模式
AccessSwitch1(config-if-range)#switchport access vlan 10   //设置端口 1～40 为
                                                            //VLAN 10 的成员
```

【STEP|06】配置接入层交换机 AccessSwitch1 的主干道端口。

接入层交换机 AccessSwitch1 通过端口 f0/48 连到核心层交换机 CoreSwitch 的端口 F0/11。这条上连链路将成为主干道链路，在这条上连链路上将运输多个 VLAN 的数据。这个端口需要工作在 Trunk 模式下。

```
AccessSwitch1(config)#interface range f0/48
AccessSwitch1(config-if-range)#switchport mode trunk   //设置端口 f0/48 为
                                                        //主干道端口
```

【STEP|07】配置接入层交换机 AccessSwitch2～AccessSwitch3。

接入层交换机 AccessSwitch2 为 VLAN 20 的用户提供接入服务。同时，通过f0/48连到核心层交换机 CoreSwitch 的端口 f0/12。

对接入层交换机 AccessSwitch2 的配置步骤、命令与对接入层交换机 AccessSwitch1 的配置类似。其配置内容为：

```
Switch>en
Switch#config t
Switch(config)#hostname AccessSwitch2
AccessSwitch2(config)#enable secret company
AccessSwitch2(config)#line vty 0 15
AccessSwitch2(config-line)#login
AccessSwitch2(config-line)#password yuancheng
```

```
AccessSwitch2(config)#line vty 0 15
AccessSwitch2(config-line)#exec-timeout 6 0
AccessSwitch2(config-line)#line con 0
AccessSwitch2(config-line)#exec-timeout 6 0
AccessSwitch2(config)#no ip domain-lookup
AccessSwitch2(config)#logging synchronous
AccessSwitch2(config)#interface vlan 1
AccessSwitch2(config)#ip address 192.168.0.20 255.255.255.0
AccessSwitch2(config)#no shutdown
AccessSwitch2(config)#ip default-gateway 192.168.0.254
AccessSwitch2(config)#interface range f0/1-48
AccessSwitch2(config-if-range)#duplex full
AccessSwitch2(config-if-range)#speed 100
AccessSwitch2(config)#interface range f0/1-40
AccessSwitch2(config-if -range)#switchport mode access
AccessSwitch2(config-if -range)#switchport access vlan 20
AccessSwitch2(config-if -range)#spanning-tree portfast
AccessSwitch2(config)#interface range f0/48
AccessSwitch2(config-if-range)#switchport mode trunk
AccessSwitch2(config)#spanning-tree uplinkfast
```

按照上面的配置，对 AccessSwitch3 接入层交换机做相类似的配置，并将各自的端口划入相应的 VLAN。

任务 4-6

配置核心层交换机 CoreSwitch，创建与配置 VLAN，实现 VLAN 间路由。

由于在本设计方案中，将核心层和汇聚层紧缩到核心层一层中，所以此方案中的核心层除具有核心层特性之外还具有汇聚层的特性。

【STEP|01】配置核心层交换机 CoreSwitch 的基本参数。

配置步骤与接入层交换机的基本参数的配置类似。其配置如下：

```
Switch>en
Switch#config t
Switch(config)#hostname CoreSwitch
CoreSwitch(config)#enable secret company
CoreSwitch(config)#line vty 0 15
CoreSwitch(config-line)#login
CoreSwitch(config-line)#password yuancheng
CoreSwitch(config)#line vty 0 15
CoreSwitch(config-line)#exec-timeout 6 0
```

```
CoreSwitch(config-line)# line con 0
CoreSwitch(config-line)# exec-timeout 6 0
CoreSwitch(config)# no ip domain-lookup
CoreSwitch(config)# logging synchronous
```

【STEP|02】配置核心层交换机 CoreSwitch 的管理 IP、默认网关。

下面的命令为核心层交换机 CoreSwitch 设置管理用 IP 并激活本征 VLAN。同时，还设置了默认网关的地址。

```
CoreSwitch(config)# interface vlan 1
CoreSwitch(config)# ip address 192.168.0.100 255.255.255.0
CoreSwitch(config)# no shutdown
CoreSwitch(config)# ip default-gateway 192.168.0.254
```

【STEP|03】配置核心层交换机 CoreSwitch 的 VTP。

当网络中交换机数量很多时，需要分别在每台交换机上创建很多重复的 VLAN。工作量很大、过程很烦琐，并且容易出错。采用 VLAN 中继协议(Vlan Trunking Protocol，VTP)可以解决这个问题。

VTP 允许我们在一台交换机上创建所有的 VLAN。然后，利用交换机之间的互相学习功能，将创建好的 VLAN 定义传播到整个网络中需要此 VLAN 定义的所有交换机上。同时，有关 VLAN 的删除、参数更改操作均可传播到其他交换机。从而大大减轻了网络管理人员配置交换机的负担。

本设计方案使用了 VTP 技术，并将核心层交换机 CoreSwitch 设置成为 VTP 服务器，其他交换机设置成为 VTP 客户机。

(1)配置 VTP 管理域

共享相同 VLAN 定义数据库的交换机构成一个 VTP 管理域。每一个 VTP 管理域都有一个共同的 VTP 管理域域名。不同 VTP 管理域的交换机之间不交换 VTP 通告信息。

```
CoreSwitch(config)# vtp domain OAlan //将 VTP 管理域的域名定义为"OAlan"
```

(2)设置 VTP 服务器

从前文的网络技术概述中可以得知，工作在 VTP 服务器模式下的交换机可以创建、删除 VLAN、修改 VLAN 参数。同时，还能发送和转发 VLAN 更新消息。

```
CoreSwitch(config)# vtp mode server //设置 CoreSwitch 成为 VTP 服务器
```

(3)激活 VTP 剪裁功能

默认情况下主干道传输所有 VLAN 的用户数据。有时，交换网络中某台交换机的所有端口都属于同一 VLAN 的成员，没有必要接收其他 VLAN 的用户数据。这时，可以激活主干道上的 VTP 剪裁功能。当激活了 VTP 剪裁功能以后，交换机将自动剪裁本交换机没有定义的 VLAN 数据。

在一个 VTP 域下，只需要在 VTP 服务器上激活 VTP 剪裁功能。这时，同一 VTP 域下的所有其他交换机也将自动激活 VTP 剪裁功能。

```
CoreSwitch(config)# vtp pruning //设置激活 VTP 剪裁功能
```

【STEP|04】在核心层交换机 CoreSwitch 上定义 VLAN。

在本设计方案中，除了默认的本征 VLAN 外，又定义了 5 个 VLAN。由于使用了 VTP

技术，所以所有 VLAN 的定义只需要在 VTP 服务器，即核心层交换机 CoreSwitch 上进行。如下所示，这些命令定义了 5 个 VLAN，同时为每个 VLAN 命名：

```
CoreSwitch(config)#vlan 10
CoreSwitch(config-vlan)#name JSB
CoreSwitch(config)#vlan 20
CoreSwitch(config-vlan)#name XSB
CoreSwitch(config)#vlan 30
CoreSwitch(config-vlan)#name RSB
CoreSwitch(config)#vlan 40
CoreSwitch(config-vlan)#name CWB
CoreSwitch(config)#vlan 100
CoreSwitch(config-vlan)#name SERVER
```

【STEP|05】配置核心层交换机 CoreSwitch 的端口基本参数。

核心层交换机 CoreSwitch 的端口 f0/1～f0/10 为服务器群提供接入服务，而端口 f0/11 至 f0/20 分别下连到接入层交换机 AccessSwitch1～AccessSwitch3 的端口 f0/48。同时 f0/1-10 需要划入服务器群 VLAN 100 中。

下面是配置 CoreSwitch 的端口基本参数：

```
CoreSwitch(config)#interface range f0/1-24
CoreSwitch(config-if-range)#duplex full
CoreSwitch(config-if-range)#speed 100
CoreSwitch(config)#interface range f0/1-10
CoreSwitch(config-if-range)#switchport mode access
CoreSwitch(config-if-range)#switchport access vlan 100
CoreSwitch(config)#interface range f0/11-20
CoreSwitch(config-if-range)#switchport mode trunk
```

【STEP|06】配置核心层交换机 CoreSwitch 的三层交换功能。

核心层交换机 CoreSwitch 需要为网络中的各个 VLAN 提供路由功能。这需要首先启用交换机的路由功能。

```
CoreSwitch(config)#ip routing //启用路由功能
```

接下来，需要为每个 VLAN 定义自己的 IP 地址和子网掩码：

```
CoreSwitch(config)#interface vlan 10
CoreSwitch(config)#ip add 192.168.1.1 255.255.255.0
CoreSwitch(config)#no shutdown
CoreSwitch(config)#interface vlan 20
CoreSwitch(config)#ip add 192.168.2.1 255.255.255.0
CoreSwitch(config)#no shutdownCoreSwitch(config)#interface vlan 30
CoreSwitch(config)#ip add 192.168.3.1 255.255.255.0
CoreSwitch(config)#no shutdown
CoreSwitch(config)#interface vlan 40
```

```
CoreSwitch(config)#ip add 192.168.4.1 255.255.255.0
CoreSwitch(config)#no shutdown
CoreSwitch(config)#interface vlan 100
CoreSwitch(config)#ip add 192.168.100.1 255.255.255.0
CoreSwitch(config)#no shutdown
```

此外,还需要定义通往 Internet 的路由。这里使用了一条缺省路由命令,使用的下一跳地址是 Internet 接入路由器与核心层交换机连接的快速以太网接口 FastEthernet 0/0 的 IP 地址。

```
CoreSwitch(config)#ip route 0.0.0.0 0.0.0.0 192.168.0.254//定义到 Internet 的
                                                        //缺省路由
```

3.配置路由器 IRouter

任务 4-7

配置路由器 IRouter 的路由、NAT,实现接入 Internet。

在本设计方案中,Internet 是由广域网接入路由器 IRouter 来完成的。采用的是 Cisco 2821C/K9 路由器。它通过 f0/0 接入 Internet。它的作用主要是在 Internet 和企业网内网间路由数据包。除了完成主要的路由任务外,利用访问控制列表(Access Control List,ACL)的流量控制和过滤功能实现安全功能。

【STEP|01】配置路由器 IRouter 的基本参数。

路由器的基本参数配置和 AccessSwitch 交换机的配置类似,配置如下:

```
Router>en
Router#config t
Router(config)#hostname IRouter
IRouter(config)#enable secret company
IRouter(config)#line vty 0 15
IRouter(config-line)#password yuancheng
IRouter(config-line)#login
IRouter(config-line)#exec-timeout 6 0
IRouter(config-line)#line con 0
IRouter(config-line)#exec-timeout 6 0
IRouter(config-line)#logging synchronous
IRouter(config)#no ip domain-lookup
```

【STEP|02】配置路由器 IRouter 的各接口参数。

对路由器 IRouter 的各接口参数的配置主要是对接口 f0/0、f0/1 的 IP 地址、子网掩码的配置。

```
IRouter(config)#interface f0/0
IRouter(config)#ip add 192.168.0.254 255.255.255.0
IRouter(config)#no shutdown
```

```
IRouter(config)#interface f0/1
IRouter(config)#ip add 192.168.0.253 255.255.255.0
IRouter(config)#no shutdown
```

【STEP|03】配置路由器 IRouter 的路由功能。

在路由器 IRouter 上需要定义两个方向上的路由：

到企业网内部的静态路由以及到 Internet 的缺省路由。到 Internet 上的路由需要定义一条缺省路由，下一指定从本路由器的接口 f0/0 送出。

```
IRouter(config)#ip route 0.0.0.0 0.0.0.0 f0/0
//定义到 Internet 的缺省路由
IRouter(config)#ip route 192.168.0.0 255.255.255.248 192.168.0.100
//定义经过 CoreSwitch 到企业网内部的路由
```

【STEP|04】配置路由器 IRouter 上的 NAT。

由于目前 IP 地址资源非常稀缺，不可能给企业网内部的所有工作站都分配一个公有 IP(Internet 可路由的)地址。为了解决所有工作站访问 Internet 的需要，必须使用 NAT(网络地址转换)技术。

根据前面对企业网的需求分析，企业向当地 ISP 申请了两个公用 IP 地址。IP 地址 221.195.66.117 被分配给了 Internet 接入路由器的 f0/0 接口，另外一个 IP 地址 221.195.66.118 用作 NAT。

这里使用的是动态 NAT 地址转换。下面配置 NAT 地址转换：

```
IRouter(config-if)#interface f0/0
IRouter(config-if)#ip nat inside
IRouter(config-if)#interface f0/1
IRouter(config-if)#ip nat inside
IRouter(config-if)#exit
IRouter(config)#access-list 1 permit 192.168.100.0 255.255.255.0
IRouter(config)#access-list 1 permit 192.168.0.0 255.255.248.0
IRouter(config)#ip nat inside source list 1 pool NAT_P overload
```

4.4.6 配置办公局域网网络服务

亿都公司构建办公局域网的主要目的是更好地宣传产品，实现资源共享，解决内、外网之间的信息交流等。因此，需要在局域网服务器中配置 Web 服务(参见“任务 3-8”)、FTP 服务(参见“任务 3-10”)、VPN 服务、DNS 服务和电子邮件服务等。

1.架设与配置 DNS 服务器

在网络中，计算机之间都是通过 IP 地址进行定位并通信的，但是纯数字的 IP 地址非常难记，而且易出错，因此，需要使用 DNS(Domain Name System，域名服务系统)来负责整个网络中用户计算机的名称解析工作，使用户不必使用 IP 地址，而是使用域名(通过 DNS 服务器自动解析成 IP 地址)访问服务器，下面介绍单位办公网中 DNS 服务器的架设与配置。

(1)安装 DNS 服务器

在安装之前，首先应当确认系统中是否安装了 DNS 服务器。如果没有安装 DNS 服务器，此时就得手动安装 DNS 服务器。

任务 4-8

亿都公司准备在 Windows Server 2008 R2 中安装 DNS 服务器，请完成 IP 地址(192.168.2.111)等相关参数的设置及 DNS 服务器组件的安装。

【STEP|01】配置 DNS 服务器的 IP 地址。

安装 DNS 服务组件

选择“开始”→“控制面板”→“网络和 Internet”→“网络和共享中心”命令，打开“网络和共享中心”窗口，单击“本地连接”按钮，在打开的“本地连接状态”对话框中单击“属性”按钮，在打开的“本地连接 属性”对话框中选择“Internet 协议版本 4(TCP/IPv4)”，单击“属性”按钮，打开“Internet 协议版本 4(TCP/IPv4)属性”对话框，设置 IP 地址、子网掩码、默认网关和 DNS 服务器地址，如图 4-14 所示。

【STEP|02】选择“开始”→“管理工具”→“服务器管理器”命令，打开“服务器管理器”窗口，如图 4-15 所示。

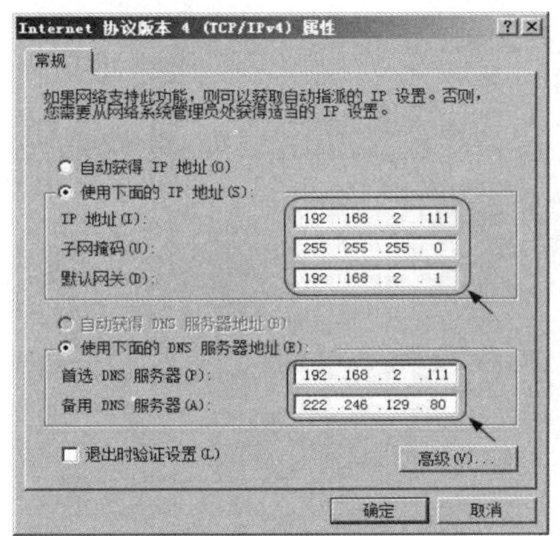

图 4-14　配置 IP 地址等信息

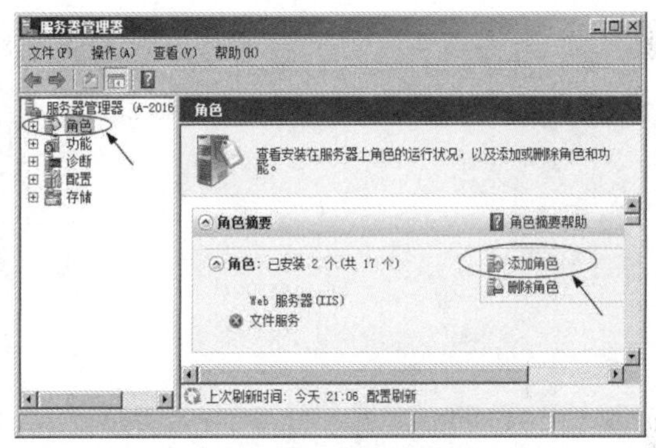

图 4-15　“服务器管理器”窗口

【STEP|03】选择左侧“角色”选项，单击右侧的“添加角色”链接，打开“选择服务器角色”对话框，如图 4-16 所示，勾选“DNS 服务器”复选框，然后单击“下一步”按钮继续。

> **提示**　如果本机的地址是自动获取的，那么就会打开如图 4-17 所示的警告对话框，此时，我们选中“不安装 DNS 服务器”，然后按照【STEP|01】设置静态 IP 地址。

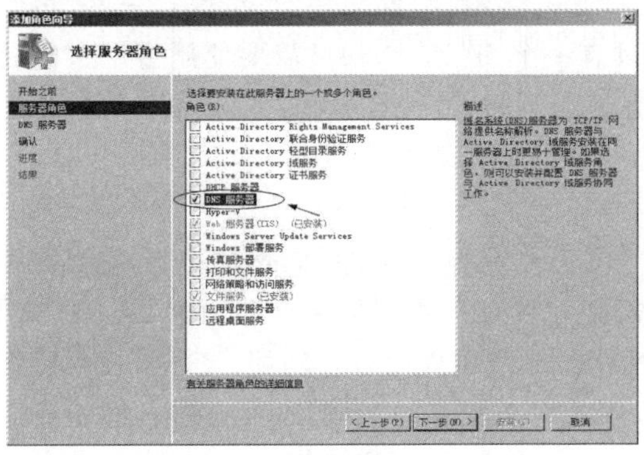

图 4-16　“选择服务器角色”对话框

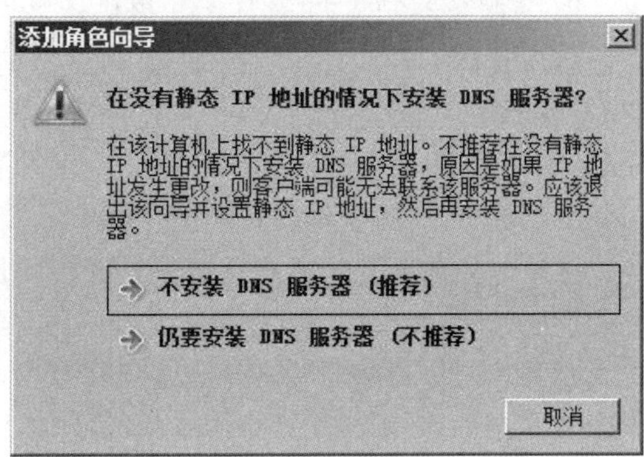

图 4-17　警告对话框

【STEP|04】打开“DNS 服务器”对话框，如图 4-18 所示，单击“下一步”按钮继续。

【STEP|05】打开“确认安装选择” 对话框，如图 4-19 所示，单击“安装”按钮。

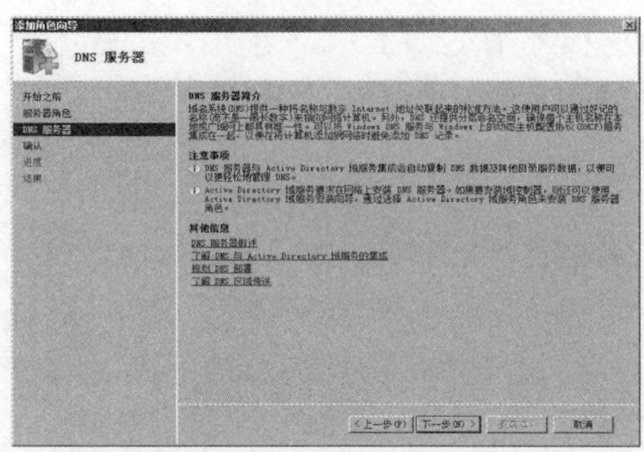

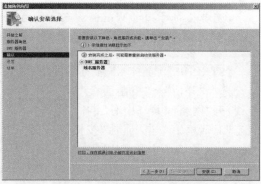

图 4-18 “DNS 服务器”对话框

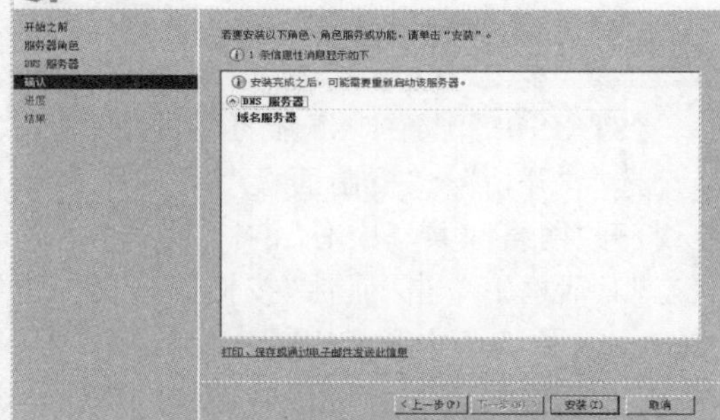

图 4-19 “确认安装选择” 对话框

【STEP|06】打开“安装进度”对话框，如图 4-20 所示，等待一会，DNS 服务器安装完成后会自动出现如图 4-21 所示的“安装结果”对话框，此时单击“关闭”按钮结束向导操作。

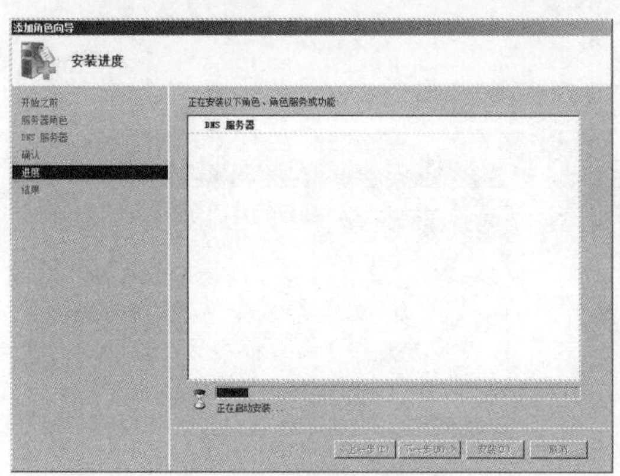

图 4-20 “安装进度”对话框

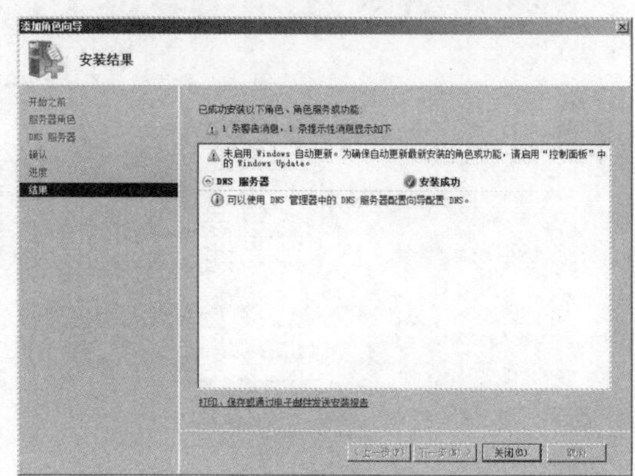

图 4-21 “安装结果”对话框

提示

和 Windows Server 2003 不同，Windows Server 2008 R2 在安装 DNS 服务器时并不会出现 DNS 配置向导，需要在安装完成后再进行配置。

(2)配置 DNS 服务器

DNS 服务器安装之后，还无法提供域名解析服务，需要配置一些记录，设置一些信息，才能实现具体的管理目标。例如，当某个企业只有一个 IP 地址，却又需要使用多个主机域名时，就要使用虚拟主机技术。而虚拟主机技术正是通过 DNS 服务器主机记录的配置来实现的。

①创建 DNS 正向查找区域

区域分正向查找区域和反向查找区域，用户并不一定必须使用反向查找功能，但当需要利用反向查找功能来加强系统安全管理时就需要配置反向查找区域。如通过 IIS 发布网站，须利用主机名称来限制 DNS 客户端登录时就需要使用反向查找功能。DNS 服务器组件安装好之后，必须先配置正向查找区域，然后再配置反向查找区域，下面通过具体任务案例训练大家配置正向查找区域的技能。

任务 4-9

请在安装好 DNS 服务器组件的服务器(IP:192.168.2.111)上为亿都公司架设一台 DNS 服务器,负责 yidou.com 域的域名解析。

【STEP|01】选择“开始”→“管理工具”→“DNS”,打开“DNS 管理器”窗口,如图 4-22 所示。展开 DNS 服务器主机,然后右键单击“正向查找区域”,在打开的快捷菜单中选择“新建区域”命令。

【STEP|02】打开“新建区域向导”对话框,单击“下一步”按钮,打开“区域类型”对话框,选择“主要区域”,如图 4-23 所示,单击“下一步”按钮继续。

微课

创建 DNS 正向搜索区域

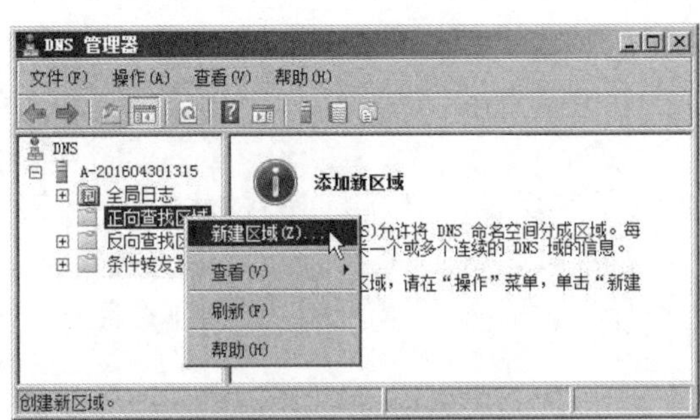

图 4-22　“DNS 管理器”窗口

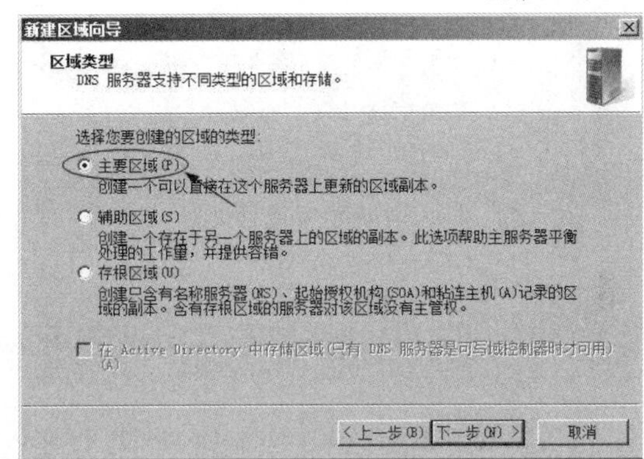

图 4-23　“区域类型”对话框

【STEP|03】打开“区域名称”对话框,如图 4-24 所示,在“区域名称”文本框中输入在域名服务机构申请的正式域名,如 yidou.com,区域名称用于指定 DNS 名称空间部分,可以是域名或者子域名(如:oa.yidou.com),单击“下一步”按钮继续。

【STEP|04】打开“区域文件”对话框,如图 4-25 所示。系统会自动创建一个 yidou.com.dns 文件,在该对话框中,不需要进行更改,单击“下一步”按钮继续。

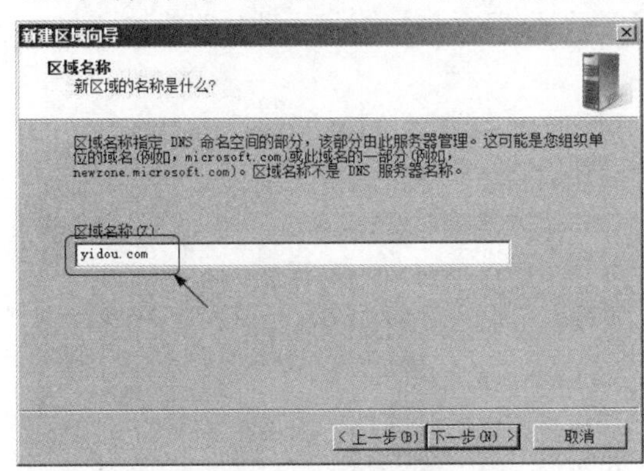

图 4-24　“区域名称”对话框

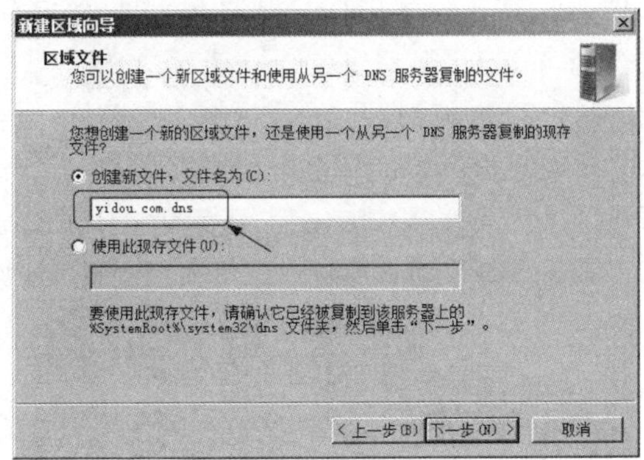

图 4-25　“区域文件”对话框

【STEP|05】打开“动态更新”对话框,如图 4-26 所示,选择“不允许动态更新”,单击“下一步”按钮继续。

【STEP|06】打开“正在完成新建区域向导”对话框,如图 4-27 所示。

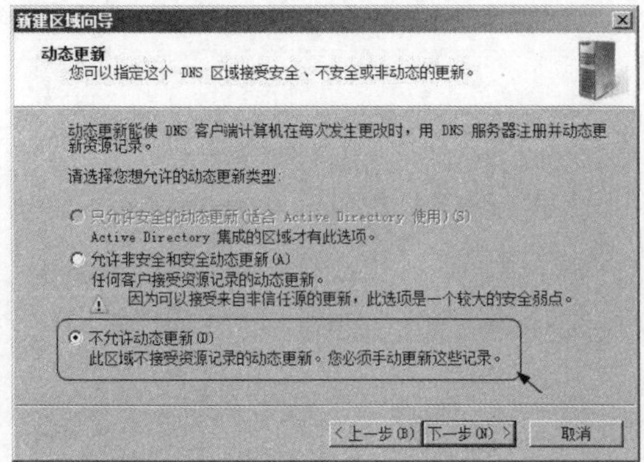

图 4-26 “动态更新”对话框

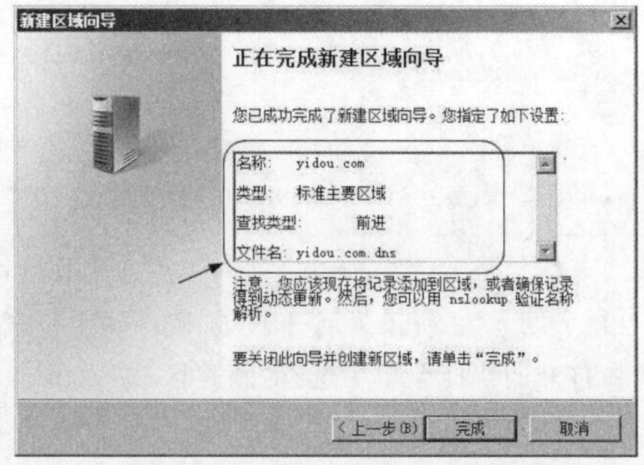

图 4-27 完成 DNS 正向查找区域创建

提示 重复上述操作过程，可以添加多个 DNS 区域，分别指定不同的域名称，从而为多个 DNS 域名提供解析。

②创建 DNS 反向查找区域

在网络中大部分 DNS 查找都是正向查找，但为了实现客户端对服务器的访问，不仅需要将一个域名解析成 IP 地址，还需要将 IP 地址解析成域名，这就需要使用反向查找功能。在 DNS 服务器中，通过域名查询其 IP 地址的过程称为正向解析，而通过 IP 地址查询其域名的过程称为反向解析。

任务 4-10

请在配置好 DNS 服务器正向查找区域(yidou.com)的计算机中，建立标准主要反向查找区域。

【STEP|01】选择“开始”→“程序”→“管理工具”→“DNS”，打开“DNS 管理器”窗口，如图 4-28 所示。展开 DNS 服务器主机，然后右键单击“反向查找区域”，在打开的快捷菜单中选择“新建区域”命令。

【STEP|02】打开“新建区域向导”对话框，单击“下一步”按钮，打开“区域类型”对话框，选中“主要区域”，如图 4-29 所示，单击“下一步”继续。

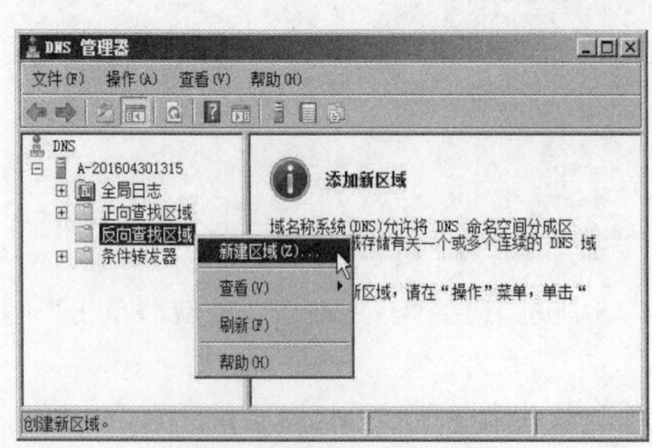

图 4-28 新建“反向查找区域”

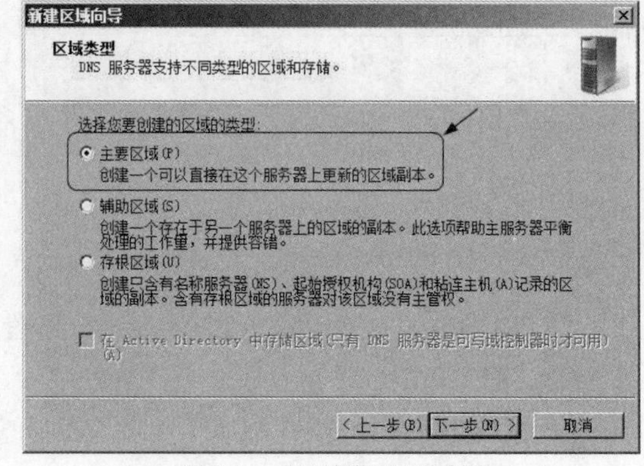

图 4-29 “区域类型”对话框

【STEP|03】打开“反向查找区域名称”对话框 1，由于网络中主要使用 IPv4，因此，点选“IPv4 反向查找区域”单选按钮，如图 4-30 所示，单击“下一步”按钮继续。

【STEP|04】进入“反向查找区域名称”对话框 2，在“网络 ID”文本框中输入网络 ID，如 192.168.2，同时，在“反向查找区域名称”文本框中将显示 2.168.192.in-addr.arpa，如图 4-31 所示，单击“下一步”继续。

【STEP|05】由于是反向解析，区域文件的命名默认与网络 ID 的顺序相反，以 dns 为扩展名。如“2.168.192.in-addr.arpa.dns”，如果选择“使用此现存文件”单选项，必须先把文件复制到运行 DNS 服务的服务器的%SystemRoot%\system32\dns 目录中，如图 4-32 所示。

【STEP|06】单击“下一步”，打开“动态更新”对话框，用来选择是否要指定这个区域接受安全、不安全或非动态的更新。为了维护 DNS 服务器的安全，建议点选“不允许动态更新”单选按钮，以减少来自网络的攻击，如图 4-33 所示。

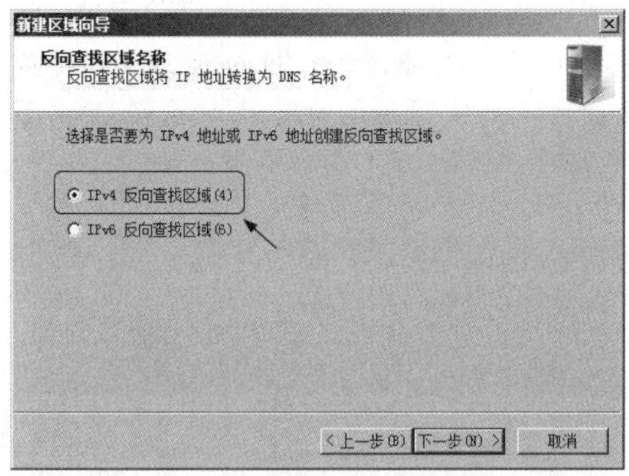

图 4-30　选择“IPv4 反向查找区域”

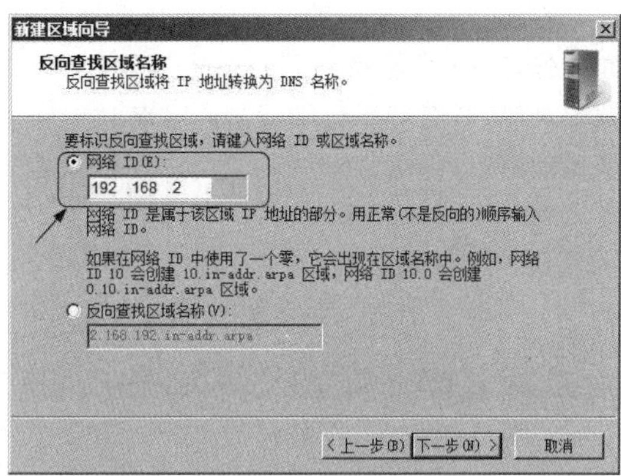

图 4-31　“反向查找区域名称”对话框 2

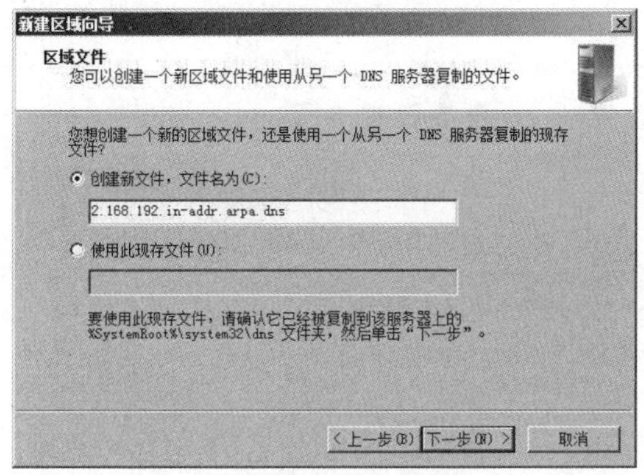

图 4-32　“区域文件”对话框

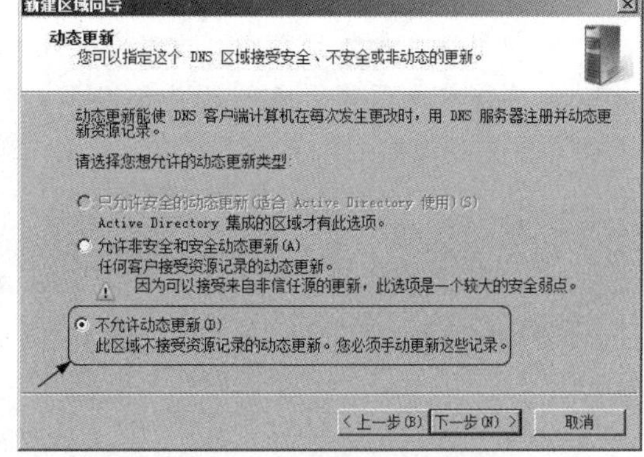

图 4-33　“动态更新”对话框

【STEP|07】单击“下一步”按钮，打开“正在完成新建区域向导”对话框，如图 4-34 所示。

【STEP|08】单击“完成”按钮，标准主要反向查找区域就创建好了，如图 4-35 所示。

提示

大部分的 DNS 查找一般都执行正向解析。在已知 IP 地址搜索域名时，反向解析并不是必须设置的，因为正向解析也能完成。但是如果要使用 nslookup 等故障排除工具及在 IIS 日志文件中记录的是名字而不是 IP 地址时，就必须使用反向解析。

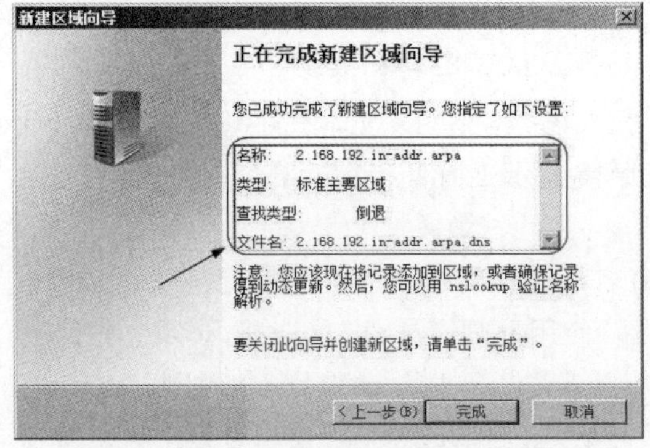

图 4-34 "正在完成新建区域向导"对话框

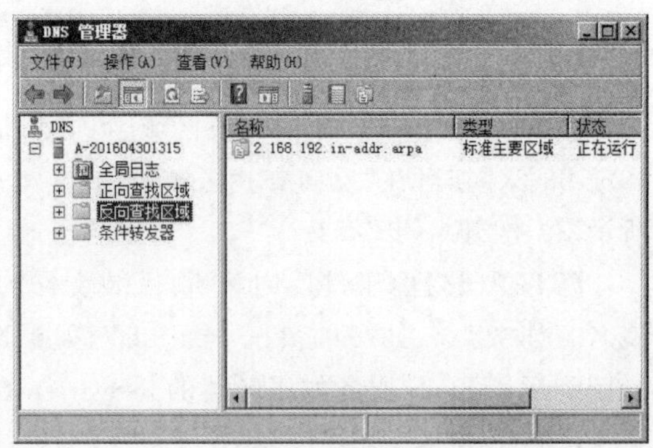

图 4-35 成功创建标准主要反向查找区域

(3)创建资源记录

创建新的主区域后,"域服务管理器"会自动创建起始机构授权、名称服务器等记录。除此之外,DNS 数据库还需要新建其他的资源记录,如:主机地址、指针、别名、邮件交换器资源记录等,新建资源记录就是向域名数据库中添加域名和 IP 地址的对应记录,这样 DNS 服务器就可以解析这些域名了,用户可根据需要自行向主区域或域中添加资源记录。

任务 4-11

在"任务 4-9"和"任务 4-10"中已为亿都公司创建了正反向查找区域,接下来请创建主机(A 类型)记录、别名(CNAME)记录和指针记录等相关资源记录,保证 DNS 服务器能满足企业的如下要求:

- 新建主机记录实现 www.yidou.com 到 192.168.2.111、ydjs.yidou.com 到 192.168.2.116、ydxs.yidou.com 到 192.168.2.118 的解析。
- 使用别名方式为亿都公司建立 web.yidou.com 和 ftp.yidou.com。
- 在网络中创建了电子邮件服务器,并设置 smtp 服务器域名为 smtp.yidou.com,POP3 服务器的域名为 pop3.yidou.com。在邮件客户机上设置了电子邮件信箱名 xsx@mail.yidou.com 和电子邮件服务器的域名。
- 在 DNS 服务器中能够实现反向解析服务。

【STEP|01】创建主机(A 类型)记录,保证在 yidou.com 域中能够实现正向域名解析服务。

主机记录在 DNS 区域中,用于记录在正向查找区域内建立的主机名与 IP 地址的关系,以供从 DNS 的主机域名、主机名到 IP 地址的查询,即完成计算机名到 IP 地址的映射。

在实现虚拟主机技术时,管理者通过为同一主机设置多个不同的 A 类型记录,来达到同一 IP 地址的主机对应多个不同主机域名的目的,过程如下。

①打开"新建主机"对话框

选择"开始"→"管理工具"→"DNS",打开"DNS 管理器"窗口。展开"正向查找区域",右键单击"yidou.com",在打开的快捷菜单中选择"新建主机(A)" 命令,打开如图 4-36 所示的"新建主机"对话框。

②添加 WWW 主机

先在“名称”文本框中输入主机名称“WWW”,再在“IP 地址”文本框中输入“192.168.2.111”,单击“添加主机”按钮,随后出现“成功地创建了主机记录 www. yidou.com。”的提示对话框,如图 4-37 所示,单击“确定”按钮,完成主机记录的创建任务。

③添加其他主机

重复以上两步骤,在 yidou.com 区域添加 ydjs(192.168.2.116)、ydxs(192.168.2.118)。

> **提示** 假设 www.yidou.com 对应的服务器主机 IP 地址为 192.168.2.111,若想要将 yidou.com 域名也对应 IP 地址为 192.168.2.111 的服务器主机,在区域里新建一条名称为空白的主机记录即可。

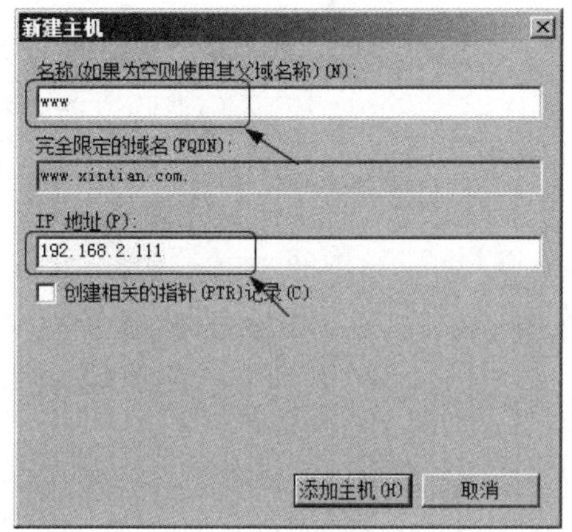

图 4-36　“新建主机”对话框

图 4-37　向区域添加新主机记录

【STEP|02】创建别名(CNAME)记录。

CNAME 记录用于为一台主机创建不同的域名。通过建立主机的别名记录,可以实现将多个完整的域名映射到一台计算机。别名记录通常用于标志主机的不同用途。

例如,一台 Web 服务器的域名为 hnrpc.yidou.com(A 记录),需要让该主机同时提供 WWW 和 FTP 服务,则可以为该主机建立两个别名。所建立的别名 web.yidou.com 和 ftp.yidou.com 实际上都指向了同一主机 hnrpc.yidou.com。建立 hnrpc.yidou.com 的别名过程如下。

①打开“新建资源记录”对话框

在“DNS 管理器”窗口中展开“正向查找区域”,右键单击“yidou.com”,在打开的快捷菜单中选择“新建别名(CNAME)” 命令,打开如图 4-38 所示的“新建资源记录”对话框。

②输入相关信息

在“新建资源记录”对话框中,先输入别名,如“ftp”,在“完全限定的域名”中会自动出现“ftp.yidou.com.”,在“目标主机的完全合格的域名”文本框中输入别名对应的主机的全称域名,如“hnrpc. yidou. com”,也可以单击“浏览”按钮,打开“浏览”对话框进行查找,如图 4-39 所示。之后,单击“确定”按钮,返回“新建资源记录”对话框。此时,主机原名和别名代表的两个域名分别显示在不同的位置。

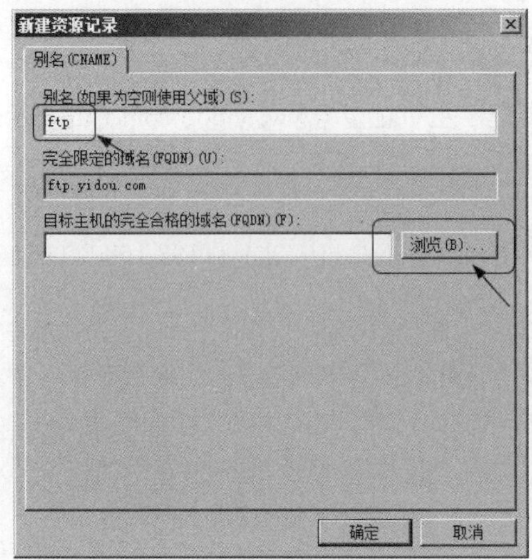

图 4-38 “新建资源记录”对话框

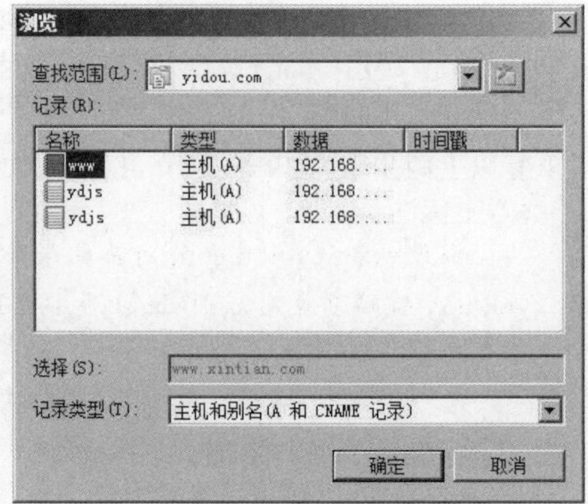

图 4-39 向区域添加新主机记录

在“新建资源记录”对话框中,单击“确定”按钮,返回“DNS 管理器”窗口完成别名创建。

【STEP|03】创建邮件交换器记录。

邮件交换器记录的缩写是 MX,它的英文全称是 Mail Exchanger。MX 用于记录邮件服务器,或者用于传递邮件的主机,以便为邮件交换主机提供邮件路由,最终将邮件发送给记录中所指定域名的主机。

当邮件客户机发出对该账户的收发邮件请求时, DNS 客户机将把邮件域名的解析请求发送到 DNS 服务器。在 DNS 服务器上建立了邮件交换器记录,指明对 mail.yidou.com 的邮件域名进行处理的邮件服务器为 smtp.yidou.com 主机。在 DNS 服务器上已经建立一条主机记录,指明 smtp.yidou.com 主机的 IP 地址为 192.168.2.111。因此,以 mail.yidou.com 为邮件域名的电子邮件最后都被送到 IP 地址为 192.168.2.111 的计算机上进行处理。在 IP 地址为 192.168.2.111 的计算机上安装有电子邮件服务器软件。

①打开“新建资源记录”对话框

在“DNS 管理器”中展开“正向查找区域”,右键单击“yidou.com”,在弹出的快捷菜单中选择“新建邮件交换器(MX)” 命令,打开如图 4-40 所示的“新建资源记录”对话框。

②输入相关信息

在“主机或子域”文本框中输入“mail”, 在“完全合格的域名”文本框中自动出现“mail.yidou.com”,这就是可以处理的邮件账户的邮件域名,该项不可编辑。

在“邮件服务器的完全限定的域名”文本框中输入使用的邮件服务器的主机记录“smtp.yidou.com”。

在“邮件服务器优先级”文本框中输入一个标志优先级的数字,默认为 10,可以从 0~65535 中进行选择,值越小,优先级越高。也就是邮件先送到优先级小的邮件服务器进行处理。

③查看各类资源记录

设置完成后单击“确定”按钮,即可完成创建邮件交换器记录。在 DNS 控制台右边可以看到新建的各类资源记录,如图 4-41 所示。

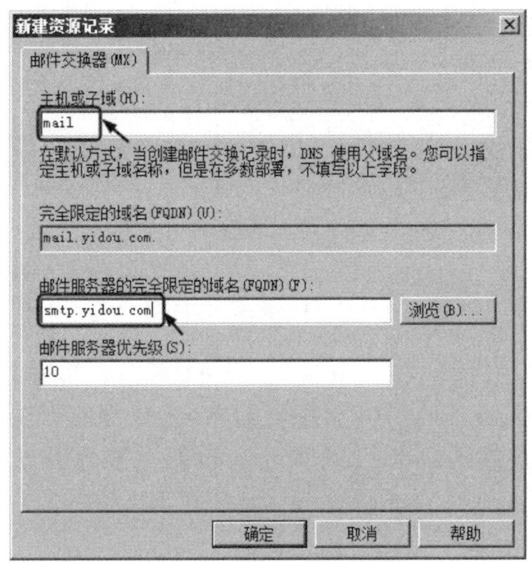

图 4-40　“新建资源记录”对话框

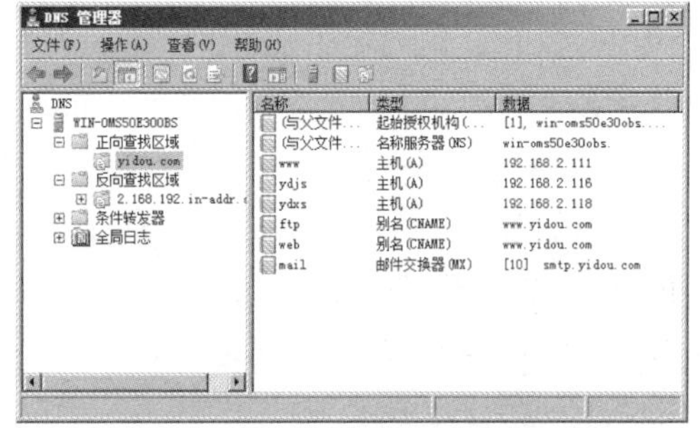

图 4-41　添加完相关资源后的 DNS 控制台

【STEP|04】创建指针记录。

指针记录用于将 IP 地址转换为 DNS 域名。如将 IP 地址 192.168.2.111 转换成域名 www.xintian.com。

①打开“DNS 管理器”窗口

选择“开始”→“管理工具”→“DNS”，打开“DNS 管理器”窗口，展开“反向查找区域”，右键单击“2.168.192.in-addr.arpa”，在打开的快捷菜单中选择“新建指针” 命令，如图 4-42 所示。

②打开“新建资源记录”对话框

打开如图 4-43 所示的“新建资源记录”对话框，在“主机 IP 地址”中输入主机的 IP 地址的最后一组，如 111，在“主机名”文本框中输入指针指向的域名，如 www.yidou.com，也可以单击“浏览”按钮查找。

图 4-42　“DNS 管理器”窗口

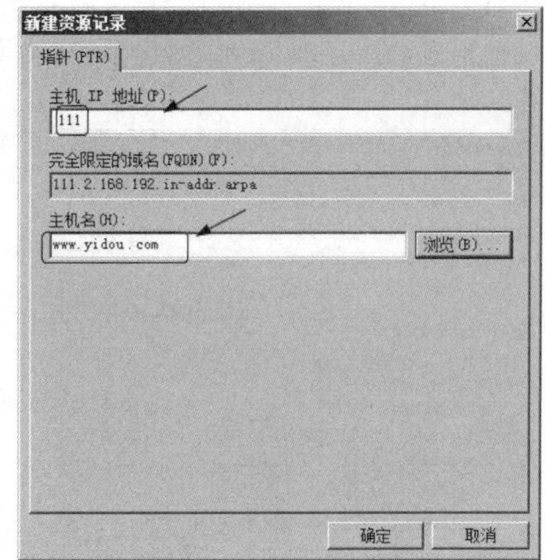

图 4-43　“新建资源记录”对话框

③查看指针记录

单击“确定”按钮，即可在 DNS 管理器的反向查询区域中看到新增加的指针记录，如图 4-44 所示。

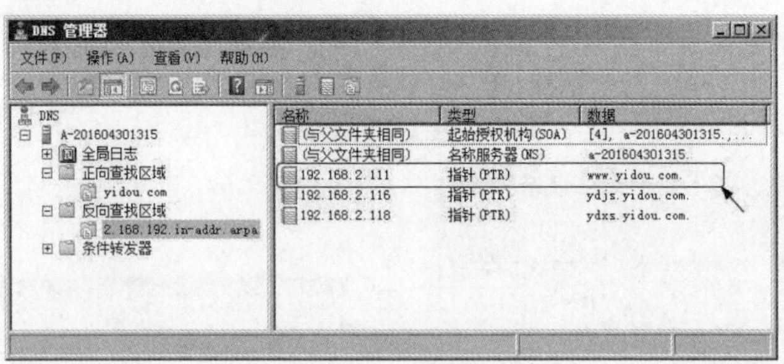

图 4-44 新增加的指针记录

(3)配置 DNS 客户端

在 Windows 7、Windows 10 和 Windows Server 2008 R2 中配置 DNS 客户端的方法基本相同，本节主要以配置 Windows 7 的 DNS 客户端为例介绍在 Windows 系列操作系统下配置 DNS 客户端的具体方法。

任务 4-12

在 Windows 7 客户端指定 DNS 服务器，并运用 ipconfig、ping、nslookup 等命令测试 DNS 服务器是否正常工作。

【STEP|01】打开“本地连接 属性”对话框。

在桌面上的“网络”图标上右键单击，在弹出的快捷菜单中选择“属性”命令，系统会打开“网络和共享中心”窗口。单击“本地连接”图标打开“本地连接 状态”对话框，在此对话框中单击“属性”按钮，即可打开“本地连接 属性”对话框，如图 4-45 所示。

【STEP|02】打开“Internet 协议版本 4(TCP/IPv4)属性”对话框。

选择“Internet 协议版本 4(TCP/IPv4)”复选框，然后单击“属性”按钮，系统会打开“Internet 协议版本 4(TCP/IPv4)属性”对话框。

【STEP|03】设置 IP 地址和 DNS 服务器地址。

设置信息如图 4-46 所示，然后单击“确定”按钮即可完成 Windows 7 下的 DNS 客户端的配置。

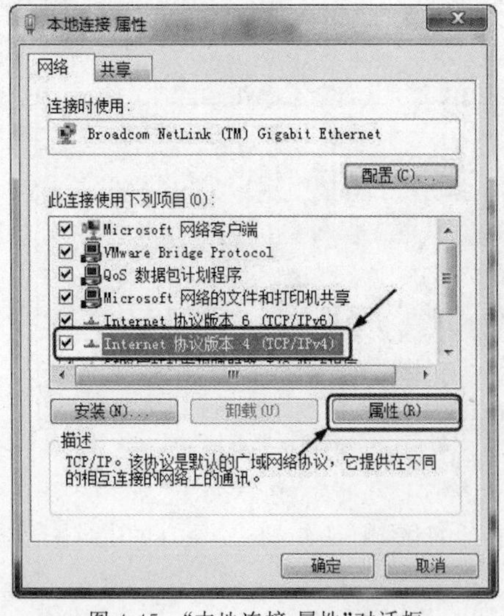

图 4-45 “本地连接 属性”对话框

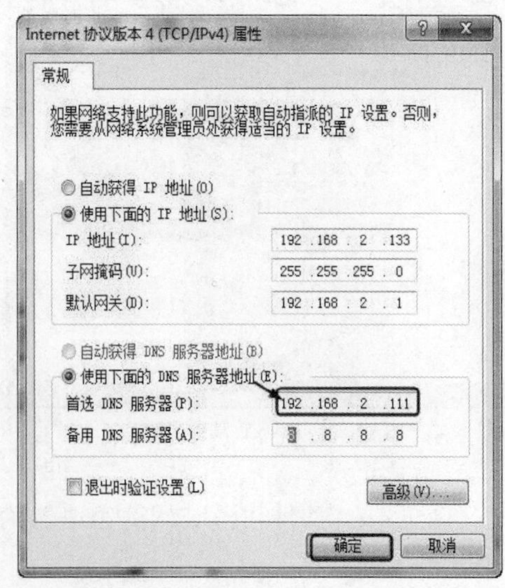

图 4-46 “Internet 协议版本 4(TCP/IPv4)属性”对话框

【STEP|04】DNS 正向解析测试。

在客户端选择"开始→运行"命令，在文本框中输入"cmd"打开命令对话框，输入"ipconfig/all"，查看 DNS 服务器的配置情况，确认正确配置了 DNS 服务器，如图 4-47 所示。

接下来利用 ping 命令解析 www.yidou.com、mail.yidou.com、ftp.yidou.com 等主机域名的 IP 地址，如图 4-48 所示。

```
管理员: C:\Windows\system32\cmd.exe

以太网适配器 本地连接:

   连接特定的 DNS 后缀 . . . . . . . :
   描述. . . . . . . . . . . . . . . : Broadcom NetLink (TM) Gigabit Ethernet
   物理地址. . . . . . . . . . . . . : DC-0E-A1-9B-1B-CA
   DHCP 已启用 . . . . . . . . . . . : 否
   自动配置已启用. . . . . . . . . . : 是
   本地链接 IPv6 地址. . . . . . . . : fe80::bd9a:caba:b039:c14%11(首选)
   IPv4 地址 . . . . . . . . . . . . : 192.168.2.133(首选)
   子网掩码 . . . . . . . . . . . . : 255.255.255.0
   默认网关. . . . . . . . . . . . . : 192.168.2.1
   DHCPv6 IAID . . . . . . . . . . . : 249302689
   DHCPv6 客户端 DUID . . . . . . . : 00-01-00-01-22-52-AD-5C-DC-0E-A1-9B-1B-CA

   DNS 服务器 . . . . . . . . . . . : 192.168.2.111
                                       8.8.8.8
   TCPIP 上的 NetBIOS . . . . . . . : 已启用
```

图 4-47　查看 DNS 服务器地址的设置

```
管理员: C:\Windows\system32\cmd.exe
C:\Users\Administrator>ping www.yidou.com

正在 Ping www.xintian.com [192.168.2.111] 具有 32 字节的数据:
来自 192.168.2.111 的回复: 字节=32 时间<1ms TTL=128
来自 192.168.2.111 的回复: 字节=32 时间<1ms TTL=128
来自 192.168.2.111 的回复: 字节=32 时间<1ms TTL=128
来自 192.168.2.111 的回复: 字节=32 时间<1ms TTL=128

192.168.2.111 的 Ping 统计信息:
    数据包: 已发送 = 4，已接收 = 4，丢失 = 0 (0% 丢失)，
往返行程的估计时间(以毫秒为单位):
    最短 = 0ms，最长 = 0ms，平均 = 0ms

C:\Users\Administrator>_
```

图 4-48　检查正向解析

【STEP|05】DNS 反向解析测试。

反向解析测试主要是测试 DNS 服务器是否能够提供名称解析功能。在命令状态下输入 ping -a 192.168.2.111，检测 DNS 服务器是否能够将 IP 地址解析成主机名，如图 4-49 所示。

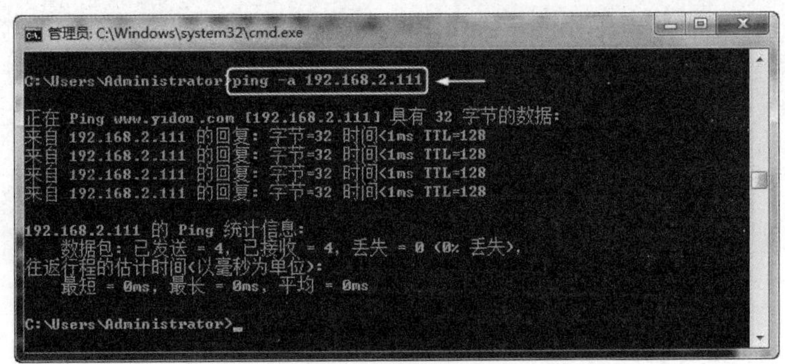

图 4-49　检查反向解析

【STEP|06】使用 nslookup 命令测试 DNS 服务器。

nslookup 是一个非常实用的程序，它通过向 DNS 服务器查询信息来解决主机名称解析这样的 DNS 问题。启动 nslookup 时，显示本地主机配置的 DNS 服务器主机名和 IP 地址。Windows NT/2000/XP/7 系统都提供该工具；Windows 95/98 系统不提供该工具。

①在命令提示符下输入“nslookup”，进入 nslookup 交互模式，出现“>”提示符，这时输入域名或 IP 地址等资料，按回车键可得到相关信息。

②nslookup 中所有的命令必须在“>”提示符后面输入，常用命令有：

- help：显示有关帮助信息。
- exit：退出 nslookup 程序。
- server IP：将默认的服务器更改到指定的 DNS 域名。IP 为指定 DNS 服务器的 IP 地址。
- set q=A：由域名查询 IP 地址。为默认设定值。
- set q=CNAME：查询别名的规范名称。

③nslookup 使用举例。假设 DNS 服务器 IP 地址为 192.168.1.218，域名为 yidou.com，在客户端启动 nslookup，测试主机记录和别名记录等，如图 4-50 所示。

【STEP|07】查看主机的域名高速缓存区。

为了提高主机的解析效率，常常采用高速缓存区来存储检索过的域名与其 IP 地址的映射关系。UNIX、Linux、Windows Server 2008 R2 等操作系统都提供命令，允许用户查看域名高速缓存区中的内容。在 Windows Server 2008 R2 中，ipconfig/displaydns 命令可以将高速缓存区中的域名与其 IP 地址映射关系显示在屏幕上，包括域名、类型、TTL、IP 地址等，如图 4-51 所示。如果需要清除主机高速缓存区中的内容，可以使用 ipconfig/flushdns 命令。

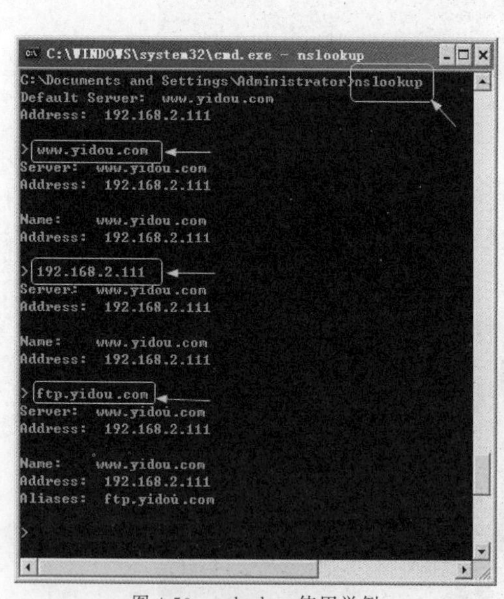

图 4-50　nslookup 使用举例

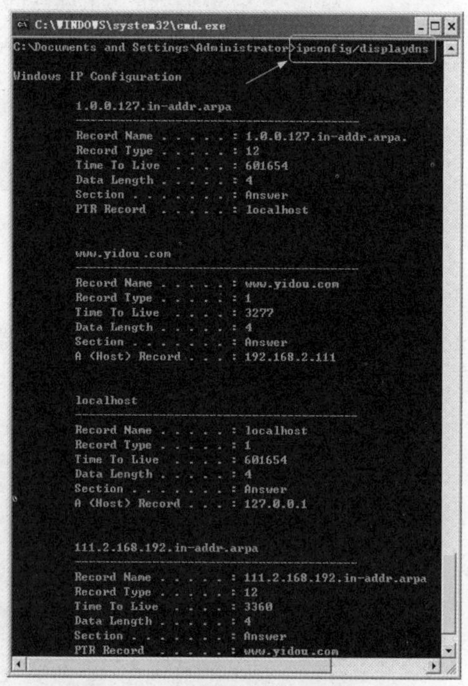

图 4-51　查看主机的域名高速缓存区

2.架设与配置邮件服务器

为了方便公司使用邮件联系业务，希望在公司设置一台邮件服务器，具体任务如下。

任务 4-13

请为亿都公司的邮件服务器安装 POP3 服务组件和 SMTP 服务组件。

Windows Server 2008 R2 默认情况下是没有安装 POP3 和 SMTP 服务组件的，因此我们要手工添加。

【STEP|01】以系统管理员身份登录 Windows Server 2008 R2 系统。

【STEP|02】打开“控制面板”→“添加或删除程序”→“添加/删除 Windows 组件”，在打开的“Windows 组件向导”对话框中选择“电子邮件服务”选项，单击“详细信息”按钮，可以看到该选项包括两部分内容：POP3 服务和 POP3 服务 Web 管理。为方便用户以远程 Web 方式管理邮件服务器，建议选择“POP3 服务 Web 管理”。

【STEP|03】选择“应用程序服务器”选项，单击“详细信息”按钮，然后在“Internet 信息服务(IIS)”选项中查看详细信息，选择“SMTP Service”选项，最后单击“确定”按钮。此外，如果用户需要对邮件服务器进行远程 Web 管理，一定要选择“万维网服务”中的“远程管理(HTML)”组件。完成以上设置后，单击“下一步”按钮，系统就开始安装 POP3 和 SMTP 服务组件了。

任务 4-14

请为亿都公司的邮件服务器配置 POP3 和 SMTP 服务器。

【STEP|01】创建邮件域。单击“开始”→“管理工具”→“POP3 服务”，打开“POP3 服务控制台”窗口。选中左栏中的“POP3 服务”后，单击右栏中的“新域”，打开“添加域”对话框，接着在“域名”文本框中输入邮件服务器的域名，也就是邮件地址“@”后面的部分，如“yidou.com”，最后单击“确定”按钮。其中“yidou.com”为在 Internet 上注册的域名，并且该域名在 DNS 服务器中设置了 MX 邮件交换记录，解析到 Windows Server 2008 R2 邮件服务器 IP 地址上。

【STEP|02】创建用户邮箱。选择刚才新建的“yidou.com”域，在右栏中单击“添加邮箱”，打开“添加邮箱”对话框，在“邮箱名”文本框中输入邮件用户名，然后设置用户密码，最后单击“确定”按钮，完成邮箱的创建。

【STEP|03】配置 SMTP 服务器。单击“开始”→“程序”→“管理工具”→“Internet 信息服务(IIS)管理器”，在“IIS 管理器”窗口中右键单击“默认 SMTP 虚拟服务器”选项，在弹出的快捷菜单中选中“属性”，进入“默认 SMTP 虚拟服务器”对话框，切换到“常规”选项卡，在“IP 地址”下拉列表框中选中邮件服务器的 IP 地址即可。单击“确定”按钮，一个简单的邮件服务器就架设完成了。

完成以上设置后，用户就可以使用邮件客户端软件连接邮件服务器进行邮件收发工作了。在设置邮件客户端软件的 SMTP 和 POP3 服务器地址时，输入邮件服务器的域名“yidou.com”即可。

任务 4-15

远程 Web 管理：登录 Web 管理界面管理邮件服务器。

在远端客户机中，运行 IE 浏览器，在地址栏中输入“https://服务器 IP 地址:8098”，将会打开连接对话框，输入管理员用户名和密码，单击“确定”按钮，即可登录 Web 管理界面。

4.4.7 配置 VPN 服务器

公司员工在外出差或在家时，希望能够访问公司网络查阅资料和及时了解公司的情况，并将出差的情况向公司汇报，随时保持与公司联系，怎样能保证通信的安全？如何创建一个既安全又快捷的网络连接方式满足这部分员工的需求？

任务 4-16

架设 VPN 服务器，了解 VPN 工作情况和参数配置。

通过与亿都公司经理进行沟通，得出结论就是公司需要架设 VPN 服务器。首先绘制 VPN 连接图，如图 4-52 所示。

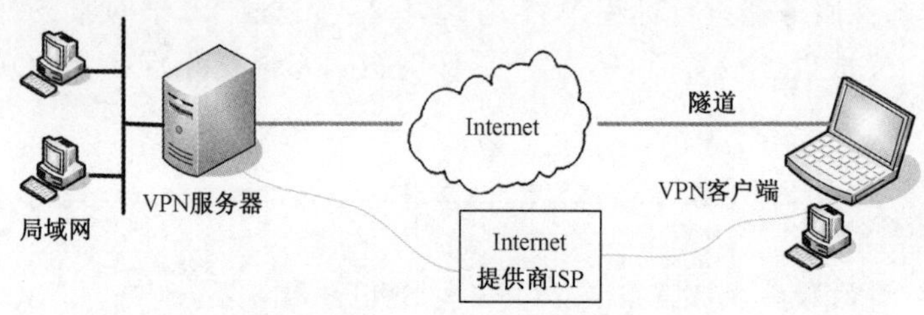

图 4-52 VPN 连接图

把 VPN 的工作情况跟公司经理做简单介绍，如图 4-53 所示。

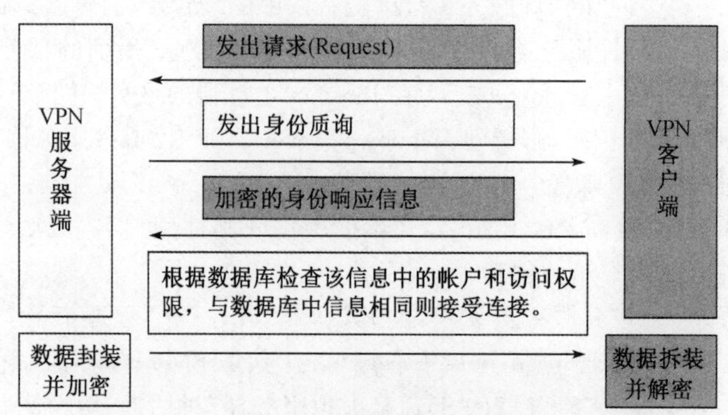

图 4-53 VPN 工作情况图

具体参数配置见表 4-9。

表 4-9 参数配置表

设备	IP 地址
VPN 服务器	192.168.1.20
亿都公司网络	192.168.1.0
家中或出差在外的计算机	通过 ADSL 上网，动态获取 IP 地址

提示　VPN服务器一方面连接企业内部网络，另一方面连接Internet。当客户机通过VPN连接与内部网络实现通信时，先由ISP(Internet服务提供商)将所有数据传到VPN服务器，然后VPN服务器再负责将所有的数据传送到目标计算机。VPN使用隧道协议、身份验证和数据加密的方式保证通信的安全。

在Windows Server 2008 R2中VPN服务称为“路由和远程访问”，默认状态已经安装。只需对此服务进行必要的配置使其生效即可。

【STEP|01】依次选择“开始”→“管理工具”→“路由和远程访问”，打开“路由和远程访问”窗口；再在窗口左边右键单击本地计算机名，选择“配置并启用路由和远程访问”，如图4-54所示。

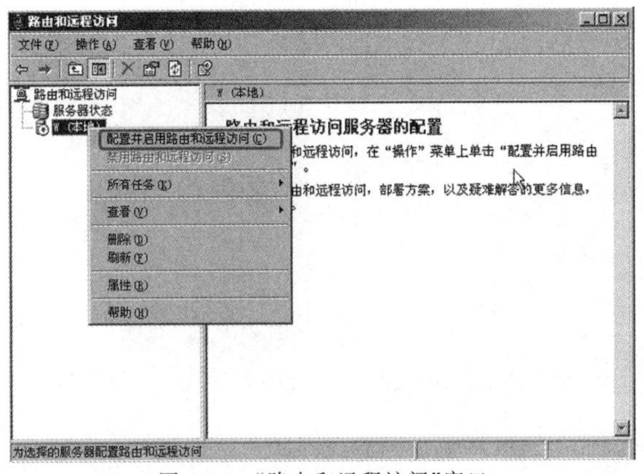

图4-54　“路由和远程访问”窗口

【STEP|02】在出现的配置向导中单击“下一步”按钮，进入“配置”对话框。现在服务器只有一块网卡，只能选择“自定义配置”，如图4-55所示。(而标准VPN配置是需要两块网卡的，如果服务器有两块网卡，则可有针对性地选择第一项或第三项。然后一路单击“下一步”按钮，完成和开启配置后即可开始VPN服务了。)

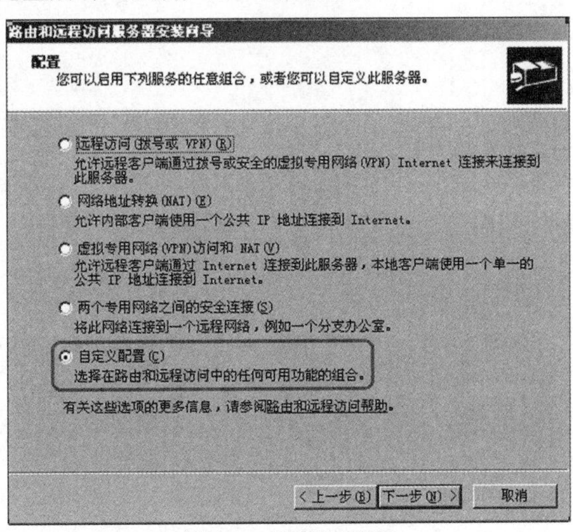

图4-55　“配置”对话框

【STEP|03】单击“下一步”按钮，打开“自定义配置”对话框，勾选需要启用服务的复选

框，如“VPN 访问”复选框，一般只选“VPN 访问”复选框，如图 4-56 所示。（如果服务器装了两块网卡，则这时需要设置 IP 地址。右键单击右边树形目录里的本地服务器名，选择“属性”并切换到 IP 选项卡。如果接入方式为宽带路由接入即 DHCP 方式，那就不需要改，不过通常情况下，采用 DHCP 动态 IP 的网络速度相对较慢；而使用静态 IP 可减少 IP 地址解析时间，提升网络速度，其起始 IP 地址和结束 IP 地址的设置可以依据所在地区的 IP 地址段，也可自行定义，比如常见的局域网段“192.168.0.X”。）

【STEP|04】单击“下一步”按钮，打开“正在完成路由和远程访问服务器安装向导”对话框，如图 4-57 所示。

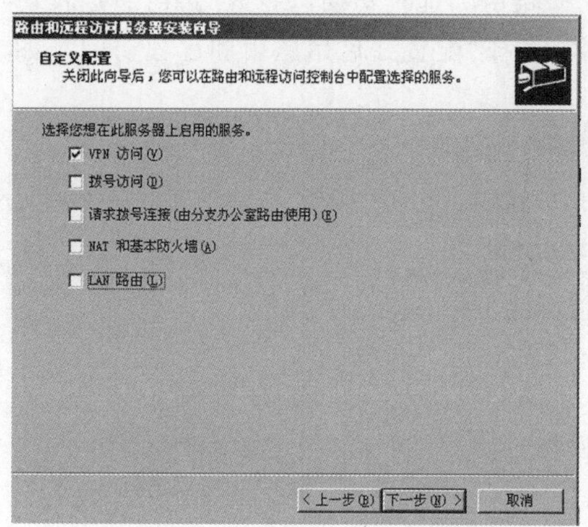

图 4-56 “自定义配置”对话框

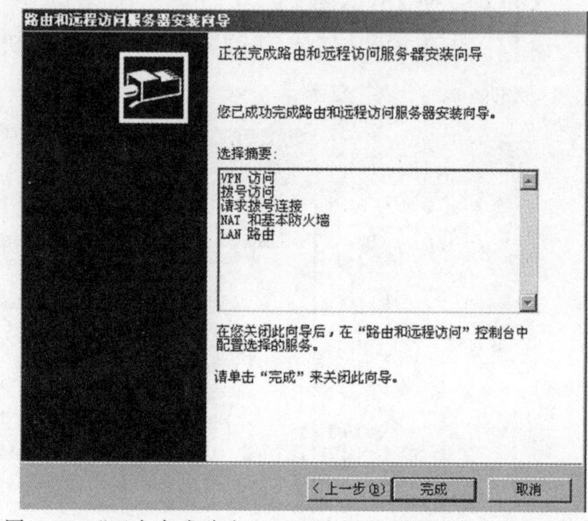

图 4-57 “正在完成路由和远程访问服务器安装向导”对话框

【STEP|05】单击“完成”按钮，打开“路由和远程访问”安装成功对话框，如图 4-58 所示。

【STEP|06】单击“是”按钮，返回“路由和远程访问”窗口，本地计算机前显示为绿色向上箭头，然后显示所有的服务项目，如图 4-59 所示。

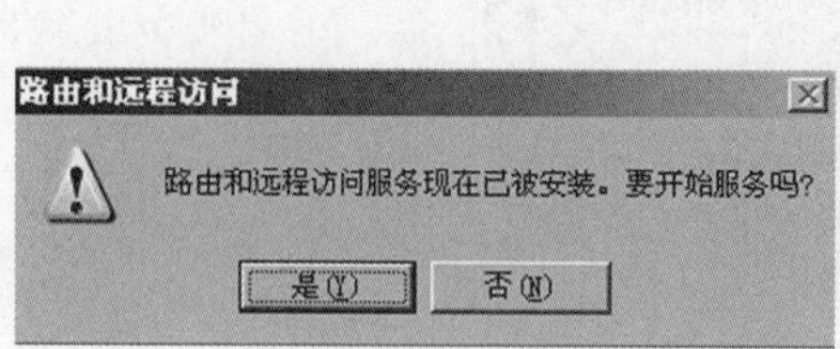

图 4-58 “路由和远程访问”安装成功对话框

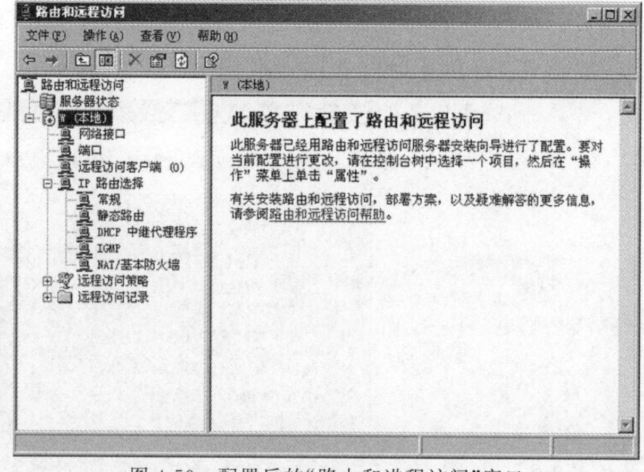

图 4-59 配置后的“路由和进程访问”窗口

> **提示**
>
> 一般企业接入互联网有固定 IP，客户机可随时随地对服务器进行访问；而一般家庭用户采用 ADSL 宽带接入，每次上网地址都不一样，所以需要在 VPN 服务器上安装动态域名解析软件，才能让客户端在网络中找到服务器并随时可以拨入。

任务 4-17

架设 VPN 客户端:建立到 VPN 服务器端的专用连接。

客户端的配置比较简单,只需建立一个到 VPN 服务器端的专用连接即可。首先确定客户端也要接入 Internet 网络,接着以 Windows 7 客户端为例说明,其他的操作系统设置也大同小异。

【STEP|01】单击“控制面板”→“网络连接”→“新建网络连接”,打开“新建连接向导”对话框,如图 4-60 所示。

【STEP|02】单击“下一步”按钮,打开“网络连接类型”对话框,选择“连接到我的工作场所的网络”单选项,如图 4-61 所示。

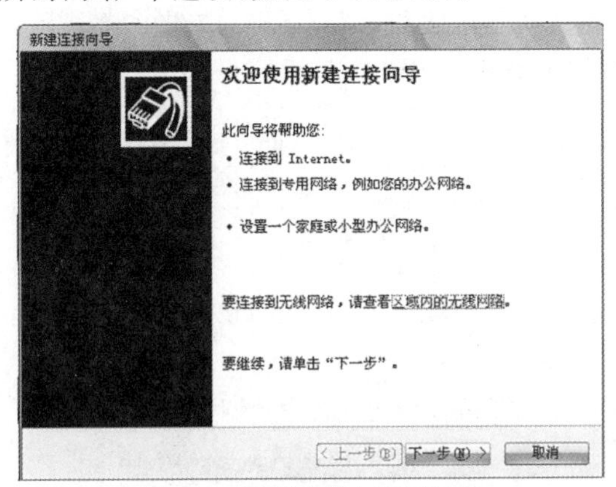

图 4-60　“新建连接向导”对话框

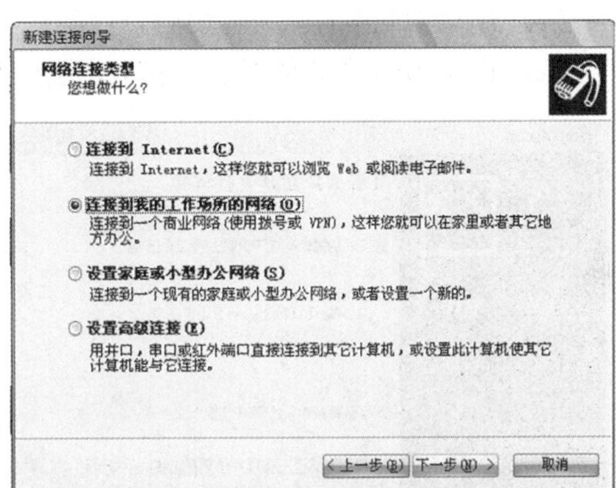

图 4-61　“网络连接类型”对话框

【STEP|03】单击“下一步”按钮,打开“网络连接”对话框,选择“虚拟专用网络连接”单选项,如图 4-62 所示。

【STEP|04】单击“下一步”按钮,打开“连接名”对话框,输入公司名,如图 4-63 所示。

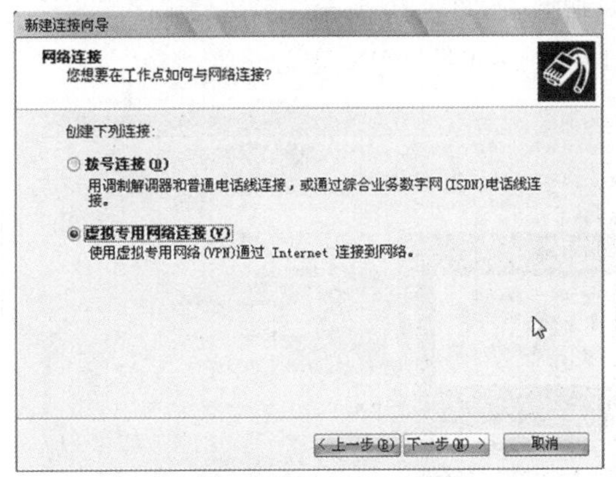

图 4-62　“网络连接”对话框

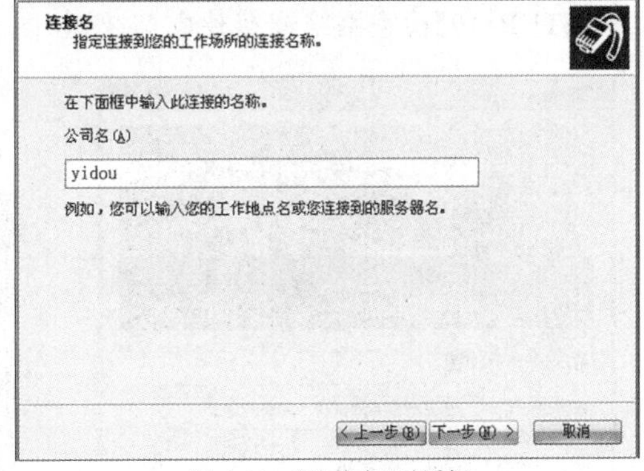

图 4-63　“连接名”对话框

【STEP|05】单击“下一步”按钮,打开“公用网络”对话框,根据实际情况选择一个单选项,如图 4-64 所示。

【STEP|06】单击“下一步”按钮,打开“VPN 服务器选择”对话框,输入服务器的主机名或 IP 地址,如图 4-65 所示。

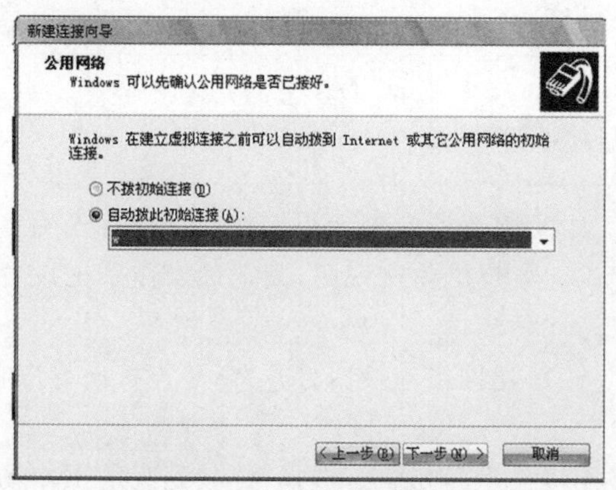

图 4-64 “公用网络”对话框

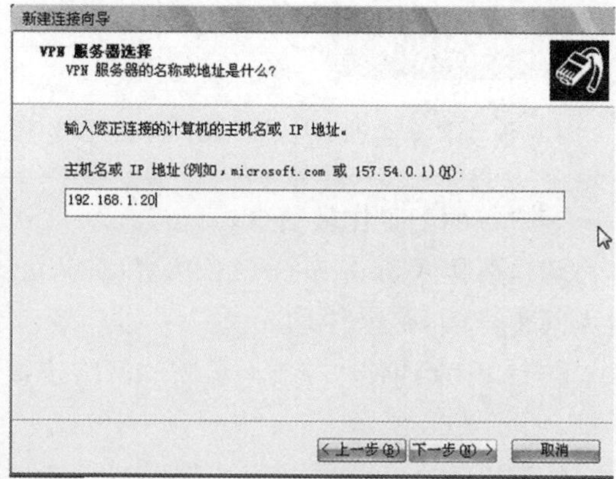

图 4-65 “VPN 服务器选择”对话框

【STEP|07】单击“下一步”按钮，打开“正在完成新建连接向导”对话框，如图 4-66 所示。

【STEP|08】单击“完成”按钮，打开“初始连接”对话框，如图 4-67 所示。

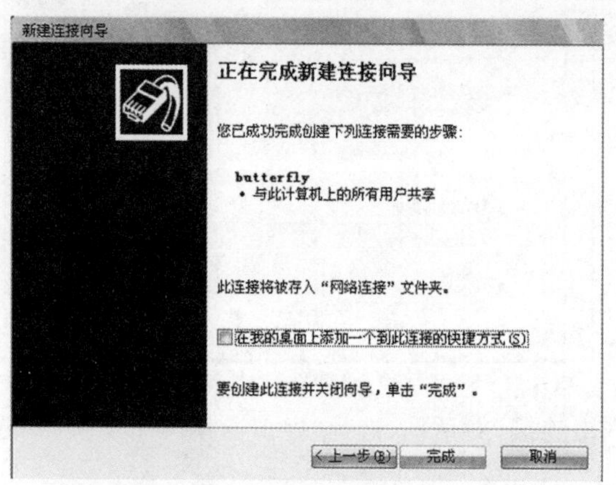

图 4-66 “正在完成新建连接向导”对话框

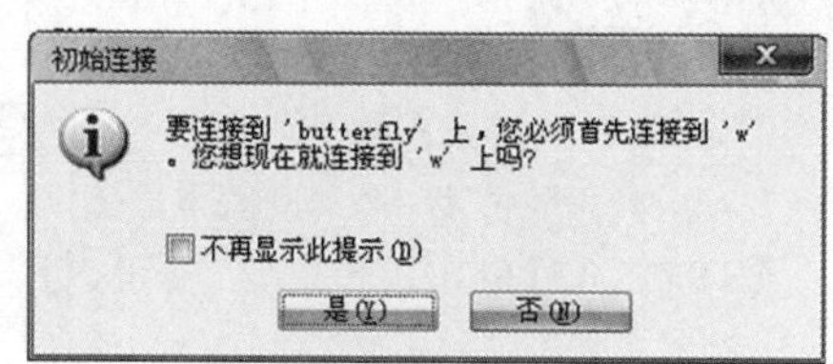

图 4-67 “初始连接”对话框

【STEP|09】单击“是”按钮，打开“连接 w”对话框，如图 4-68 所示。

【STEP|10】检查网络连接建立情况，如图 4-69 所示说明 VPN 建立成功。

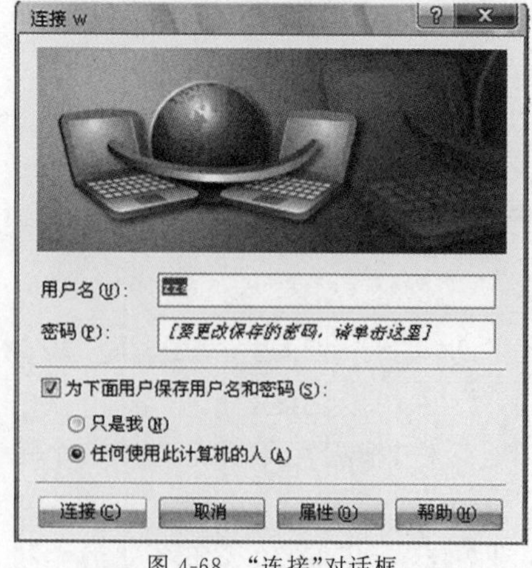

图 4-68 “连接”对话框

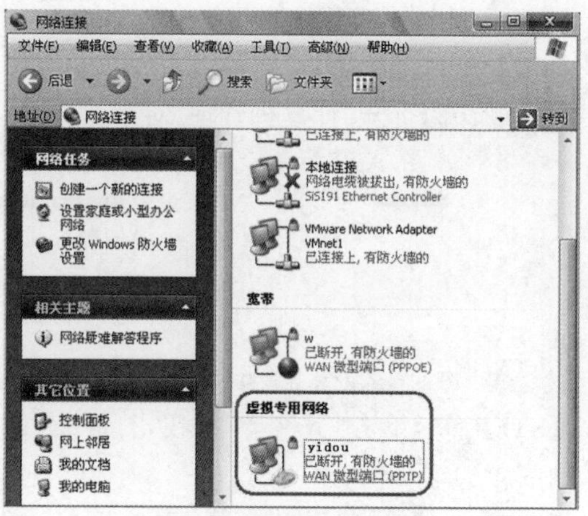

图 4-69 VPN 建立成功窗口

任务 4-18

维护 VPN 客户端：了解 VPN 工作情况，参数配置。

【STEP|01】打开"网络和拨号连接"，右键单击已建好的 VPN 连接，选择"属性"按钮，打开"yidou 属性"对话框 1，如图 4-70 所示。

【STEP|02】单击"确定"按钮，打开"yidou 属性"对话框 2，单击"安全"选项卡，选中"高级"单选项，单击"设置"按钮，打开"高级安全设置"对话框，设置登录安全措施。

【STEP|03】单击"确定"按钮，打开"yidou 属性"对话框 3，选择"网络"选项卡，单击"VPN 类型"框的下拉按钮，选择需要的 VPN 类型，单击"确定"按钮，如图 4-71 所示。

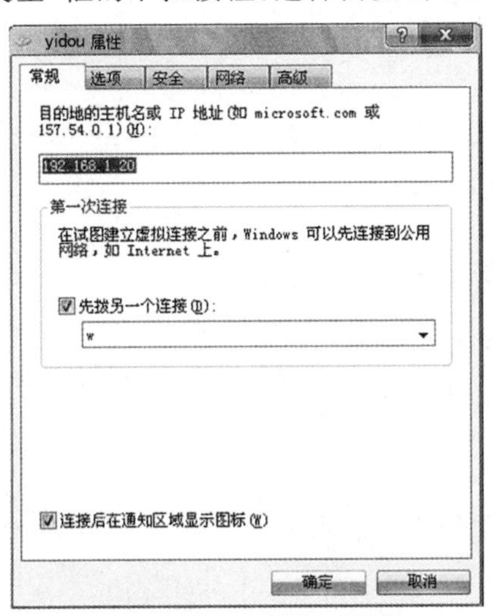

图 4-70　"yidou 属性"对话框

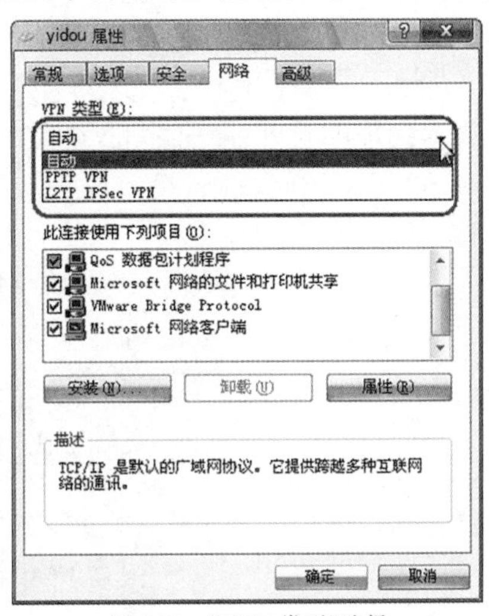

图 4-71　"VPN 类型"选择

任务 4-19

连接 VPN 客户端到服务器：给服务器设置一个有拨入权限的用户。

要登录到 VPN 服务器，必须要知道该服务器的一个有拨入权限的用户。

【STEP|01】鼠标右击"我的电脑"，选择"管理"命令，如图 4-72 所示。

【STEP|02】打开"计算机管理"对话框，展开"本地用户和组"，选中"用户"，鼠标右击，选择"新用户"，如图 4-73 所示。

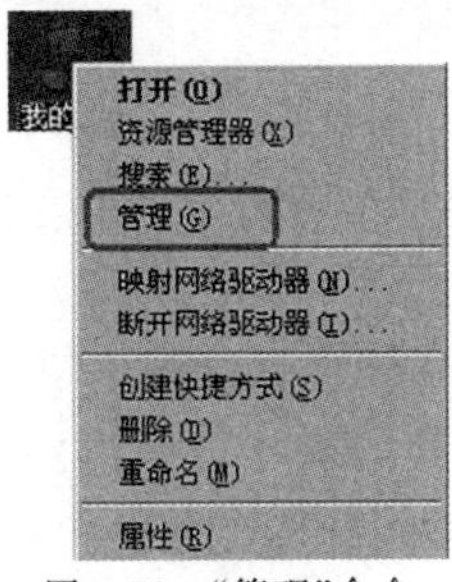

图 4-72　"管理"命令

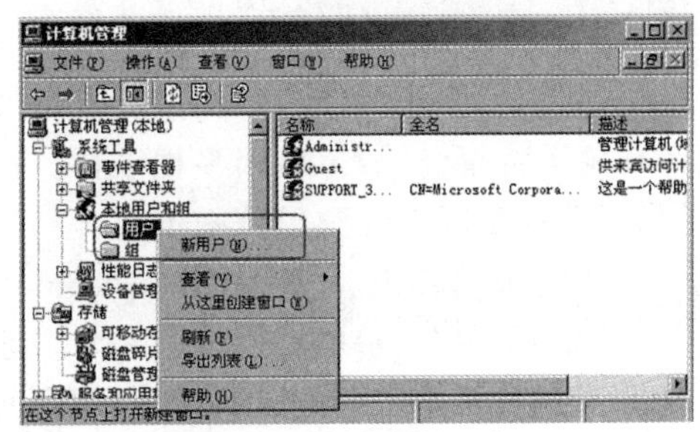

图 4-73　"计算机管理"窗口

【STEP|03】弹出"新用户"对话框，输入用户名等信息，如图 4-74 所示。

【STEP|04】单击“创建”按钮，新用户创建成功，如图 4-75 所示。

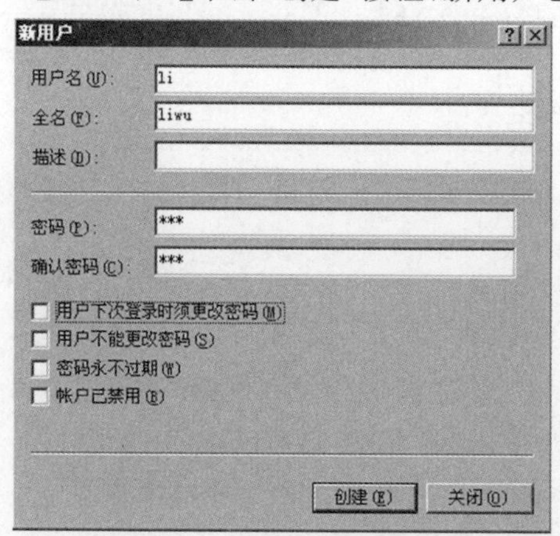

图 4-74 “新用户”对话框

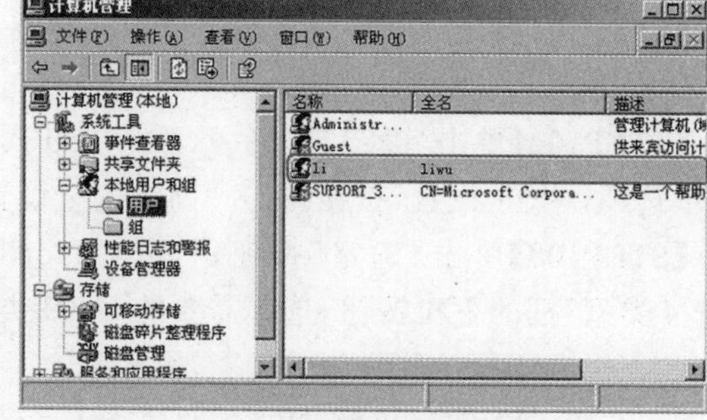

图 4-75 新用户创建成功图

【STEP|05】选中用户，鼠标右击，在菜单中选择“属性”，弹出“li 属性”对话框，选择“拨入”选项卡，在“远程访问权限(拨入或 VPN)”项中选中“允许访问”单选项，单击“确定”按钮，如图 4-76 所示。

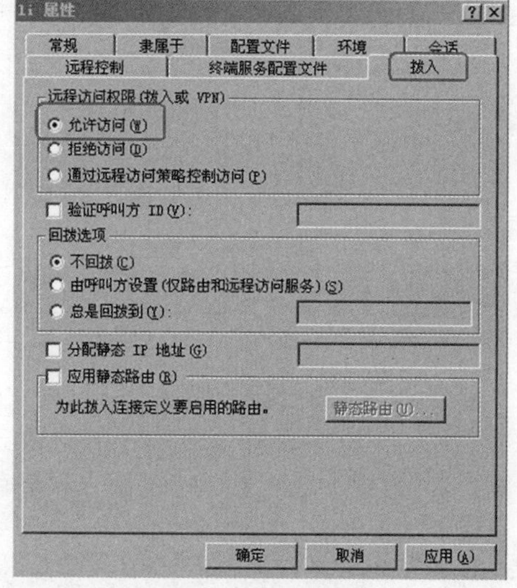

图 4-76 “拨入”选项卡

【STEP|06】单击图 4-68 中“连接”按钮，查看是否能连接上。若连接上了，则说明配置成功。

4.4.8 使用命令测试网络故障

由于网络架设很复杂，涉及网线、路由、交换机、工作站、网卡等多种设备，所以局域网中出现的网络故障现象千奇百怪，故障原因多种多样。这些网络故障轻则导致工作站上网速缓慢或无法上网，严重的情况能导致局域网不通、网络通道发生堵塞或者网络发生崩溃，而且排除过程也比较缓慢和复杂。

但总体来讲，主要分为硬件问题和软件问题，确切地说，导致网络故障的主要原因不外乎网络连接性问题、配置文件和选项问题、网络协议问题或网络拓扑问题等。因此，掌握常见故障的处理方法，根据故障现象解决局域网中出现的各种故障是每个网络管理员应具备的素质。

1.数据包网际检测程序 ping

ping 是 Windows 系列自带的一个可执行命令。利用它可以检查网络是否能够连通，用好它可以很好地帮助我们分析、判定网络故障。使用 ping 可以测试计算机名和计算机的 IP 地址，验证与远程计算机的连接，通过将 ICMP 回显数据包发送到计算机并侦听回显回复数据包来验证与一台或多台远程计算机的连接，该命令只有在安装了 TCP/IP 协议后才可以使用。内容参见 1.4.20。

2.网络状态查询命令 netstat

利用 netstat 工具可以显示有关统计信息和当前 TCP/IP 网络连接的情况，使用户或网络管理人员得到非常详尽的统计结果。当网络中没有安装特殊的网络管理软件，但又要对整个网络的使用状况进行详细了解时，netstat 就显得非常有用了。

netstat 可以用来获得系统网络连接的信息(如使用的端口和在使用的协议等)，收到和发出的数据，被连接的远程系统的端口等。

(1)查看 netstat 命令的使用格式以及详细的参数说明

通过 netstat /? 命令可以查看该命令的使用格式以及详细的参数说明。该命令的使用格式是在 DOS 命令提示符下或者直接在运行对话框中键入命令 netstat[参数]。

利用该程序提供的参数功能，我们就可以了解该命令的其他功能信息。例如显示以太网的统计信息、显示所有协议的使用状态，这些协议包括 TCP、UDP 以及 IP 等。另外还可以选择特定的协议查看其具体使用信息，还能显示所有主机的端口号以及当前主机的详细路由信息。

任务 4-20

获取并分析 netstat 命令的参数信息。包括：显示本地或与之相连的远程机器的连接状态；检查网络接口是否已正确安装；检查一些常见的木马；等等。

【STEP|01】获取 netstat 命令的参数信息：选择“开始”→“所有程序”→“附件”→“运行”→“cmd”，在 DOS 提示符下键入“netstat /?”，就可以获得有关 netstat 的使用帮助信息，如图 4-77 所示。

【STEP|02】netstat 命令的语法格式。

```
netstat [-a] [-e] [-n] [-s] [-p protocol] [-r] [interval]
```

图 4-77　获得 netstat 的使用帮助

【STEP|03】常用参数选项。

- -a —用来显示在本地机上的外部连接,也显示远程所连接的系统,本地和远程系统连接时使用和开放的端口,以及本地和远程系统连接的状态。这个参数通常用于获得本地系统开放的端口,可以自己检查系统上有没有被安装木马。如发现 Port 12345(TCP) Netbus、Port 31337(UDP) Back Orifice 之类的信息,则表示计算机很有可能感染了木马,如图 4-78 所示。

```
C:\>netstat -a

Active Connections

  Proto  Local Address          Foreign Address        State
  TCP    XYLJ-CD7CDA1831:http   XYLJ-CD7CDA1831:0      LISTENING
  TCP    XYLJ-CD7CDA1831:epmap  XYLJ-CD7CDA1831:0      LISTENING
  TCP    XYLJ-CD7CDA1831:https  XYLJ-CD7CDA1831:0      LISTENING
  TCP    XYLJ-CD7CDA1831:microsoft-ds  XYLJ-CD7CDA1831:0      LISTENING
  TCP    XYLJ-CD7CDA1831:1025   XYLJ-CD7CDA1831:0      LISTENING
  TCP    XYLJ-CD7CDA1831:1026   XYLJ-CD7CDA1831:0      LISTENING
  TCP    XYLJ-CD7CDA1831:1027   XYLJ-CD7CDA1831:0      LISTENING
  TCP    XYLJ-CD7CDA1831:1029   XYLJ-CD7CDA1831:0      LISTENING
  TCP    XYLJ-CD7CDA1831:3372   XYLJ-CD7CDA1831:0      LISTENING
  TCP    XYLJ-CD7CDA1831:ms-sql-s  XYLJ-CD7CDA1831:0      LISTENING
  TCP    XYLJ-CD7CDA1831:netbios-ssn  XYLJ-CD7CDA1831:0      LISTENING
  TCP    XYLJ-CD7CDA1831:1154   61.135.151.131:http    TIME_WAIT
  TCP    XYLJ-CD7CDA1831:ms-sql-s  XYLJ-CD7CDA1831:0      LISTENING
  UDP    XYLJ-CD7CDA1831:microsoft-ds  *:*
```

图 4-78 netstat-a 参数使用情况

- -n —这个参数是-a 参数的数字形式,是用数字的形式显示以上信息。
- -e —显示以太网统计信息,该参数可以与-s 选项结合使用,如图 4-79 所示。

```
D:\Documents and Settings>netstat -e
Interface Statistics

                           Received            Sent

Bytes                       7733405          693155
Unicast packets                6316            6811
Non-unicast packets           61151             721
Discards                          0               0
Errors                            0             277
Unknown protocols                 0
```

图 4-79 netstat-e 参数使用情况

- -p protocol —用来显示特定的协议配置信息,格式为 netstat -p xxx,其中 xxx 可以是 UDP、IP、ICMP 或 TCP。
- -s —显示机器缺省情况下每个协议的配置统计,包括 TCP、IP、UDP、ICMP 等协议,如图 4-80 所示。

```
D:\Documents and Settings>netstat -e -s
Interface Statistics

                           Received            Sent

Bytes                       7733645          693155
Unicast packets                6316            6811
Non-unicast packets           61155             721
Discards                          0               0
Errors                            0             277
Unknown protocols                 0

IPv4 Statistics

  Packets Received                   = 6350
  Received Header Errors             = 0
  Received Address Errors            = 17
  Datagrams Forwarded                = 0
  Unknown Protocols Received         = 0
  Received Packets Discarded         = 27
```

图 4-80 netstat -e -s 参数的综合使用情况

- -r —用来显示路由分配表。
- interval —每隔 interval 秒重复显示所选协议的配置情况，直到按“Ctrl+C”中断。

(2)netstat 的应用

从以上各参数的功能我们可以看出，netstat 工具至少有以下几方面的应用：

- 显示本地或与之相连的远程机器的连接状态，包括 TCP、IP、UDP、ICMP 的使用情况，了解本地机开放的端口情况。
- 检查网络接口是否已正确安装，如果在用 netstat 命令后仍不能显示某些网络接口的信息，则说明这个网络接口没有正确连接，需要重新查找原因。
- 通过加入-r 参数查询与本机相连的路由器地址分配情况。
- 还可以检查一些常见的木马等黑客程序，因为任何黑客程序都需要通过打开一个端口来达到与服务器进行通信的目的，这首先要使这台机器接入互联网才行，不然这些端口是不可能打开的，这些黑客程序也就不会达到入侵的目的。

(3)netstat 应用实例

使用 ICQ 受到骚扰，想投诉却不知道对方的 IP 时，就可以通过 netstat 来获取。当他通过 ICQ 或其他的工具与你相连时(例如你给他发一条 ICQ 信息或他给你发一条信息)，立刻在 DOS 提示符下输入 netstat -n 或 netstat -a 就可以看到对方上网时所用的 IP 或 ISP 域名以及所用的端口。

4.连接统计命令 nbtstat

nbtstat(TCP/IP 上的 NetBIOS 统计数据)实用程序用于提供关于 NetBIOS 的统计数据。运用 NetBIOS，可以查看本地计算机或远程计算机上的 NetBIOS 名字表格。

nbtstat 命令主要用于查看当前基于 NetBIOS 的 TCP/IP 连接状态，通过它可以获得远程或本地机器的组名和机器名。

任务 4-21

获取并分析 nbtstat 命令的参数信息，练习 nbtstat 命令的使用。

【STEP|01】获取 nbtstat 命令的使用帮助。

在命令提示符下键入“nbtstat/?”可获得 nbtstat 的使用帮助，如图 4-81 所示。

【STEP|02】nbtstat 命令的语法格式。

```
nbstat [ [-a RemoteName] [-A IP address] [-c] [-n] [-r] [-R] [-RR] [-s] [-S]
[interval] ]
```

【STEP|03】常用参数选项。

- -a RemoteName —使用远程计算机的名称列出其名称表，此参数可以通过远程计算机的 NetBIOS 名来查看其当前状态。
- -A IP address —使用远程计算机的 IP 地址并列出其名称表，此参数和-a 不同的是它只能使用 IP，其实-a 包括了-A 的功能了。
- -c —列出远程计算机的 NetBIOS 名称的缓存和每个名称的 IP 地址，这个参数就是用来列出在 NetBIOS 里缓存的连接过的计算机的 IP。

```
D:\Documents and Settings\wu>nbtstat

Displays protocol statistics and current TCP/IP connections using NBT
(NetBIOS over TCP/IP).

NBTSTAT [ [-a RemoteName] [-A IP address] [-c] [-n]
        [-r] [-R] [-RR] [-s] [-S] [interval] ]

  -a   (adapter status) Lists the remote machine's name table given its name
  -A   (Adapter status) Lists the remote machine's name table given its
                        IP address.
  -c   (cache)          Lists NBT's cache of remote [machine] names and their IP
 addresses
  -n   (names)          Lists local NetBIOS names.
  -r   (resolved)       Lists names resolved by broadcast and via WINS
  -R   (Reload)         Purges and reloads the remote cache name table
  -S   (Sessions)       Lists sessions table with the destination IP addresses
  -s   (sessions)       Lists sessions table converting destination IP
                        addresses to computer NETBIOS names.
  -RR  (ReleaseRefresh) Sends Name Release packets to WINS and then, starts Refr
esh

  RemoteName   Remote host machine name.
  IP address   Dotted decimal representation of the IP address.
  interval     Redisplays selected statistics, pausing interval seconds
               between each display. Press Ctrl+C to stop redisplaying
               statistics.
```

图 4-81 获取 nbtstat 命令的使用帮助

- -r —列出 Windows 网络名称解析的名称解析统计。
- -R —清除 NetBIOS 名称缓存中的所有名称后，重新装入 Lmhosts 文件，这个参数就是清除 nbtstat -c 所能看见的缓存里的 IP。
- -S —在客户端和服务器会话表中只显示远程计算机的 IP 地址。
- interval —每隔 interval 秒重新显示所选的统计，直到按“Ctrl+C”键停止重新显示统计。如果省略该参数，nbtstat 将打印一次当前的配置信息。

提示 nbtstat 中的一些参数是区分大小写的，使用时要特别留心！

5.路由分析诊断命令 tracert

tracert 命令用来显示数据包到达目标主机所经过的路径，并显示到达每个结点的时间。命令功能与 ping 类似，但它所获得的信息要比 ping 命令详细得多，它把数据包所走的全部路径、结点的 IP 以及花费的时间都显示出来。该命令适用于大型网络，通过显示结果可以分析出网络的基本拓扑结构。

当数据包从计算机出发经过多个网关传送到目的地时，tracert 命令可以用来跟踪数据包使用的路由(路径)。该实用程序跟踪的路径是源计算机到目的地的一条路径，不能保证或认为数据包总遵循这个路径。如果配置使用 DNS，那么常常会从所产生的应答中得到城市、地址和常见通信公司的名字。tracert 是一个运行得比较慢的命令(如果指定的目标地址比较远)，每个路由器大约需要 15 秒钟。

任务 4-22

获取并分析 tracert 命令的参数信息，练习 tracert 命令的使用。

【STEP|01】获取帮助信息。

在 DOS 提示符下输入“tracert/?”，如图 4-82 所示，就可获得使用该命令的帮助信息。

```
D:\Documents and Settings\wu>tracert/?

Usage: tracert [-d] [-h maximum_hops] [-j host-list] [-w timeout] target_name

Options:
    -d                 Do not resolve addresses to hostnames.
    -h maximum_hops    Maximum number of hops to search for target.
    -j host-list       Loose source route along host-list.
    -w timeout         Wait timeout milliseconds for each reply.
```

图 4-82　获取 tracert 命令的帮助信息

【STEP|02】语法格式。

```
tracert [-d] [-h maximum_hops] [-j host-list] [-w timeout] target_name
```

其中 target_name 可以是域名或 IP 地址。

该实用程序通过向目的地发送具有不同生存时间(TTL)的 Internet 控制信息协议(CMP)回应报文,以确定至目的地的路由。路径上的每个路由器都要在转发该 ICMP 回应报文之前将其 TTL 值减 1,因此 TTL 是有效的跳转计数。当报文的 TTL 值减少到 0 时,路由器向源系统发回 ICMP 超时信息。通过发送 TTL 为 1 的第一个回应报文并且在随后的发送中每次将 TTL 值加 1,直到目标响应或达到最大 TTL 值,tracert 可以确定路由情况。通过检查中间路由器发回的 ICMP 超时(Time Exceeded)信息,可以确定路由器情况。

> **提示**　有些路由器会“安静”地丢弃生存时间(TTL)过期的报文,并且对 tracert 无效。

【STEP|03】常用参数选项。

tracert 的常用参数选项有:

- -d —指定不对计算机名解析地址。
- -h maximum_hops —指定查找目标的跳转的最大数目。
- -j host-list —指定在 host-list 中松散源路由。
- -w timeout —等待由 timeout 对每个应答指定毫秒数。

【STEP|04】应用实例。

- 在 DOS 提示符下输入“tracert www.163.com”,如图 4-83 所示。

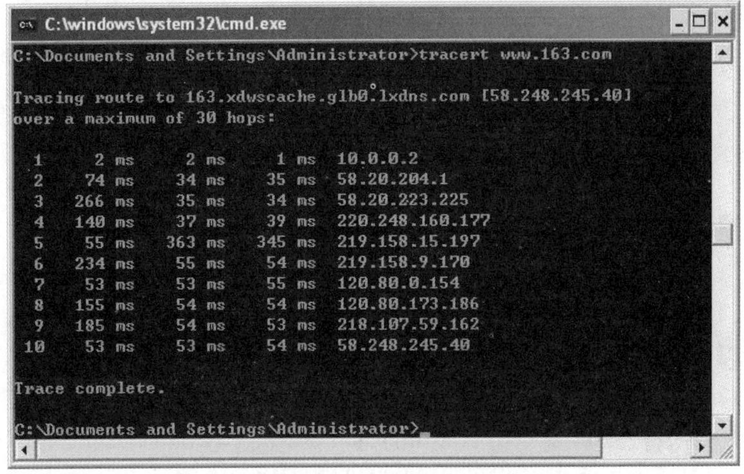

图 4-83　显示数据包到达目标主机所经过的路径

● tracert 是跟踪数据包到达目的主机的路径命令，如果在使用 ping 命令时发现网络不通，就可以用 tracert 跟踪一下包到达哪一级出现了故障，如图 4-84 所示。

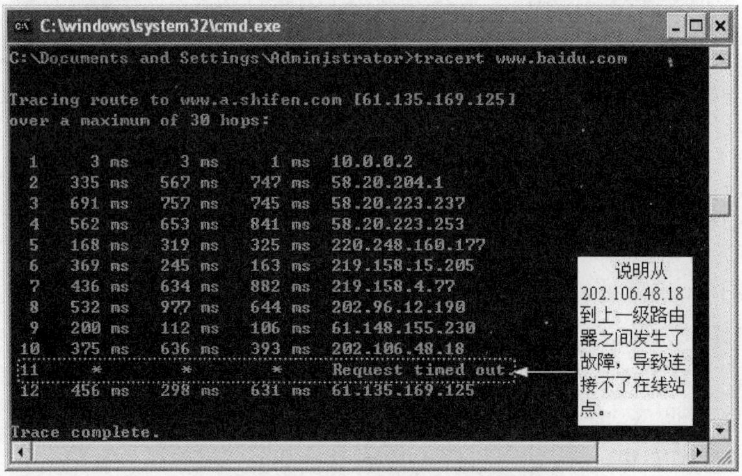

```
C:\windows\system32\cmd.exe
C:\Documents and Settings\Administrator>tracert www.baidu.com

Tracing route to www.a.shifen.com [61.135.169.125]
over a maximum of 30 hops:

  1     3 ms     3 ms     1 ms  10.0.0.2
  2   335 ms   567 ms   747 ms  58.20.204.1
  3   691 ms   757 ms   745 ms  58.20.223.237
  4   562 ms   653 ms   841 ms  58.20.223.253
  5   168 ms   319 ms   325 ms  220.248.160.177
  6   369 ms   245 ms   163 ms  219.158.15.205
  7   436 ms   634 ms   882 ms  219.158.4.77
  8   532 ms   977 ms   644 ms  202.96.12.190
  9   200 ms   112 ms   106 ms  61.148.155.230
 10   375 ms   636 ms   393 ms  202.106.48.18
 11     *        *        *     Request timed out.
 12   456 ms   298 ms   631 ms  61.135.169.125

Trace complete.
```

说明从202.106.48.18到上一级路由器之间发生了故障，导致连接不了在线站点。

图 4-84 用 tracert 跟踪数据包查找故障

6.路由表管理命令 route

大多数主机一般都是安装在路由器的网段上。如果只有一台路由器，就不存在使用哪一台路由器将数据包发送到远程计算机上去的问题，该路由器的 IP 地址可作为该网段上所有计算机的默认网关。

但是，当网络上拥有两个或多个路由器时，用户就不一定只依赖默认网关了。用户可以让某些远程 IP 地址通过某个特定的路由器来传递，而其他的远程 IP 地址则通过另一个路由器来传递。

在这种情况下，用户需要相应的路由信息，这些信息储存在路由表中，每个主机和每个路由器都配有自己独一无二的路由表。大多数路由器使用专门的路由协议来交换和动态更新路由器之间的路由表。但有些情况下，必须人工将项目添加到路由器和主机上的路由表中。route 就是用来显示、人工添加和修改路由表项目的。

任务 4-23

获取 route 命令的使用帮助信息，并熟悉常用参数，再练习 route 命令的使用。

【STEP|01】获取帮助信息。

在 DOS 提示符下输入“route/?”，如图 4-85 所示，就可获得使用该命令的帮助信息。

【STEP|02】语法格式。

route [-f] [-p] [command [destination] [MASK netmask] [gateway] [METRIC metric] [If interface]]

【STEP|03】常用参数选项。

● -f —清除所有不是主路由(子网掩码为 255.255.255.255 的路由)、环回网络路由(目标为 127.0.0.0，子网掩码为 255.255.255.0 的路由)或多播路由(目标为 224.0.0.0，子网掩码为 240.0.0.0 的路由)的条目的路由表。如果它与其他命令(例如 add、change 或 delete)结合使用，路由表会在运行命令之前清除。

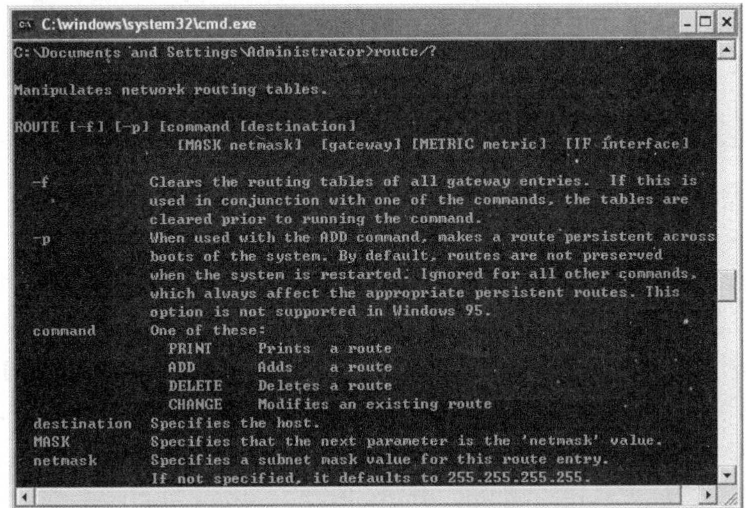

```
C:\windows\system32\cmd.exe
C:\Documents and Settings\Administrator>route/?

Manipulates network routing tables.

ROUTE [-f] [-p] [command [destination]
                  [MASK netmask]  [gateway] [METRIC metric]  [IF interface]

  -f           Clears the routing tables of all gateway entries.  If this is
               used in conjunction with one of the commands, the tables are
               cleared prior to running the command.
  -p           When used with the ADD command, makes a route persistent across
               boots of the system. By default, routes are not preserved
               when the system is restarted. Ignored for all other commands,
               which always affect the appropriate persistent routes. This
               option is not supported in Windows 95.
  command      One of these:
                 PRINT     Prints  a route
                 ADD       Adds    a route
                 DELETE    Deletes a route
                 CHANGE    Modifies an existing route
  destination  Specifies the host.
  MASK         Specifies that the next parameter is the 'netmask' value.
  netmask      Specifies a subnet mask value for this route entry.
               If not specified, it defaults to 255.255.255.255.
```

图 4-85　获取 route 命令的帮助信息

● -p —与 add 命令共同使用时，指定路由被添加到注册表并在启动 TCP/IP 协议的时候初始化 IP 路由表。默认情况下，启动 TCP/IP 协议时不会保存添加的路由。与 print 命令一起使用时，则显示永久路由列表。所有其他的命令都忽略此参数。

【STEP|04】应用实例。

route print：该命令用于显示路由表中的当前项目，输出结果如图 4-86 所示，由于用 IP 地址配置了网卡，因此所有的这些项目都是自动添加的。

```
C:\WINDOWS\system32\cmd.exe

C:\Documents and Settings\new>route print
===========================================================================
Interface List
0x1 ........................... MS TCP Loopback interface
0x2 ...00 04 23 20 61 04 ...... Intel(R) PRO/100 VE Network Connection - 数据包
计划程序微型端口
===========================================================================
===========================================================================
Active Routes:
Network Destination        Netmask          Gateway       Interface  Metric
          0.0.0.0          0.0.0.0         10.0.0.2        10.0.0.7      20
         10.0.0.0        255.0.0.0         10.0.0.7        10.0.0.7      20
         10.0.0.7  255.255.255.255        127.0.0.1       127.0.0.1      20
   10.255.255.255  255.255.255.255         10.0.0.7        10.0.0.7      20
   58.240.100.164  255.255.255.255         10.0.0.2        10.0.0.7      20
   58.240.101.118  255.255.255.255         10.0.0.2        10.0.0.7      20
    60.208.78.190  255.255.255.255         10.0.0.2        10.0.0.7      20
     60.232.20.17  255.255.255.255         10.0.0.2        10.0.0.7      20
     61.50.158.34  255.255.255.255         10.0.0.2        10.0.0.7      20
   61.130.104.200  255.255.255.255         10.0.0.2        10.0.0.7      20
     61.134.48.66  255.255.255.255         10.0.0.2        10.0.0.7      20
    61.134.52.226  255.255.255.255         10.0.0.2        10.0.0.7      20
    121.29.169.71  255.255.255.255         10.0.0.2        10.0.0.7      20
     125.34.46.97  255.255.255.255         10.0.0.2        10.0.0.7      20
   125.37.222.115  255.255.255.255         10.0.0.2        10.0.0.7      20
        127.0.0.0        255.0.0.0        127.0.0.1       127.0.0.1       1
   139.223.42.154  255.255.255.255         10.0.0.2        10.0.0.7      20
```

图 4-86　显示路由表中的当前项目

route add：可以将路由项目添加给路由表。例如，如果要设定一个到目的网络 209.98.32.33 的路由，其间要经过 5 个路由器网段，首先要经过本地网络上的一个路由器，它的 IP 为 202.96.123.5，子网掩码为 255.255.255.224，那么用户应该输入以下命令：

```
route add 209.98.32.33 mask 255.255.255.224 202.96.123.5 metric 5
```

route change：修改数据的传输路由，不过，用户不能使用本命令来改变数据的目的地。

下面这个例子可以将数据的路由改到另一个路由器，它采用一条包含 3 个网段的更直接路径：

```
route add 209.98.32.33 mask 255.255.255.224 202.96.123.250 metric 3
```

route delete：从路由表中删除路由。

```
route delete 210.43.96.12
```

7.地址解析协议 arp

arp 是 address resolution protocol（地址解析协议）的缩写。在局域网中，网络中实际传输的是“帧”，帧里面是有目标主机的 MAC 地址的。在以太网中，一个主机要和另一个主机进行直接通信，必须要知道目标主机的 MAC 地址。但这个目标 MAC 地址是如何获得的呢？它就是通过地址解析协议获得的。所谓“地址解析”就是主机在发送帧前将目标 IP 地址转换成目标 MAC 地址的过程。arp 协议的基本功能就是通过目标设备的 IP 地址查询目标设备的 MAC 地址，以保证通信的顺利进行。

任务 4-24

获取并分析 arp 命令的参数信息。

【STEP|01】获取帮助信息。

在 DOS 提示符下输入“arp/?”，如图 4-87 所示，就可获得使用该命令的帮助信息。

```
:\Documents and Settings\wu>arp/?

isplays and modifies the IP-to-Physical address translation tables used by
ddress resolution protocol (ARP).

RP -s inet_addr eth_addr [if_addr]
RP -d inet_addr [if_addr]
RP -a [inet_addr] [-N if_addr]

 -a            Displays current ARP entries by interrogating the current
               protocol data.  If inet_addr is specified, the IP and Physical
               addresses for only the specified computer are displayed.  If
               more than one network interface uses ARP, entries for each ARP
               table are displayed.
 -g            Same as -a.
 inet_addr     Specifies an internet address.
 -N if_addr    Displays the ARP entries for the network interface specified
               by if_addr.
 -d            Deletes the host specified by inet_addr. inet_addr may be
               wildcarded with * to delete all hosts.
 -s            Adds the host and associates the Internet address inet_addr
               with the Physical address eth_addr.  The Physical address is
               given as 6 hexadecimal bytes separated by hyphens. The entry
               is permanent.
 eth_addr      Specifies a physical address.
 if_addr       If present, this specifies the Internet address of the
               interface whose address translation table should be modified.
               If not present, the first applicable interface will be used.
xample:
 > arp -s 157.55.85.212   00-aa-00-62-c6-09  .... Adds a static entry.
 > arp -a                                    .... Displays the arp table.
```

图 4-87　获取 arp 命令的帮助信息

【STEP|02】常用参数选项。

arp 命令常用参数有：

-a 或-g —用于查看高速缓存中的所有项目。-a 和-g 参数的结果是一样的，多年来-g 一直是 UNIX 平台上用来显示 arp 高速缓存中所有项目的选项，而 Windows 用的是-a。-a 参数的应用情况如图 4-88 所示。

```
D:\Documents and Settings\wu>arp -a

Interface: 172.16.7.126 --- 0x2
  Internet Address      Physical Address      Type
  172.16.7.254          00-19-07-4e-de-ca     dynamic
```

图 4-88　arp -a 参数的应用情况

-a IP 地址 —如果存在多个网卡，那么使用 arp -a 加上接口的 IP 地址，就可以只显示与该接口相关的 arp 缓存项目。

-s IP 地址 —人工向 arp 高速缓存中输入一个静态项目。该项目在计算机引导过程中将保持有效状态；或者在出现错误时，人工配置的 IP 地址将自动更新该项目。

-d IP 地址 —人工删除一个静态项目。

4.5　任务拓展

路由器的访问控制列表是网络安全保障的第一道关卡，是网络防御的前沿阵地。访问列表提供了一种机制，它可以控制和过滤通过路由器的不同接口去往不同方向的信息流。这种机制允许用户使用访问表来管理信息流，以制定公司内部网络的相关策略。这些策略可以描述安全功能，并且反映流量的优先级别。

路由器上的访问控制列表 ACL 是保护内网安全的有效手段。一个设计良好的访问控制列表不仅可以起到控制网络流量、流向的作用，还可以在不增加网络系统软、硬件投资的情况下完成一般软、硬件防火墙产品的功能。由于路由器介于企业内网和外网之间，是外网与内网进行通信时的第一道屏障，所以即使在网络系统安装了防火墙产品后，仍然有必要对路由器的访问控制列表进行缜密的设计，来对企业内网包括防火墙本身实施保护。

在这里将针对服务器以及内网工作站的安全给出广域网接入路由器 IRouter 上 ACL 的配置方案。

拓展任务 4-1

为了保证网络安全，网络管理员针对普遍存在的一些非常重要的、影响服务器群安全的隐患加以屏蔽。请按以下步骤屏蔽相关协议和服务等。

【STEP|01】对外屏蔽简单网管协议，即 SNMP。

利用这个协议，远程主机可以监视、控制网络上的其他网络设备。它有两种服务类型：SNMP 和 SNMPTRAP。在路由器上配置 ACL 可以对外屏蔽简单网管协议 SNMP。

```
IRouter(config)#access-list 100 deny udp any any eq snmp
IRouter(config)#access-list 100 deny udp any any eq snmptrap
IRouter(config)#access-list 100 permit ip any any //配置 ACL 对外屏蔽简单网
                                                   //管协议 SNMP
```

【STEP|02】对外屏蔽远程登录协议 telnet。

首先，telnet 是一种不安全的协议类型。用户在使用 telnet 登录网络设备或服务器时所使用的用户名和口令在网络中是以明文传输的，很容易被网络上的非法协议分析设备截获。其次，telnet 可以登录到大多数网络设备和 UNIX 服务器，并可以使用相关命令完全操纵它们。这是极其危险的，因此必须加以屏蔽，配置方法如下：

```
IRouter(config)#access-list 100 deny tcp any any eq telnet
IRouter(config)#access-list 100 permit ip any any //对外屏蔽远程登录协议 telnet
```

【STEP|03】对外屏蔽其他不安全的协议或服务。

这样的协议或服务主要有 SUN OS 的文件共享协议端口 2049，远程执行(rsh)、远程登录(rlogin)和远程命令(rcmd)端口 512、513、514，远程过程调用(sunrpc)端口 111。可以将以上协议进行综合设计。

```
IRouter(config)#access-list 100 deny tcp any any range 512 514
IRouter(config)#access-list 100 deny tcp any any eq 111
IRouter(config)#access-list 100 deny udp any any eq 111
IRouter(config)#access-list 100 deny tcp any any eq 2049
IRouter(config)#access-list 100 permit ip any any
//对外屏蔽其他不安全的协议或服务
```

【STEP|04】针对 DoS 攻击的设计。

DoS 攻击(Denial of Service Attack，拒绝服务攻击)是一种非常常见而且极具破坏力的攻击手段，它可以导致服务器、网络设备的正常服务进程停止，严重时会导致服务器操作系统崩溃。

```
IRouter(config)#access-list 100 deny icmp any any eq echo-request
IRouter(config)#access-list 100 deny udp any any eq echo //针对 DoS 攻击的设计
```

【STEP|05】保护路由器自身安全。

作为内、外网间屏障的路由器，保护自身安全的重要性也是不言而喻的。为了阻止黑客入侵路由器，必须对路由器的访问位置加以限制。应只允许来自服务器群的 IP 地址访问并配置路由器。这时，可以使用 access-class 命令进行 VTY 访问控制。

```
IRouter(config)#access-list 200 permit 192.168.100.0 0.0.0.255
IRouter(config)#line vty 0 4
IRouter(config-line)#access-class 2 in
IRouter(config-line)#exit
//保护路由器自身安全
```

【STEP|06】应用配置好的 ACL。

Access-list 100 是针对外网进行访问控制的，所以应该应用在路由器的出接口，即连接到 Internet 的端口 S0/0 上，方向是 in。

```
IRouter(config)#interface s0/0
IRouter(config-if)#ip access-group 100 in          //在 S0/0 的 in 方向上应用
                                                   //Access-list 100
IRouter(config-if)#interface fa0/0
IRouter(config)#no ip directed-broadcast           //禁止定向广播通过此接口
```

Access-list 2 是针对 vty 访问控制的，应该应用在 VTY 上。

```
IRouter(config)# line vty 0 4
IRouter(config-line)# access-class 2 in
IRouter(config-line)# exit
```

拓展任务 4-2

某单位要完成一个任务，小组一包括 PC1、PC2 计算机，小组二包括 PC3 计算机。任务完成过程中两个小组成员间需要沟通和协商，但小组之间除了工作进度和任务执行情况需要汇报外，其余时候是不能相互通信的。网络拓扑结构如图 4-89 所示。

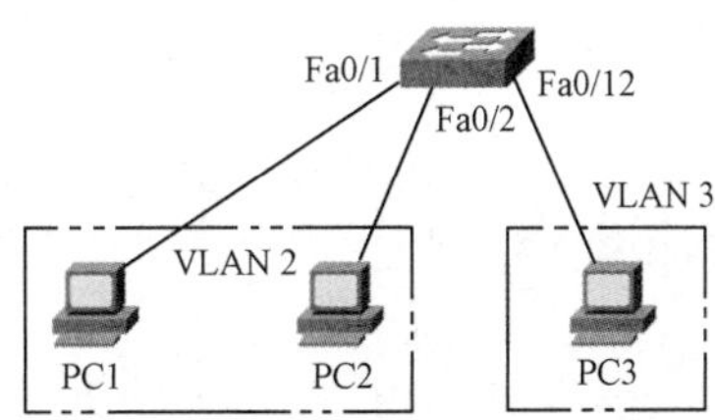

图 4-89　网络拓扑结构图

【任务分析】该任务要求小组内部能相互通信，而小组之间只有需要的时候才允许通信，一般情况是不能通信的。将该网络划分为两个虚拟局域网，即 VLAN2 和 VLAN3，即可满足要求。

【实施步骤】

【STEP|01】画出网络拓扑结构图，此步参考项目 1。

【STEP|02】按照网络拓扑结构图连接好设备，此步参考项目 2。

【STEP|03】规划 IP 地址与 VLAN，此步参考本项目。

将网络划分为两个 VLAN，PC1 和 PC2 为一个 VLAN，即 VLAN 2；PC3 为另一个 VLAN，即 VLAN 3。

【STEP|04】配置 IP 地址和网关。

1.S3550 交换机设置 VLAN 2(172.16.2.1/24)和 VLAN 3(172.16.3.1/24)两个 VLAN。

2.将 PC1(172.16.2.12/24)、PC2(172.16.2.13/24)加入 VLAN 2，PC1 与 PC2 网关均为 172.16.2.1；PC3(172.16.3.12/24)加入 VLAN 3，PC3 网关为 172.16.3.1。

【STEP|05】配置交换机。

```
Switch>en                              //由用户模式进入特权模式
Switch#  conf t                        //由特权模式进入配置模式
Switch(config)# hostname S3550         //在配置模式下修改主机名
C3550(config)# exit                    //退出配置模式
C3550# vlan database                   //进入 VLAN 配置模式
C3550(vlan)# vlan 2 name student       //创建编号为 2、名字为 student 的 VLAN
C3550(vlan)# vlan 3 name teacher       //创建编号为 3、名字为 teacher 的 VLAN
C3550(vlan)# exit
C3550# conf t
```

```
C3550(config)#int fastethernet0/1                          //进入快速以太口
C3550(config-if)#switchport access vlan 2                  //将快速以太口划分入 VLAN 2
C3550(config-if)#exit                                      //退出接口配置模式
C3550(config)#int fastethernet0/2
C3550(config-if)#switchport access vlan 2
C3550(config-if)#exit
C3550(config)#int fastethernet0/12
C3550(config-if)#switchport access vlan 3
C3550(config-if)#end
C3550#write                                                //保存配置信息
C3550#conf t
C3550(config)# int vlan 2              //给 VLAN 2 的所有结点分配静态 IP 地址
C3550(config-if)# ip add 172.16.2.1 255.255.255.0//配置网关
C3550(config-if)#no shut                                   //启用端口
C3550(config-if)#exit
C3550(config)# int vlan 3
C3550(config-if)# ip add 172.16.3.1 255.255.255.0
C3550(config-if)#no shut
C3550(config-if)#end
C3550#conf t
C3550(config)# ip routing                                  //启用路由
C3550(config)#end
C3550# write
```

【**STEP|06**】测试。

在 PC1 上 ping PC2 和 PC3；在 PC2 上 ping PC3。

【**STEP|07**】测试分析，得出结论。

测试结果应该是在 PC1 上 ping PC2 和 PC3 以及在 PC2 上 ping PC3 都能 ping 通，这就说明 VLAN 2 和 VLAN 3 间实现了通信。

拓展任务 4-3

对已经配置好的亿都公司的 DNS 服务器进行动态更新、指定根域服务器、启用日志记录功能和配置多宿主 DNS 服务器等相关维护。

【**STEP|01**】设置 DNS 服务器的动态更新。

在 Windows Server 2008 R2 中可以利用动态更新的方式，当 DHCP 主机 IP 地址发生变化时，会在 DNS 服务器中自动更新，这样可以减小管理员的负荷。具体设置如下：

①首先用户需要对 DHCP 服务器的属性进行设置，右键单击“DHCP 服务器”，在弹出的快捷菜单中选择“属性”选项，单击“DNS”标签，在其中选择“根据下面的设置启用 DNS 动态更新”和“在租约被删除时丢弃 A 和 PTR 记录”选项。

②在 DNS 控制台中展开正向查找区域，选择区域 yidou.com，执行“操作→属性”命令，在“常规”标签中的“动态更新”下拉列表中选择“非安全”选项，单击“确定”按钮。

③展开反向查找区域，选择“反向区域”选项，单击“属性”选项，并在“常规”标签中的“动态更新”下拉列表中选择“非安全”选项。

这样在客户信息改变时，在 DNS 服务器中的信息也会自动更新。

【STEP | 02】指定根域服务器(root 服务器)。

当内部 DNS 服务器要向外界的 DNS 服务器查询所需的数据时，在没有指定转发器的情况下，它先向位于根域的服务器进行查询。然而，DNS 服务器是通过缓存文件来知道根域的服务器。缓存文件在安装 DNS 服务器时就已经存放在\winnt\system32\dns 文件夹内，其文件名为 cache.dns。cache.dns 是一个文本文件，可以用文本编辑器进行编辑。

如果一个局域网没有接入 Internet，这时内部的 DNS 服务器就不需要向外界查询主机的数据，这时需要修改局域网根域的 DNS 服务器数据，将其改为局域网内部最上层的 DNS 服务器的数据。如果在根域内新建或删除 DNS 服务器，则缓存文件的数据就需要进行修改。修改时建议不要直接用编辑器进行修改，而采用如下的方法进行修改。

选择“开始→程序→管理工具→DNS”命令，右键单击 DNS 服务器名称，如 hnrpc，在弹出的快捷菜单中选择“属性”选项，再单击“根提示”选项卡，打开“DNS 根目录属性”对话框。在该对话框的列表中列出了根域中已有的 DNS 服务器及其 IP 地址，用户可以单击“添加”按钮添加新的 DNS 服务器。

【STEP | 03】启用日志记录功能。

打开图中的“调试日志”选项卡，并勾选“为调试记录数据包”。

【STEP | 04】配置多宿主 DNS 服务器。

所谓多宿主 DNS 服务器，是指安装 DNS 服务器的计算机拥有多个 IP 地址。在默认情况下，DNS 服务器侦听所在计算机上所有的 IP 地址，接受发送至其默认服务端口的所有客户机请求。管理员可以对特定的 IP 地址闲置 DNS 服务，使 DNS 服务仅侦听和应答发送至指定的 IP 地址的 DNS 请求。单击 “接口”标签，打开“接口属性”对话框，根据要求进行设置即可。

4.6 总结提高

本项目从办公局域网组建出发，介绍了办公局域组建与配置的具体过程。本项目中需要注意的地方总结归纳如下：

(1)VTP 信息只能通过终端端口传输。确保连接交换机的所有端口都被配置为中继端口，且确实处于中继模式。

(2)在所有处于 VTP 服务器模式的交换机中，确保 VLAN 处于活动状态。

(3)在 VTP 域中，必须有一台交换机处于 VTP 服务器模式。对 VLAN 的所有修改都必须在该交换机中进行，以便更改能够应用到 VTP 客户端。

(4)VTP 域名必须匹配，而它是区分大小写的。如 CISCO 和 cisco 是两个不同的域名。

(5)VTP 域中的所有交换机都必须使用相同的 VTP 版本。在位于同一个 VTP 域中的交换机上，VTP 第 1 版（VTPv1）和 VTP 第 2 版（VTPv2）是不兼容的。除非 VTP 域中的每台交换机都支持 VTPv2，否则不要启用它。

通过本项目的学习，你的收获怎样，请认真填写表 4-9，并及时反馈，谢谢！

表 4-9　学习情况小结

序号	知识与技能	重要指数	自我评价					小组评价					老师评价				
			A	B	C	D	E	A	B	C	D	E	A	B	C	D	E
1	会设计办公局域网的拓扑结构	★★★															
2	能进行网络设备选型	★★★★★															
3	会划分 VALN 与规划 IP	★★★★★															
4	会配置交换机	★★★★★															
5	会配置静态路由	★★★★															
6	会配置 ACL 与 NAT	★★															
7	会架设与配置 DNS 服务器	★★★★☆															
8	会架设与配置邮件服务器	★★★★															
9	会架设与配置 VPN 服务器	★★★★															
10	会使用网络测试命令测试网络	★★★★☆															
11	能与组员协商工作，步调一致	★★★☆															

说明：评价等级分为 A、B、C、D、E 五等，其中：对知识与技能掌握很好为 A 等、掌握了绝大部分为 B 等、大部分内容掌握较好为 C 等、基本掌握为 D 等、大部分内容不够清楚为 E 等。

4.7 课后训练

一、选择题

1.以下________应用是基于 ICMP 协议的应用。

A.文件传输　　B.电子邮件　　C.ping 程序　　D.BBS

2.要把学校里行政楼和实验楼的局域网互联，可以通过________实现。

A.交换机　　B.Modem　　C.中继器　　D.网卡

3.下面关于虚拟局域网 VLAN 的叙述错误的是________。

A.VLAN 是由一些局域网网段构成的与物理位置无关的逻辑组

B.利用以太网交换机可以很方便地实现 VLAN

C.每一个 VLAN 的工作站可处在不同的局域网中

D.虚拟局域网是一种新型局域网

4.关于互联网中 IP 地址，下列叙述错误的是________。

A.在同一个局域网上的主机或路由器的 IP 地址中的网络号必须是一样的

B.用网桥互联的网段仍然是一个局域网，只能有一个网络号

C.路由器总是具有两个或两个以上的 IP 地址

D.当两个路由器直接相连时,在连线两端的接口处,必须指明 IP 地址

5.以下对 VTP 的描述,不正确的是 ________。

A.VTP 有三种工作模式,只有其中的 Server 模式才允许创建和删除 VLAN

B.利用 VTP 可以从 Trunk 链路中修剪掉不必要的流量

C.利用 VTP 可以同步同一 VTP 域中的 VLAN 配置

D.可以在同一个 VTP 域中,工作模式为 Server 的任何一台交换机上创建 VLAN

6.连接在不同交换机上的、属于同一 VLAN 的数据帧必须通过 ________传输。

A.服务器　　B.路由器　　C.Backbone 链路　　D.Trunk 链路

7.网络状态查询命令是 ________。

A.ping　　B.netstat　　C.route　　D.nbtstat

8.某单位共有 24 个办公室,每个办公室约放置 3 台计算机,那么在进行网络规划时,最好应考虑的 IP 地址是 ________。

A.C 类地址　　B.B 类地址　　C.D 类地址　　D.A 类地址

9.学校教学楼每层 7 个教室,共 3 层,选择教学楼的网络结点的恰当部位是________。

A.1 楼中间教室　　B.2 楼中间教室

C.3 楼中间教室　　D.随便放哪儿都一样

10.VLAN 在现代组网技术中占有重要地位。在由多个 VLAN 组成的一个局域网中,以下说法不正确的是________。

A.当站点从一个 VLAN 转移到另一个 VLAN 时,一般不需要改变物理连接

B.VLAN 中的一个站点可以和另一个 VLAN 中的站点直接通信

C.当站点在一个 VLAN 中广播时,其他 VLAN 中的站点不能收到

D.VLAN 可以通过 MAC 地址、交换机端口等进行定义

二、简答题

1.电子邮件系统由哪几个子系统组成?什么是 SMTP 、POP3?

2.VLAN 的划分依据有哪些?

3.DNS 服务器的资源记录主要有哪些?

4.VTP 可以采用哪三种模式,它们各有什么特点?

5.简述三层交换的工作原理。

6.请写出在 VLAN 数据库中,创建一个名为 MYVLAN、ID 为 15 的 VLAN 的配置命令。

三、技能训练题

1.某学校计划建立校园网,拓扑结构如图 4-89 所示。该校园网分为核心、汇聚、接入三层,由交换模块、广域网接入模块、远程访问模块和服务器群四大部分组成。

【问题 1】

在校园网设计过程中,划分了很多 VLAN,采用了 VTP 来简化管理。

(1)VTP 信息只能在________ 端口上传播。

(2)运行 VTP 的交换机可以工作在三种模式下:________、________、________。

(3)共享相同 VLAN 数据库的交换机构成一个________ 。

【问题 2】

该校园网采用了异步拨号进行远程访问,异步封装协议采用了 PPP 协议。

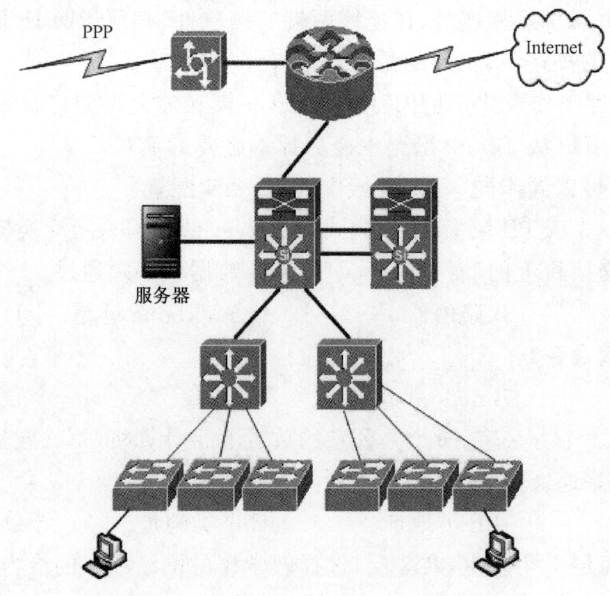

图 4-89　某学校校园网拓扑结构

(1)异步拨号连接属于远程访问中的电路交换服务，远程访问中另外两种可选的服务类型是：________和________。

(2)PPP 提供了两种可选身份认证方法，它们分别是________和________。

【问题 3】

该校园网内交换机数量较多，交换机间链路复杂，为了防止出现环路，需要在各交换机上运行________。

【问题 4】

该校园网在安全设计上采用分层控制方案，将整个网络分为外部网络传输控制层、内外网间访问控制层、内部网络访问控制层和数据存储层，对各层的安全采取不同的技术措施。从备选答案中选择信息填入下表中相应位置。

安全技术	对应层次
________	外部网络传输控制层
________	内外网间访问控制层
________	内部网络访问控制层
________	数据存储层

A.IP 地址绑定　　　　　　　　B.数据库安全扫描

C.虚拟专用网(VPN)技术　　　　D.防火墙

2.方案设计题：分给一个公司 C 类网址 192.168.1.0，但该公司有 6 个网络，其中 1 号网有 20 台主机，2、3 号网各有 18 台主机，4 号网有 15 台主机，5 号网有 6 台主机，6 号网有 2 台主机。请给出一种子网编址方案，并画出网络拓扑图(交换机为 32 口，答案中需给出每个子网的网络号，子网掩码及可用 IP 地址范围。每个网络所给主机数量已包含路由器接口)。

项目 5　组建与维护大型园区网

内容提要

随着局域网、Internet 的迅速普及和发展，相应地引发了企业网、园区网、校园网的大规模的发展，使原来以单一网络操作系统为主的网络，发展成多网络操作系统、多网络拓扑结构、多厂商设备混合的复杂型互联网络。一个企业要建立园区网，实现信息资源的共享，并与因特网有效地连在一起，常常要综合各方面的因素，进行全面的规划和设计。

本项目将引领大家熟悉大型园区网的结构、园区网的设备及园区网的技术要求等，具体训练规划与设计园区网的网络拓扑结构、正确选购与配置网络设备、安装 Linux、构建基于 Linux 平台的网络服务、域环境的配置与管理等技能。通过以上技能的训练，使大家掌握大型园区网的构建方法和技巧。

知识目标

了解园区网的结构、园区网的设备及园区网的技术要求；了解活动目录、域及相关概念；了解园区网网络拓扑结构的设计与绘制方法；了解网络设备的配置方法；掌握基于 Linux 平台的网络服务器的配置方法和技巧。

技能目标

能够根据园区网网络拓扑结构选购网络设备；会配置网络设备的基本参数；会配置 VLAN、VTP、OSPF 等内容；会安装与配置 Linux 平台的网络服务；会配置与管理域环境。

态度目标

培养认真细致的工作态度和工作作风；养成认真分析，认真思考，细心检查的习惯；能与组员协商工作，保持步调一致。

参考学时

12 学时(含实践教学 8 学时)

5.1 情境描述

随着网络技术的发展，Internet/Intranet 日益得到普及，作为企业发展的重要基础设施，园区网的建设为企业的科研、生产、管理提供了不可缺少的支撑环境。新天集团在 2009 年已完成园区内工作区的网络建设，但由于网络结构存在一定缺陷，传输容量不足，网络发展受到制约。为了进一步推动园区网的发展，扩大园区网的覆盖面，满足科研、生产、生活、学习对网络服务日益增长的需求，新天集团决定对原有园区网的网络设备进行扩充和升级。

中新网络工程公司在多家竞标单位中，以优质的服务、高性价比等优势中标。在项目启动前，公司领导要求黄奇对新天集团进行深入、细致的了解。新天集团在开发区新建了新产品生产基地，加上原有产品研发大楼、产品组装大楼，新天集团新构建的园区网分布在三个不同的区域。为了实现安全、可靠、可扩展、高效的网络综合管理，现需将分散的三个网络连接为一个整体，通过专线技术连接到中心骨干的可路由的交换设备上，保证集团内能够方便快捷地实现网络资源共享、全网接入 Internet 等，同时保证公司内部的信息保密隔离，以及对于公网的安全访问，如图 5-1 所示。

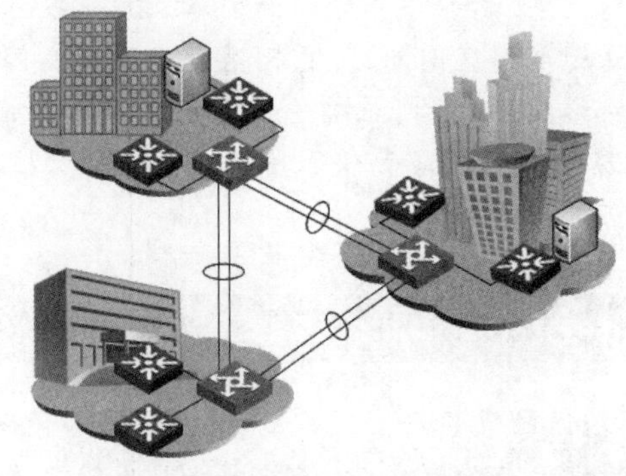

图 5-1　新天集团园区网的互联

为了确保园区网正常、安全和可靠地运行，新天集团对新构建的园区网的要求是：

(1)构造一个既能覆盖本集团又能与外界进行网络互通、共享信息、展示企业形象的企业园区网。

(2)选用技术先进、具有容错能力的网络产品，在投资和条件允许的情况下采用结构容错的方法。

(3)完全符合开放性规范，将业界优秀的产品集成于该园区网之中。

(4)采用 OA 办公，做到集数据、图像、声音三位一体，提高企业管理效率，降低企业信息传递成本。

(5)整个集团计划采用光纤接入运营商提供的 Internet。集团统一一个出口，便于控制网络安全。

(6)设备选型方面，必须在技术上具有先进性、通用性、可扩展性和可升级性，且必须便于管理、维护。设备除了要满足该项目的功能和性能外，还应具有良好的性价比。

根据新天集团提出的这些要求，中新网络工程公司应为新天集团的企业园区网的改建做哪些准备工作呢？在构建企业园区网时，需要完成哪些任务才能解决问题呢？

5.2　任务分析

黄奇对新天集团提出的有关要求进行认真、细致的分析，他认为，组建新天集团的企业园区网需要准备性价比高的交换机、路由器、防火墙、服务器等主要网络设备。在此基础上，还需要对综合布线系统进行全方位的设计，并做好服务器的配置与管理等方面的准备。通过对项目要求进行分解，主要任务如下：

(1)为了提高网络的可靠性，整个网络要设置大量环路，为避免环路可能造成的广播风暴等，各部门需单独构建虚拟局域网络(VLAN)。

(2)分别在三个园区架设第三层交换机，负责各自园区的网络通信。

(3)三台核心层交换机之间采用双链路连接，三条主干链路可以互为备份，并提高核心层交换机之间的链路带宽。

(4)主干链路采用 EtherChannel 技术将两条链路捆绑，使主干链路的带宽增加一倍，同时提高其容灾能力，增强网络的健壮性。

(5)为避免路由更新占用过多的网络带宽，且考虑与原有网络设备的兼容问题，决定采用 OSPF 路由选择协议。

(6)为防止路由更新信息泛洪至整个网络，决定采用多地区 OSPF。具体做法是，园区间主干链路划分到 Area 0 中，园区一(Park 1)其他部分划分到 Area 1 中，园区二(Park 2)其他部分划分到 Area 2 中，园区三(Park 3)其他部分划分到 Area 3 中。

(7)网络设备均配置管理 IP 地址，以方便进行远程管理和维护。

(8)三个园区共享一条由 ISP 提供的宽带线路接入互联网。

(9)为了方便公司管理网络，要求架设服务器群。具体做法是，建立一系列网络服务器，并提供相应的网络服务(活动目录、DNS、DHCP、Web、FTP 等)。

(10)根据不同的网络服务，要求采用不同的操作系统平台，其中，活动目录服务使用 Windows Server 2008 R2 网络操作系统，DNS、Web 和 FTP 服务使用 Linux 网络操作系统。

(11)ISP 提供的公网 IP 地址数量有限，用 NAT(网络地址转换)方式，使企业内网仅用少量的公网 IP 地址实现到互联网的访问。

(12)任务完成后进行测试。

5.3　知识储备

5.3.1　园区网概述

园区网一词源于英文“Campus Network”，最早用于泛指大专院校的校园网。它所覆盖的范围通常超过一两栋大楼内部网络的范畴，涉及多栋楼内的计算机系统的互联和楼宇间的系统互联。由于对外互联需求的增加，园区网已不再是内部孤立的网络系统，与外部网络的互通、互联也成为园区网的特征之一。

园区网可以看作对局域网的扩展或多个局域网的集合，它通过将一个建筑物或建筑群内的一个或多个局域网互联，完成用户密集区或业务密集区内信息的交换。它通常由一个组织拥有或管理，也可由一个组织的不同部门管理园区网的不同部分。

1.园区网的分类

从提供的业务看，园区网可分为两类：接入型园区网和互联型园区网。

接入型园区网，它的典型应用是数字小区或信息化小区，它的业务以 Internet 接入和小区内宽带业务的接入为主，用户间交互的业务为辅。目前，信息化小区接入 Internet 主要采用基于双绞线的 ADSL 技术、基于光纤接入＋LAN 技术和无线接入技术，并逐步向全光纤接入网络方向发展过渡。接入型业务要求系统能够根据不同的用户灵活采用不同的接入方式，通过综合接入服务器(UAS)用户可高速访问 Internet，收发电子邮件，举行网络会议，进行电子商务交易，视频点播（VoD ），网上炒股，网上购物，玩网络游戏，享受远程医疗、远程教育、智能化物业管理等服务。

互联型园区网，它的典型应用是企业网和校园网，主要采用局域网中的以太网技术和相关产品，以业务用户间的互通为主，并通过综合接入服务实现对各种业务的综合管理。

典型的园区网通常包括智能小区、商业楼（区）、校园网和企业网等。

2.园区网的特点

➘满足用户对带宽的需求

园区网建设的基本要求就是要满足用户对接入带宽的需求，为用户提供可靠的高速通信能力是园区网建设过程中首先要考虑的问题。

➘能提供多种服务类型

园区网不仅能为用户提供 Internet 接入，还能提供各种本地化服务，如公共信息、VoD、网上购物、网络游戏、网上教学等。

➘安全可靠

企业和商业用户对服务的安全性有较高要求，在系统设计中，既要考虑信息资源的充分共享，更要注意信息的保护和隔离，通常通过采用集中管理等措施，提供有效的安全保障。

➘用户需求分级的服务

用户有选择不同服务类型的自由，园区网在保证基本业务的同时可提供付费类业务以满足用户的不同需求。

➘开放性和标准性

为了满足系统所选用的技术和设备的协同运行能力、系统投资的长期效应以及系统功能不断扩展的需求，必须追求系统的开放性和标准性。

➘与园区内其他系统的有机融合

园区网内除了信息网络外，通常还有安全系统、监控系统，在建设过程中通常要考虑各系统之间的有机结合，从总体上达到降低成本，便于管理的目的。

3.园区网的结构和设计

随着网络技术的迅速发展和网上应用量的增长，分布式的网络服务和交换已经移至用户级，由此形成了一个新的、更适应现代化要求的高速大型园区网的分层设计模型。该模型通常被划分为核心层、汇聚层和接入层。每层都有其特点。

➘核心层(Core Layer)

核心层通常作为园区网的高速交换骨干，为下面两层提供快速的数据输送功能；为各交换区块提供互连；提供到其他区块的访问；尽快地交换数据包或数据帧。核心层最大的设计需求就是速度和可靠性。

➘汇聚层(Distribution Lever)

汇聚层提供基于统一策略的连通性，它界定了核心层和接入层的边界，定义了网络的边界，并对潜在的复杂数据包进行处理。在园区网络环境中，汇聚层主要提供如下功能：各部门和工作组的接入、VLAN 聚合、广播域或多点传输域的定义、VLAN 路由、传输介质的转换、安全控制。

➘接入层(Access Layer)

接入层的主要功能是提供对园区网的访问。本层也可以通过过滤或控制访问列表对用户流量进行控制。在园区网络环境中，接入层主要提供如下功能：带宽共享、带宽交换、基于 MAC 地址的数据流过滤。接入层的设计原则是提供低成本、高密度端口的接入设备，满足用户多样化需求。

4.层次化设计的优点

三层网络架构具有网络性能高，层次清晰，网络管理直观、方便，并合理地分散了网络设备带来的安全风险，网络结构安全可靠等特点。层次化设计还具备以下优点：

➘可扩展性：因为网络为分层的模块化设计，在扩展时不会遇到问题。

➘简洁性：通过将网络分成模块化的小单元，使维护网络的复杂性大大降低，故障排除更容易，能隔离广播风暴的传播，防止路由循环等潜在的问题。

➘灵活性：使网络能够平滑升级到最新的技术，并且升级任意层次或区段的网络对其他层次的影响甚微，无须改变整个环境。

➘可管理性：层次结构使单个设备的配置的复杂性大大降低，使管理人员更容易加以管理。

5.3.2 路由协议概述

在互联网中进行路由选择要使用路由器，路由器根据所收到的报文中的目的地址(指 IP 地址，或者其他三层地址)选择一条合适的路由路径，然后将报文传送到下一个路由器。路径中最后的路由器负责将报文送交目的主机。路由器(或者支持路由功能的三层交换机)路由数据包的依据就是人工指定的路径(静态路由)和使用特定最佳路由路径算法的各种路由协议动态计算所得的路径。

路由协议(Routing Protocol)用于路由器之间动态学习路由状况，寻找网络最佳路径，保证所有可以通信的路由器之间拥有相同的路由表，决定数据包在网络上的传送路径。路由协议与路由器协同工作，执行路由选择和数据包转发功能。路由协议能够自动发现和计算路由，并在拓扑变化时自动更新，无须人工维护，适用于大型园区网。

路由分为静态路由和动态路由，其相应的路由表称为静态路由表和动态路由表。静态路由表由网络管理员在安装系统时根据网络的配置情况预先设定，网络结构发生变化后由网络管理员手工修改路由表。动态路由随网络运行情况的变化而变化，路由器根据路由协议提供的功能自动计算数据传输的最佳路径，由此得到动态路由表。

动态路由协议又包括内部网关协议(Interior Gateway Protocol,IGP)和外部网关协议(Exterior Gateway Protocol,EGP)。在一个AS(Autonomous System,自治系统)内的路由协议，称为内部网关协议。AS之间的路由协议，称为外部网关协议。现在正在使用的内部网关协议有以下几种：RIP-1、RIP-2、IGRP、EIGRP、OSPF和IS-IS。

1.路由信息协议（Routing Information Protocol，RIP）

RIP是一种简单的动态路由协议，RIP至今有两个版本，RIPv1和RIPv2，后者是前者的改进版本，RIP是一种有类的距离矢量路由协议，它最显著的特点是在路由更新报文中不携带子网信息，RIP默认的管理距离是120，它使用跳数作为度量值，最大跳数是15，如果超过15就认为目标网络不可达，所以RIP只适用于小型网络。

2.内部网关路由协议（Interior Gateway Routing Protocol，IGRP）

IGRP是Cisco的私有协议，其目的是取代RIP，它也是一种距离矢量路由协议，IGRP克服了RIP的一些严重缺陷，如IGRP在计算路由度量值时没有使用跳数，而是采用链路特征，因此要优于RIP协议。但IGRP是Cisco的私有协议，非Cisco厂商的设备不能支持IGRP协议，它的改进版是EIGRP。

3.增强型内部网关路由协议（Enhanced Interior Gateway Routing Protocol，EIGRP）

EIGRP是增强型的IGRP协议，它是一种典型的平衡混合路由选择协议，它融合了距离矢量和链路状态两种路由协议的优点，使用一种散射更新算法，实现了很高的路由性能，但由于EIGRP也是Cisco的私有协议，不能在其他非Cisco设备上使用，因此它的应用也受到了限制。

4.开放最短路径优先（Open Shortest Path First，OSPF）

OSPF是一种典型的链路状态、无类别IP路由协议，OSPF能够适应大型IP网络的扩展，而基于距离矢量的IP路由协议如RIP和IGRP则不能适应这种网络。OSPF基于链路状态，其路由是基于网络地址及链路状态度量的。作为一种自适应协议，OSPF可以根据网络状态故障情况自动调整，具有收敛时间短的优点，有利于路由表的快速稳定，这样使OSPF可以支持大型的网络。OSPF的设计可以防止通信数据形成环路，这对于网状网络或由多个路由器实现的不同局域网互联非常重要。

OSPF还有其他一些特性：

➘使用了区域的概念，有效地降低了路由选择协议对路由器的CPU和内存的占用率，划分区域还可以降低路由协议的通信量，从而使构建层次化互联网成为可能。

➘完全无类别地处理地址问题，排除了有类路由协议存在的问题。

➘支持使用多条路由路径的、效率更高的负载均衡。

➘使用保留的组播地址来减少对不运行OSPF协议的设备的影响。

➘支持更安全的路由选择认证。

➘使用可以跟踪外部路由的路由标记。

经过各种路由协议的对比和选择，不难发现，园区网适合采用OSPF路由协议。

5.3.3 网络布线概述

综合布线系统(Generic Cabling System,GCS)是指按标准的、统一的和简单的结构化方式编制和布置建筑物(或建筑群)内各种系统的通信线路,包括网络系统、电话系统、监控系统、电源系统和照明系统等。因此,综合布线系统是一种标准通用的信息传输系统。

综合布线系统是一种模块化、结构化、高灵活性的、存在于建筑物内和建筑群之间的信息传输通道。随着 Internet 和信息高速公路的发展,各国的政府机关、大的集团公司也都在针对自己的楼宇特点进行综合布线,以适应新的需要。建设智能化大厦、智能化小区已成为当前的开发热点。综合布线系统采用模块化结构,在新国标《综合布线系统工程设计规范》(GB 50311—2016)中定义了工作区子系统、配线子系统、干线子系统、建筑群子系统、设备间子系统、进线间子系统和管理子系统。

1.工作区子系统

工作区子系统(Work Area Subsystem)又称为服务区(Coverage Area)子系统,它由 RJ45 跳线、信息插座模块(Telecommunications Outlet, TO)与所连接的终端设备(Terminal Equipment, TE)组成,如图 5-2 所示。信息插座有墙上型、地面型等多种。

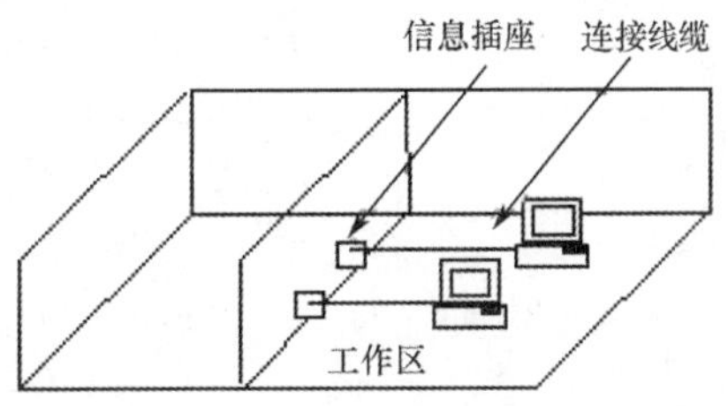

图 5-2 工作区子系统

工作区子系统常见的终端设备有计算机、电话机、传真机和电视机等。因此工作区对应的信息插座模块包括计算机网络插座、电话语音插座和 CATV 有线电视插座等,并配置相应的连接线缆,如 RJ45-RJ45 连接线缆、RJ15-RJ11 电话线和有线电视电缆。

2.配线子系统

配线子系统又称为水平干线子系统、水平子系统(Horizontal Subsystem)。配线子系统是整个布线系统的一部分,它包括从工作区的信息插座开始到电信间的配线设备及设备线缆和跳线,其结构一般为星型结构。配线子系统由工作区的信息插座模块、信息插座模块至电信间配线设备(FD)的配线电缆和光缆、电信间的配线设备及设备线缆和跳线等组成,如图 5-3 所示。

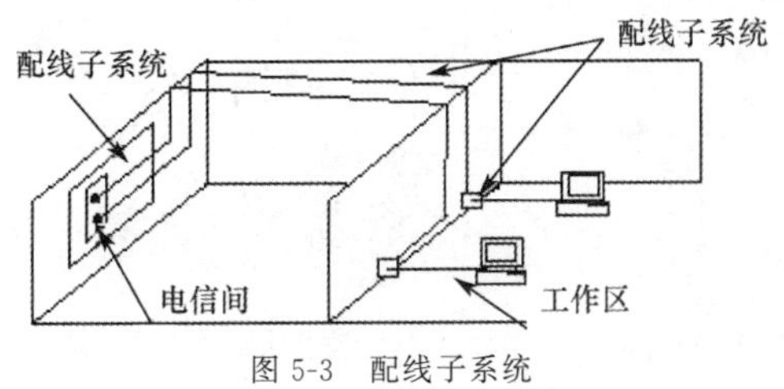

图 5-3 配线子系统

配线设备(Distributor)是电缆或光缆进行端接和连接的装置。在配线设备上可进行互连或交接操作。交接采用接插软线或跳线连接配线设备和信息通信设备(数据交换机、语音交换机等);互连不用接插软线或跳线,而使用连接器件把两个配线设备连接在一起。通常的配线设备就是配线架(Patch Panel),规模大一点的还有配线箱和配线柜。

3.干线子系统

干线子系统是综合布线系统的数据流主干,所有楼层的信息流通过配线子系统汇集到干线子系统。干线子系统由设备间至电信间的干线电缆和光缆、安装在设备间的建筑物配线设备(BD)及设备线缆和跳线组成,如图 5-4 所示。

干线子系统一般采用大对数双绞线电缆或光缆,两端分别端接在设备间和楼层电信间的配线架上。干线电缆的规格和数量由每个楼层所连接的终端设备类型及数量决定。干线子系统一般采用垂直路由,干线线缆沿着垂直竖井布放。

4.建筑群子系统

建筑群子系统由连接多个建筑物之间的主干电缆和光缆、建筑群配线设备(CD)及设备线缆和跳线组成,如图 5-5 所示。

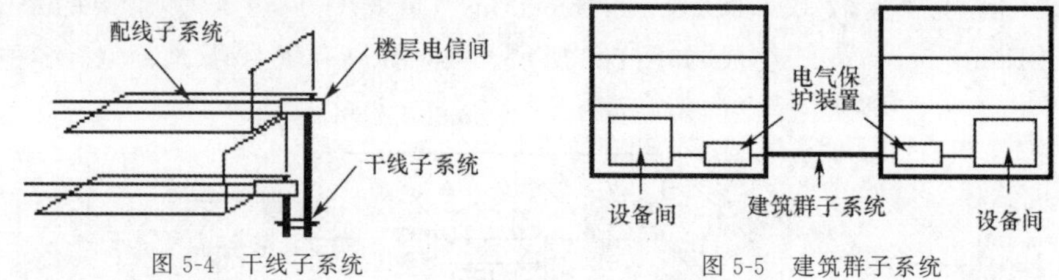

图 5-4　干线子系统　　　　图 5-5　建筑群子系统

建筑群子系统提供了楼群之间通信所需的硬件,包括电缆、光缆以及防止电缆上的脉冲电压进入建筑物的电气保护设备。它常用大对数电缆和室外光缆作为传输线缆。

5.设备间子系统

设备间是在每幢建筑物的适当地点进行网络管理和信息交换的场地。对于综合布线系统工程设计,设备间主要用于安装建筑物配线设备。如电话交换机、计算机网络设备(如网络交换机、路由器)及入口设施,也可与配线设备安装在一起。

设备间子系统由设备间内安装的电缆、连接器和有关的支撑硬件组成,如图 5-6 所示。它的作用是把公共系统的各种不同设备互连起来,如将电信部门的中继线和公共系统设备互连起来。为便于设备搬运、节省投资,设备间的位置最好选定在建筑物的第二、三层。

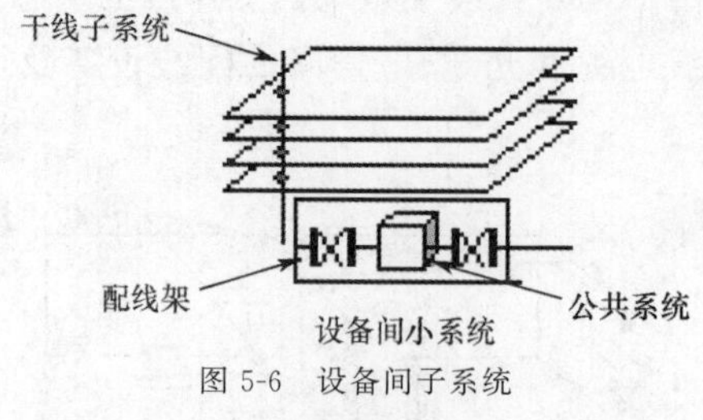

图 5-6　设备间子系统

6.进线间子系统

进线间子系统也可称为进线间。进线间是建筑物外部通信和信息管线的入口部位,并可作为入口设施和建筑群配线设备的安装场地。

7.管理子系统

管理子系统主要对工作区、电信间、设备间、进线间的配线设备、缆线和信息插座模块等设施按一定的模式进行标记和记录。综合布线系统应有良好的标记系统，如建筑物名称、建筑物位置、区号、起始点和功能等标志。综合布线系统使用了三种标记：电缆标记、场标记和插入标记，其中插入标记最常用。这些标记通常采用硬纸片或其他方式，由安装人员在需要时取下来使用。

从功能及结构来看，综合布线的七个子系统密不可分，组成了一个完整的系统。如果将综合布线系统比喻为一棵树，则工作区子系统是树的叶子，配线子系统是树枝，干线子系统是树干，进线间、设备间子系统是树根，管理子系统是树枝与树干、树干与树根的连接处。工作区内的终端设备通过配线子系统、干线子系统构成的链路通道，最终连接到设备间内的应用管理设备。

5.3.4　活动目录、域及相关概念

活动目录（Active Directory）是一种目录服务，它存储有关网络对象（如用户、组、计算机、共享资源、打印机和联系人等）的信息，如图 5-7 所示。活动目录的资源管理就是对这些活动目录对象的管理，包括设置对象的属性、对象的安全性等。每一个对象都存储在活动目录的逻辑结构中，可以说活动目录对象是组成活动目录的基本元素。

1.活动目录的逻辑结构

在活动目录中有很多资源对象，要对这些资源进行很好的管理，就必须把它们有效地组织起来，活动目录的逻辑结构就是用来组织资源的。在活动目录的逻辑结构中包括域、域树、域目录林和组织单位，如图 5-8 所示。

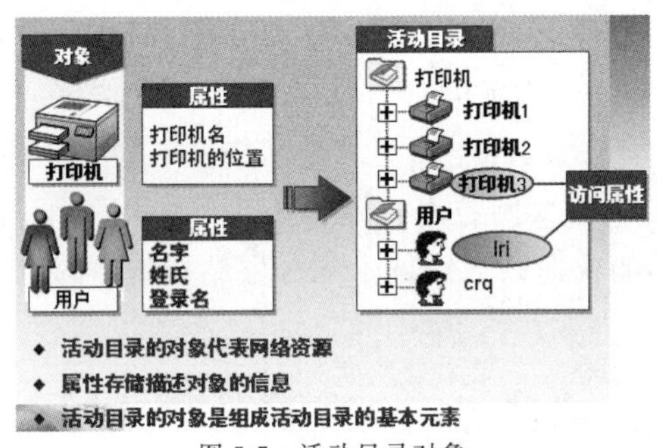

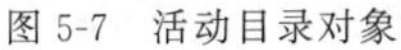

图 5-7　活动目录对象

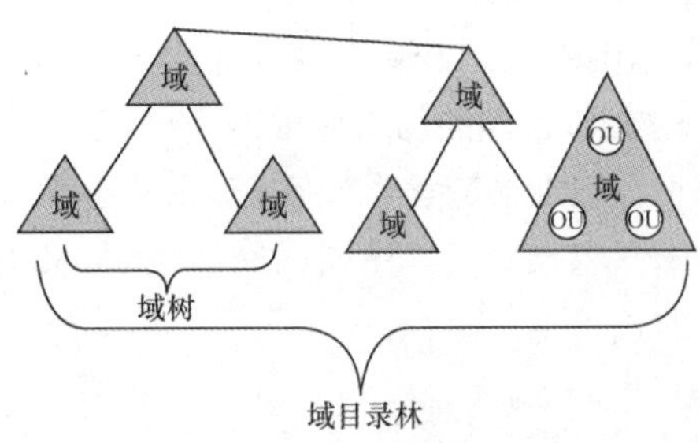

图 5-8　活动目录的逻辑结构

(1)域

域(Domain)是 Windows Server 2008 R2 活动目录逻辑结构的核心单元，是活动目录对象的容器。域定义了一个安全边界，域中所有的对象都保存在域中，都在这个安全的范围内接受统一的管理。

(2)域树

域树(DomainTree)是由一组具有连续命名空间的域组成的。组成一棵域树的第一个域称为树的根域，树中的其他域称为该树的结点域。

(3)域目录林

域目录林(Forest)是由一棵或多棵域树组成的，每棵域树独享连续的命名空间，不同域

树之间没有命名空间的连续性。

(4)组织单位

组织单位(Organization Unit,OU)是活动目录中的一个特殊容器,它可以把用户、组、计算机和打印机等对象组织起来。与一般的容器仅能容纳对象不同,组织单位不仅可以包含对象,而且可以进行策略设置和委派管理,这是普通容器不能办到的。

2.活动目录的物理结构

物理结构是用来设置和管理网络流量的,在活动目录的物理结构中包括域控制器和站点。

(1)域控制器

域控制器(Domain Controller,DC)是实际存储活动目录的地方,用来管理用户登录进程、验证和搜索目录。一个域中可以有一台或多台DC,为了保证用户访问活动目录信息的一致性,就需要在各DC之间实现活动目录复制。

(2)站点

站点(Site)一般与地理位置相对应,它由一个或几个物理子网组成。创建站点的目的是优化DC之间复制的流量。

5.4 任务实施

5.4.1 园区网网络规划

随着计算机网络的迅速发展,曾经在园区网中被大量使用的10 MB/100 MB以太网技术、ATM技术已经渐渐不能适应现在的业务需求,目前仍有许多大型园区网络在使用ATM技术,这样的网络面临两个问题:VLAN间路由的性能不能满足网络需求,并且ATM技术正在逐渐被淘汰。现在,千兆乃至10 GB级别以太网技术正逐渐成为园区网主干的主流技术。鉴于新天集团园区网的现状,采用成熟的快速以太网技术和分层结构构建,是比较理想的选择。

任务 5-1

根据新天集团对园区网的建设要求,采用层次化、模块化的设计思路,设计并绘制园区网网络拓扑结构。规划园区网IP、VLAN等参数,并完成网络设备的选型。

【STEP|01】先熟悉新天集团的现行网络环境,然后根据图5-1的结构采用层次化、模块化的设计思路,按照接入层、汇聚层、核心层进行网络设备选择,部署园区网。

【STEP|02】为了减少网络中各部分的相关性,便于网络的实施和管理,在设计方案中,层与层之间的功能要明确、各司其职,每层都有其特定的网络功能,整个网络的重要特征是不存在网络单点故障,交换机设备和链路都存在冗余备份,接入层交换机与核心层交换机通过双规或环网相连接,汇聚层交换机双规接入核心层交换机,交换机之间采用Trunk链路

保证链路级可靠性。最终设计的网络拓扑结构如图 5-9 所示。

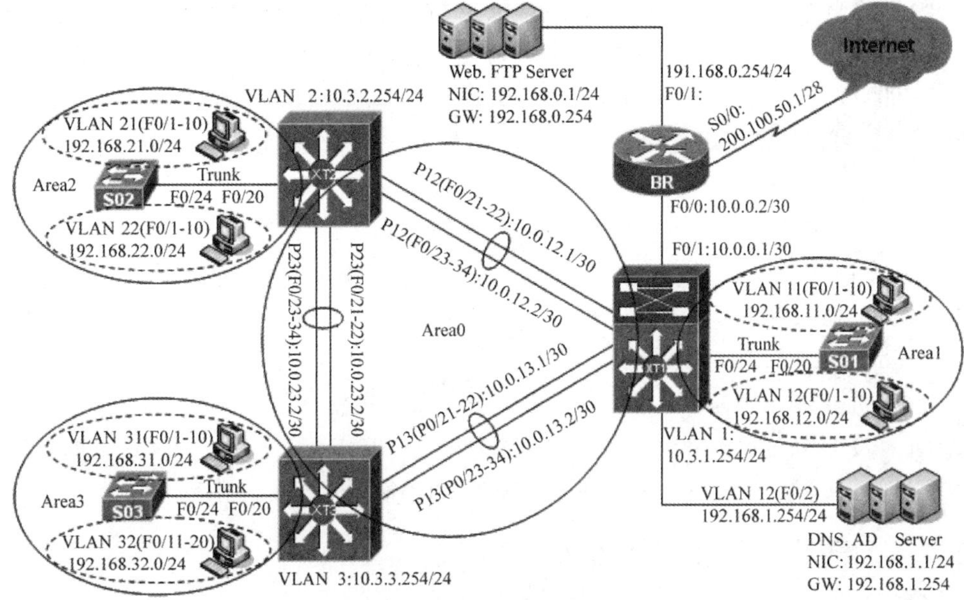

图 5-9 新天集团园区网拓扑结构

【STEP|03】为方便网络的统一管理，在网络拓扑结构中，标出园区网网络设备的端口、IP 地址、主机名等相关信息。

【STEP|04】VLAN 划分及路由配置。为了做到新天集团各部门之间在数据链路层的有效隔离，需要在交换机上进行 VLAN 划分与端口分配，在网络拓扑结构中，标出 VLAN。

【STEP|05】网络设备选型。

通过对目前市场上设备的性能分析，结合企业实际和对网络扩展性的考虑，以及基于高性能、全交换，可扩展性强，系统安全，保密性高，管理简单，保护投资的选择原则，选择设备。

(1)路由器，Cisco 2811，价格 4 500 元。

思科 2811 系列集成多业务路由器，与前几代思科路由器相比，以相似价位提供了更高价值，性能提高了五倍，安全和语音性能提高了十倍，还提供嵌入式服务选项，并且大大提高了插槽性能和密度，同时仍支持 50 多种现有的 Cisco 1700、Cisco 2600 和 Cisco 3700 系列模块。Cisco 2811 C 系列能够以线速向多条 T1/E1/xDSL 连接提供多项高质量同时服务。这些路由器提供内嵌在主板语音数字信号处理器(DSP)插槽中的加密加速功能；入侵防御系统(IPS)和防火墙功能；能够满足广泛有线和无线连接要求的高密度接口；以及足够高的插槽性能和密度，能够支持未来网络扩展和高级应用。

(2)两层交换机，Cisco WS-C2960-48TT-L，价格 7 000 元。

本款产品属于思科 29 系列里的高端产品，标准 Cisco IOS 管理界面，可以通过 SNMP 管理，VLAN 划分，设置简单的 ACL 规则，端口速率可配置，所以可有效实现网络控制，可以通过光纤连接到上行设备，可实现基于用户、端口和 MAC 地址的网络绑定，增强网络安全性。

(3)三层交换机，Cisco WS-C3750G-12S-S，价格 20 000 元。

思科 3750 系列最多可以将 9 个交换机堆叠在一起，构成一个统一的逻辑单元，共包含

468个以太网10 MB/100 MB端口或者252个以太网10 MB/100 MB/1 000 MB端口。各个10 MB/100 MB和10 MB/100 MB/1 000 MB单元可以根据网络的需要任意组合。3750系列可以使用标准多层软件镜像(SMI)或者增强多层软件镜像(EMI)。SMI功能集包括先进的服务质量(QoS)、速率限制、访问控制列表(ACL)基本的静态和路由信息协议(RIP)路由功能。EMI可以提供一组更加丰富的企业级功能,包括先进的、基于硬件的IP单播和组播路由。

(4)服务器,联想ThinkSystem SR950,价格18 600元。

服务器市场产品繁多,功能和性能定位不一,由于厂商的服务器技术水平有所差别,在服务器可靠性、稳定性和可服务性上也存在某些程度上的不同。ThinkSystem服务器产品线是由ThinkSystem SR950领导的,该系统是为关键任务的工作负载设计的,比如内存数据库、实时分析、ERP和CRM系统,以及虚拟服务器的工作负载。SR950可从搭载2个英特尔Xeon可扩展处理器扩展到8个,以4U的形式。SR950还拥有一个模块化的设计,可以从前侧或后侧接入,这使得它很容易完成服务,而不需要从架子上移除。

5.4.2 配置与管理网络设备

典型的园区网由核心层交换机、汇聚层交换机和接入层交换机组成,一个园区网少则需要数十、数百台交换机,多则上千台。每台交换机需要配置设备名、端口、VLAN、网管IP地址、ACL和QoS等相关参数,有的还要配置Trunk链路、VTP、路由协议等。过程枯燥、烦琐,因此,必须认真、细致才能顺利地完成。

1.配置核心层交换机

任务5-2

根据新天集团园区网的要求,运用PT完成核心层交换机的各项配置,并进行测试。

【STEP|01】配置新天集团的核心层交换机的名称、加密口令、登录虚拟终端线时的口令和终端线超时时间等参数。

```
Switch>enable                                  //进入特权模式
Switch#configure terminal                      //进入配置模式
Switch(config)#hostname XT1                    //修改Switch名称
XT1(config)#service password-encryption        //加密所有口令
XT1(config)#enable secret xintian              //设置特权用户密码为xintian
XT1(config)#line console 0
XT1(config-line)#password xintian              //设置登录密码为xintian
XT1(config-line)#exec-timeout 0 0              //超时设置
XT1(config-line)#login
XT1(config-line)#exit
XT1(config)#line vty 0 15                  //设置登录交换机时需要验证用户身份
```

```
XT1(config-line)#password xintian
XT1(config-line)#exec-timeout 0 0
XT1(config-line)#login
XT1(config-line)#exit
XT1(config)#
```

【STEP|02】配置 VTP 域。把需要划分 VLAN 的设备都加入同一个 VTP 域中，设置相同的 VTP 密码，设置一个 VTP 服务器端，在服务器上创建 VLAN 后，VLAN 信息会被 VTP 域中的其他设备学习到。将 XT1 指定为园区一范围内的 VTP 服务器。

```
XT1(config)#vtp domain park1
XT1(config)#vtp mode server
XT1(config)#vtp password xintian
XT1(config)#
```

【STEP|03】配置管理 IP 地址。该地址将作为该区域内接入层网络设备管理 IP 地址的默认网关。

```
XT1(config)#interface vlan1
XT1(config-if)#ip address 10.1.1.254 255.255.255.0
XT1(config-if)#no shutdown
XT1(config-if)#
```

【STEP|04】新建 VLAN"VLAN 2"，并把与内部服务器(SVR02)连接的接口归入该 VLAN 中。

```
XT1(config-if)#vlan 2
XT1(config-vlan)#name Inside_Server
XT1(config-vlan)#exit
XT1(config)#interface FastEthernet0/2
XT1(config-if)#description connect to Inside_Server
XT1(config-if)#switchport access vlan 2
XT1(config-if)#exit
XT1(config)#
```

【STEP|05】新建在园区一范围内的 VLAN"VLAN 11"和"VLAN 12"，并为其命名以增加可读性。

```
XT1(config)#vlan 11
XT1(config-vlan)#name Park1_Dep11
XT1(config-vlan)#vlan 12
XT1(config-vlan)#name Park1_Dep12
XT1(config-vlan)#exit
XT1(config)#
```

【STEP|06】将同边界路由器 BR 连接的接口 F0/1 提升为第三层接口，并配置 IP 地址等参数。

```
XT1(config)#interface FastEthernet0/1
XT1(config-if)#description connect to BR
XT1(config-if)#no switchport
```

```
XT1(config-if)#ip address 10.0.0.1 255.255.255.252
XT1(config-if)#
```

【STEP|07】配置逻辑接口“VLAN 2”、“VLAN 11”和“VLAN 12”的 IP 地址参数，该地址将作为“VLAN 2”、“VLAN 11”和“VLAN 12”子网主机的默认网关。另外，将 ACL“DefenceVirus”应用于这些网关的入口方向上，以过滤通常被病毒和木马程序所占用端口的数据包。

```
XT1(config-if)#interface vlan2
XT1 (config-if)#description Inside_Server
XT1(config-if)#ip address 192.168.1.254 255.255.255.0
XT1(config-if)#ip access-group DefenceVirus in
XT1(config-if)#interface vlan11
XT1(config-if)#description Park1_Dep11
XT1(config-if)#ip address 192.168.11.254 255.255.255.0
XT1(config-if)#ip access-group DefenceVirus in
XT1(config-if)#interface vlan12
XT1(config-if)#description Park1_Dep12
XT1(config-if)#ip address 192.168.12.254 255.255.255.0
XT1(config-if)#ip access-group DefenceVirus in
XT1(config-if)#
```

【STEP|08】创建 EtherChannel，将 F0/21 和 F0/22 捆绑归入“Port-channel 12”，作为 XT1 和 XT2 之间的主干链路，将 F0/23 和 F0/24 捆绑归入“Port-channel 13”，作为 XT1 和 XT3 之间的主干链路，并配置“Port-channel 12”和“Port-channel 13”的 IP 地址参数。

```
XT1(config-if)#interface FastEthernet0/21
XT1(config-if)#no switchport
XT1(config-if)#channel-group 12 mode on
XT1(config-if)#interface FastEthernet0/22
XT1(config-if)#no switchport
XT1(config-if)#channel-group 12 mode on
XT1(config-if)#interface Port-channel 12
XT1(config-if)#description connect to XT2
XT1(config-if)#no switchport
XT1(config-if)#ip address 10.0.12.1 255.255.255.252
XT1(config-if)#interface FastEthernet0/23
XT1(config-if)#no switchport
XT1(config-if)#channel-group 13 mode on
XT1(config-if)#interface FastEthernet0/24
XT1(config-if)#no switchport
XT1(config-if)#channel-group 13 mode on
XT1(config-if)#interface Port-channel 13
XT1(config-if)#description connect to XT3
XT1(config-if)#no switchport
```

```
XT1(config-if)#ip address 10.0.13.2 255.255.255.252
XT1(config-if)#
```

【STEP|09】将与 S01 连接的 F0/20 接口由默认的第二层接入接口改为中继接口，用来承载多个 VLAN 的通信。

```
XT1(config-if)#interface FastEthernet0/20
XT1(config-if)#description connect to S01
XT1(config-if)#switchport mode trunk
XT1(config-if)#exit
XT1(config)#
```

【STEP|10】启用 OSPF 路由选择协议，将主干链路网段归入“Area 0”，将园区一其他网段归入“Area 1”。

```
XT1(config)#router ospf 100
XT1(config-router)#network 10.0.12.0 0.0.0.3 area 0
XT1(config-router)#network 10.0.13.0 0.0.0.3 area 0
XT1(config-router)#network 10.1.1.0 0.0.0.255 area 1
XT1(config-router)#network 10.0.0.0 0.0.0.3 area 1
XT1(config-router)#network 192.168.1.0 0.0.0.255 area 1
XT1(config-router)#network 192.168.11.0 0.0.0.255 area 1
XT1(config-router)#network 192.168.12.0 0.0.0.255 area 1
XT1(config-router)#exit
XT1(config)#
```

【STEP|11】启用对无类别网络和全零子网的支持特性。

```
XT1(config)#ip classless
XT1(config)#ip subnet-zero
XT1(config)#
```

【STEP|12】配置默认路由，将默认路由指向边界路由器 BR。

```
XT1(config)#ip route 0.0.0.0 0.0.0.0 10.0.0.2
XT1(config)#
```

【STEP|13】配置命名扩展 ACL“DefenceVirus”，过滤通常被病毒和木马程序所占用端口的数据包流量，这里只过滤部分端口，如果需要过滤更多的端口，添加更多的命令即可。

```
XT1(config)#ip access-list extended DefenceVirus
XT1(config-ext-nacl)#deny tcp any any eq 65000
XT1(config-ext-nacl)#deny tcp any any eq 39168
XT1(config-ext-nacl)#deny udp any any eq 4444
XT1(config-ext-nacl)#deny tcp any any eq 6711
XT1(config-ext-nacl)#deny tcp any any eq 6712
XT1(config-ext-nacl)#deny tcp any any eq 6669
XT1(config-ext-nacl)#deny tcp any any eq 2222
XT1(config-ext-nacl)#deny udp any any eq 445
XT1(config-ext-nacl)#deny tcp any any eq 135
```

```
XT1(config-ext-nacl)# deny tcp any any eq 136
XT1(config-ext-nacl)# deny tcp any any eq 137
XT1(config-ext-nacl)# deny tcp any any eq 138
XT1(config-ext-nacl)# deny tcp any any eq 139
XT1(config-ext-nacl)# permit ip any any
XT1(config-ext-nacl)# end
XT1#
```

【STEP|14】保存配置信息。

```
XT1# write
XT1#
```

2.配置汇聚层交换机

XT2 的配置与 XT1 类似，而且比较简单，所不同的是，XT2 的 VTP 域为"park2"，除主干链路网段外的其他网段均归入"Area 2"，默认路由指向 XT1。

任务 5-3

根据新天集团园区网的要求，运用 PT 完成汇聚层交换机 XT2 的各项配置，并进行测试。

【STEP|01】配置新天集团的汇聚层交换机的名称、加密口令、登录虚拟终端线时的口令和终端线超时时间等参数。

```
Switch>enable
Switch# configure terminal
```

具体配置参考"任务 5-2"。

【STEP|02】配置 VTP 域。

```
XT2(config)# vtp domain park2
XT2(config)# vtp mode server
XT2(config)# vtp password xintian
XT2(config)#
```

【STEP|03】配置管理 IP 地址。该地址将作为该区域内接入层网络设备管理 IP 地址的默认网关。

```
XT2(config)# interface vlan1
XT2(config-if)# ip address 10.2.2.254 255.255.255.0
XT2(config-if)# no shutdown
XT2(config-if)#
```

【STEP|04】新建在园区二范围内的 VLAN"VLAN 21"和"VLAN 22"，并为其命名以增加可读性。

```
XT2(config-if)# vlan 21
XT2(config-vlan)# name Park2_Dep21
XT2(config-vlan)# vlan 22
XT2(config-vlan)# name Park2_Dep22
XT2(config-vlan)# exit
XT2(config)#
```

【STEP|05】配置逻辑接口“VLAN 11”和“VLAN 12”的 IP 地址参数，该地址将作为“VLAN 11”和“VLAN 12”子网主机的默认网关。另外，将 ACL“DefenceVirus”应用于这些网关的入口方向上，以过滤通常被病毒和木马程序所占用端口的数据包。

```
XT2(config-if)#interface vlan21
XT2(config-if)#description Park2_Dep21
XT2(config-if)#ip address 192.168.21.254 255.255.255.0
XT2(config-if)#ip access-group DefenceVirus in
XT2(config-if)#interface Vlan22
XT2(config-if)#description Park2_Dep22
XT2(config-if)#ip address 192.168.22.254 255.255.255.0
XT2(config-if)#ip access-group DefenceVirus in
XT2(config-if)#
```

【STEP|06】创建 EtherChannel，将 F0/21 和 F0/22 捆绑归入“Port-channel 23”，作为 XT2 和 XT3 之间的主干链路，将 F0/23 和 F0/24 捆绑归入“Port-channel 12”，作为 XT2 和 XT1 之间的主干链路，并配置“Port-channel 23”和“Port-channel 12”的 IP 地址参数。

```
XT2(config-if)#interface FastEthernet0/21
XT2(config-if)#no switchport
XT2(config-if)#channel-group 23 mode on
XT2(config-if)#interface FastEthernet0/22
XT2(config-if)#no switchport
XT2(config-if)#channel-group 23 mode on
XT2(config-if)#interface Port-channel 23
XT2(config-if)#description connect to XT3
XT2(config-if)#no switchport
XT2(config-if)#ip address 10.0.23.1 255.255.255.252
XT2(config-if)#interface FastEthernet0/23
XT2(config-if)#no switchport
XT2(config-if)#channel-group 12 mode on
XT2(config-if)#interface FastEthernet0/24
XT2(config-if)#no switchport
XT2(config-if)#channel-group 12 mode on
XT2(config-if)#interface Port-channel 12
XT2(config-if)#description connect to XT1
XT2(config-if)#no switchport
XT2(config-if)#ip address 10.0.12.2 255.255.255.252
XT1(config-if)#
```

【STEP|07】将与 S02 连接的 F0/20 接口由默认的第二层接入接口改为中继接口，用来承载多个 VLAN 的通信。

```
XT2(config-if)#interface FastEthernet0/20
XT2(config-if)#description connect to S02
```

```
XT2(config-if)#switchport mode trunk
XT2(config)#exit
XT2 (config)#
```

【STEP|08】启用 OSPF 路由选择协议，将主干链路网段归入“Area 0”，将园区二的其他网段归入“Area 2”。

```
XT2(config)#router ospf 200
XT2(config-router)#network 10.0.12.0 0.0.0.3 area 0
XT2(config-router)#network 10.0.23.0 0.0.0.3 area 0
XT2(config-router)#network 10.2.2.0 0.0.0.255 area 2
XT2(config-router)#network 192.168.21.0 0.0.0.255 area 2
XT2(config-router)#network 192.168.22.0 0.0.0.255 area 2
XT2(config-router)#exit
XT2(config)#
```

【STEP|09】启用对无类别网络和全零子网的支持特性。

```
XT2(config)#ip classless
XT2(config)#ip subnet-zero
XT2 (config)#
```

【STEP|10】配置默认路由。

```
XT2(config)#ip route 0.0.0.0 0.0.0.0 10.0.12.1
XT2(config)#
```

【STEP|11】配置命名扩展 ACL“DefenceVirus”，过滤通常被病毒和木马程序所占用端口的数据包流量，这里只过滤 2 个端口，如果需要过滤更多的端口，添加更多的命令即可。

```
XT1(config)#ip access-list extended DefenceVirus
XT1(config-ext-nacl)#deny tcp any any eq 136
XT1(config-ext-nacl)#deny tcp any any eq 138
XT1(config-ext-nacl)#permit ip any any
XT1(config-ext-nacl)#end
XT1#
```

【STEP|12】保存配置信息。

```
XT2#write
XT2#
```

3.配置接入层交换机

对汇聚层交换机 XT3 的配置与 XT2 基本相同，所不同的是，XT3 的 VTP 域为“park3”，除主干链路网段外的其他网段均归入“Area 3”。

任务 5-4

根据新天集团园区网的要求，运用 PT 完成接入层交换机 S01 的各项配置，并进行测试。

【STEP|01】配置接入层交换机 S01 的名称、加密口令、登录虚拟终端线时的口令和终端线超时时间等参数。

```
Switch>enable
Switch#configure terminal
Switch(config)#hostname S01
S01(config)#service password-encryption
S01(config)#enable secret xintian
S01(config)#line console 0
S01(config-line)#password xintian
S01(config-line)#exec-timeout 0 0
S01(config-line)#login
S01(config-line)#exit
S01(config)#line vty 0 15
S01(config-line)#password xintian
S01(config-line)#exec-timeout 0 0
S01(config-line)#login
S01(config-line)#exit
S01(config)#
```

【STEP|02】配置 VTP 域。将 S01 指定为园区一范围内的 VTP 客户机，接收来自 XT1 的 VLAN 更新信息。

```
S01(config)#vtp domain park1
S01(config)#vtp mode client
S01(config)#vtp password xintian
S01(config)#
```

【STEP|03】配置管理 IP 地址，默认网关为 XT1 的管理 IP 地址。

```
S01(config)#interface vlan1
S01(config-if)#ip address 10.1.1.1 255.255.255.0
S01(config-if)#no shutdown
S01(config-if)#exit
S01(config)#ip default-gateway 10.1.1.254
S01(config)#
```

【STEP|04】将 F0/1 至 F0/10 范围的接口归入"VLAN 11"中，将 F0/11 至 F0/20 范围的接口归入"VLAN 12"中。

```
S01(config)#interface range FastEthernet0/1 - 10
S01(config-if-range)#description connect to Park1_Dep11
S01(config-if-range)#switchport access vlan 11
S01(config-if-range)#exit
S01(config)#interface range FastEthernet0/11 - 20
S01(config-if-range)#description connect to Park1_Dep12
S01(config-if-range)#switchport access vlan 12
S01(config-if-range)#exit
S01(config)#
```

【STEP|05】将与 XT1 连接的 F0/24 接口由默认的第二层接入接口改为中继接口，用来承载多个 VLAN 的通信。

```
S01(config)#interface FastEthernet0/24
S01(config-if)#switchport mode trunk
S01(config-if)#end
S01#
```

【STEP|06】保存配置信息。

```
S01#write
S01#
```

接入层交换机 S03、S02 的配置与 S01 基本相同，不再详细介绍。

4.配置边界路由器

任务 5-5

根据新天集团园区网的要求，运用 PT 完成边界路由器的各项配置，并进行测试。

【STEP|01】配置边界路由器 BR 的名称、加密口令、登录虚拟终端线时的口令和终端线超时时间等参数。

```
Router>enable
Router#configure terminal
Router(config)#hostname BR
BR(config)#service password-encryption
BR(config)#enable secret xintian
BR(config)#line console 0
BR(config-line)#password xintian
BR(config-line)#exec-timeout 0 0
BR(config-line)#login
BR(config-line)#exit
BR(config)#line vty 0 15
BR(config-line)#password xintian
BR(config-line)#exec-timeout 0 0
BR(config-line)#login
BR(config-line)#exit
BR(config)#
```

【STEP|02】配置与核心层交换机 XT1 连接的接口 F0/0 的 IP 地址等参数，并指定 F0/0 为 NAT 内部接口。

```
BR(config)#interface FastEthernet0/0
BR(config-if)#description connect to XT1
BR(config-if)#ip address 10.0.0.2 255.255.255.252
BR(config-if)#no shutdown
```

```
BR(config-if)#ip nat inside
BR(config-if)#
```

【STEP|03】配置与外部服务器群连接的接口 F0/1 的 IP 地址等参数，并指定 F0/1 为 NAT 内部接口。

```
BR(config-if)#interface FastEthernet0/1
BR(config-if)#description connect to Outside-Server
BR(config-if)#ip address 192.168.0.254 255.255.255.0
BR(config-if)#no shutdown
BR(config-if)#ip nat inside
BR(config-if)#
```

【STEP|04】配置与 ISP 网络连接的接口 S0/0 的 IP 地址等参数，不启用 CDP 协议，防止对方恶意窥探，指定 F0/1 为 NAT 外部接口，并将 ACL"Deny_Pri_IP"应用于该接口的入口方向上，以过滤源地址是私有 IP 地址的数据包进入内部网络。

```
BR(config-if)#interface Serial0/0
BR(config-if)#description connect to ISP
BR(config-if)#ip address 200.100.50.1 255.255.255.248
BR(config-if)#no shutdown
BR(config-if)#no cdp enable
BR(config-if)#ip nat outside
BR(config-if)#ip access-group Deny_Pri_IP in
BR(config-if)#exit
BR(config)#
```

【STEP|05】新建命名标准 ACL"ACL_ISP"，指定要进行地址转换的内网 IP 地址范围，该范围之外的 IP 地址均不会被转换。

```
BR(config)#ip access-list standard ACL_ISP
BR(config-std-nacl)#permit 192.168.1.0 0.0.0.255
BR(config-std-nacl)#permit 192.168.11.0 0.0.0.255
BR(config-std-nacl)#permit 192.168.12.0 0.0.0.255
BR(config-std-nacl)#permit 192.168.21.0 0.0.0.255
BR(config-std-nacl)#permit 192.168.22.0 0.0.0.255
BR(config-std-nacl)#permit 192.168.31.0 0.0.0.255
BR(config-std-nacl)#permit 192.168.32.0 0.0.0.255
BR(config-std-nacl)#exit
BR(config)#
```

【STEP|06】新建地址转换池"PAT_ISP"，并配置该地址转换池中只有一个公网 IP 地址"200.100.50.6/29"来做 PAT。

```
BR(config)#ip nat pool PAT_ISP 200.100.50.6 200.100.50.6 netmask 255.255.
255.248
BR(config)#
```

【STEP|07】将"ACL_ISP"指定的本地 IP 地址以 PAT 的方式转换为以"PAT_ISP"指定的公网 IP 地址。

```
BR(config)#ip nat inside source list ACL_ISP pool PAT_ISP overload
BR(config)#
```

【STEP|08】使用静态 NAT 将本地外部服务器的私有 IP 地址“192.168.0.1”映射为公网合法 IP 地址“200.100.50.3”。

```
BR(config)#ip nat inside source static 192.168.0.1 200.100.50.3
BR(config)#
```

【STEP|09】配置命名标准 ACL“Deny_Pri_IP”，过滤掉源地址是私有 IP 的数据包。

```
BR(config)#ip access-list standard Deny_Pri_IP
BR(config-std-nacl)#deny 10.0.0.0 0.255.255.255
BR(config-std-nacl)#deny 172.16.0.0 0.15.255.255
BR(config-std-nacl)#deny 192.168.0.0 0.0.255.255
BR(config-std-nacl)#permit_any
BR(config-std-nacl)#exit
BR(config)#
```

【STEP|10】配置静态路由，将目的地址为内网 IP 地址的数据包都转给 XT1 来处理。

```
BR(config)#ip route 192.168.1.0 255.255.255.0 10.0.0.1
BR(config)#ip route 192.168.11.0 255.255.255.0 10.0.0.1
BR(config)#ip route 192.168.12.0 255.255.255.0 10.0.0.1
BR(config)#ip route 192.168.21.0 255.255.255.0 10.0.0.1
BR(config)#ip route 192.168.22.0 255.255.255.0 10.0.0.1
BR(config)#ip route 192.168.31.0 255.255.255.0 10.0.0.1
BR(config)#ip route 192.168.32.0 255.255.255.0 10.0.0.1
```

【STEP|11】配置默认路由，将默认路由指向 ISP 网络。

```
BR(config)#ip route 0.0.0.0 0.0.0.0 200.100.50.2
BR(config)#end
BR#
```

【STEP|12】保存配置文件。

```
BR#write
BR#
```

5.4.3 安装与使用 Red Hat Enterprise Linux

Linux 系统安装方式多样、灵活，可以根据不同环境选择不同的安装方式。常见安装方式有硬盘安装、网络安装和光驱盘安装等。本任务以光盘安装为例，详细讲解 Linux 系统的安装过程，并帮助用户解决安装中可能遇到的问题。

1.安装 Red Hat Enterprise Linux 6.5

任务 5-6

设置 BIOS 从光驱启动，将 32 位 RHEL 6.5 DVD 光盘放入光驱，选择全新方式安装 Linux，在安装过程中合理分区，正确选择安装内容，顺利完成 RHEL 的安装。

【STEP|01】将 RHEL 6.5 DVD 光盘放入光驱，重启计算机，按 F2 键(或 Delete 键)进入服务器的 BIOS 设置界面，将光盘设置为第一启动盘，如图 5-10 所示。

【STEP|02】设置好 BIOS 后，再次重启系统进入 RHEL 6.5 安装菜单，如图 5-11 所示。

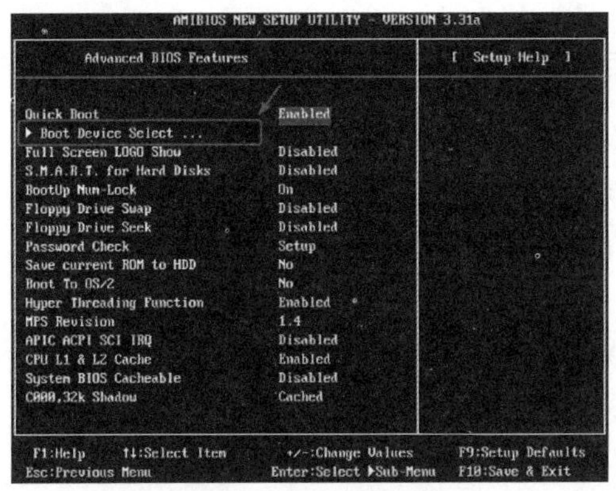

图 5-10　设置光盘启动

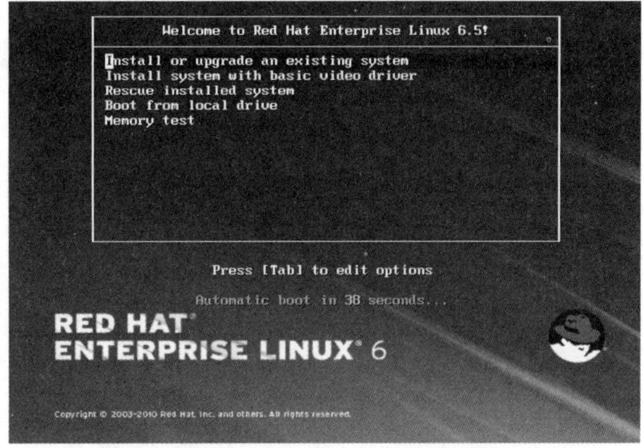

图 5-11　RHEL 6.5 安装菜单

➤ Install or upgrade an existing system：全新安装或更新一个已存在的 RHEL 系统。

➤ Install system with basic video driver：使用最基本的显卡驱动来安装系统。

➤ Rescue installed system：进入救援模式。

➤ Boot from local drive：直接引导启动本地驱动器(硬盘)中的系统。

➤ Memory test：内存测试。

这里选择第一项进行安装，也可以按两次 Esc 键，出现 boot：后，输入 linux，回车，进行安装。安装程序将会加载内核 vmliuz 以及 RAMDISK 映象 initrd 进入安装。

【STEP|03】进入安装程序后，安装程序会询问是否检验光盘，初始界面如图 5-12 所示。如果无须检验光盘可以单击“Skip”按钮跳过此步。

【STEP|04】这时系统引导至 RHEL 6.5 安装界面，如图 5-13 所示，单击“Next”按钮继续进行安装。

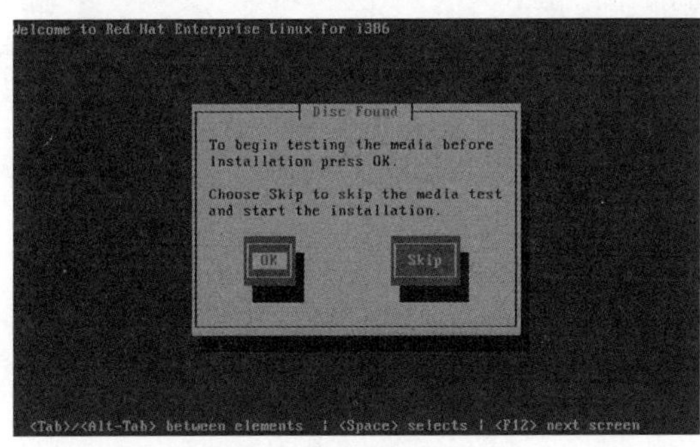

图 5-12　询问是否检验光盘

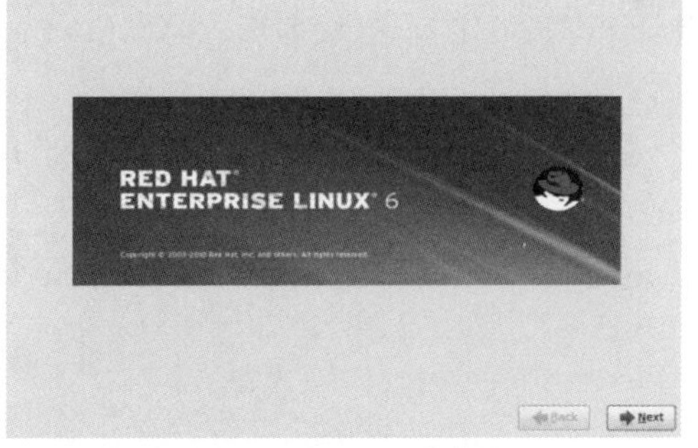

图 5-13　RHEL 6.5 安装界面

【STEP|05】进入安装语言选择界面，如图 5-14 所示。在列表中选择“中文(简体)”，单击“下一步”按钮继续进行安装。

【STEP|06】为系统选择合适的键盘布局，一般选择“美国英语式”选项，如图 5-15 所示，单击“下一步”按钮继续进行。

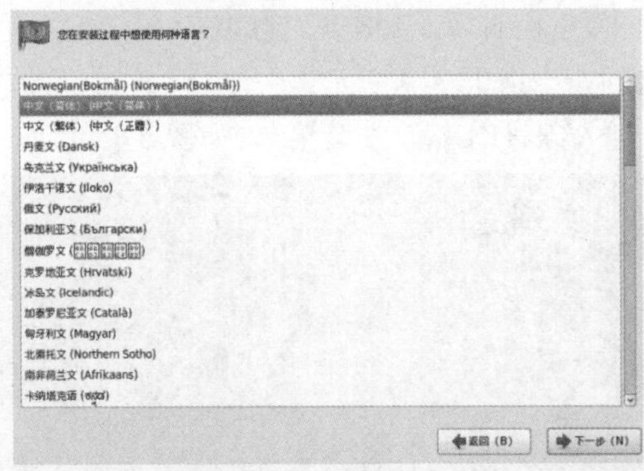

图 5-14　选择语言

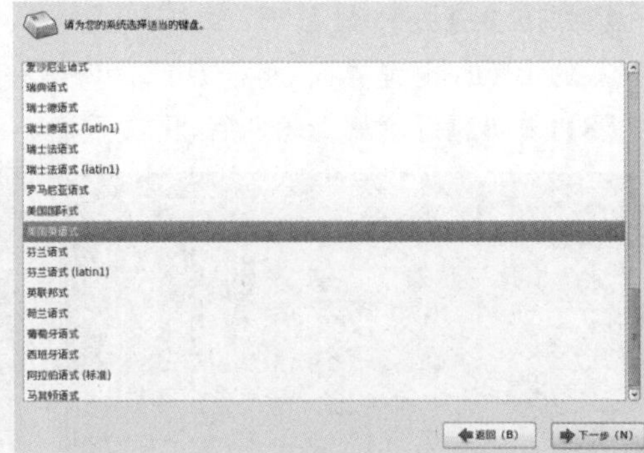

图 5-15　选择键盘布局

【STEP|07】进入选择安装时使用的存储设备界面，如图 5-16 所示。这是 RHEL 6.5 的一个亮点，它支持 SAN，在此选择第一项，单击“下一步”按钮。

【STEP|08】出现“存储设备警告”对话框，警告用户所有的磁盘驱动器将会被初始化，数据将会丢失，如图 5-17 所示。如果系统中有重要数据，可以单击“否，保留所有数据”按钮终止安装，此处单击“是，忽略所有数据”按钮，单击“下一步”按钮继续。

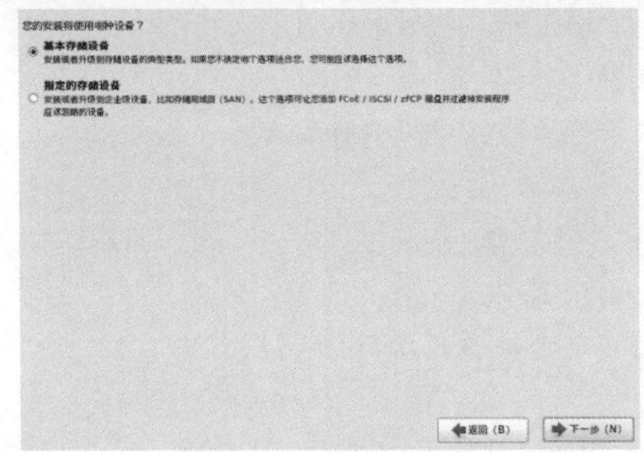

图 5-16　选择存储设备

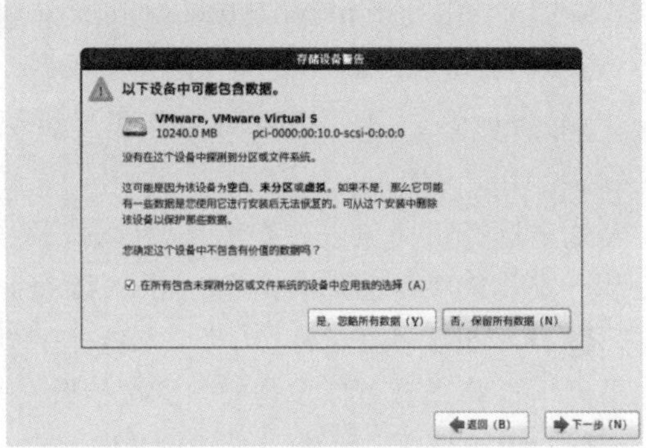

图 5-17　磁盘初始化提示

【STEP|09】进入为计算机设置主机名界面，如图 5-18 所示。在“主机名”文本框中输入当前计算机的主机名(域名形式，如：xintian.com)，如果需要给计算机设置 IP，则单击“配置网络”按钮。

【STEP|10】单击“下一步”按钮，进入“网络连接”对话框，如图 5-19 所示。双击 System eth0，进入下一步。

图 5-18　设置主机名

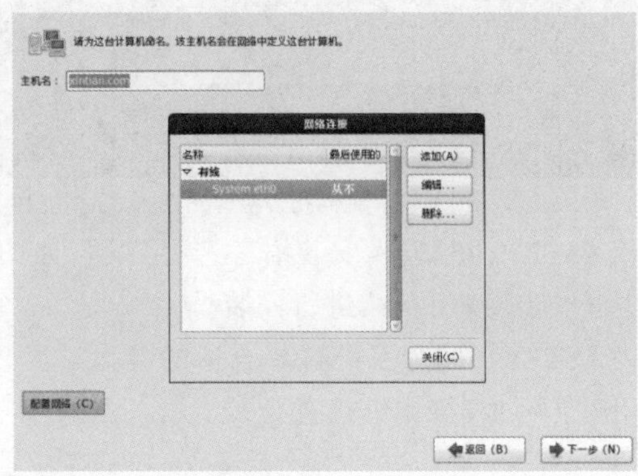

图 5-19　设置 IP 地址

【STEP|11】进入编辑 System eth0 界面，如图 5-20 所示，选择“IPv4 设置”选项卡，在“方法”中选择“手动”方式，单击“添加”按钮，在地址、子网掩码、网关和 DNS 服务器中输入相关信息，并单击“应用”按钮继续安装。

【STEP|12】根据主机所在位置调整时区。如果在中国境内，可以设置为“亚洲/上海”，如图 5-21 所示，单击“下一步”按钮继续安装。

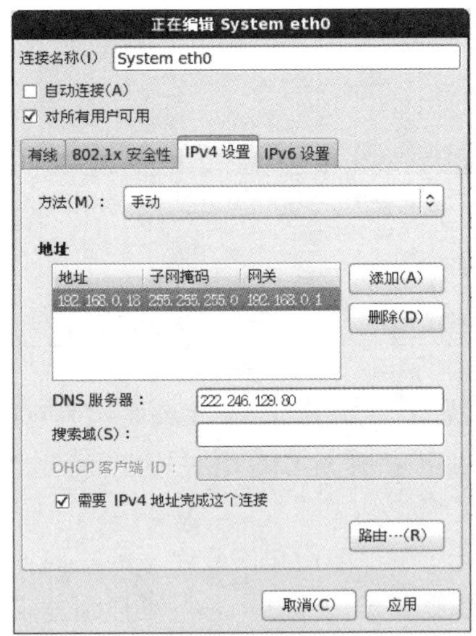

图 5-20　网络配置

图 5-21　时区设置

【STEP|13】设置系统管理员 root 的密码，考虑服务器的安全性，务必保证密码长度大于或等于 6 位，并满足复杂度的要求(包含大写字母、小写字母、数字及符号，至少三种字符)，如图 5-22 所示，输入完毕，单击“下一步”按钮继续安装。

【STEP|14】在 RHEL 6.5 中提供了五种分区方案，如图 5-23 所示。自动分区方案将整个硬盘划分为“dev/sda1”“dev/sda2”两个分区，其中“dev/sda1”挂载到“/boot”目录，“dev/sda2”则被转换成了 LVM(逻辑卷)，在其中创建了一个名为“VolGroup”的卷组，在该卷组中创建了两个逻辑卷，并分别挂载为根目录“/”和 swap 交换分区。这里选第二项，单击“下一步”按钮继续安装。

图 5-22　设置 root 密码

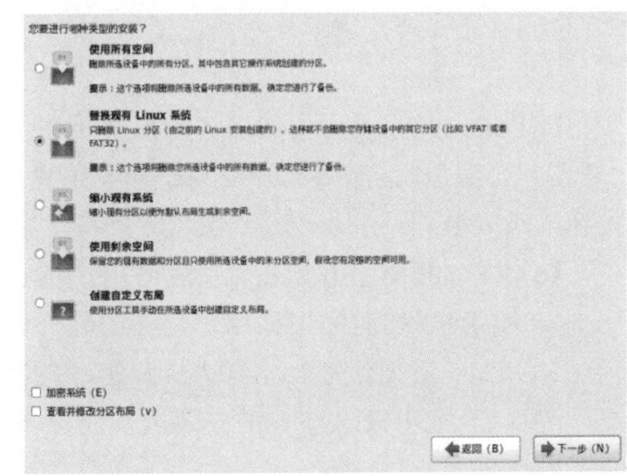

图 5-23　选择分区方案

【STEP|15】进入格式化警告界面，如图 5-24 所示，此时系统分区还未进行格式化，如果

需保留系统中原来的数据，则单击“取消”按钮。确认需要安装 RHEL，则单击“格式化”按钮继续。

【STEP|16】进入“将存储配置写入磁盘”警告对话框，如图 5-25 所示，此时还可以终止 RHEL 6.5 的安装，如果选择“将修改写入磁盘”，分区操作将会生效，数据将会全部丢失。

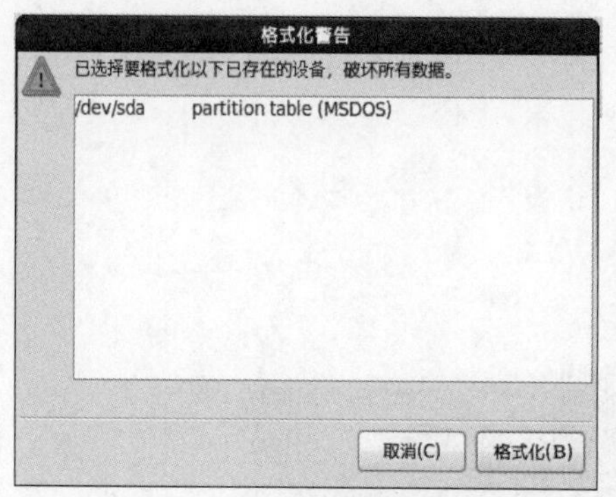

图 5-24　格式化警告

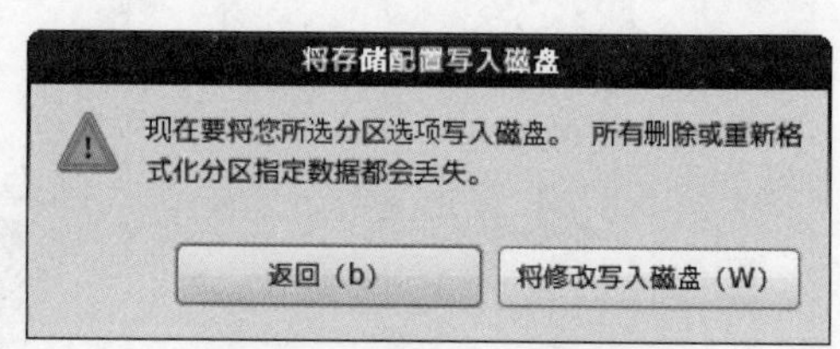

图 5-25　将修改写入磁盘提示

【STEP|17】进入安装引导装载程序选择界面，如图 5-26 所示，设置安装引导（GRUB）到/dev/sda 上，也可以勾选第二项“使用引导装载程序密码”对 GRUB 进行加密。这里选第一项，选择完毕单击“下一步”按钮继续安装。

【STEP|18】RHEL 6.5 含有丰富的安装组件，这些组件随用户安装序号的不同而不同。一般情况下，组件默认选择软件开发、虚拟化和网络服务器三部分。若要更详细地定制，只要选择“现在自定义”即可，如图 5-27 所示，并单击“下一步”按钮继续安装。

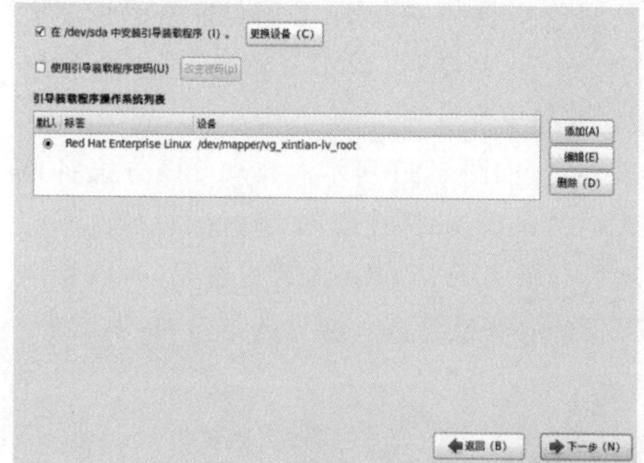

图 5-26　设置安装引导

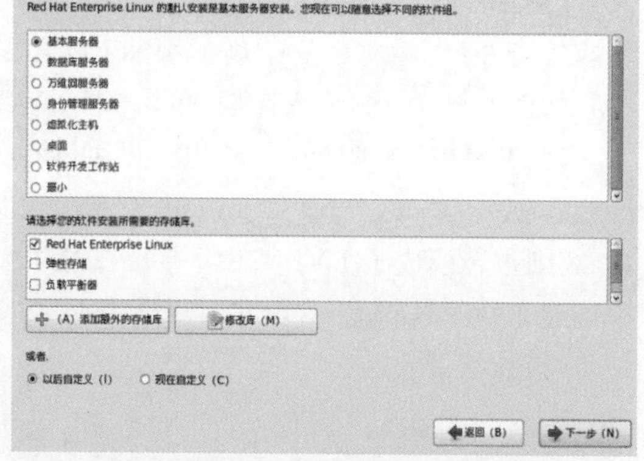

图 5-27　自定义软件安装

【STEP|19】为了方便编辑各种服务的配置软件和安装基于源程序的软件包，建议选择“开发”项，添加“桌面平台开发”和“开发工具”组件，如图 5-28 所示，选择完毕单击“下一步”按钮继续安装。

【STEP|20】程序开始安装，根据用户前面的设置对系统进行分区，安装相关组件，如图 5-29 所示，安装时间根据用户定义的软件包情况会有所差别，这里需要等待较长的时间。

RHEL 6.5 安装完毕，出现“恭喜您，您的 Red Hat Enterprise Linux 安装已经完成”的提示界面，至此 RHEL 6.5 的安装全部完成，取出光驱中的安装光盘，单击“重新引导”按钮重启系统即可。

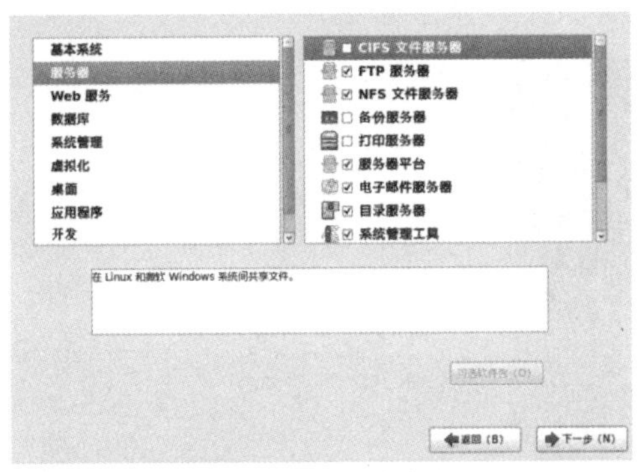

图 5-28　自定义软件包

图 5-29　系统安装提示

2.首次启动 Red Hat Enterprise Linux 的设置

系统安装完毕，单击“重新引导”按钮重启系统后，系统还要启动相关进程、服务，应用相关规则，生成相关主键值，再进行相关参数的设置和系统声卡测试等工作。

任务 5-7

重启系统后，按照系统要求，设置好系统工作环境，并给系统添加相关用户，测试声卡的工作情况，全面完成 RHEL 6.5 安装，进入 Linux 操作系统，并体验 Linux。

【STEP|01】重新引导系统，当出现引导界面时，等待 5 s 后系统自动进入启动细节页面。主要任务是：启动相关进程、服务，应用相关规则，生成相关主键值，自动检测硬件是否发生变动，并进行硬件的添加、删除工作。

【STEP|02】接下来启动 Red Hat Enterprise Linux，会运行系统设置代理程序，出现如图 5-30 所示欢迎界面，单击“前进”按钮继续。

【STEP|03】进入许可证信息界面，如图 5-31 所示。选择“是，我同意该许可证协议”单选按钮，单击“前进”按钮继续。

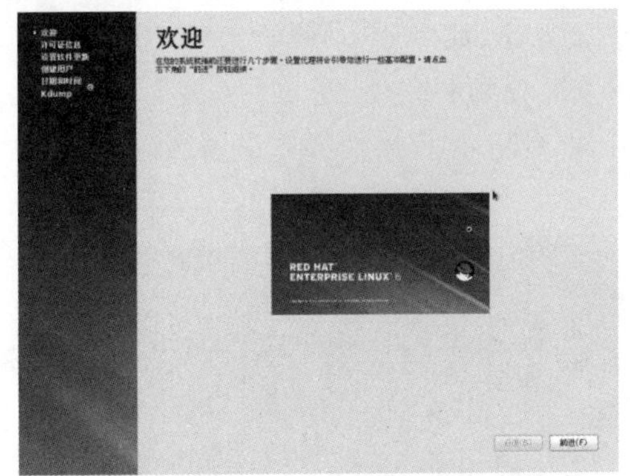

图 5-30 首次启动的欢迎界面

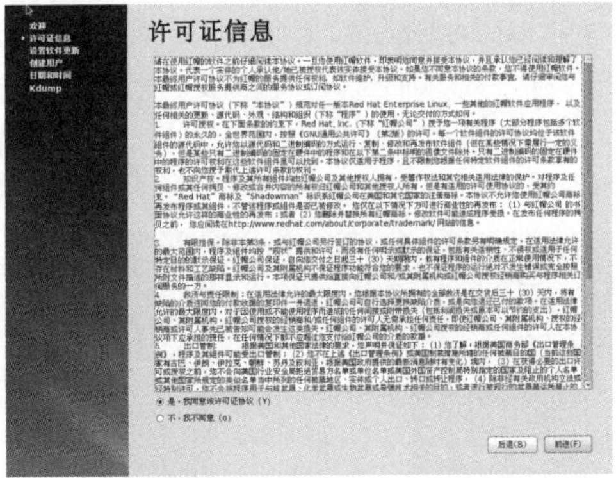

图 5-31　许可证信息界面

【STEP|04】接下来进入 Kdump 设置界面，如图 5-32 所示，默认是不开启的，如果需要，可以勾选“Enable kdump”选项，将此功能开启，然后在中间输入分配给其占用内存的大小，单击“完成”按钮继续。

【STEP|05】在日期和时间设置界面中，应根据实际情况设置正确的日期和时间，如

图 5-33 所示，设置完成后单击“前进”按钮继续。

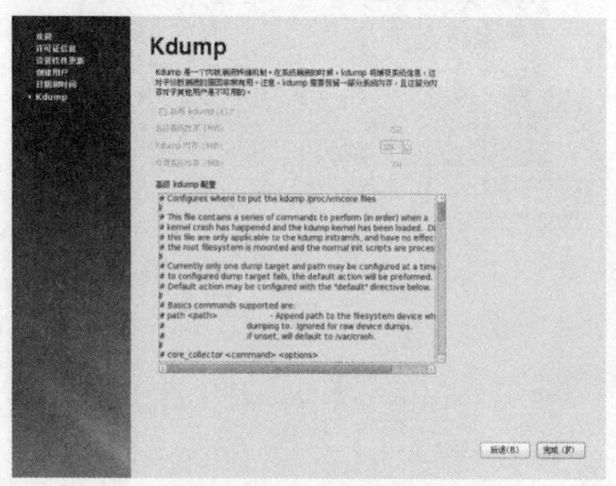

图 5-32 分配 Kdump 占用内存的大小

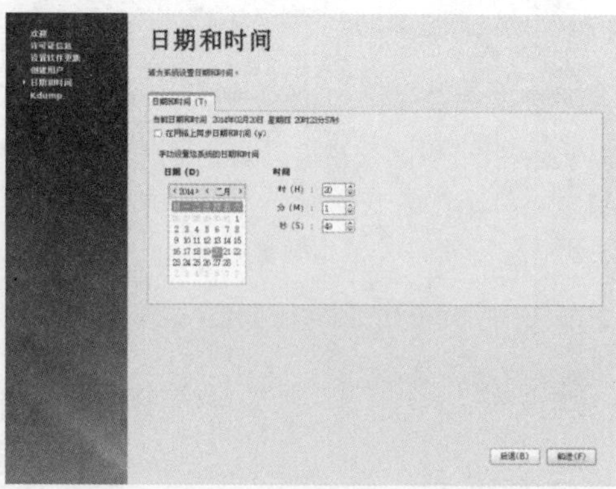

图 5-33 日期和时间界面

【STEP|06】在设置软件更新界面中，根据用户获取 Linux 的渠道选择合适的更新方式，只有注册用户才能享受更新服务，在此暂时选择“不，以后再注册”单选按钮，如图 5-34 所示，单击“前进”按钮继续。

【STEP|07】RHEL 是一个多用户操作系统，管理员在安装系统之后，可以为普通用户建立帐户并设置相应的权限。一般情况下，最好不要使用 root 帐户登录。在此处输入普通用户的用户名、全名、密码和确认密码，如图 5-35 所示，完成后单击“前进”按钮继续。

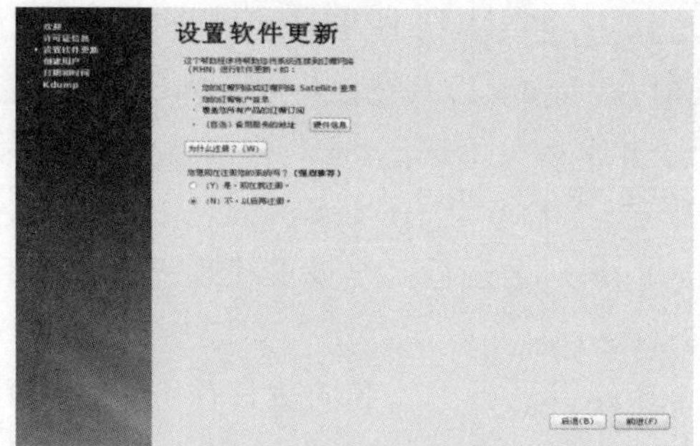

图 5-34 设置软件更新界面

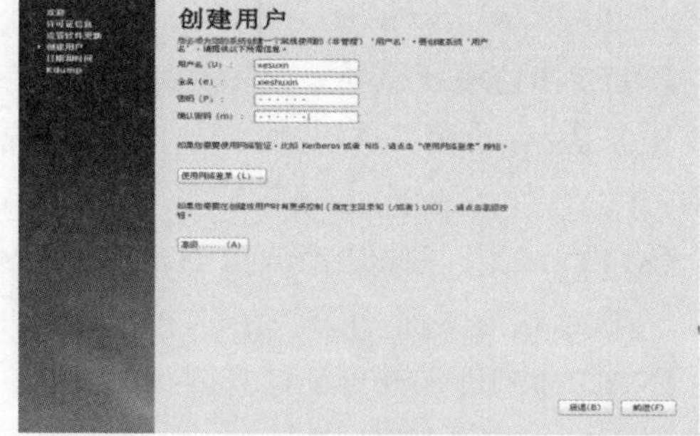

图 5-35 创建普通用户

【STEP|08】完成以上配置后，系统即进入登录界面，如图 5-36 所示。输入用户名和密码后即可进入 RHEL 6.5 系统，至此整个 Linux 安装便顺利完成了。

系统登录成功后可以进入 GNOME 操作界面，GNOME 操作界面由系统面板、任务面板和桌面三个部分组成，如图 5-37 所示。

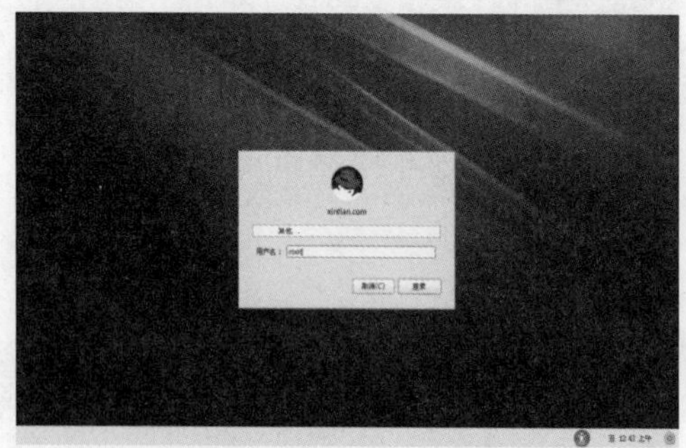

图 5-36 系统登录界面

图 5-37 Linux 的 GNOME 操作界面

5.4.4　配置 Linux 系统的基本工作环境

对网络的基本配置主要包括配置主机名、配置网卡、配置 IP 地址和设置客户端名称解析服务等方面。

1.配置主机名

主机名用于标志一台主机的名称，在网络中要保证主机名的唯一性，否则通信会受到影响，建议按一定的规则设置主机名。例如，按单位的拼音简写(如：HNRPC)。

任务 5-8

进入 RHEL 6.5，先查看当前主机名，然后将系统的主机名设置为研发中心的拼音首字母(yfzx)，并保证主机名更改后长期生效。

【STEP|01】进入终端模式。在 GNOME 操作界面的桌面上右键单击，在弹出的快捷菜单中选择“在终端中打开”选项，如图 5-38 所示，进入 GNOME 桌面的终端模拟器。

【STEP|02】查看主机名，可以使用 hostname 命令查看 Linux 的主机名。若要临时设置主机名，也可使用“hostname 新主机名”命令来实现，如图 5-39 所示。

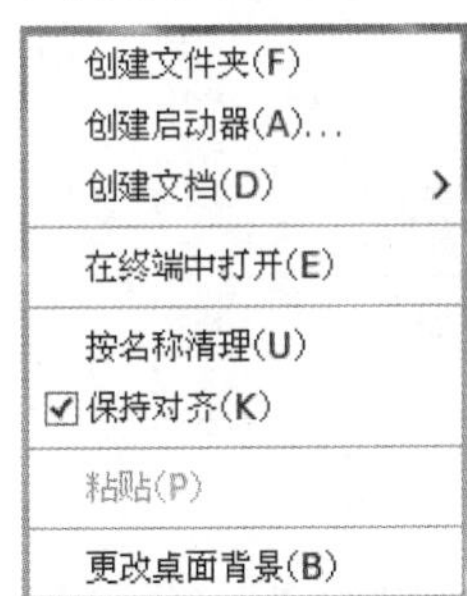

图 5-38　打开终端模拟器

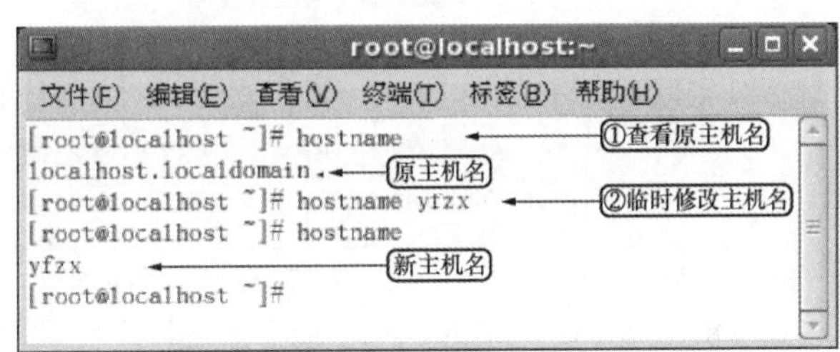

图 5-39　修改主机名

【STEP|03】修改主机名。利用 vi 编辑/etc/sysconfig/network 文件，将 HOSTNAME 字段修改成用户所需的主机名，保存并退出即可，修改内容如图 5-40 所示。HOSTNAME ＝yfzx 表示将主机名修改为 yfzx。

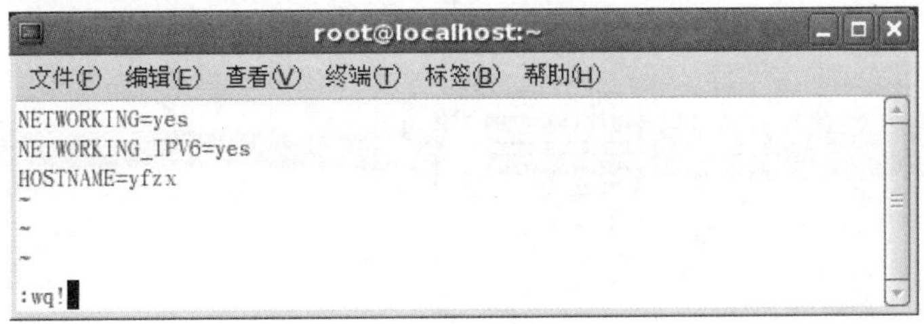

图 5-40　编辑 network 文件

2. 配置 IP 地址

大多数的 Linux 发行版会内置一些命令来配置网络。而 ifconfig 是最常用的命令之一，它通常用来设置 IP 地址和子网掩码以及查看网卡相关配置。要设置和修改网卡的 IP 地址，可以使用以下命令来实现：

```
ifconfig 网卡设备名 IP 地址　netmask　子网掩码
```

任务 5-9

首先用 ifconfig 命令将当前网卡 eth0 的 IP 地址临时设置为 10.0.0.18，子网掩码设置为 255.0.0.0，设置好后查看设置结果。然后用 vi 重新设置，保证系统重启依然生效。

【STEP|01】设置 eth0 的 IP 地址。先按照“任务 5-8”的第一步打开终端模拟器，然后使用 ifconfig 命令配置第一块以太网网卡(eth0)的 IP 地址和子网掩码，配置过程如图 5-41 所示。

图 5-41　配置网卡

【STEP|02】查看修改后的 IP 地址。使用 ifconfig 命令可以查看网卡的相关配置信息，如 MAC 地址、IP 地址、收发数据包情况等，如图 5-42 所示。

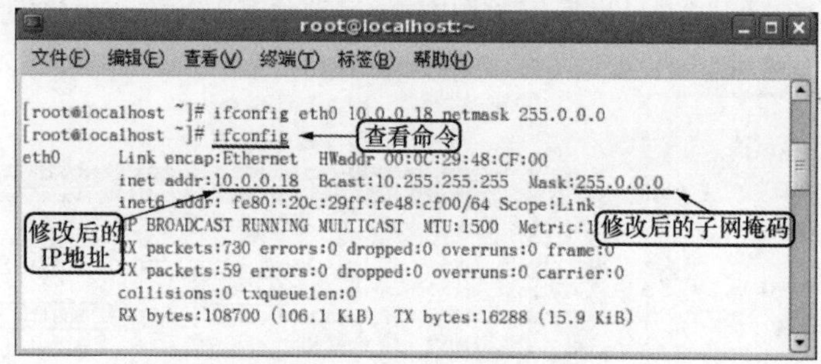

图 5-42　查看网卡配置信息

【STEP|03】设置永久生效的 IP 地址。利用 vi 编辑/etc/sysconfig/network-scripts/ifcfg-eth0 文件，将 NETMASK 字段的值修改成子网掩码，IPADDR 修改成所需静态 IP，最后保存退出即可，如图 5-43 所示。

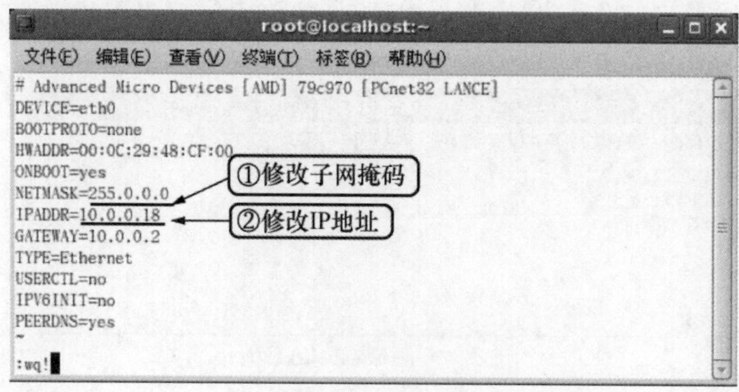

图 5-43　编辑 ifcfg-eth0 文件

【STEP|04】网卡的禁用和启用。在 Linux 中有时需要对网卡进行禁用和启用，但要注意的是，如果是远程连接到 Linux，不要随便禁用网卡，否则会被“挡在外面”，无法进入内部网，这个操作只适合本地。

（1）禁用网卡

```
ifconfig　网卡设备名　down
```

或

```
ifdown 网卡设备名
```

（2）启用网卡

```
ifconfig 网卡设备名　up
```

或

```
ifup 网卡设备名
```

操作示例 5-1　使用 ifconfig 命令临时禁用 eth0 网卡，然后再启用，操作方法如图 5-44 所示。

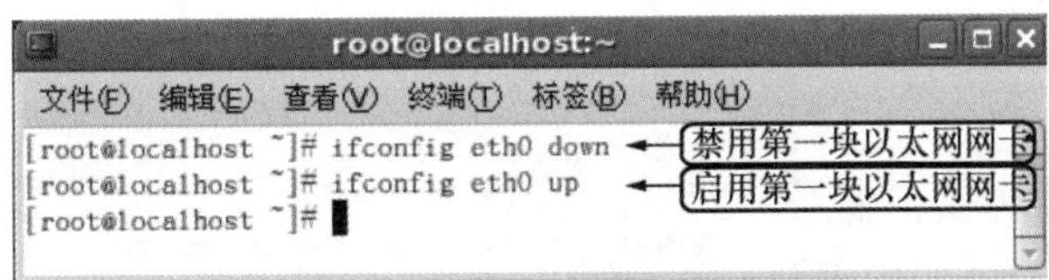

图 5-44　使用 ifconfig 禁用和启用网卡

操作示例 5-2　使用 ifdown 和 ifup 命令临时禁用或启用网卡，操作方法如图 5-45 所示。

图 5-45　使用 ifdown 和 ifup 禁用和启用网卡

5.4.5　构建基于 Linux 平台的 DNS 服务

DNS 是由 BIND (Berkeley Internet Name Domain，伯克利因特网名称域系统）软件实现的，BIND 软件包是目前 Linux 下使用最广泛的 DNS 服务器安装包，它可以运行在大多数 UNIX 服务器中。

1.安装 BIND 软件包

任务 5-10

在 IP 地址为 192.168.0.28 的安装了 RHEL 6.5 的服务器中检查确认 BIND 软件包是否安装，若没有安装，则安装 BIND 软件包，然后熟悉 BIND 的配置文件。

【STEP|01】首先在 RHEL 6.5 的服务器中配置好 IP 地址，并关闭防火墙和 SELinux 或在防火墙允许 DNS 数据包通过。

【STEP|02】使用 rpm-qa bind 命令检测系统是否安装了 BIND 软件包，或查看已经安装的软件包的版本，操作方法如图 5-46 所示。

```
root@yfzx:~
文件(F) 编辑(E) 查看(V) 搜索(S) 终端(T) 帮助(H)
[root@yfzx ~]# rpm -qa bind
bind-9.8.2-0.17.rc1.el6_4.6.i686
[root@yfzx ~]# rpm -qa bind-chroot
bind-chroot-9.8.2-0.17.rc1.el6_4.6.i686
[root@yfzx ~]# rpm -qa bind-libs
bind-libs-9.8.2-0.17.rc1.el6_4.6.i686
[root@yfzx ~]#
```

图 5-46　检查 BIND 软件包(1)

如果未看到图 5-46 中的内容，说明系统还未安装 BIND 软件包，此时就得使用 rpm -ivh 命令安装软件包。

【STEP|03】接下来将 RHEL 6.5 的安装光盘放入光驱，首先使用 mount 命令挂载光驱，然后使用 rpm -ivh 命令安装 BIND 软件包，操作方法如图 5-47 所示。

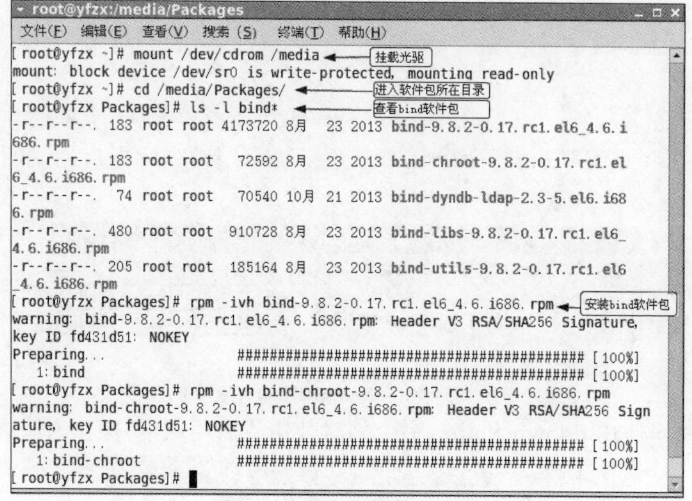

图 5-47 安装 BIND 软件包

【STEP|04】所有 BIND 软件包安装完毕后，再使用 rpm-qa 命令检查软件包是否安装成功，操作方法如图 5-48 所示。

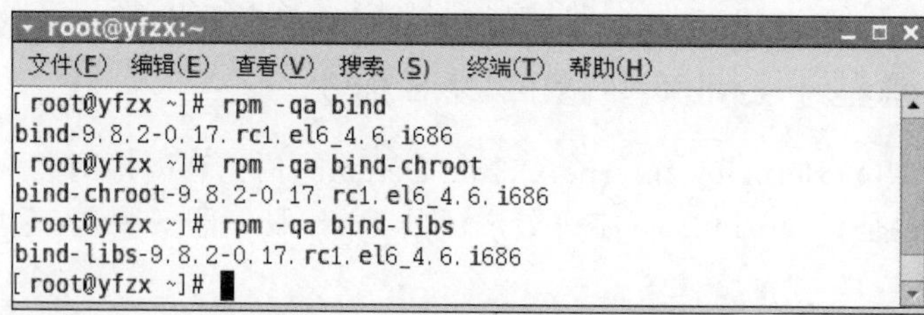

图 5-48 查看 BIND 软件包(2)

【STEP|05】熟悉 BIND 的配置文件。建立 DNS 服务器过程中，通常用到以下 BIND 配置文件，见表 5-1 。

表 5-1　　BIND 配置文件

配置文件	说　明
/var/named/chroot/etc/named.conf	BIND 的全局配置文件，需要用户复制并做简单配置
/var/named/chroot/etc/tianyi.com	BIND 的主配置文件，需要用户复制并做具体配置
/etc/host.conf	转换程序控制文件，系统自带，无须配置
/etc/resolv.conf	转换程序配置文件，系统自带，无须配置
/var/named/chroot/var/named/named.ca	指向根域名服务器的指示文件，可上网下载
/var/named/chroot/var/named/localhost.zone	用于 localhost 到本地回环地址的解析
/var/named/chroot/var/named/named.local	用于本地回环地址到 localhost 的解析
/var/named/chroot/var/named/domainname.zone	由用户自己创建的 DNS 的正向区域文件
/var/named/chroot/var/named/0.168.192.zone	用户配置反向区域文件，自己创建并配置

(1)全局配置文件

在/var/named/chroot/etc 目录下有一个全局配置的示例文件,将其复制一份并改名为 named.conf,复制时一定要加参数-a,全局配置文件 named.conf 复制好后,利用 vi 打开它,可以看到文件的内容如图 5-49 所示。

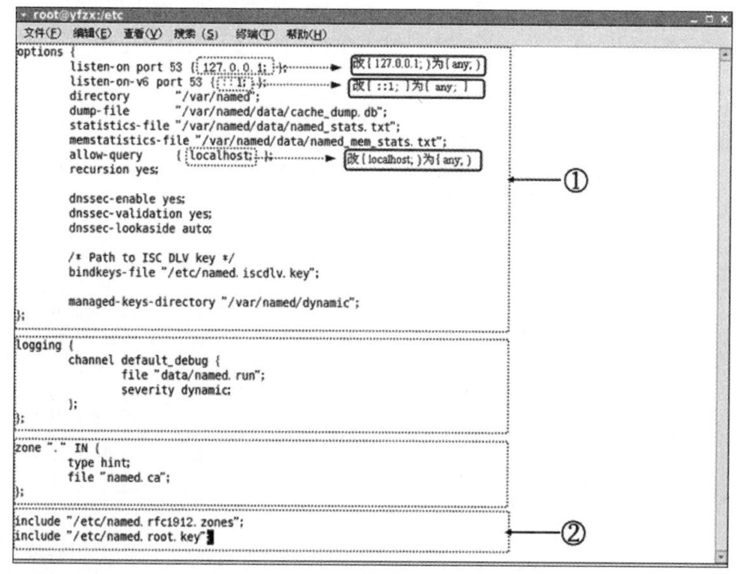

图 5-49　全局配置文件

下面对全局配置文件 named.conf 进行分析。

① 选项配置。

➤ listen-on port 53 { 127.0.0.1;};这是 DNS 侦听本机的端口及 IP 地址。此设置表示只侦听 127.0.0.1 这个地址。如不定义此选项表示侦听所有网络。

➤ directory "/var/named";指定主配置文件路径,这个路径也是相对路径,它的绝对路径是/var/named/chroot/var/named。

➤ query-source port 53;客户端在进行 DNS 查询时必须使用 53 作为源端口。

➤ allow-query { localhost;};允许提交查询的客户端,如不定义此选项表示允许所有查询。

② 定义主配置文件,此部分可有多个,只要求 localhost_resolver 这个名字不重复。

➤ match-clients { localhost; };客户端的源 IP。

➤ match-destinations { localhost; };解析出的目标 IP。

➤ recursion yes;如果客户端提交的 FQDN 本服务器没有,那么服务器会帮助客户端去查询;

➤ include "/etc/named.rfc1912.zones"; 指定主配置文件,用户配置时可以改变主配置文件的文件名,如:/etc/tianyi.com。

(2)主配置文件

在前面的全局配置文件中指定了主配置文件为 tianyi.com,在/var/named/chroot/etc/ 目录下有一个主配置的示例文件 named.rfc1912.zones,将其复制一份并更名为 tianyi.com,如图 5-50 所示。

```
root@yfzx:/etc
文件(F) 编辑(E) 查看(V) 搜索(S) 终端(T) 帮助(H)
[root@yfzx etc]# cp -a named.rfc1912.zones tianyi.com
[root@yfzx etc]# ls -l tianyi.com
-rw-r-----. 1 root named 931 6月  21 2007 tianyi.com
[root@yfzx etc]#
```

图 5-50 主配置示例文件

使用 vi 将主配置文件 tianyi.com 打开，如图 5-51 所示，可以看到它包含了 BIND 的基本配置，但它并不包括区域数据。该文件定义了 DNS 服务器能够管理哪些区域，如果 DNS 服务器可以管理某个区域，它将完成该区域内的域名解析工作。

```
root@localhost:/var/named/chroot/etc
文件(F) 编辑(E) 查看(V) 终端(T) 标签(B) 帮助(H)
zone "." IN {
        type hint;
        file "named.ca";
};

zone "localdomain" IN {
        type master;
        file "localdomain.zone";
        allow-update { none; };
};

zone "localhost" IN {
        type master;
        file "localhost.zone";
        allow-update { none; };
};

zone "0.0.127.in-addr.arpa" IN {
        type master;
        file "named.local";
        allow-update { none; };
};

zone "0.0.0.0.0.0.0.0.0.0.0.0.0.0.0.0.0.0.0.0.0.0.0.0.0.0.0.0.0.0.0.0.ip6.arpa" IN {
        type master;
        file "named.ip6.local";
        allow-update { none; };
};
```

图 5-51 主配置文件的内容

主配置文件的内容大部分无须修改，只要在主配置文件中(主配置文件已命名为 tianyi.com)设置根区域、主区域和反向解析区域即可。

配置说明：

zone：指定区域名称，如：zone "tianyi.com"。

type：指定 DNS 区域类型，如：type hint;、type master;等。区域类型虽有六种，但是在搭建服务器时，我们用到的只有 master 和 hint 两种，所以目前大家只需熟悉这两种类型即可。

file：指定区域配置文件，在该文件中将定义资源记录，如：file "tianyi.com.zone";、file "zone.tianyi.com ";。

allow-update：指定动态更新类型，none 表示不允许动态更新。

(3)区域配置文件

在/var/named/chroot/var/named 目录中，根区域文件，正向、反向解析区域文件各有一个示例文件，将正向、反向解析区域文件的范本分别进行复制，如图 5-52 所示。

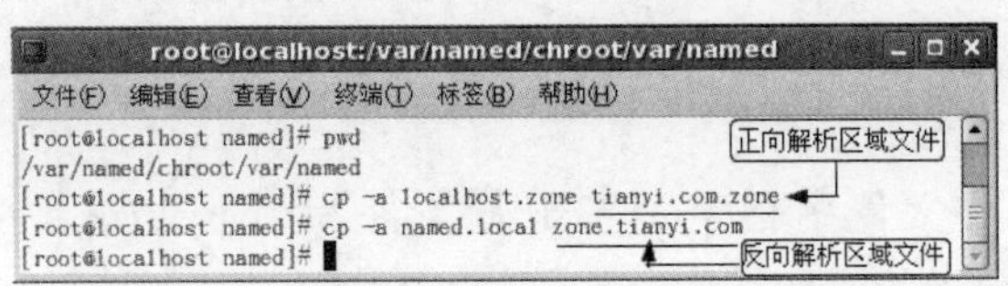

图 5-52 复制正向、反向解析区域文件示例文件

① 根区域文件

在/var/named/chroot/var/named/目录下有一个非常重要的文件 named.ca，该文件包含了 Internet 的根服务器名字和地址，DNS 接到客户端主机的查询请求时，如果在 Cache 中找不到相应的数据，就会通过根服务器进行逐级查询。

② 区域文件

DNS 服务器中存放了区域内的所有数据（包括主机名、对应 IP 地址、刷新间隔和过期时间等），而用来存放这些数据的文件就称为区域文件（区域文件使用“;”符号注释）。区域文件一般存放在/var/named/目录下。一台 DNS 服务器内可以存放多个区域文件，同一个区域文件也可以存放在多台 DNS 服务器中。

图 5-53 是一个在/var/named/chroot/var/named/目录中创建好的区域文件 tianyi.com.zone 的完整例子，请按图中的设置自己配置一个区域文件。

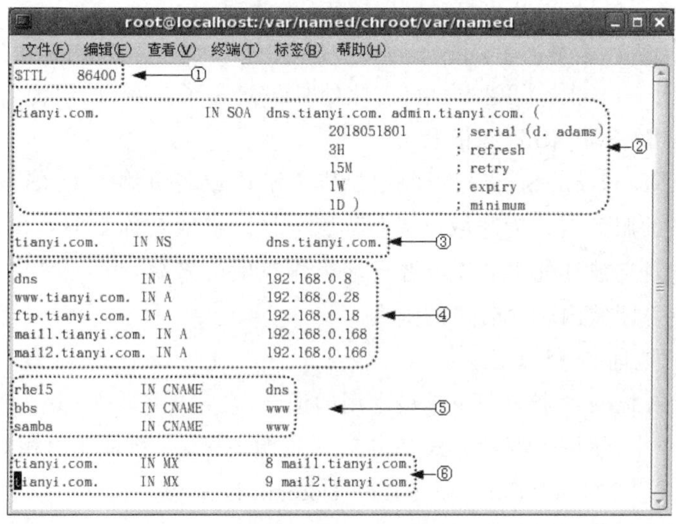

图 5-53　配置区域文件

➘① $TTL 86400

DNS 缓存时间，单位：秒，设置允许客户端缓存来自查询的数据的默认时间，通常应将它放在文件的第 1 行。

➘②设置起始授权机构 SOA 资源记录

SOA 是 Start of Authority（起始授权机构）的缩写，它是主要名称服务器区域文件中必须要设定的资源记录，它表示创建它的 DNS 服务器是主要名称服务器。SOA 资源记录定义了域名数据的基本信息和其他属性（更新或过期间隔）。

➤ 设置所管辖的域名。区域文件中“tianyi.com.”定义了当前 SOA 所管辖的域名（注意域名后的点号“.”），当然也可以不使用域名而使用符号“@”来代替。不过为了管理方便，建议使用域名。

➤ 设置 Internet 类。区域文件中的“IN”代表类型属于 Internet 类，这个格式是固定不可改变的。

➤ 设置授权主机名。区域文件中的“dns.tianyi.com.”定义了负责该区域的名称解析的授权主机名，这样 DNS 服务器才会知道谁控制这个区域。授权主机名称必须在区域文件中有一个 A 资源记录。

➢ 设置负责该区域的管理员的 E-mail 地址。区域文件的“admin.tianyi.com.”定义了负责该区域的管理员的 E-mail 地址。由于在 DNS 中使用符号“@”代表本区域的名称，所以在 E-mail 地址中应使用句点号“.”代替“@”。

➢ 设置 SOA 资源记录的各种选项。

小括号“()”里的数字是 SOA 资源记录各种选项的值，主要是作为和辅助名称服务器同步 DNS 数据而设置的。注意“(”号一定要和 SOA 写在同一行。

设置序列号：“2018051801”定义了序列号的值，通常由“年月日＋修改次数”组成，而且不能超过 10 位数字。

设置更新间隔：“3H”定义了更新间隔为 3 小时。

设置重试间隔：“15M”定义了重试间隔值为 15 分钟。

设置过期时间：“1W”定义了过期时间为 1 周。

设置最小默认 TTL：默认以秒为单位，此处“1D”定义了 TTL 的值为 1 天。

➘③设置名称服务器 NS 资源记录

名称服务器 NS(Name Server)资源记录定义了该域名由哪个 DNS 服务器负责解析，NS 资源记录定义的服务器称为区域权威名称服务器。权威名称服务器负责维护和管理所管辖区域中的数据，它被其他服务器或客户端当作权威的来源，为 DNS 客户端提供数据查询，并且能肯定应答区域内所含名称的查询。

➘④设置主机地址 A 资源记录

主机地址 A(Address)资源记录是最常用的记录，它定义了 DNS 域名对应 IP 地址的信息。在上面的例子中，使用了两种方式来定义 A 资源记录，一种是使用相对名称，另外一种是使用完全规范域名 FQDN(Fully Qualified Domain Name)。

➘⑤设置别名 CNAME 资源记录

别名 CNAME(Canonical Name)资源记录也被称为规范名字资源记录。CNAME 资源记录允许将多个名称映射到同一台计算机上，使得某些任务更容易执行。

➘⑥设置邮件交换器 MX 资源记录

邮件交换器 MX(Mail Exchanger)资源记录指向一个邮件服务器，用于电子邮件系统发邮件时根据收信人邮件地址后缀来定位邮件服务器。

可以设置多个 MX 资源记录，指明多个邮件服务器，优先级别由 MX 后的数字决定，数字越小，邮件服务器的优先权越高。优先级高的邮件服务器是邮件传送的主要对象，当邮件传送给优先级高的邮件服务器失败时，可以把它传送给优先级低的邮件服务器。

③ 反向解析区域文件

在/var/named/chroot/var/named/目录中，文件 zone.tianyi.com 定义了反向解析区域。操作时需设置的内容如图 5-54 所示。

➘① $ TTL 86400

DNS 缓存时间，单位：秒，设置允许客户端缓存来自查询的数据的默认时间，通常应将它放在文件的第 1 行。

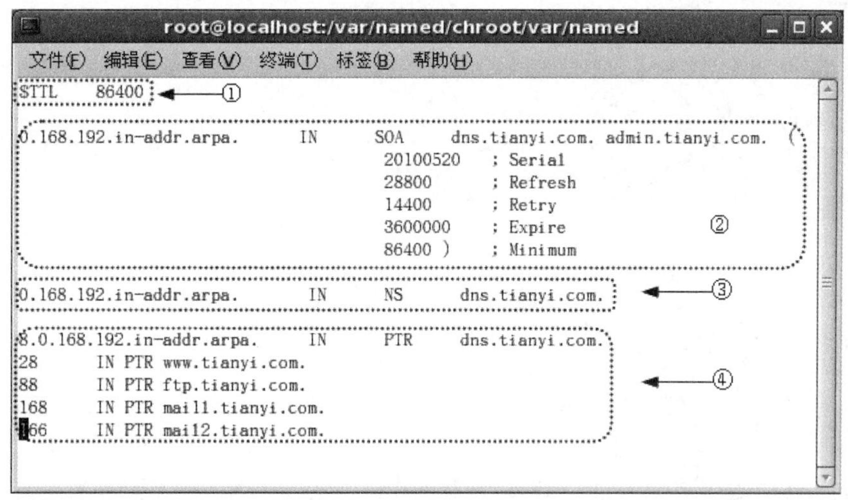

图 5-54　反向解析区域文件

②设置起始授权机构 SOA 资源记录，其结构和区域文件类似，请参考区域文件。

③设置名称服务器 NS 资源记录，名称服务器 NS 资源记录定义了该域名由哪个 DNS 服务器负责解析，NS 资源记录定义的服务器称为区域权威名称服务器。

④设置指针 PTR 资源记录：指针 PTR 资源记录只能在反向解析区域文件中出现。PTR 资源记录和 A 资源记录正好相反，它是将 IP 地址解析成 DNS 域名的资源记录。

2.配置 DNS 服务器

DNS 服务器的 BIND 软件包安装好之后，必须先编写 DNS 的全局配置文件和主配置文件。在全局配置文件中做好选项配置，并定义主配置文件。在主配置文件中设置根区域、主区域、反向解析区域，下面通过具体任务案例训练大家的配置技能。

任务 5-11

请你为天一电子产品研发中心架设一台 DNS 服务器负责 tianyi.com 域的域名解析工作。DNS 服务器的 FQDN 为 dns.tianyi.com，IP 地址为 192.168.0.8，其他要求如下。

要求为以下域名实现正、反向域名解析服务：

- dns.tianyi.com　　192.168.0.8
- mail.tianyi.com　MX 记录　　192.168.0.3
- www.tianyi.com　　192.168.0.6
- ftp.tianyi.com　　192.168.0.7

另外还要求设置 RHEL 6.5、BBS 和 Web 别名 CNAME 资源记录；使用三台内容相同的 FTP 服务器实现网络负载均衡功能，它们的 IP 地址分别是 192.168.0.7、192.168.0.17 和 192.168.0.117；能够直接解析域名和实现泛域名的解析。

【STEP|01】编辑全局配置文件。用 vi 打开 name.conf 进行编辑，在 options { }之间修改 allow-query { any; };，在 view tianyi { }之间修改：match-clients { any; }; 、match-destinations { any; };、include "/etc/tianyi.zones";，具体修改的内容如下：

```
options {
    allow-query             { any; };
};
view tianyi {
    match-clients           { any; };
    match-destinations      { any; };
    recursion yes;
    include "/etc/tianyi.zones";
};
```

【STEP|02】编辑主配置文件。用 vi 打开 tianyi.com 进行编辑，在主配置文件中设置好根区域、主区域和反向解析区域，具体配置的内容如下：

```
//设置根区域，指定 named 从 named.ca 文件中获取互联网的根服务器地址
zone "." IN {
    type hint;
    file "name.ca";
};
//指定正向解析区域为 tianyi.com.zone
zone "tianyi.com" IN {
    type master;
    file "tianyi.com.zone";
    allow-update { none; };
};
//指定反向解析区域为 zone.tianyi.com
zone "0.168.192.in-addr.arpa" IN {
    type master;
    file "zone.tianyi.com";
    allow-update { none; };
};
```

【STEP|03】编辑根区域、主区域、反向解析区域文件。

(1)先查看 named.ca 是否完整，可从网站下载最新文档。

(2)再建立正向解析区域文件 zone.tianyi.com，运用 vi 打开并编辑正向解析区域文件，具体设置内容如图 5-55 所示。

(3)再建立反向解析区域文件 tianyi.com.zone，用 vi 打开反向解析区域文件，并对它进行编辑，具体设置内容如图 5-56 所示。

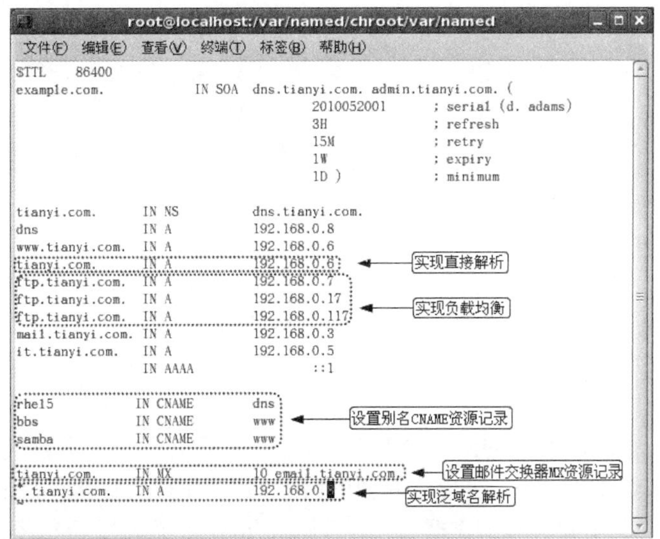


```
$TTL    86400
example.com.          IN SOA  dns.tianyi.com. admin.tianyi.com. (
                                2010052001      ; serial (d. adams)
                                3H              ; refresh
                                15M             ; retry
                                1W              ; expiry
                                1D )            ; minimum

tianyi.com.       IN NS         dns.tianyi.com.
dns               IN A          192.168.0.8
www.tianyi.com.   IN A          192.168.0.6
tianyi.com.       IN A          192.168.0.6
ftp.tianyi.com.   IN A          192.168.0.7
ftp.tianyi.com.   IN A          192.168.0.17
ftp.tianyi.com.   IN A          192.168.0.117
mail.tianyi.com.  IN A          192.168.0.3
it.tianyi.com.    IN A          192.168.0.5
                  IN AAAA           ::1

rhel5            IN CNAME       dns
bbs              IN CNAME       www
samba            IN CNAME       www

tianyi.com.      IN MX          10 email.tianyi.com.
*.tianyi.com.    IN A           192.168.0.
```

图 5-55　编辑正向解析区域文件

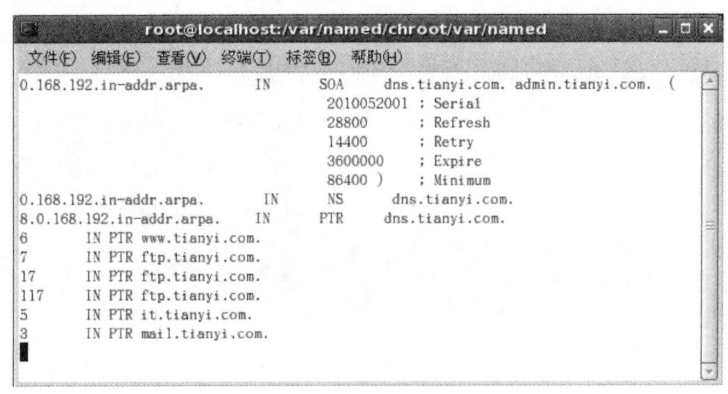


```
0.168.192.in-addr.arpa.       IN      SOA     dns.tianyi.com. admin.tianyi.com.  (
                                      2010052001  ; Serial
                                      28800       ; Refresh
                                      14400       ; Retry
                                      3600000     ; Expire
                                      86400 )     ; Minimum
0.168.192.in-addr.arpa.        IN       NS      dns.tianyi.com.
8.0.168.192.in-addr.arpa.      IN       PTR     dns.tianyi.com.
6       IN PTR www.tianyi.com.
7       IN PTR ftp.tianyi.com.
17      IN PTR ftp.tianyi.com.
117     IN PTR ftp.tianyi.com.
5       IN PTR it.tianyi.com.
3       IN PTR mail.tianyi.com.
```

图 5-56　编辑反向解析区域文件

【STEP|04】主要名称服务器的测试。完成主要名称服务器的配置后，应该对其进行测试，以便及时掌握 DNS 服务器的配置情况，及时解决问题。

(1)测试前的准备

① 启动或重启 DNS 服务

要测试主要名称服务器，应执行 DNS 服务的启动命令或重新启动命令。

```
#service named start          //DNS 服务启动命令
#service named restart        //DNS 服务重新启动命令
```

应执行以下命令，确保 named 进程已经启动。

```
pstree|grep "named"
```

如果出现“|-named”则表示 named 进程已经成功启动。

② 配置/etc/resolv.conf

在/etc/resolv.conf 文件中可以配置本机使用哪台 DNS 服务器来完成域名解析工作。下面通过实例来讲解配置方法，代码如下：

```
domain tianyi.com
nameserver 192.168.0.8
```

➢ 设置缺省域名

```
domain tianyi.com
```

domain 选项定义了本机的缺省域名，任何只有主机名而没有域名的查询，系统都会自动将缺省域名加到主机名的后面。如对于查询主机名为 linden 的请求，系统会自动将其转换为对 linden.tianyi.com 的请求。

➢ 设置 DNS 服务器地址

```
nameserver 192.168.0.8
```

nameserver 选项定义了本机使用哪台 DNS 服务器来完成域名解析工作，应该设置为主要名称服务器的 IP 地址。

(2)使用 nslookup 程序测试

nslookup 程序是 DNS 服务的主要诊断工具，它提供了执行 DNS 服务器查询测试并获取详细信息的功能。使用 nslookup 可以诊断和解决名称解析问题、检查资源记录是否在区域中正确添加或更新，以及排除其他服务器相关问题。nslookup 有两种运行模式：非交互式和交互式。

非交互式通常用于返回单块数据的情况，其命令格式为：

```
nslookup [-选项] 需查询的域名 [DNS 服务器地址]
```

如果没有指明 nslookup 要使用 DNS 服务器地址，则 nsookup 使用/etc/resolv.conf 文件定义的 DNS 服务进行查询。非交互式 nslookup 程序运行完后，就会返回 Shell 提示符，如果要查询另外一条记录，则需要重新执行该程序，如图 5-57 所示。

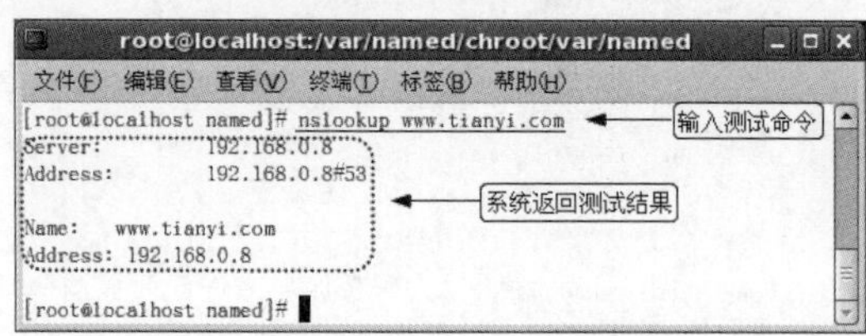

图 5-57 nslookup 程序的非交互式

交互式通常用于返回多块数据的情况，其命令格式为：

```
nslookup [- DNS 服务器地址]
```

如果没有指明 nslookup 要使用 DNS 服务器地址，则 nsookup 使用/etc/resolv.conf 文件定义的 DNS 服务进行查询。运行交互式 nslookup 程序，就会进入 nslookup 程序提示符“>”，接下来就可以在“>”后输入 nslookup 的各种命令、需查询的域名或反向解析的 IP 地址。查询完一条记录后可接着在“>”后输入新的查询，使用 exit 命令可退出 nslookup 程序，如图 5-58 所示。

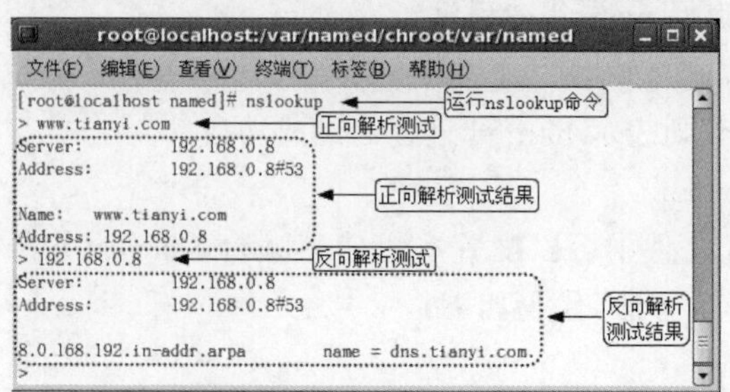

图 5-58 nslookup 程序的交互式

5.4.6　构建基于 Linux 平台的 Web 服务

Apache 是最流行的 Web 服务器端软件之一，目前几乎所有的 Linux 发行版都捆绑了 Apache 软件，Red Hat Enterprise Linux 也不例外，默认情况下已将 Apache 安装在系统中，由于 Apache 被重命名为 httpd，所以检查与安装软件包时，请使用 httpd。

1.安装 httpd 软件包

任务 5-12

在 Linux 系统中安装 httpd 软件包，安装完成后检查并了解系统中 httpd 的安装情况及 httpd 的版本号。再分析其主要配置文件 httpd.conf。

【STEP|01】使用 rpm -qa|grep httpd 命令检测系统是否安装了 httpd 软件包，或查看已经安装的软件包的版本，操作方法如图 5-59 所示。

图 5-59　检测系统是否安装了 httpd 软件包

【STEP|02】若未安装 httpd，则将 RHEL 6.5 的安装盘放入光驱，首先使用 mount 命令挂载光驱，然后使用 rpm-ivh 命令安装 httpd 软件包，操作方法如图 5-60 所示。

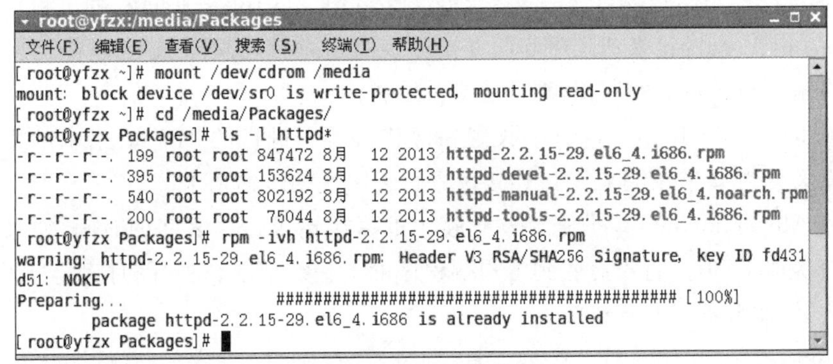

图 5-60　安装 httpd 软件包

【STEP|03】分析主配置文件 httpd.conf 。httpd.conf 是 Apache 服务器的核心配置文件，它位于/etc/httpd/conf/目录中。使用 vi 编辑 httpd.conf 文件，文件打开后，虽然 httpd.conf 文件中内容很多，但也不必为此而烦恼，这些参数基本上都很明确，也可以原封不动地运行 Apache 服务。况且文件中大部分内容都被注释掉了，除了注释和空行外，服务器把其他的行认为是完整的或部分的指令。指令语法为“配置参数名称 参数值”。伪 HTML 标记的语法格式如下：

```
<Directory />
    Options FollowSymLinks
    AllowOverride None
</Directory>
```

整个 httpd.conf 文件主要由全局环境配置、主服务配置和虚拟主机配置三部分构成，下面将对这三个部分进行详细分析。

(1)全局环境配置分析

全局环境配置部分以"###Section 1:Global Environment(第 33 行)"开始，如图 5-61 所示。这个部分的配置参数将影响整个 Apache 服务器的行为，例如 Apache 能够处理的并发请求的数量等。

图 5-61 全局环境配置部分

全局环境配置部分包含的配置项包括根目录设置、超时设置、监听端口设置等十几项，主要设置项及其设置作用说明如下。

①ServerTokens OS:当服务器响应主机头(header)信息时，显示 Apache 的版本和操作系统名称。

②ServerRoot "/etc/httpd":设置存放服务器的配置、出错和记录文件的位置。

③PidFile run/httpd.pid:PidFile 指定的文件将记录 httpd 守护进程的进程号。

④Timeout 120:设置客户程序和服务器连接的超时时间间隔，超过这个时间间隔(秒)后服务器将断开与客户机的连接，默认值为 120 秒。

⑤ MaxKeepAliveRequests 100:设置一次连接可以进行的 HTTP 请求的最大请求次数。将其值设置为 0，将支持在一次连接内进行无限次的传输请求。

⑥KeepAliveTimeout 15:设置一次连接中的多次请求传输之间的时间，如果服务器已经完成了一次请求，但一直没有收到客户端程序的下一次请求，在间隔时间超过了这个参数设置的值之后，服务器将断开连接。

⑦Listen 12.34.56.78:80:设置 Apache 服务器的监听 IP 和端口，默认情况下监听 80 端口。如果不指定 IP 地址，则 Apache 服务器将监听系统上所有网络接口的 IP 地址。

⑧Include conf.d/*.conf:将由 Serverroot 参数指定的目录中的子目录 conf.d 中的*.conf 文件包含进来，即将/etc/httpd/conf.d 目录中的*.conf 文件包含进来。

(2)主服务配置分析

主服务配置部分以"###Section 2:'Main' server configuration(第 233 行)"开始，如图 5-62 所示。这个部分的配置参数被主服务所使用，主服务响应那些没有被<VirtualHost>所处理的请求。

主服务配置部分的配置项包括用户和组的设置、网页文档的存放路径设置、默认首页的网页文件的设置等二十几项，这里介绍一些主要的设置项及其设置作用。

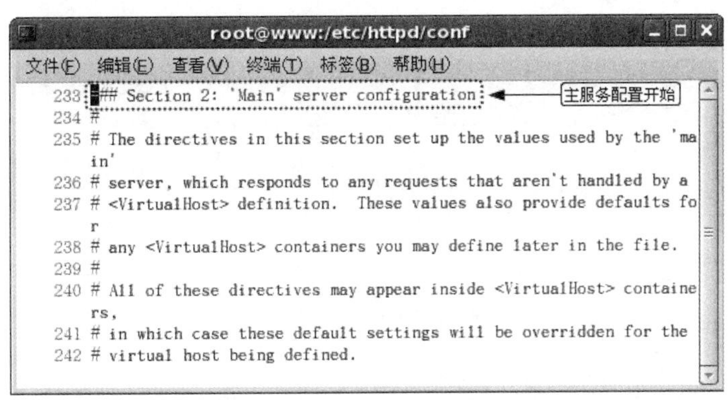

图 5-62　主服务配置部分

①User apache 和 Group apache：设置 Apache 进程的执行者和执行者所属的用户组，如果要用 UID 或者 GID，必须在 ID 前加上＃号。

②ServerAdmin root@localhost：设置 Web 管理员的邮箱地址，这个地址会出现在系统连接出错的时候，以便访问者能够及时通知 Web 管理员。

③ServerName new.host.name：80：设置服务器的主机名和端口以标志网站。该选项默认是被注释掉的，服务器将自动通过名称解析过程来获得自己的名字，但建议用户明确定义该选项。由 ServerName 指定的名称应该是 FQDN，也可以使用 IP 地址。如果同时设置了虚拟主机，则在虚拟主机中的设置会替换这里的设置。

④DocumentRoot "/var/www/html"：Web 服务器上的文档存放的位置，在未配置任何虚拟主机或虚拟目录的情况下，用户通过 http 访问 Web 服务器，所有的输出资料文件均存放在这里。

⑤Directory 目录容器：Apache 服务器可以利用 Directory 容器设置对指定目录的访问控制。

⑥DirectoryIndex index.html index.html.var：用于设置站点主页文件的搜索顺序，各文件间用空格分隔。在客户机访问网站根目录时，无须在 URL 中包含要访问的网页文件名称，Web 服务器会根据该项设置将默认的网页文件传送给客户机。如果服务器在目录中找不到 DirectoryIndex 指定的文件，并且允许列目录，则客户机浏览器上会看到该目录的文件列表，否则客户机会得到一个错误消息。

⑦AccessFileName.htaccess：设置访问控制的文件名，默认为隐藏文件.htaccess。

⑧HostnameLookups Off：设置只记录连接 Apache 服务器的 IP 地址，而不记录主机名。

⑨ErrorLog logs/error_log：指定错误日志的存放位置，此目录为相对目录，是相对于 ServerRoot 目录而言的。

⑩AddDefaultCharset UTF-8：设置默认字符集。

(3)虚拟主机配置分析

虚拟主机配置部分以"###Section 3：Virtual Hosts(第 961 行)"开始，如图 5-63 所示。虚拟主机服务是指将一台物理服务器虚拟成多台虚拟的 Web 服务器。对于一些小规模的网站，通过使用 Web 虚拟主机技术，可以跟其他网站共享同一台物理机器，可有效降低系统的运行成本，并且可以降低管理的难度。另外，对于个人用户，也可以使用这种虚拟主机方式来建立有自己独立域名的 Web 服务器。

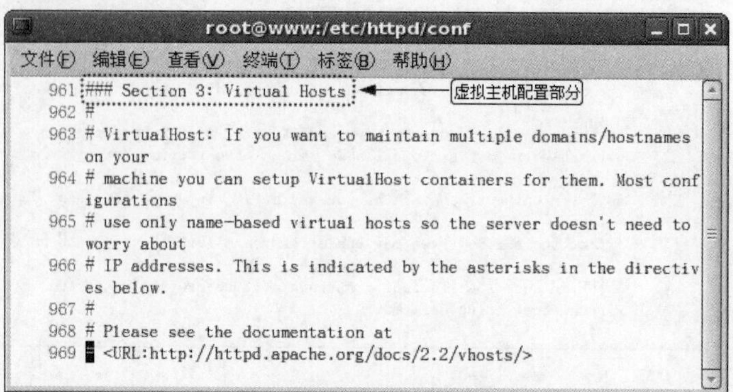

图 5-63　虚拟主机配置部分

虚拟主机可以是基于 IP 地址、主机名或端口号的。

➤ 基于 IP 地址的虚拟主机需要计算机上配有多个 IP 地址，并为每个 Web 站点分配一个唯一的 IP 地址。

➤ 基于主机名的虚拟主机，要求拥有多个主机名，并且为每个 Web 站点分配一个主机名。

➤ 基于端口号的虚拟主机，要求不同的 Web 站点通过不同的端口号进行监听，这些端口号只要是系统不用的就行。

2.体验 Web 服务

要检测 Apache 服务器是否正在运行，可以通过检查 Apache 进程状态或者直接通过浏览器访问 Apache 发布的网站页面来确定。

任务 5-13

通过检查 Apache 进程状态或者直接通过浏览器访问 Apache 发布的网站页面体验 Linux 平台下 Web 服务。

【STEP|01】检查 Apache 进程。

通过 ps -ef | grep httpd 命令来查看 Apache 服务的守护进程是否启动，运行结果如图 5-64 所示。

```
root@www:/etc/httpd/conf
文件(F) 编辑(E) 查看(V) 终端(T) 标签(B) 帮助(H)
[root@www conf]# ps -ef|grep httpd
root      31712     1  0 01:46 ?        00:00:05 /usr/sbin/httpd
apache    31714 31712  0 01:46 ?        00:00:00 /usr/sbin/httpd
apache    31715 31712  0 01:46 ?        00:00:00 /usr/sbin/httpd
apache    31716 31712  0 01:46 ?        00:00:00 /usr/sbin/httpd
apache    31717 31712  0 01:46 ?        00:00:00 /usr/sbin/httpd
apache    31718 31712  0 01:46 ?        00:00:00 /usr/sbin/httpd
apache    31719 31712  0 01:46 ?        00:00:00 /usr/sbin/httpd
apache    31720 31712  0 01:46 ?        00:00:00 /usr/sbin/httpd
apache    31721 31712  0 01:46 ?        00:00:00 /usr/sbin/httpd
root      32539 31484  0 06:53 pts/1    00:00:00 grep httpd
[root@www conf]#
```

图 5-64　查看 Apache 进程状态

Apache 运行后会在操作系统中创建多个 httpd 进程，能在操作系统中查找到 httpd 进程，表示 Apache 正在运行。

【STEP|02】测试 Apache 服务。

当我们依照“任务 5-12”安装步骤完成安装，并启动 Apache 服务后，只要在网页浏览器的地址栏输入 Web 服务器的 IP 地址或域名就可以访问 Web 服务器上的主页了，如果能出现如图 5-65 所示的测试页面，就证明安装没有问题，如果看不见，就要重新安装，或者调试网络了。

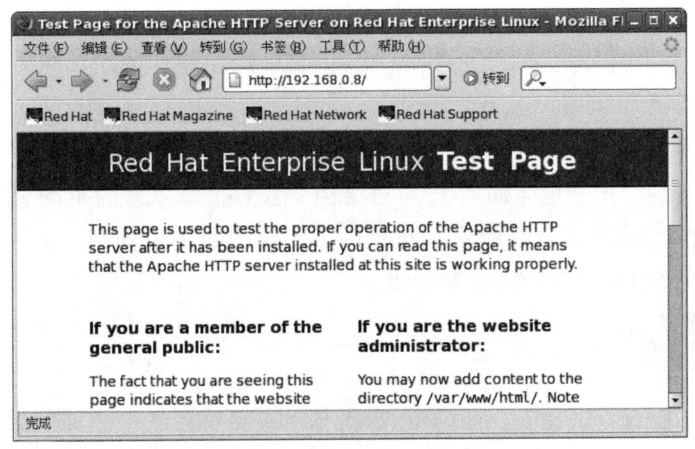

图 5-65 Web 服务器的测试页

读者如果进入/var/www/html 目录，会发现在该目录下什么也没有，怎么会出现图 5-65 所示的网页呢?原因在于/etc/httpd/conf.d/目录中的 welcome.conf 文件，由于/var/www/html/下面没有对应的 index.html 文件，因此对系统而言，这是错误的情况，系统就会调出 Error Document 所对应的文件/var/www/error/noindex.html，因此就出现了如图 5-66 所示的页面。如果在 welcome.conf 文件中注释掉 Apache 默认欢迎页面，如图 5-66 所示，重新启动 Apache，并在/var/www/html/下放置一些目录和文件，重新登录 Web 服务器，就会出现如图 5-67 所示的页面。

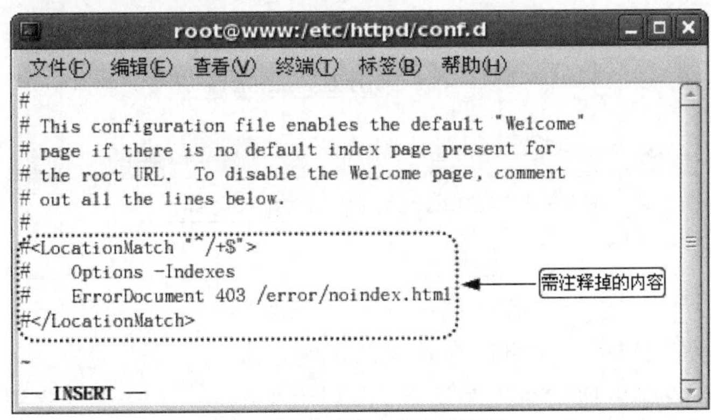

图 5-66 注释掉默认欢迎页面

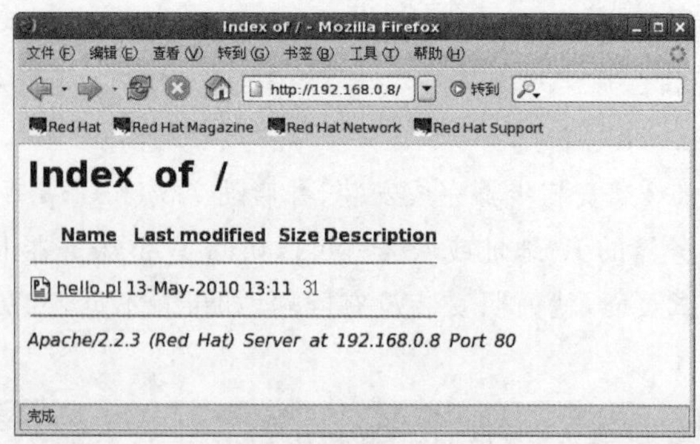

图 5-67 网页显示目录

3.建立用户个人主页网

每一台主机都有一个首页，但是如果每个用户都想拥有自己的首页，那该如何设计？利用 Apache 即可实现。用户的主页存放的目录由 Apache 服务器的主配置文件 httpd.conf 文件中的主要设置参数 UserDir 设定。在允许 Linux 系统用户拥有个人主页时，可以利用 Directory 容器为该目录设置访问控制权限。

任务 5-14

技术部想在 IP 地址为 192.168.0.8 的 Web 服务器中为系统中的 xesuxn 用户设置个人主页空间。该用户的家目录为/home/xesuxn，个人主页空间所在的目录为 public_html。

【STEP|01】设置用户个人主页的目录。

Linux 系统用户个人主页的目录由<IfModule mod_userdir.c>容器实现，默认情况下，UserDir 的取值为 disable，表示不为 Linux 系统用户设置个人主页。如果需要为 Linux 系统用户设置个人主页，就得使用 vi 编辑 httpd.conf 文件，注释掉 Userdir disable（添加注释），启用 UserDir public_html（去掉注释），具体操作如图 5-68 所示。

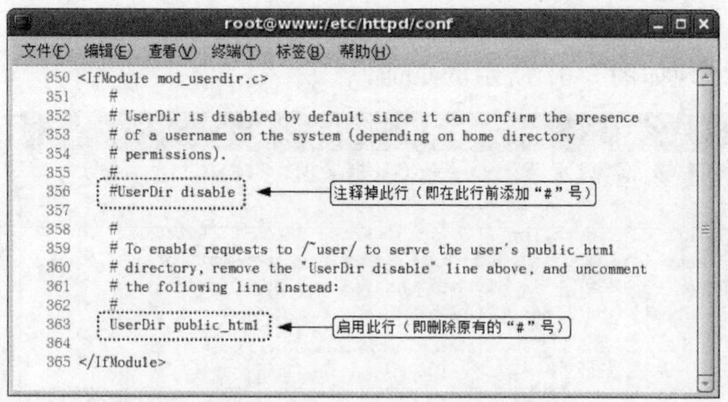

图 5-68 设置用户个人主页的目录

【STEP|02】设置用户个人主页所在目录的访问权限。

允许 Linux 系统用户拥有个人主页后，再利用 Directory 容器设置用户个人主页所在目录的访问权限，该 Directory 容器默认是被注释掉的，容器中间的各参数的意义和全局参数相同，将<Directory /home/ * /public_html>容器中的注释符去掉即可，如图 5-69 所示。

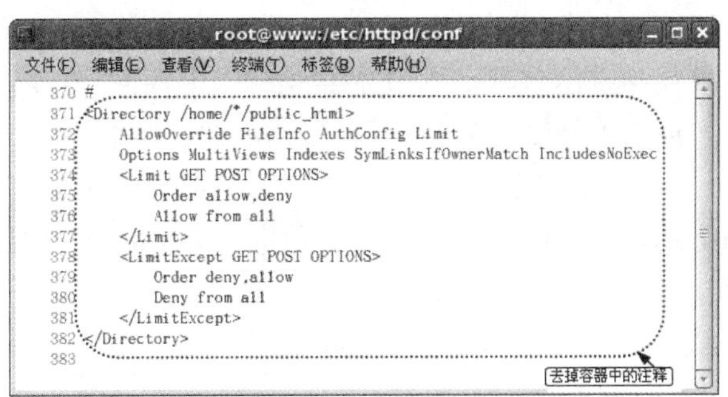

图 5-69　设置用户个人主页所在目录的访问权限

【STEP|03】配置用户个人主页及所在目录。

首先采用 chmod 命令修改用户的家目录权限,使其他用户具有读和执行的权限。然后采用 mkdir 创建存放用户个人主页空间的目录,最后采用 echo 建立个人主页空间的默认首页文件,具体操作方法如图 5-70 所示。

图 5-70　配置用户个人主页及所在目录

【STEP|04】重启服务并测试。

利用 service 命令重新启动 httpd 服务,再在客户端的浏览器中输入"http://192.168.0.8/～xesuxn/",看到个人空间的访问效果,当出现 index.html 文件中的内容时,表示 Web 服务器配置成功。具体操作如图 5-71 所示。

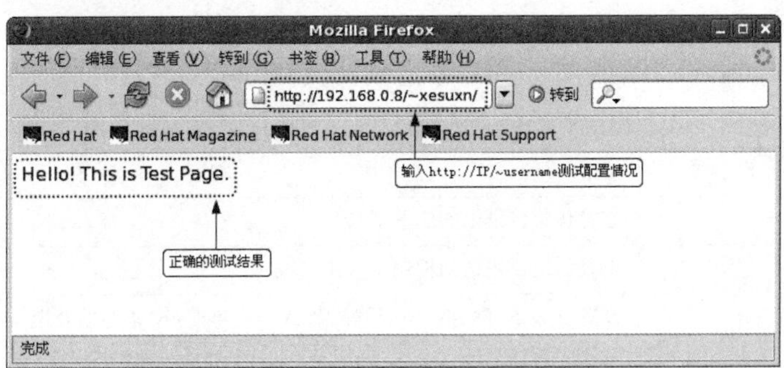

图 5-71　测试登录个人主页情况

4.认证与授权管理

现在很多网站对用户的访问权限进行了严格的限制,用户在访问某些资源时需要给出"用户名/口令"来确认自己的身份。当用户要访问某些受限制的资源时,要在某一个页面中输入用户名和口令,如果输入正确,则正常使用资源,否则,资源访问被拒绝。用户身份认证是防止非法用户使用资源的有效手段,也是管理注册用户的有效方法。

➤ 认证

认证有两种类型,在 RFC 2617 中对这两种认证方式进行了定义,分别是基本(Basic)认证和摘要(Digest)认证。

摘要认证比基本认证更加安全，但遗憾的是目前并非所有的浏览器都支持摘要认证，所以大多数情况下用户只使用基本认证。本节主要介绍基本认证。

认证的配置指令。所有的认证配置指令既可以在主配置文件的<Directory "目录">…</Directory>容器中实现，也可以在./htaccess 文件中进行。对于口令保护的目录，必须通过 AuthName、AuthType、AuthUserFile 和 AuthGroupFile 四个指令设置认证访问控制，表 5-2 列出了可用的认证配置指令。

表 5-2　　Apache 的认证配置指令

指令	指令语法	说明
AuthName	AuthName 领域名称	定义认证领域的名称
AuthType	AuthType Basic 或 Digest	定义使用的认证方式
AuthUserFile	AuthUserFile 文件名	指定认证用户口令文件的位置
AuthGroupFile	AuthGroupFile 文件名	指定认证组文件的存放位置

➤ 授权

当使用认证指令配置了认证之后，还需要用 Require 命令指出满足什么条件的用户才能被授权访问，Require 指令的三种使用格式见表 5-3。

表 5-3　　Apache 的授权配置指令

指令语法格式	说明
Require user 用户名［用户名］……	授权给指定的一个或多个用户
Require group 组名［组名］……	授权给指定的一个或多个组
Require valid-user	授权给认证口令文件中的所有用户

➤ 访问控制

在 httpd.conf 文件中，有很多类似于<Directory "目录">…</Directory>的容器，在每个容器中都有 Options、Allowoverride 等指令，它们都是访问控制选项，见表 5-4。

表 5-4　　Apache 目录访问控制选项

访问控制选项	描述
Options	设置特定目录中的服务器特性
AllowOverride	设置如何使用访问控制文件.htaccess
Order	设置 Apache 缺省的访问权限及 Allow 和 Deny 语句的处理顺序
Allow	允许客户端访问 Apache 服务器，可以是主机名也可以是 IP 地址
Deny	拒绝客户端访问 Apache 服务器，可以是主机名也可以是 IP 地址

(1)在主配置文件中配置认证和授权

Apache 服务器支持访问控制和访问用户的验证，下面将通过任务案例介绍如何在主配置文件中配置用户认证和授权 Apache 服务器。

任务 5-15

在 192.168.0.8 的 Web 服务器中，通过对主配置文件/var/test 进行保护，对帐户 xesuxn 进行认证与授权。

【STEP|01】修改主配置文件。

采用 vi 编辑/etc/httpd/conf/目录中的 httpd.conf 配置文件，在文件中添加如下内容。

```
<Directory "/var/test/">
Options indexes
    AllowOverride none
    AuthName "This is protects for test directory!!"  #定义认证领域的名称
    AuthType Basic                                    #设置使用基本认证方式
    AuthUserFile /etc/httpd/password                  #设置用户认证口令文件的位置
    Require valid-user                                #指定的文件中任何用户都可以访问
</Directory>
```

【STEP|02】生成用户密码文件。

利用 htpasswd 命令生成用户密码文件，注意命令在执行时需要输入口令两次。例如为用户 xesuxn 生成密码文件的命令如下所示。

```
[root@RHEL6 ~]# htpasswd -c/etc/httpd/password xesuxn
New password:
Re-type new password:
Adding password for user xesuxn
```

产生的 password 文件的内容如下，其中第 1 列是用户名，第 2 列是经过加密后的密码。

```
xesuxn:FRnVJGtd.fjDA
```

htpasswd 命令中的-c 选项表述无论密码文件是否已经存在，都重新写入文件并删除文件中的原有内容。所以在向密码文件中添加第二个用户时，就不需要再使用-c 选项了。

【STEP|03】重启 Apache 服务并测试。

采用 service httpd restart 命令重启 Apache 服务，然后打开浏览器，在地址栏中输入"http://192.168.0.8/test/"，看到如图 5-72 所示的要求输入用户名和密码进行验证的界面。在输入合法的用户名(xesuxn)和口令(上一步添加的口令)之后，即可访问。

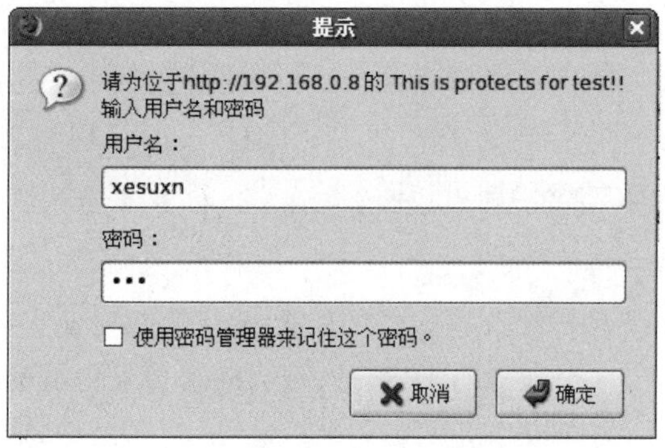

图 5-72　认证和授权测试

(2)在.htaccess 文件中配置认证和授权

任务 5-14

在 192.168.0.8 的 Web 服务器中，通过配置.htaccess 文件实现对/var/test 进行保护，对帐户 tom 进行认证与授权。

【STEP|01】修改主配置文件。

采用 vi 编辑/etc/httpd/conf/目录中的 httpd.conf 配置文件，在文件中添加如下内容：

```
<Directory "/var/test/">
    Options Indexes FollowSymLinks
        AllowOverride authconfig            #允许进行用户认证
        Order allow,deny                    #先允许，再禁止
        Allow from all                      #允许所有计算机访问该文件夹
</Directory>
```

【STEP|02】生成用户密码文件。

利用 htpasswd 命令生成用户密码文件，注意命令在执行时需要输入口令两次。例如为用户 tom 生成密码文件的命令如下所示：

```
[root@RHEL6 ~]# htpasswd -c/etc/httpd/password tom
New password:
Re-type new password:
Adding password for user tom
```

【STEP|03】建立.htaccess 文件。

使用 vi 在限制访问的目录下建立一个.htaccess 文件，其内容如下：

```
[root@RHEL6 test]# vi .htaccess
AuthName "你好！这是专用文档区，查看需输入认证信息!!"  #认证界面的提示语
AuthType basic                                  #设置使用基本认证方式
AuthUserFile /etc/httpd/password                #设置用户认证口令文件的位置
require valid-user                              #指定的文件中任何用户都可以访问
```

【STEP|04】重启 Apache 服务并测试。

采用 service httpd restart 重新启动 Apache 服务，然后打开浏览器，在地址栏中输入"http://192.168.0.8/test/"，看到如图 5-72 所示的要求输入用户名和密码进行验证的界面。此时输入 tom 和 tom 的密码即可访问。

5.配置虚拟主机

Apache 服务器 httpd.conf 主配置文件中的第三部分是关于实现虚拟主机的。它可以在一台 Web 服务器上，为多个独立的 IP 地址、域名或端口号提供不同的 Web 站点。

(1)配置基于 IP 地址的虚拟主机

基于 IP 地址的虚拟主机服务的服务器上必须同时设置多个 IP 地址，然后配置 Apache，把多个网站绑定在不同的 IP 地址上，服务器根据用户请求的目的 IP 地址来判定用户请求的是哪个虚拟主机的服务，从而做进一步的处理。

有两种方法可以使虚拟主机提供多个 IP 地址。第一，增加多块网卡；第二，一块网卡上绑定多个 IP 地址。

任务 5-17

请为 Web 服务器创建两个基于 IP 地址的虚拟主机，假设两个 IP 地址为 192.168.0.11 和 192.168.0.12。要求不同的虚拟主机对应的主目录不同，默认文档的内容也不同。

【STEP|01】给 eth0 网卡绑定多个 IP 地址。

先在 eth0 上绑定 IP 地址 192.168.0.11 和 192.168.0.12，然后采用 ifup 激活接口，操作方法如下：

```
[root@RHEL6 ~]# vi /etc/sysconfig/network-scripts/ifcfg-eth0:0
    DEVICE=eth0:0
    ONBOOT=yes
    BOOTPROTO=static
    IPADDR=192.168.0.11
    NETMASK=255.255.255.0
[root@RHEL6 ~]# vi /etc/sysconfig/network-scripts/ifcfg-eth0:1
    DEVICE=eth0:1
    ONBOOT=yes
    BOOTPROTO=static
    IPADDR=192.168.0.12
    NETMASK=255.255.255.0
//激活接口
[root@RHEL6 ~]# ifup eth0:0
[root@RHEL6 ~]# ifup eth0:1
```

【STEP|02】创建目录和首页文件。

利用 mkdir 和 touch 命令（也可用 echo）分别创建“/var/www/vhost1”和“/var/www/vhost2”两个主目录和默认文件，内容要求不一样，以便我们进行区分。

```
[root@RHEL6 ~]# mkdir -p/var/www/vhost1
[root@RHEL6 ~]# mkdir -p/var/www/vhost2
[root@RHEL6 ~]# touch "Welcome to vhost1!" >
/var/www/vhost1/index.htm
[root@RHEL6 ~]# touch "Welcome to vhost2!" >
/var/www/vhost2/index.htm
```

【STEP|03】修改 httpd.conf 文件。

Apache 是通过 httpd.conf 配置文件中的＜VirtualHost＞容器来配置虚拟主机服务的，所以接下来使用 vi 编辑/etc/httpd/conf/目录下的 httpd.conf 文件，修改有关内容，操作方法如下：

```
<Virtualhost 192.168.0.11>
    DocumentRoot /var/www/vhost1                  #设置该虚拟主机的主目录
    DirectoryIndex index.htm                      #设置默认文件的文件名
    ServerAdmin xesuxn@163.com                    #设置管理员的邮件地址
    ErrorLog      logs/ip2-error_log              #设置错误日志的存放位置
    CustomLog   logs/ip2-access_log common        #设置访问日志的存放位置
</Virtualhost>
<Virtualhost 192.168.0.12>
    DocumentRoot /var/www/vhost2                  #设置该虚拟主机的主目录
    DirectoryIndex index.htm                      #设置默认文件的文件名
    ServerAdmin 5688609@qq.com                    #设置管理员的邮件地址
    ErrorLog      logs/ip3-error_log              #设置错误日志的存放位置
    CustomLog   logs/ip3-access_log common        #设置访问日志的存放位置
</Virtualhost>
```

【STEP|04】重启 Apache 服务进行测试。

配置好前面的内容后，需要使用 service httpd restart 重新启动 Apache 服务，然后在客户端的浏览器中分别输入绑定的 IP 地址 192.168.0.11 和 192.168.0.12 进行测试，测试结果如图 5-73 和图 5-74 所示。

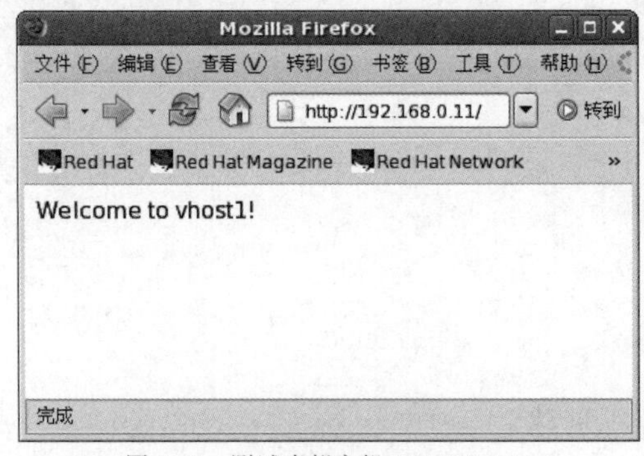

图 5-73　测试虚拟主机 192.168.0.11

图 5-74　测试虚拟主机 192.168.0.12

(2)配置基于域名的虚拟主机

基于域名的虚拟主机的配置服务器只需一个 IP 地址即可，所有的虚拟主机共享这个 IP 地址，各虚拟主机之间通过域名进行区分。因此需要配置 DNS 服务器，DNS 服务器中应建立多个主机资源记录，使它们解析到同一个 IP 地址。然后配置 Apache 服务器，令其辨识不同的主机名就可以了。这样一台服务器可以提供多个虚拟域名的服务，占用资源少，管理方便，也可以缓解 IP 地址不足的问题，作为服务器这种方式比较常用。

任务 5-18

研发中心 Web 服务器 IP 地址为 192.168.0.8，对应的域名是 www.tianyi.com 和 www.yfzx.com。请配置基于域名的虚拟主机，并保证不同的虚拟主机对应不同的主目录，默认文档的内容也不同。

【STEP|01】配置 DNS 服务器。

要建立基于域名的虚拟主机，就要更改 DNS 服务器的配置，配置完成后，要保证域名能够顺利通过测试。就得在 DNS 服务器的区域文件中建立多个主机地址 A 资源记录，使它们解析到同一个 IP 地址上，即：

```
www.tianyi.com.     IN A 192.168.0.8
www.yfzxi.com.      IN A 192.168.0.8
```

【STEP|02】配置 httpd.conf。

使用 vi 编辑/etc/httpd/conf/目录中的主配置文件 httpd.conf，在文件中添加如下内容：

```
NameVirtualHost 192.168.0.8              #指定虚拟主机所使用的 IP 地址
<VirtualHost 192.168.0.8>               #VirtualHost 后面可以跟 IP 地址或域名
    ServerName www.tianyi.com            #指定该虚拟主机的 FQDN
    DocumentRoot /var/www/tianyi
    DirectoryIndex index.html
</VirtualHost>
<VirtualHost 192.168.0.8>
    ServerName it.tianyi.com
    DocumentRoot /var/www/yfzx
    DirectoryIndex index.html
</VirtualHost>
```

【STEP|03】建立两个主目录和默认主页文件。

利用 mkdir 和 echo 分别创建“/var/www/tianyi”和“/var/www/yfzx”两个主目录和默认文件，内容要求不一样，以便我们进行区分。

```
[root@www~]# mkdir /var/www/tianyi
[root@www~]# mkdir /var/www/yfzx
[root@www~]# echo "Welcome to www.tainyi.com">> /var/www/tainyi/index.html
[root@www~]# echo "Welcome to www.yfzx.com">> /var/www/yfzx/index.html
```

【STEP|04】启动或重启 Apache 服务进行测试。

配置好前面的内容后，需要使用 service httpd start 启动（或 service httpd restart 重启）Apache 服务，然后在客户端的浏览器中分别输入 www.tianyi.com 和 www.yfzx.com 进行测试，测试结果如图 5-75 和图 5-76 所示。

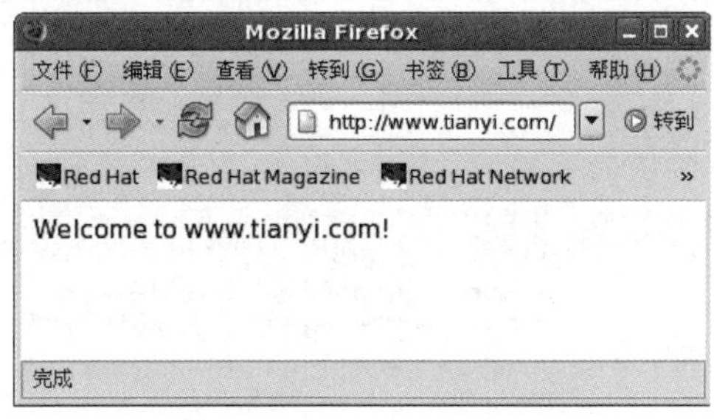

图 5-75　测试虚拟主机 www.tianyi.com

图 5-76 测试虚拟主机 www.yfzx.com

5.4.7 构建基于 Linux 平台的 FTP 服务

目前,几乎所有的 Linux 发行版本都内置了 vsftpd 服务,是系统集成的一个工具,在安装 Linux 的过程中如果用户选择了 FTP,那么它就会在安装 Linux 的同时安装 FTP。如果没有选择的话,需要在机器启动后将 Linux 第 2 张安装光盘放进光驱进行安装。

1.安装 vsftpd 软件包

任务 5-19

检查是否安装了 vsftpd 软件包,若没有,则利用 Linux 安装盘进行安装,然后检查并了解系统中 vsftpd 的版本号。

【STEP|01】检查 vsftpd 软件包。

使用 rpm -qa|grep vsftpd 命令检测系统是否安装了 vsftpd 软件包,或查看已经安装的软件包的版本,操作方法如图 5-77 所示。

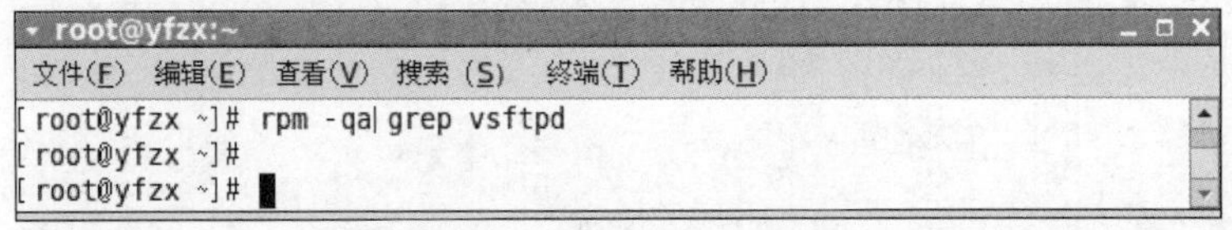

图 5-77 检查 vsftpd 软件包

如果图中没有 vsftpd 的相关内容,说明系统还未安装 vsftpd 软件包,此时就得使用 rpm -ivh 命令进行软件包的安装。

【STEP|02】安装 vsftpd 软件包。

将 RHEL 6.5 的安装光盘放入光驱,首先使用 mount 命令挂载光驱,然后使用 rpm -ivh 命令安装 vsftpd 软件包,操作方法如图 5-78 所示。

图 5-78 安装 vsftpd 软件包

【STEP|03】检查确认。

vsftpd 软件包安装完毕后，再次使用 rpm -qa 命令进行查询，操作方法参考【STEP|01】。

2.熟悉相关配置文件

vsftpd 软件包安装完成后，会在系统中产生与 vsftpd 相关的配置文件供配置 FTP 服务器使用，主要配置文件如下。

/etc/vsftpd/vsftpd.conf

vsftpd 的核心配置文件，配置 FTP 服务器时需要编辑此文件中的相关配置。

/etc/vsftpd/ftpusers

在该文件中指定哪些用户不能访问 FTP 服务器，所有位于此文件内的用户都不能访问 vsftpd 服务，以此提高系统的安全性。

/etc/vsftpd/user_list

指定允许使用 vsftpd 的用户列表文件，当 /etc/vsftpd/vsftpd.conf 文件中的"userlist_enable"和"userlist_deny"的值都为 YES 时，在该文件中列出的用户不能访问 FTP 服务器。当"userlist_enable" 的值为 YES 而 "userlist_deny"的值为 NO 时，只有/etc/vsftpd.user_list 文件中列出的用户才能访问 FTP 服务器。

/etc/vsftpd/vsftpd_conf_migrate.sh

vsftpd 操作的一些变量和设置脚本。

/var/ftp/

默认情况下匿名用户的根目录。

3.熟悉主配置文件 vsftpd.conf

vsftpd 的配置文件基本上都位于/etc/vsftpd/目录中，其中 vsftpd.conf 是 FTP 服务最核心的配置文件，它包含了 FTP 服务绝大多数的配置信息，FTP 服务是依据该文件的配置来完成相关服务的。

为了让 FTP 服务器能更好地按需求提供服务，需要对/etc/vsftpd/vsftpd.conf 文件进行合理有效的配置。vsftpd 提供的配置命令较多，默认配置文件只列出了最基本的配置命令，很多配置命令在配置文件中并未列出，下面让我们来熟悉一些常用的配置命令。

(1)查看主配置文件

任务 5-20

首先将/etc/vsftpd/目录的下 vsftpd.conf 文件进行备份，留作备用，然后利用 vi 编辑器查看 vsftpd.conf 文件的内容。

【STEP|01】备份 vsftpd.conf。

vsftpd 软件包安装完成后，会在系统中产生与 vsftpd 相关的配置文件供配置 FTP 服务器使用，核心配置文件是/etc/vsftpd/目录的下 vsftpd.conf。为了确保原配置文件的完整性，用户在配置前最好对它进行备份，具体操作如图 5-79 所示。

图 5-79 备份 vsftpd.conf

【STEP|02】打开 vsftpd.conf 文件。

首先进入 vsftpd.conf 所在目录，其次使用 vi/etc/vsftpd/vsftpd.conf 将配置文件打开，文件打开后，会发现 vsftpd.conf 文件中内容的格式与 samba 配置文件的格式非常相似，整个配置文件是由很多的字段组合而成，其格式如下。

字段＝设定值

去掉所有注释行之后 vsftpd.conf 文件的内容如图 5-80 所示。

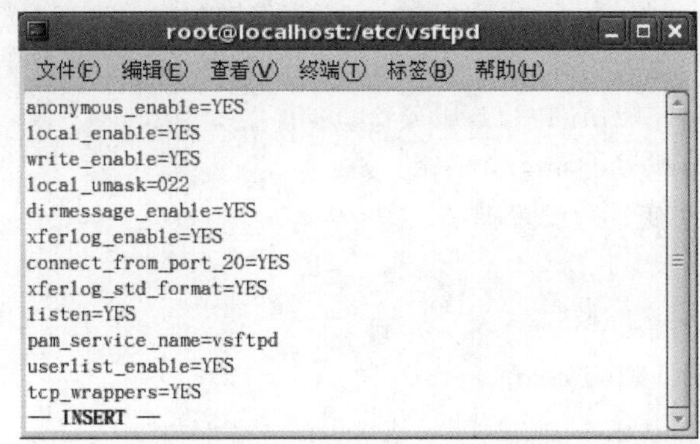

图 5-80 vsftpd.conf 文件的内容

整个配置文件一共有 116 行，图 5-80 是去掉所有注释行之后剩下的部分。虽然没有注释的部分只有 12 行，但想要掌握好 vsftpd 并不是一件容易的事情，下面将进行详细的分析。

(2)分析主配置文件 vsftpd.conf

从图 5-80 中可以看出 vsftpd.conf 主配置文件的具体内容，配置文件列出了布尔、数值和字符串类型的“字段＝设定值”对形式的配置参数，它们被称为指令。每一个“字段＝设定值”对通过等号连接起来，等号两边没有空格。RHEL 6.5 提供了一份注释翔实的配置文件/etc/vsftpd/vsftpd.conf，它能够改变很多编译内置默认值。本节讨论大多数选项，请留意它们的默认值以及 RHEL 6.5 提供的 vsftpd.conf 文件中指定的值。

布尔类型选项的值为 YES 或 NO，数值类型选项的值为非负整数。八进制数(用来设置 umask 选项)必须以 0(零)开头。如果起始处没有零，就会被视为十进制数字。

下面从 7 个方面对 vsftpd.conf 整个配置文件中常用配置参数进行分析。

①登录及对匿名用户的设置

➢ anonymous_enable＝YES：设置是否允许匿名用户登录 FTP 服务器，这里选择 YES，表示允许。反之，请选择 NO。

➢ local_enable＝YES：设置是否允许本地用户登录 FTP 服务器。这里选择 YES，表示允许本地用户登录，反之，请选择 NO。

➢ write_enable＝YES：全局性设置，设置是否对登录用户开启写权限。

➢ local_umask＝022：设置本地用户的文件生成掩码为 022。则对应权限为 755（777－022＝755）。

➢ anon_umask＝022：设置匿名用户新增文件的 umask 掩码。

➢ anon_upload_enable＝YES：设置是否允许匿名用户上传文件，只有在 write_enable 的值为 YES 时，该配置项才有效。

➢ anon_mkdir_write_enable＝YES：设置是否允许匿名用户创建目录，只有在 write_enable 的值为 YES 时，该配置项才有效。

➢ anon_other_write_enable＝NO：若设置为 YES，则匿名用户会被允许拥有多于上传和建立目录的权限，还有删除和更名的权限。默认值为 NO。

➢ ftp_username＝ftp：设置匿名用户的帐户名称，默认值为 ftp。

➢ no_anon_password＝YES：设置匿名用户登录时是否询问口令。设为 YES，则不询问。

②设置欢迎信息

用户登录 FTP 服务器成功后，服务器可以向登录用户输出预设置的欢迎信息。

➢ ftpd_banner＝Welcome to blah FTP service.：设置登录 FTP 服务器时在客户端显示的欢迎信息。

➢ banner_file＝/etc/vsftpd/banner：设置用户登录时，将要显示 banner 文件中的内容，该设置将覆盖 ftpd_banner 的设置。

➢ dirmessage_enable＝YES：设置进入目录时是否开启目录提示功能。若设置为 YES，则用户进入目录时，将显示该目录中由 message_file 配置项指定文件（.message）中的内容。

③设置用户在 FTP 客户端登录后所在的目录

➢ local_root＝/var/ftp：设置本地用户登录后所在的目录，在 vsftpd.conf 文件的默认配置中，本地用户登录 FTP 服务器后，所在的目录为用户的家目录。

➢ anon_root＝/var/ftp：设置匿名用户登录 FTP 服务器时所在的目录。若未指定，则默认为/var/ftp 目录。

④设置是否将用户锁定在指定的 FTP 目录

默认情况下，匿名用户会被锁定在默认的 FTP 目录中，而本地用户可以访问到自己 FTP 目录以外的内容。出于安全性的考虑，建议将本地用户也锁定在指定的 FTP 目录中。

➢ chroot_list_enable＝YES：设置是否启用 chroot_list_file 配置项指定的用户列表文件。

➢ chroot_local_user＝YES：用于指定用户列表文件中的用户，是否允许切换到指定 FTP 目录以外的其他目录。

➢ chroot_list_file＝/etc/vsftpd.chroot_list：用于指定用户列表文件，该文件用于控制哪些用户可以切换到指定 FTP 目录以外的其他目录。

⑤设置用户访问控制

对用户的访问控制由 /etc/vsftpd.user_list 和 /etc/vsftpd.ftpusers 文件控制。/etc/vsftpd.ftpusers 文件专门用于设置不能访问 FTP 服务器的用户列表。而/etc/vsftpd.user_list 由下面的参数决定。

➤ userlist_enable=YES:取值为 YES 时/etc/vsftpd.user_list 文件生效,取值为 NO 时/etc/vsftpd.user_list 文件不生效。

➤ userlist_deny=YES:设置/etc/vsftpd.user_list 文件中的用户是否允许访问 FTP 服务器。若设置为 YES,则/etc/vsftpd.user_list 文件中的用户不能访问;若设置为 NO,则只有/etc/vsftpd.user_list 文件中的用户才能访问。

⑥设置 FTP 服务的启动方式及监听 IP

vsftpd 服务既可以以独立方式启动,也可以由 xinetd 进程监听,以被动方式启动。

➤ listen=YES:若取值为 YES,则 vsftpd 服务以独立方式启动。如果想以被动方式启动,将本行注释掉即可。

➤ listen_address=IP:设置监听 FTP 服务的 IP 地址,适合于 FTP 服务器有多个 IP 地址的情况。如果不设置,则在所有的 IP 地址监听 FTP 请求。只有 vsftpd 服务在独立启动方式下才有效。

⑦设置上传文档的所属关系和权限

➤ chown_uploads=YES:设置是否改变匿名用户上传文档的属主,默认为 NO。若设置为 YES,则匿名用户上传的文档属主将由 chown_username 参数指定。

➤ chown_username=whoever:设置匿名用户上传的文档的属主。建议不要使用 root。

➤ file_open_mode=755:设置上传文档的权限。

4.实现匿名用户访问

任务 5-21

研发中心需要将公司的文件和资料提供给全体员工使用,并且员工可以上传文件。为此需要编辑 vsftpd.conf 文件,实现匿名用户可上传、不能删除、不能更名。

如果需要使用匿名用户的访问功能,则必须把 anonymous_enable 字段设置为 YES,并在主配置文件中编辑和匿名用户相关的参数,同时还得在匿名用户主目录下新建一个 upload 目录用来存放匿名用户上传文件,具体操作步骤如下。

【STEP|01】编辑 vsftpd.conf。

使用 vi 编辑/etc/vsftpd/vsftpd.conf,在文件中修改相关参数,操作方法如下。

```
[root@localhost ftp]# vi /etc/vsftpd/vsftpd.conf       # 打开 vsftpd.conf 文件
anonymous_enable=YES                # 启用匿名访问
ftp_username=ftp                    # 指定匿名用户,默认为 ftp
anon_root=/var/ftp                  # 指定匿名用户登录后的主目录为/var/ftp
write_enable=YES                    # 登录的 FTP 用户拥有写权限,这要视目录
                                    # 的权限而定
```

```
anon_upload_enable=YES              #允许匿名用户上传文件
anon_mkdir_write_enable=NO          #不允许匿名用户创建目录
anon_other_write_enable=NO          #不允许匿名用户进行删除或者改名等操作
```

【STEP|02】新建一个 upload 目录。

在匿名用户主目录下采用 mkdir 命令新建一个 upload 目录，并使用 chmod 命令将该目录权限设为 777。

```
# mkdir /var/ftp/upload
# chmod 777 /var/ftp/upload
```

【STEP|03】修改主目录的属主。

采用 chown 命令修改主目录的属主，使得主目录的属主为 root，具体操作方法如下。

```
# chown root.root /var/ftp
```

这样匿名用户就对主目录具有可读不可写权限，而对 upload 有可读、可上传、非删除、非更名权限。如果在上面的条件下，要使匿名用户拥有对 upload 目录下文件的删除、更名权限，则只需将 anon_other_write_enable 修改为 YES 即可。

【STEP|04】启动或重启服务并测试 FTP。

利用 service 命令启动或重新启动 vsftpd 服务，再使用 ftp 命令登录到 FTP 服务器进行测试，当出现"230 Login successful."时表示 FTP 服务器配置成功。具体操作方法如图 5-81 所示。

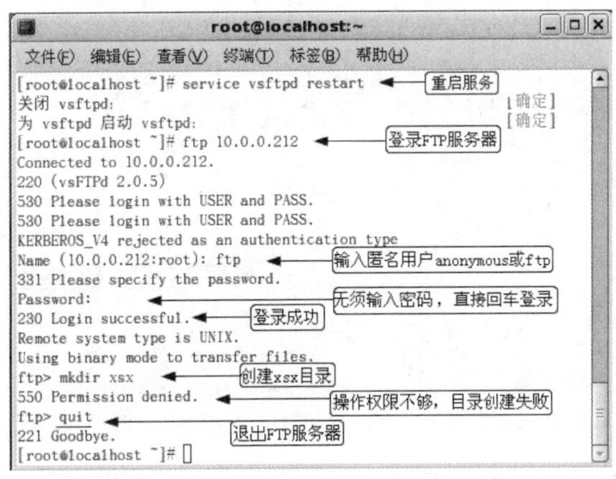

图 5-81　使用匿名帐户登录 FTP 服务器进行测试

5.实现实体用户访问

所谓实体用户访问，就是允许 FTP 服务器上的本地用户进行访问。例如，FTP 服务器上有 student 这个帐户，则可以用 student 帐号访问 FTP 服务器上的共享资源。大家可能会有这样的疑问，允许匿名访问就能解决问题，为什么还要用实体用户访问呢？运用实体用户访问最大的特点就是可以灵活地控制用户的权限。例如公司内部的 FTP 服务器允许所有员工进行访问与下载，但是不允许上传文件，只有管理员可以上传和修改 FTP 服务器上的内容，对于这种不同的用户需要不同的权限的应用场合，实体用户就能发挥它的作用了。

任务 5-22

请为天一产品研发中心搭建一台允许本地用户登录的 FTP 服务器。

如果需要使用本地用户的访问功能，则必须把 local_enable 字段设置为 YES，再在主配置文件中修改和匿名用户相关的参数，具体操作步骤如下。

【STEP|01】编辑 vsftpd.conf。

编辑/etc/vsftpd/vsftpd.conf，修改以下参数，操作方法如下。

```
anonymous_enable=NO              #关闭匿名访问
local_enable=YES                 #允许本地用户登录
local_root=/home                 #指定本地用户登录后的主目录为/home
local_umask=022                  #指定本地用户新建文件的 umask 数值
```

【STEP|02】重启服务并测试 FTP。

利用 service 命令重新启动 vsftpd 服务，再使用 ftp 命令登录到 FTP 服务器进行测试，当出现“230 Login successful.”时表示 FTP 服务器配置成功。具体操作如图 5-82 所示。

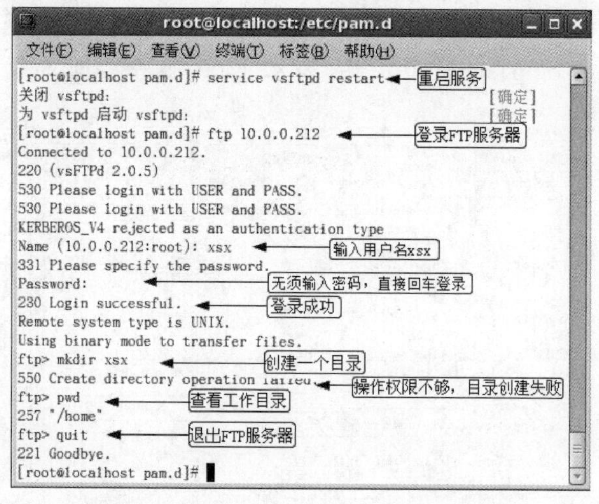

图 5-82 使用本地帐户登录 FTP 服务器进行测试

6.使用 PAM 实现虚拟用户 FTP 服务

上面配置的 FTP 服务器有一个特点，就是 FTP 服务器的用户本身也是系统用户。这显然是一个安全隐患，因为这些用户不仅能够访问 FTP，也能够访问其他的系统资源。如何解决这个问题呢？答案就是创建一个虚拟用户的 FTP 服务器。虚拟用户的特点是只能访问服务器为其提供的 FTP 服务，而不能访问系统的其他资源。所以，如果想让用户对 FTP 服务器站内具有写权限，但又不允许访问系统其他资源，可以使用虚拟用户来提高系统的安全性。

在 vsftpd 中，认证这些虚拟用户使用的是单独的口令库文件(pam_userdb)，由可插入认证模块(Pluggable Authentication Modules，PAM)认证。PAM 是一套身份验证共享文件，用于限定特定应用程序的访问。使用 PAM 身份验证机制，可以实现 vsftpd 的虚拟用户功能。使用 PAM 实现基于虚拟用户的 FTP 服务器的关键是创建 PAM 用户数据库文件和修改 vsftpd 的 PAM 配置文件。

任务 5-23

请为天一产品研发中心搭建一台基于虚拟用户的 FTP 服务器。

【STEP|01】建立口令库文件的文本文件。

建立保存虚拟帐号和密码的文本文件，其格式如下。

```
虚拟帐号 1
密码 1
虚拟帐号 2
密码 2
……
```

创建一个存储文件的目录，再使用 vi 建立保存虚拟帐号和密码的文本文件，在该文件中奇数行设置虚拟用户的用户名，偶数行设置虚拟用户的口令。为了便于记忆，可以将文件命名为.txt 文件。不过 Linux 中不支持文件扩展名，只是为了标示而已，操作方法如下。

```
[root@RHEL6 ~]# vi /etc/login.txt
test            #此行指定虚拟用户 test
123456          #此行设置 test 用户的 FTP 密码
jack            #此行指定虚拟用户 jack
654321          #此行设置 jack 用户的 FTP 密码
```

【STEP|02】生成口令库文件。

使用 db_load 命令生成认证文件，"-f"命令选项设置的值是虚拟用户的口令库文件，即 login.txt，命令的参数设置为需要生成的认证文件名 login.db。

```
[root@RHEL6 /]# db_load -T -t hash -f /etc/login.txt /etc/login.db
```

【STEP|03】修改数据库文件的访问权限。

由于 vsftpd 的认证文件 login.db 里保存了所有虚拟用户的用户名和密码，为了增强其安全性，防止非法用户盗取，将其设置为只有 root 才可以查看。

```
[root@RHEL6 ~]# chmod 600 /etc/login.db
```

【STEP|04】新建虚拟用户的 PAM 配置文件。

生成虚拟用户所需的 PAM 配置文件/etc/pam.d/vsftpd，在最上面加上两行内容。

```
[root@RHEL6 ~]# vi /etc/pam.d/vsftpd
auth required /libit/security/pam_userdb.so db=/etc/login
account required /libit/security/pam_userdb.so db=/etc/login
```

【STEP|05】修改 vsftpd.conf 文件。

编辑/etc/vsftpd/vsftpd.conf 文件，保证具有 guest_enable、guest_username 和 pam_service_name 这三行。

```
[root@RHEL6 ~]# vi /etc/vsftpd/vsftpd.conf
guest_enable=YES              #启用虚拟用户功能
guest_username=xesuxn         #将虚拟用户映射成系统帐号 xesuxn
pam_service_name=vsftpd       #指定 PAM 配置文件是 vsftpd
```

【STEP|06】重启服务并进行登录测试。

(1)利用 service 命令重新启动 vsftpd 服务,再使用 ftp 登录到 FTP 服务器进行测试,当出现"230 Login successful."时表示虚拟用户 FTP 服务器配置成功,操作方法如图 5-83 所示。

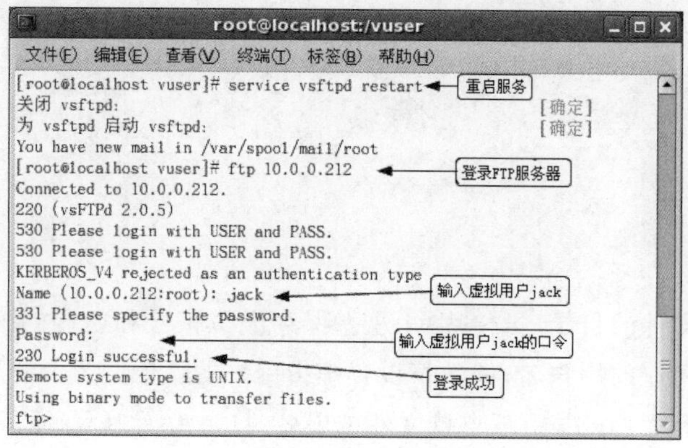

图 5-83　登录 FTP 服务器进行测试

(2)使用 IE 登录 FTP 服务器

在 Windows 系统中打开 IE 浏览器,在地址栏中输入要访问的 FTP 服务器的地址后,按要求输入用户名和密码即可登录 FTP 服务器,如图 5-84 所示。

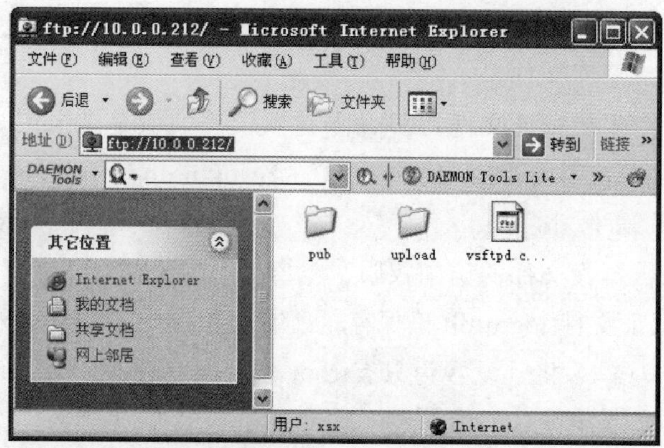

图 5-84　使用 IE 登录 FTP 服务器

5.4.8　域环境的配置与管理

1.安装活动目录

企业网络采用域的组织结构,可以使得局域网的管理工作变得更集中、更容易、更方便。虽然活动目录具有强大的功能,但是安装 Windows Server 2008 R2 操作系统时并未自动生成活动目录,因此,管理员必须通过安装活动目录来建立域控制器,并通过活动目录的管理来实现针对各种对象的动态管理与服务。

任务 5-24

新天集团需要在 Windows Server 2008 R2 的服务器中安装活动目录服务对公司的各种资源进行统一的管理，请你完成活动目录的安装，并升级为域控制器。

【STEP|01】配置域控制器的 IP 地址。

选择“开始”→“控制面板”→“网络和 Internet”→“网络和共享中心”命令，打开“网络和共享中心”窗口，单击“本地连接”链接，在打开的“本地连接 状态”对话框中，单击“属性”按钮，打开“本地连接 属性”对话框，选择“Internet 协议版本 4(TCP/IPv4)”，单击“属性”按钮，打开“Internet 协议版本 4(TCP/IPv4)属性”对话框，如图 5-85 所示进行设置。

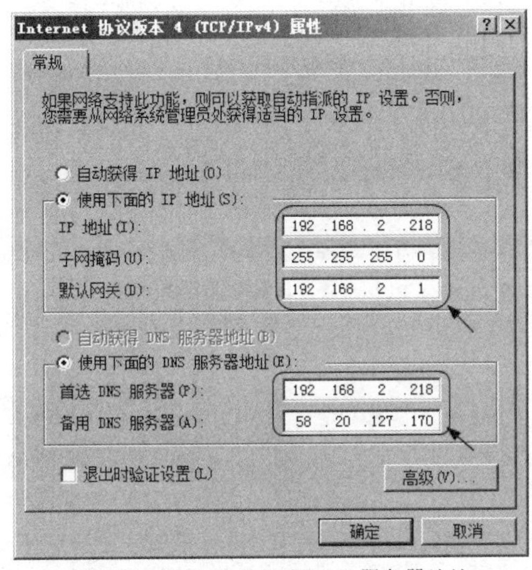

图 5-85　配置 IP 地址和 DNS 服务器地址

【STEP|02】打开“服务器管理器”窗口。

选择“开始”→“管理工具”→“服务器管理器”命令，打开“服务器管理器”窗口，在左侧选择“角色”选项后，单击右侧的“添加角色”链接，如图 5-86 所示。

【STEP|03】打开“添加角色向导”中的“开始之前”对话框，如图 5-87 所示。单击“下一步”按钮继续。

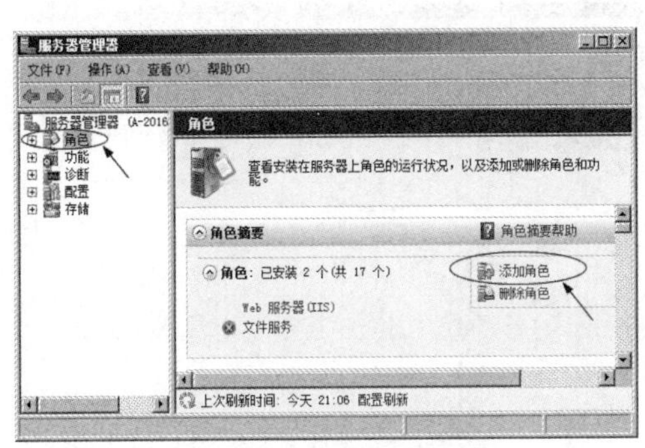

图 5-86　“服务器管理器”窗口

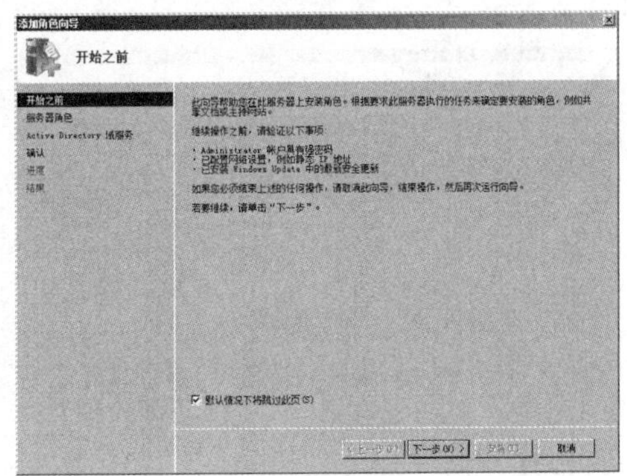

图 5-87　“开始之前”对话框

【STEP|04】打开“选择服务器角色”对话框，如图 5-88 所示。在服务器角色列表中选择“Active Directory 域服务”(需要注意的是，由于 AD 在某些版本的 Windows Server 2008 R2 上必须有“.NET Framework”功能的支持，所以有时会打开“是否添加 Active Directory 域服务所需的功能？”对话框，提示需要安装.NET Framework 3.5.1，如图 5-89 所示。此时单击“添加必需的功能”按钮进行安装即可)，单击“下一步”按钮继续。

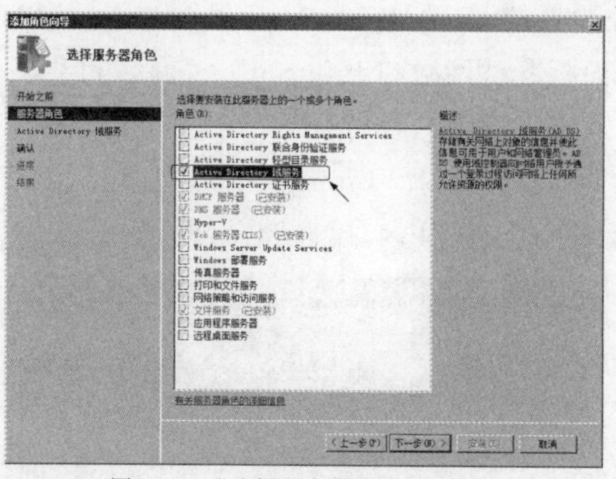

图 5-88 “选择服务器角色”对话框

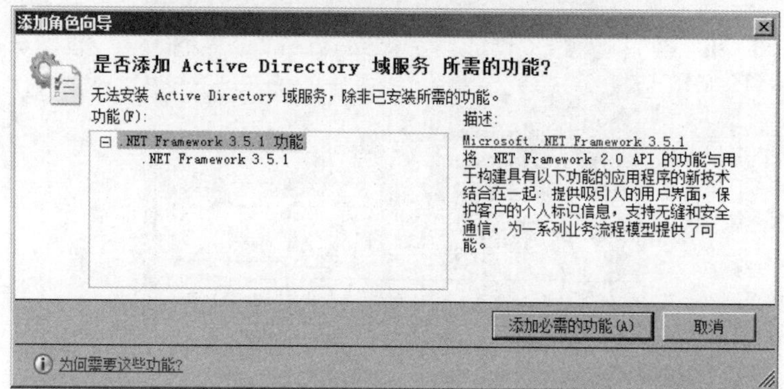

图 5-89 “是否添加 Active Directory 域服务所需的功能？”对话框

【STEP|05】打开“Active Directory 域服务”对话框，右边有 Active Directory 域服务的简介，如图 5-90 所示，单击“下一步”按钮继续。

【STEP|06】打开“确认安装选择”对话框，如图 5-91 所示，以确认选择了正确的服务器角色，单击“安装”按钮继续。

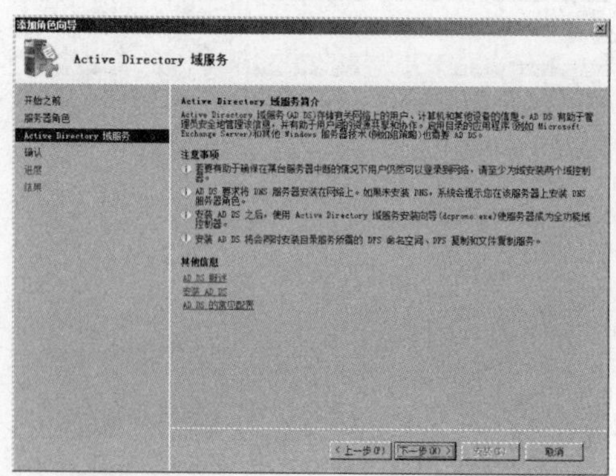

图 5-90 “Active Directory 域服务”对话框

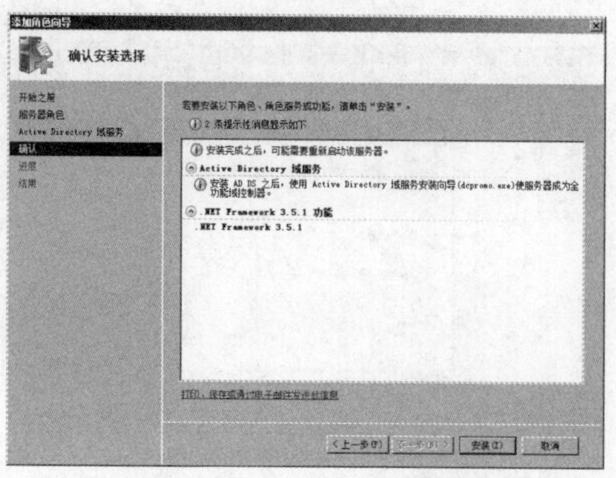

图 5-91 “确认安装选择”对话框

【STEP|07】打开“安装进度”对话框，开始 Active Directory 域服务的安装，如图 5-92 所示。

【STEP|08】完成安装后出现“安装结果”对话框，如图 5-93 所示。在该对话框中可以查看当前计算机已经安装了 Active Directory 域控制器，单击“关闭”按钮退出“添加角色向导”对话框。

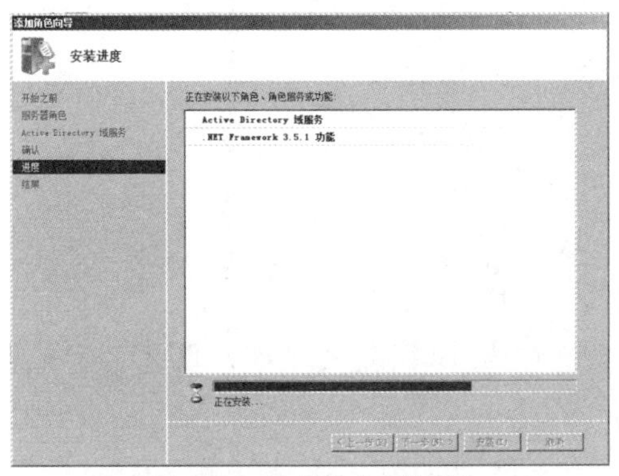

图 5-92 “安装进度”对话框

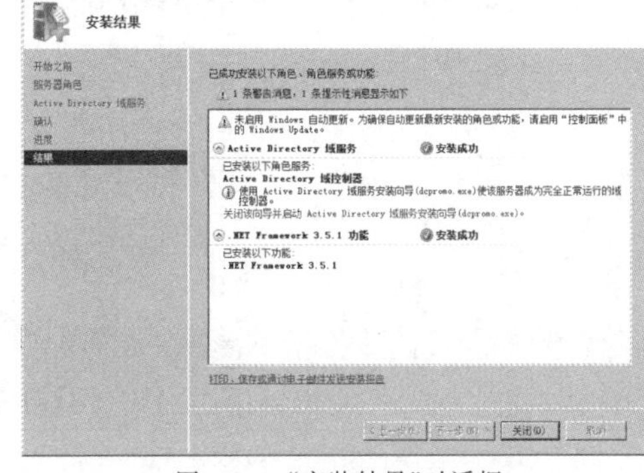

图 5-93 “安装结果”对话框

【STEP|09】返回“服务器管理器”窗口，如图 5-94 所示。在该窗口中可以看到 Active Directory 域服务已经安装，但是还没有将当前服务器作为域控制器运行，因此需要单击右部窗格中蓝色的“运行 Active Directory 域服务安装向导(dcpromo.exe)”链接来继续安装域服务。

也可以单击“开始”菜单，在搜索栏中输入 dcpromo.exe 打开域服务安装向导。

【STEP|10】打开“欢迎使用 Active Directory 域服务安装向导”对话框，如图 5-95 所示，勾选“使用高级模式安装”复选框，这样可以针对域服务器更多的高级选项部分进行设置，单击“下一步”按钮继续。

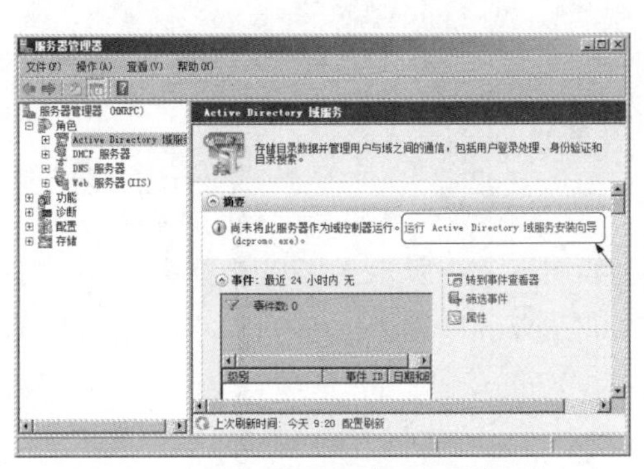

图 5-94 服务器管理器窗口查看域服务

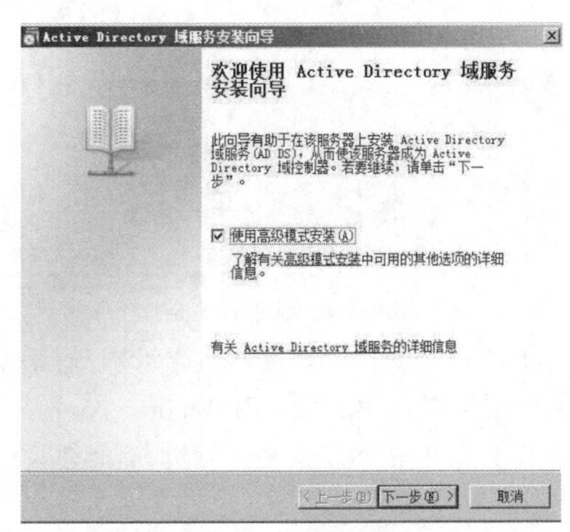

图 5-95 安装欢迎界面

【STEP|11】打开“操作系统兼容性”对话框，如图 5-96 所示。在该对话框中简单介绍了 Windows Server 2008 R2 域控制器和以前版本的 Windows 之间有可能存在兼容性问题，可以了解下相关知识，单击“下一步”按钮继续。

【STEP|12】打开“选择某一部署配置”对话框，如图 5-97 所示。如果以前曾在该服务器

上安装过 Active Directory，可以选择“现有林”下的“向现有域添加域控制器”或“在现有林中新建域”选项；如果是第一次安装，则建议选择“在新林中新建域”选项，然后再单击“下一步”按钮继续。

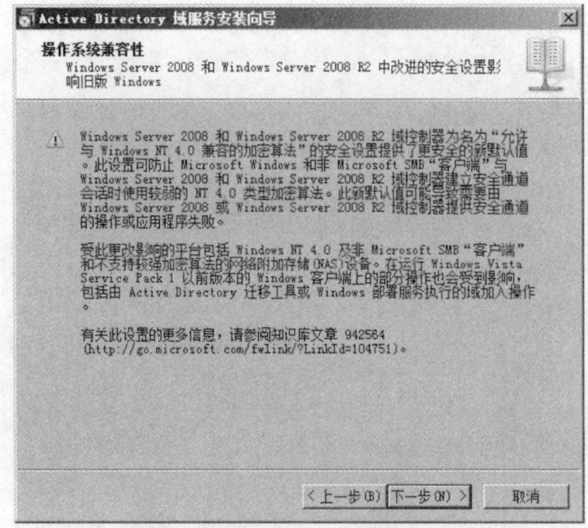

图 5-96 “操作系统兼容性”对话框

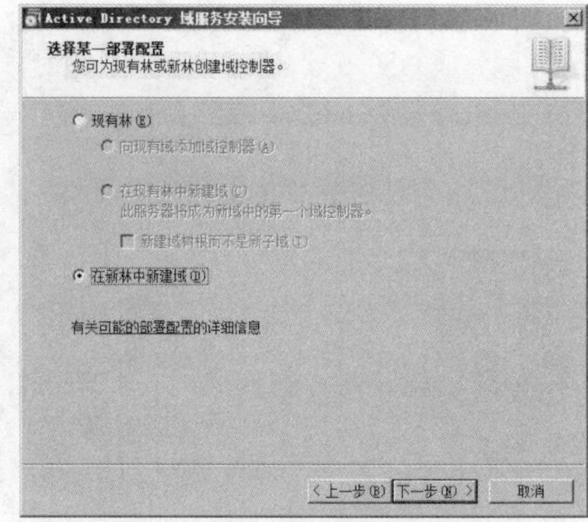

图 5-97 “选择某一部署配置”对话框

【STEP|13】打开“命名林根域”对话框，如图 5-98 所示。在“目录林根级域的 FQDN”下的文本框中输入“xintian.com”，单击“下一步”按钮继续。

【STEP|14】打开“域 NetBIOS 名称”对话框，如图 5-99 所示。系统自动出现默认的 NetBIOS 名称，此时可以直接单击“下一步”按钮继续。

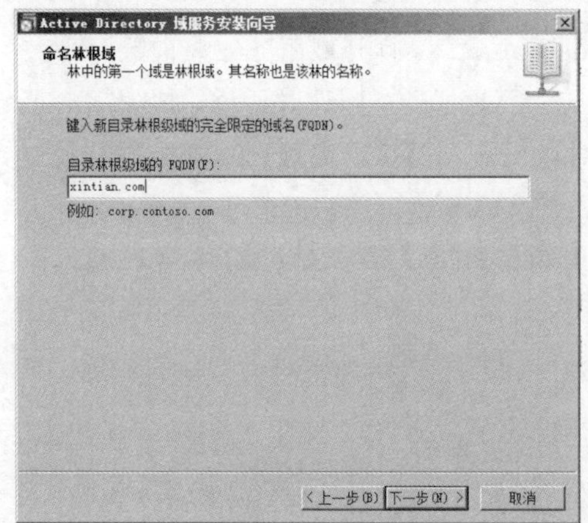

图 5-98 “命名林根域”对话框

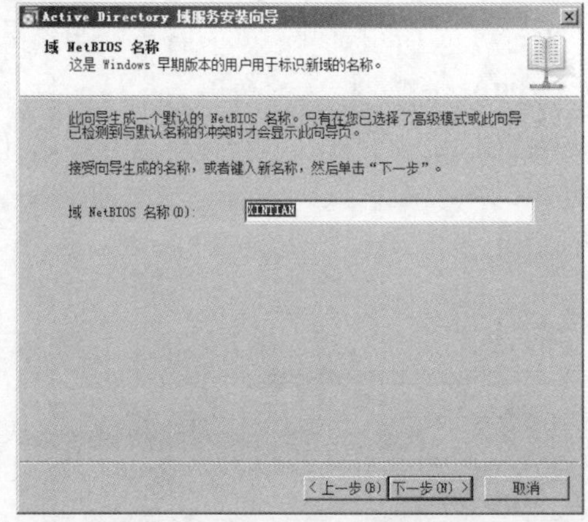

图 5-99 “域 NetBIOS 名称”对话框

【STEP|15】打开“设置林功能级别”对话框，如图 5-100 所示。可以选择多个不同的林功能级别：“Windows 2000”“Windows Server 2003”“Windows Server 2008”，考虑到网络中有低版本的 Windows 系统计算机，此时建议选择“Windows 2000”选项，单击“下一步”按钮继续。

【STEP|16】打开“设置域功能级别”对话框，如图 5-101 所示。可以选择多个不同的域功能级别：“Windows 2000 纯模式”“Windows Server 2003”“Windows Server 2008”，考虑到网络中有低版本的 Windows 系统计算机，此时建议选择“Windows 2000 纯模式”选项，单击“下一步”按钮继续。

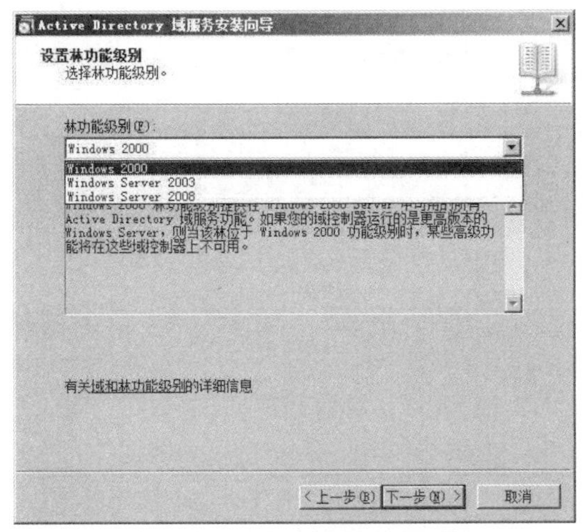

图 5-100　“设置林功能级别”对话框

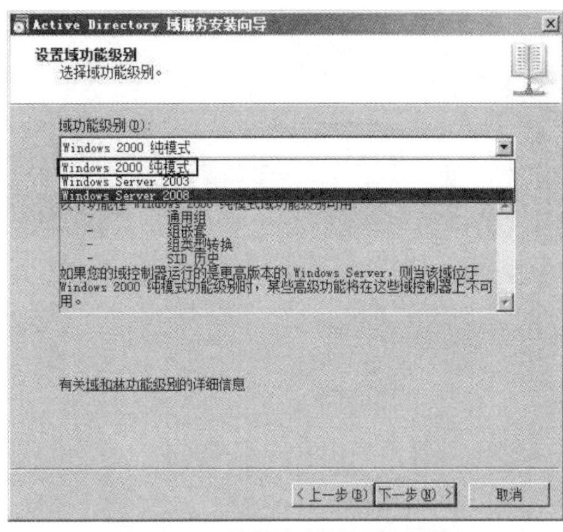

图 5-101　“设置域功能级别”对话框

【STEP|17】打开“其他域控制器选项”对话框，如图 5-102 所示。可以对域控制器的其他方面进行设置。系统会检测是否有已安装好的 DNS(如果没有安装 DNS 服务，系统会自动选择“DNS 服务器”复选框来一并安装 DNS 服务，使得该域控制器同时也作为一台 DNS 服务器，该域的 DNS 区域及该区域的授权会被自动创建)。由于林中的第一台域控制器必须是全局编录服务器，且不能是只读域控制器(RODC)，所以这两项为不可选状态，单击“下一步”按钮继续。

【STEP|18】打开“无法创建该 DNS 服务器的委派”信息提示对话框，如图 5-103 所示。单击“是”按钮继续安装，之后在活动目录的安装过程中，将在这台计算机上自动安装和配置 DNS 服务，并且自动配置自己为首选 DNS 服务器，单击“下一步”按钮继续。

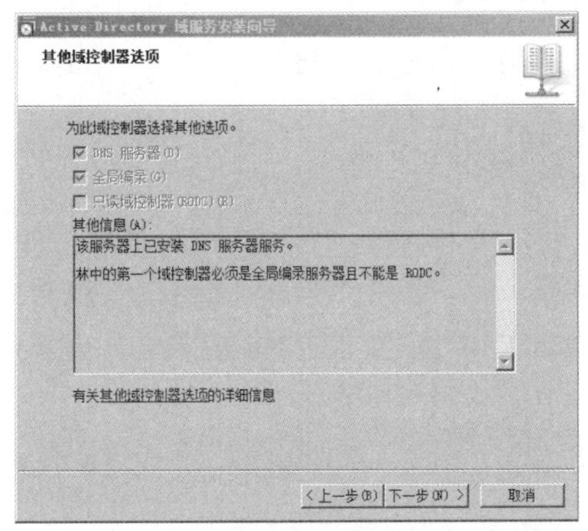

图 5-102　“其他域控制器选项”对话框

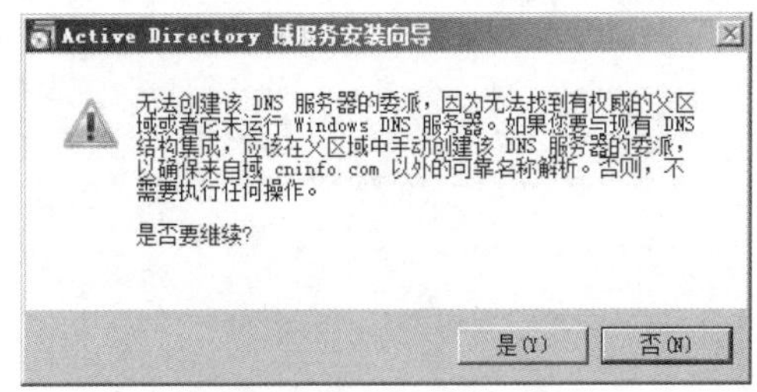

图 5-103　信息提示

【STEP|19】打开“数据库、日志文件和 SYSVOL 的位置”对话框，如图 5-104 所示。在此需要指定存储这些文件的卷及文件夹的位置，单击“下一步”按钮继续。

【STEP|20】打开“目录服务还原模式的 Administrator 密码”对话框，如图 5-105 所示。在该对话框中输入两次完全一致的密码，用以创建目录服务还原模式的超级用户帐户密码，单击“下一步”按钮继续。

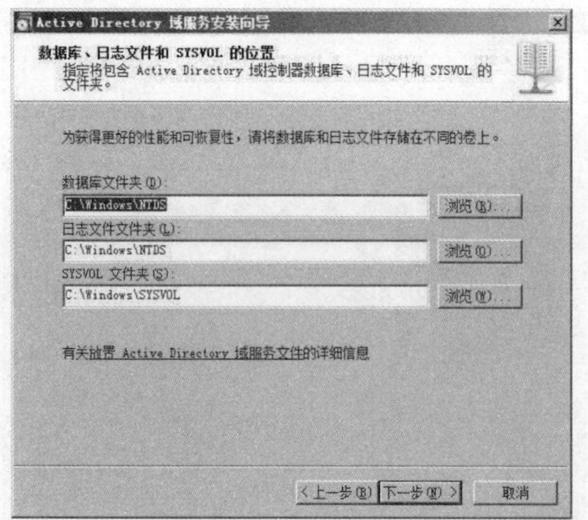

图 5-104 “数据库、日志文件和 SYSVOL 的位置”对话框

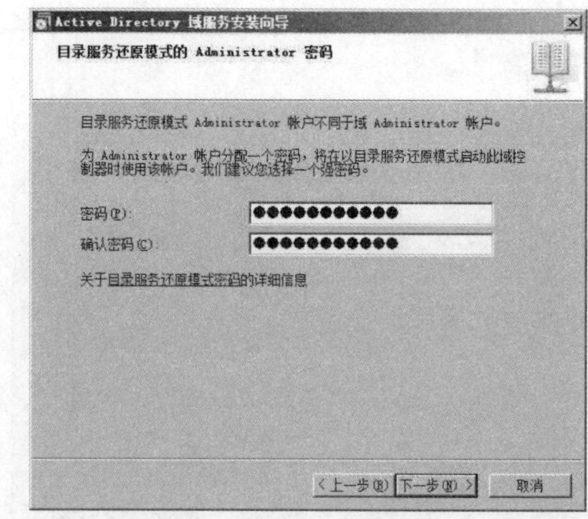

图 5-105 “目录服务还原模式的 Administrator 密码”对话框

【STEP|21】打开“摘要”对话框，如图 5-106 所示。可以查看以上各步骤中配置的相关信息。

> **提示**
> 当启动 Windows Server 2008 R2 时，在键盘上按“F8”键，在出现的启动选择菜单中选择“目录还原模式”选项，启动计算机就要输入上一步设置的密码。目录还原模式是一个安全模式，允许还原系统状态数据，包括注册表、系统文件、启动文件、Windows 文件保护下的文件、数字证书服务数据库、活动目录数据库、共享的系统卷等。

【STEP|22】确认之后单击“下一步”按钮继续，安装向导将自动进行活动目录的安装和配置，如图 5-107 所示，如果选择“完成后重新启动”复选框，则计算机会在域服务安装完成之后自动重新启动计算机。否则将会打开“完成 Active Directory 域服务安装向导”对话框，如图 5-108 所示，单击“完成”按钮，系统将打开“必须重新启动计算机”提示对话框，如图 5-109 所示，单击“立即重新启动”按钮，重新启动计算机，即可完成活动目录的配置。

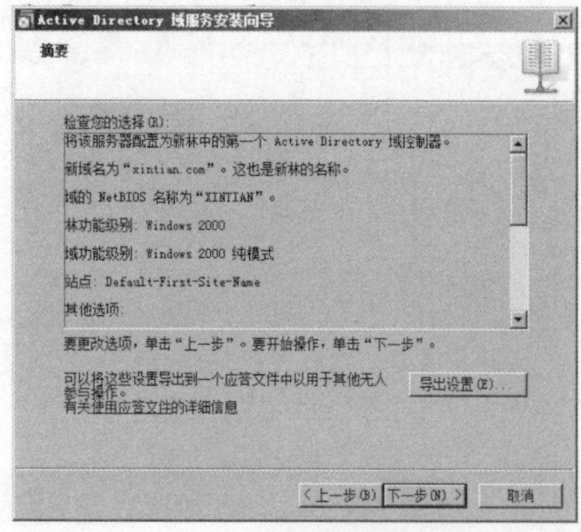

图 5-106 “摘要”对话框

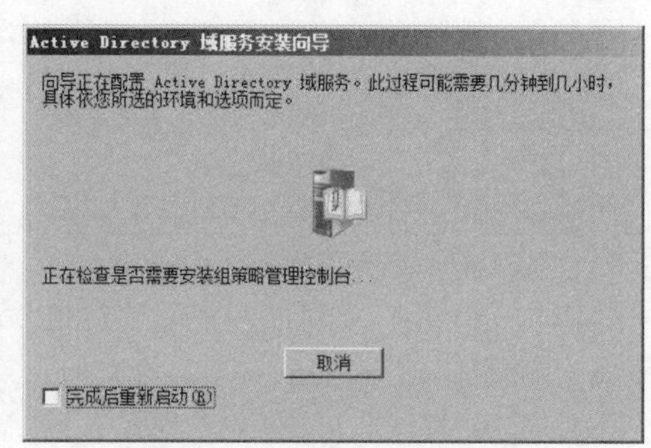

图 5-107 活动目录的安装和配置

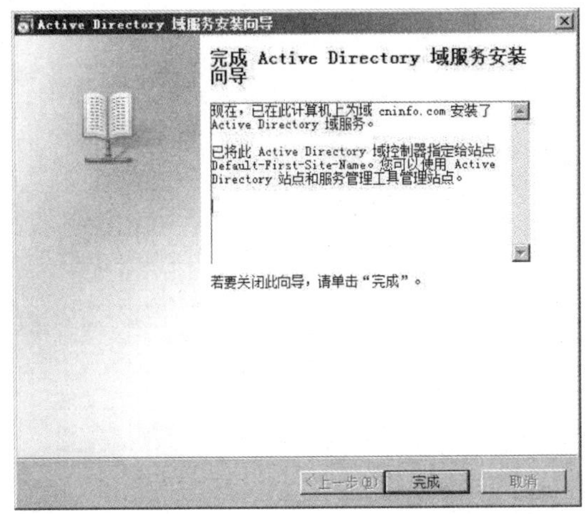

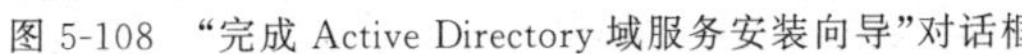
图 5-108　“完成 Active Directory 域服务安装向导”对话框

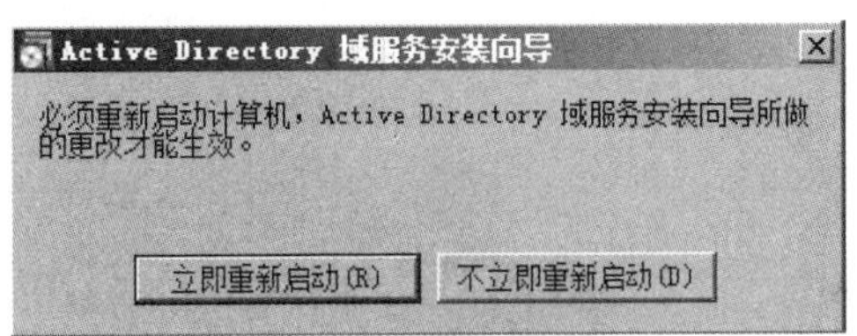

图 5-109　“必须重新启动计算机”提示对话框

【STEP|23】重启计算机，完成 Active Directory 的安装。安装活动目录之后，会出现三个与活动目录相关的 Microsoft 管理控制台(MMC)，如图 5-110 所示。

对三个与活动目录相关的 Microsoft 管理控制台说明如下：

➤ Active Directory 用户和计算机：主要用于在活动目录中对用户、组、联系及组织单元等对象执行增加、修改及删除等操作。

➤ Active Directory 域和信任关系：主要用于对基于活动目录中的域和域的关系执行增加、修改及删除等操作。

➤ Active Directory 站点和服务：通过位于活动目录网络站点中的域控制器来增加或修改复制行为和发布服务。

提示　在活动目录安装之后，不但服务器的开机和关机时间变长，而且系统的执行速度也变慢，所以如果用户对某个服务器没有特别要求或不把它作为域控制器来使用，可将该服务器上的活动目录删除，使其降级成为成员服务器或独立服务器。

【STEP|24】检验安装结果。

(1)检查 DNS 文件的 SRV 记录。

用文本编辑器打开%SystemRoot/system32/config/中的 netlogon.dns 文件，查看 LDAP 服务记录，在本例中为_ldap._tcp.xintian.com. 600 IN SRV 0 100 389 hnrpc.xintian.com.，如图 5-111 所示。

(2)选择“开始”→“命令提示符”命令，进入 DOS 命令提示符状态，输入“ping www.xintian.com.”，若能 ping 通，则代表域控制器安装成功，如图 5-112 所示。

(3)验证 SRV 记录在 nslookup 命令工具中运行是否正常，操作方法如图 5-113 所示。

2.域用户帐户的创建与管理

Windows Server 2008 R2 支持两种类型的用户帐户：域用户帐户和本地用户帐户。当有新的用户要访问域中的资源时，就需要创建一个新的域用户帐号(比如公司有新的员工加入)。

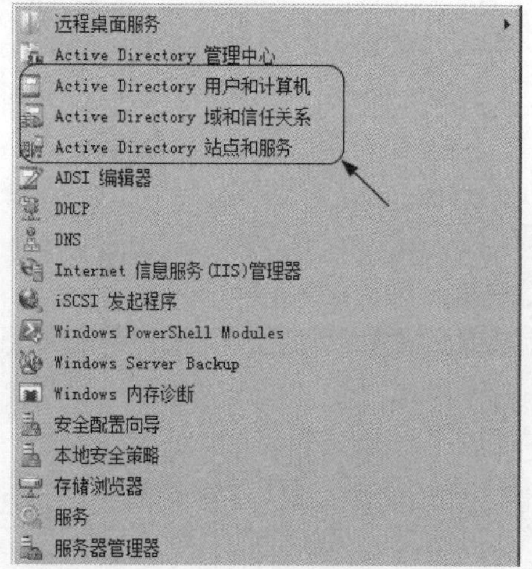

图 5-110　三个与活动目录相关的管理控制台

```
netlogon.dns - 记事本
文件(F) 编辑(E) 格式(O) 查看(V) 帮助(H)
xintian.com. 600 IN A 192.168.1.218
xintian.com. 600 IN A 192.168.1.18
xintian.com. 600 IN A 192.168.1.19
_ldap._tcp.xintian.com. 600 IN SRV 0 100 389 hnrpc.xintian.com.
_ldap._tcp.Default-First-Site-Name._sites.xintian.com. 600 IN SRV
_ldap._tcp.pdc._msdcs.xintian.com. 600 IN SRV 0 100 389 hnrpc.xint
_ldap._tcp.gc._msdcs.xintian.com. 600 IN SRV 0 100 3268 hnrpc.xint
_ldap._tcp.Default-First-Site-Name._sites.gc._msdcs.xintian.com. 6
_ldap._tcp.9cacca1f-8be0-40a1-910c-f7c14b31e83f.domains._msdcs.xin
gc._msdcs.xintian.com. 600 IN A 192.168.1.218
gc._msdcs.xintian.com. 600 IN A 192.168.1.18
gc._msdcs.xintian.com. 600 IN A 192.168.1.19
9d91f2ac-3d26-4ff5-a759-cfe62e12d63b._msdcs.xintian.com. 600 IN CN
_kerberos._tcp.dc._msdcs.xintian.com. 600 IN SRV 0 100 88 hnrpc.xi
_kerberos._tcp.Default-First-Site-Name._sites.dc._msdcs.xintian.co
_ldap._tcp.dc._msdcs.xintian.com. 600 IN SRV 0 100 389 hnrpc.xinti
_ldap._tcp.Default-First-Site-Name._sites.dc._msdcs.xintian.com. 6
_kerberos._tcp.xintian.com. 600 IN SRV 0 100 88 hnrpc.xintian.com.
```

图 5-111　检查 DNS 文件的 SRV 记录

```
管理员: C:\Windows\system32\cmd.exe
C:\Users\Administrator>ping www.xintian.com

正在 Ping www.xintian.com [192.168.2.218] 具有 32 字节的数据:
来自 192.168.2.218 的回复: 字节=32 时间<1ms TTL=128
来自 192.168.2.218 的回复: 字节=32 时间<1ms TTL=128
来自 192.168.2.218 的回复: 字节=32 时间<1ms TTL=128
来自 192.168.2.218 的回复: 字节=32 时间<1ms TTL=128

192.168.2.218 的 Ping 统计信息:
    数据包: 已发送 = 4, 已接收 = 4, 丢失 = 0 (0% 丢失),
往返行程的估计时间(以毫秒为单位):
    最短 = 0ms, 最长 = 0ms, 平均 = 0ms

C:\Users\Administrator>
```

图 5-112　ping www.xintian.com

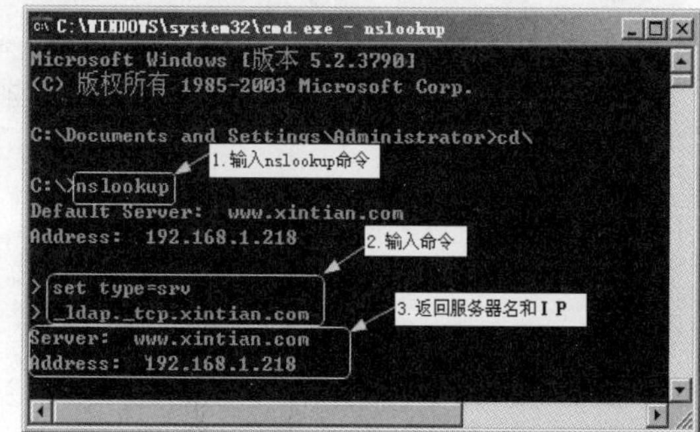

图 5-113　在 nslookup 命令工具中验证 SRV 是否正常

任务 5-25

在 Windows Server 2008 R2 中，使用“Active Directory 用户和计算机”工具创建用户 lihy，并对其进行委派控制。

【STEP | 01】在 DC 上单击“开始”→“管理工具”→“打开 Active Directory 用户和计算机”，打开“Active Directory 用户和计算机”窗口，在控制台下展开域结点，右键单击“Users”容器，在弹出的快捷菜单中依次选择“新建”→“用户”命令，如图 5-114 所示。

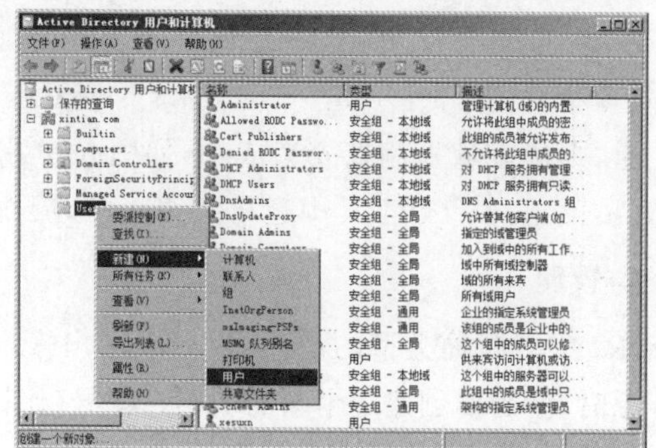

图 5-114　创建新用户

【STEP|02】打开“新建对象-用户”对话框，输入用户姓和姓名及用户登录名等相关信息，如图 5-115 所示。

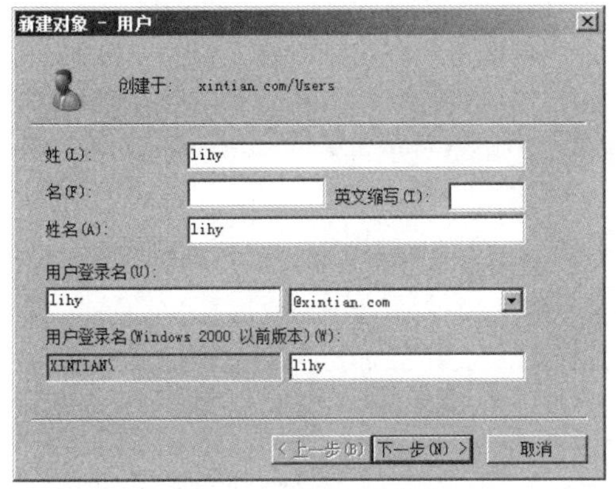

图 5-115　创建用户帐户

【STEP|03】单击“下一步”按钮，打开设置用户密码对话框，为用户设置密码，如图 5-116 所示。

此处有 4 个选项，分别解释如下：

➢ 用户下次登录时须更改密码。此选项表明当用户下次登录时系统将提示用户重新输入新的密码，如图 5-117 所示。该功能使管理员无法知道用户的密码，保证用户的密码只有用户本人知道。

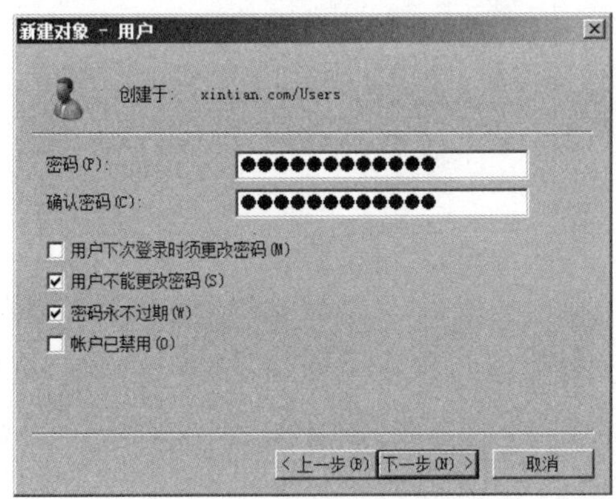

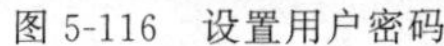

图 5-116　设置用户密码

图 5-117　提示用户更改密码对话框

➢ 用户不能更改密码。该选项和上面的选项是完全相反的，选中此选项将使用户的密码不能被修改。当用户修改密码时会出现对话框，提示无权更改密码。

➢ 密码永不过期。选择此选项表明该帐户的密码将永不过期。在 Windows Server 2008 R2 中默认的密码过期时间为 42 天，密码过期后用户将无法登录计算机。

➢ 帐户已禁用。选择此选项表明该帐户已被停止使用，当一个用户短期离开公司时(如出差)可以将帐户禁用，待用户回来时由管理员再将该帐户启用。当被禁用的帐户登录时会出现如图 5-118 所示的提示信息。

【STEP|04】选择合适的选项，单击“下一步”按钮，打开“新建对象-用户”完成提示对话框，如图 5-119 所示，单击“完成”按钮完成用户帐户的创建。

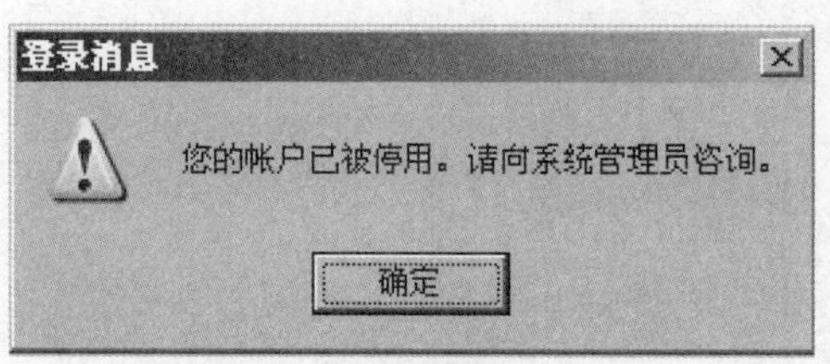

图 5-118 被禁用的帐户无法登录

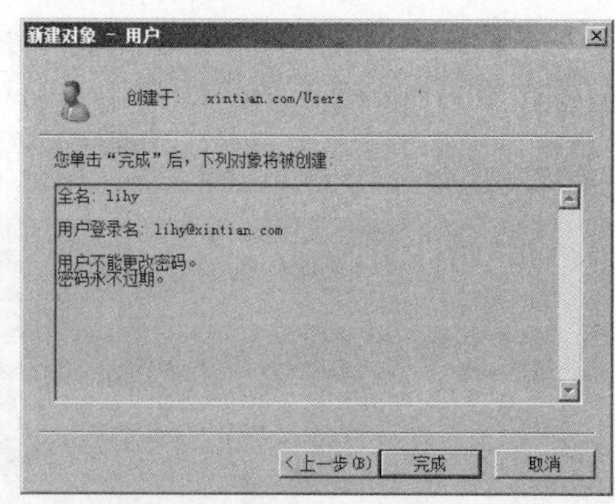

图 5-119 完成用户帐户创建提示对话框

【STEP | 05】设置控制委派。

(1)在图 5-114 中右键单击"xintian.com"域，选择快捷菜单中的"控制委派"命令，进入控制委派向导，如图 5-120 所示。

(2)单击"下一步"按钮，打开"用户或组"对话框，如图 5-121 所示。

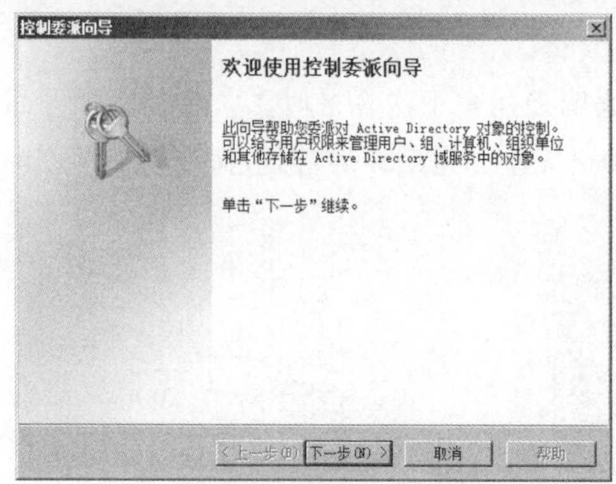

图 5-120 控制委派向导

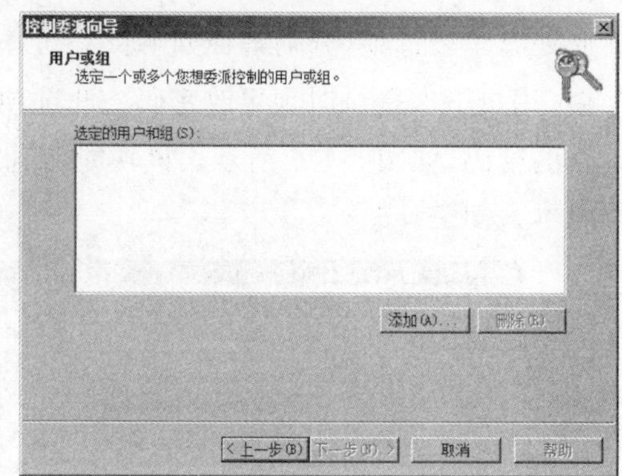

图 5-121 "用户或组"对话框

(3)单击"添加"按钮，打开"选择用户、计算机或组"对话框，在"输入对象名称来选择(示例)"文本框中输入委派帐户的名称，输入完成后，单击"检查名称"按钮检查输入的名称是否已存在，如图 5-122 所示。

(4)单击"确定"按钮，返回"用户或组"对话框，这时已添加好委派帐户，如图 5-123 所示。

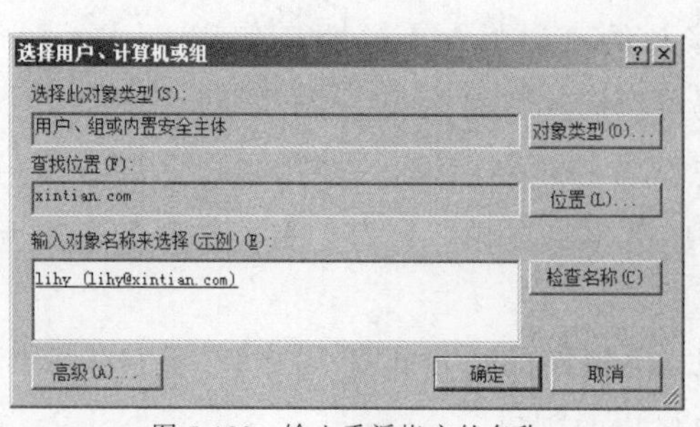

图 5-122 输入委派帐户的名称

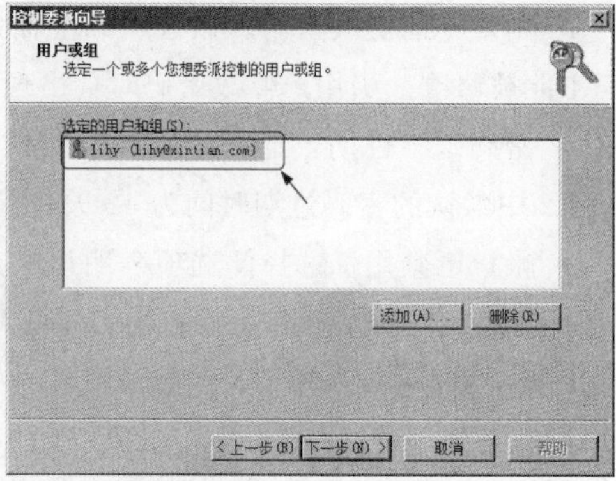

图 5-123 添加好委派帐户

(5)单击“下一步”按钮,打开“要委派的任务”对话框,在其中选择“创建、删除和管理用户帐户”、“将计算机加入域”和“管理组策略链接”等相关需委派的任务复选框,如图 5-124 所示。

(6)单击“下一步”按钮,完成控制委派,如图 5-125 所示。

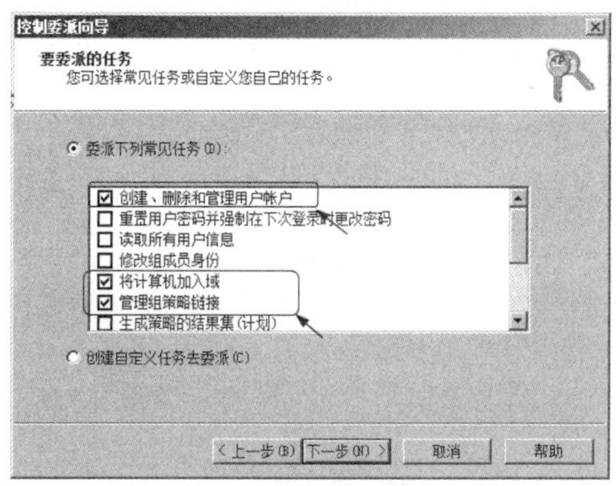

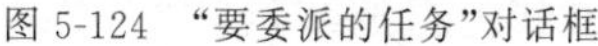
图 5-124　“要委派的任务”对话框

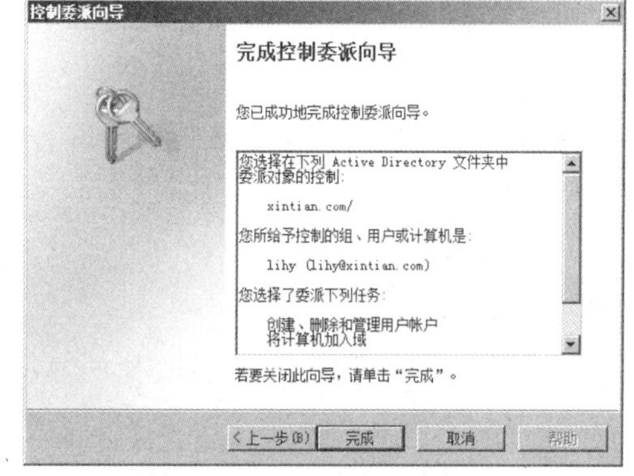

图 5-125　完成控制委派

3.域组帐户的创建与配置

在了解域中组帐户的特点之后,就可以在域中创建并使用组帐户了。与创建和管理域用户帐户一样,在域中创建和管理组帐户的工具也是“Active Directory 用户和计算机”。

任务 5-26

在域控制器中,使用“Active Directory 用户和计算机”工具创建域组帐户 sale,并设置组帐户属性。

【STEP|01】在 DC 上单击“开始”→“管理工具”→“打开 Active Directory 用户和计算机”,打开“Active Directory 用户和计算机”窗口,在控制台下展开域结点,右键单击 Users 容器,在弹出的快捷菜单中依次选择“新建”→“组”命令,如图 5-126 所示。

【STEP|02】打开“新建对象-组”对话框,在“组名”文本框中输入新建的组帐户名称(如:sale),如图 5-127 所示。

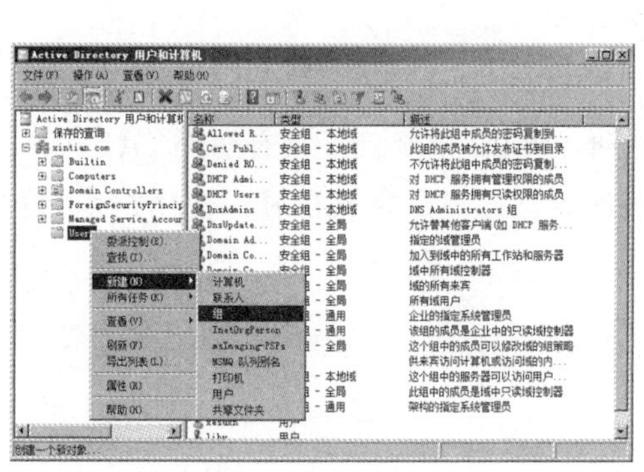

图 5-126　创建组帐户

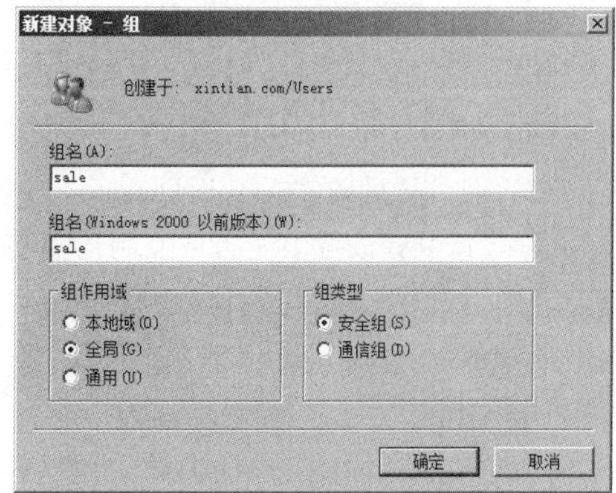

图 5-127　创建组帐户

➢ 组名:新建的组帐户名称,该名称在所创建的域中必须唯一。

➤ 组名(Windows 2000 以前版本):以前版本的 Windows,如 Windows NT 使用的组名,该名称是系统自动输入的。

➤ 组作用域:新建的组帐户的作用范围,根据需要选择本地域、全局或通用。

➤ 组类型:新建的组帐户的类型,根据需要选择安全组或通信组。

【STEP|03】查看新建的组帐户。单击“确定”按钮创建组帐户,返回控制台下可以看到新建的组帐户,如图 5-128 所示。

【STEP|04】设置组帐户属性。选中组名“sale”,右键单击,并在弹出的快捷菜单中选择“属性”命令,打开“sale 属性”对话框,如图 5-129 所示。

➤ 在“常规”选项卡中,可更改组的名称、组的作用域和组类型。注意,更改组类型会导致组的权限遗失。

➤ 选择“成员”选项卡,可将其他的 Active Directory 对象作为这个组的成员,该成员将继承这个组的权限。

➤ 选择“隶属于”选项卡,可将这个组设置为隶属于其他组的成员。

➤ 选择“管理者”选项卡,可选择这个组的管理者。管理者可为该组更新成员。

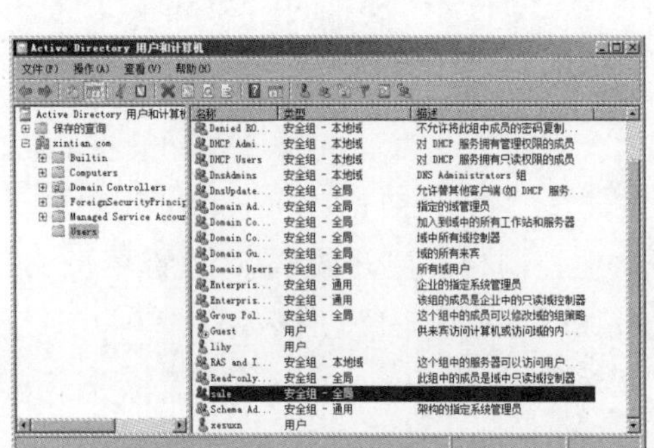

图 5-128　查看新建的组帐户

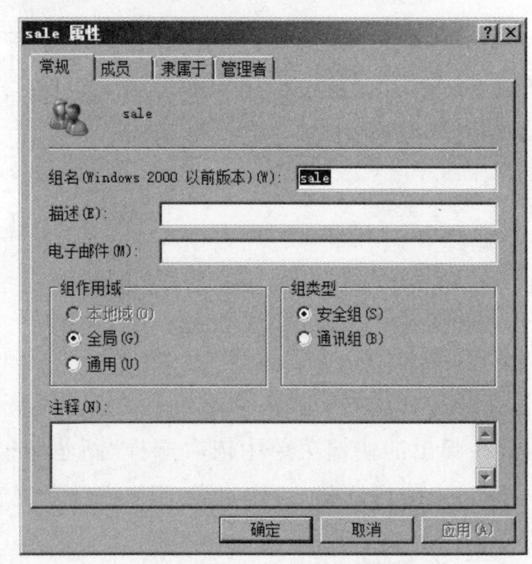

图 5-129　“sale 属性”对话框

完成设置后,分别单击“应用”和“确定”按钮后退出。

4.在活动目录中创建 OU

安装活动目录后,在“Active Directory 用户和计算机”控制台下只有一个 OU-Domain-Controllers,其中有该域中充当域控制器角色的计算机帐户。要想在域中使用组织单位进行资源管理,可以手工创建其他的 OU。

任务 5-27

在新天的域控制器中,使用“Active Directory 用户和计算机”创建北京分公司的 OU,并创建市场部、技术部和财务部等 3 个子 OU。

【STEP|01】在“Active Directory 用户和计算机”控制台右键单击相应容器，如 xintian.com 域，然后依次选择“新建”→“组织单位”命令，如图 5-130 所示。

【STEP|02】输入组织单位的名称。

打开“新建对象-组织单位”对话框，在“名称”文本框中输入该组织单位的名称，如北京分公司，如图 5-131 所示。

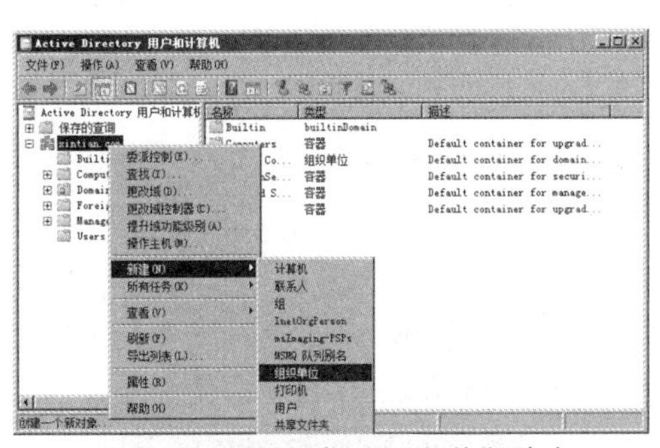

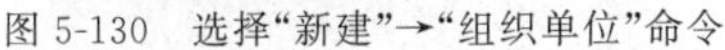

图 5-130　选择“新建”→“组织单位”命令

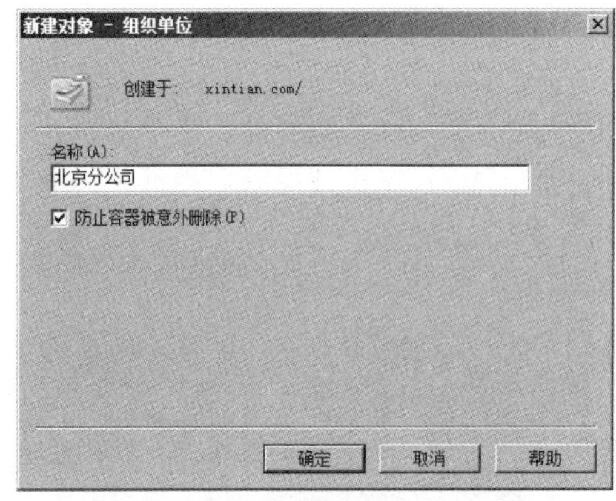

图 5-131　“新建对象-组织单位”对话框

【STEP|03】单击“确定”按钮，完成 OU 创建。返回控制台下可以看到新建的 OU——北京分公司已经在域 xintian.com 下，如图 5-132 所示。

注意：不能在普通容器对象如 Users 下创建 OU，普通容器和 OU 是平级的，没有包含关系。只能在域或 OU 下创建一个 OU。

【STEP|04】在 OU 中创建子 OU。

在活动目录中 OU 是可以嵌套的，即在一个 OU 内还可以继续创建 OU。在控制台下右键单击已存在的 OU，在弹出的快捷菜单中依次选择“新建”→“组织单位”命令，指定新建 OU 的名称，即完成 OU 的嵌套。如图 5-133 所示，在组织单位“北京分公司”下创建了 3 个子 OU。

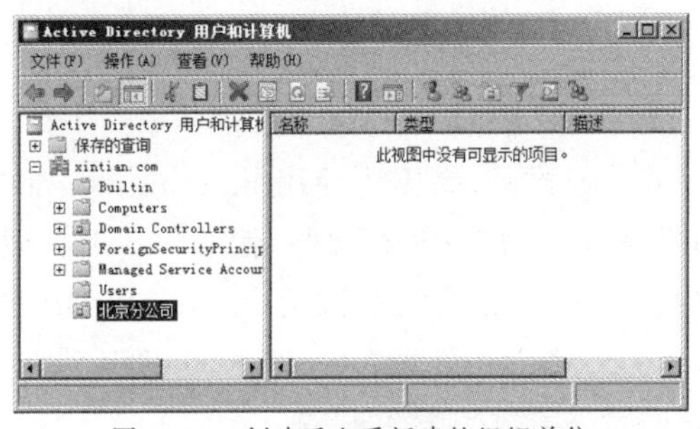

图 5-132　创建后查看新建的组织单位

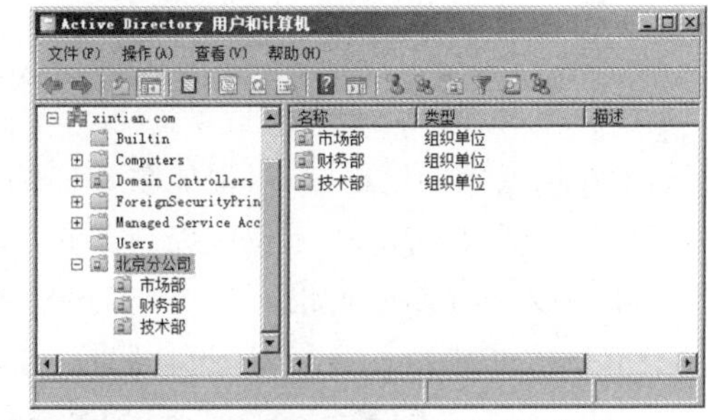

图 5-133　在活动目录中实现 OU 嵌套

5.把计算机加入域

当域控制器安装完成之后，就可以将其他计算机加入域中，只有这样，拥有域帐户的用户才能在已加入域的计算机上登录到域中。当客户端计算机加入域时，会在域中自动创建计算机帐户，它们位于活动目录中，由管理员进行管理。不过，客户端计算机的用户必须拥有系统管理员或域管理员的权限才能将计算机加入域中。

将客户端计算机加入域有两种方法：即在客户端计算机上设置加入域和在域控制器上设置把计算机加入域。

任务 5-28

在局域网中，选择一台安装 Windows XP/2000/2003/7 操作系统的客户机，将其加入刚才新建的 xintian.com 域中，并进行登录测试。

【STEP|01】设置"TCP/IP"参数。

为客户端计算机配置好相应的"TCP/IP"参数，设置客户端的 IP 地址(192.168.1.11)和子网掩码(使之与域控制器处于同一网络)，并保证客户端计算机的 DNS 指向和 DC 的 DNS 指向一致。否则，查找域控制器的过程会非常慢。

【STEP|02】在客户端计算机上右键单击"计算机"，选择"属性"命令，在打开的"系统属性"对话框中单击"计算机名"标签，如图 5-134 所示。

【STEP|03】打开"计算机名称更改"对话框。

单击"更改"按钮，打开"计算机名称更改"对话框。在"隶属于"选项区域中选中"域"单选按钮，在文本框输入要加入域的 DNS 名称，如图 5-135 所示。

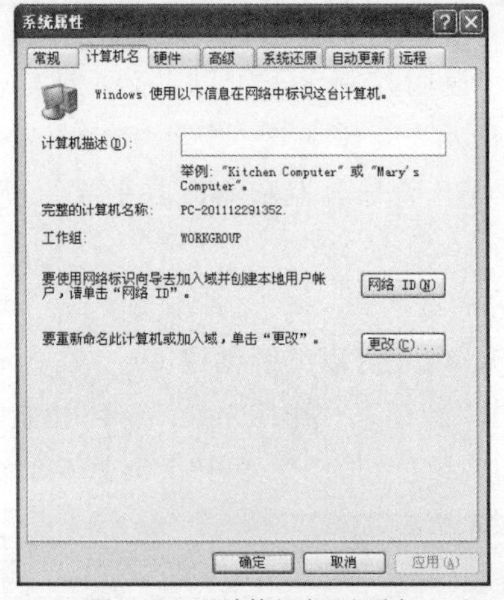

图 5-134 "计算机名"选项卡

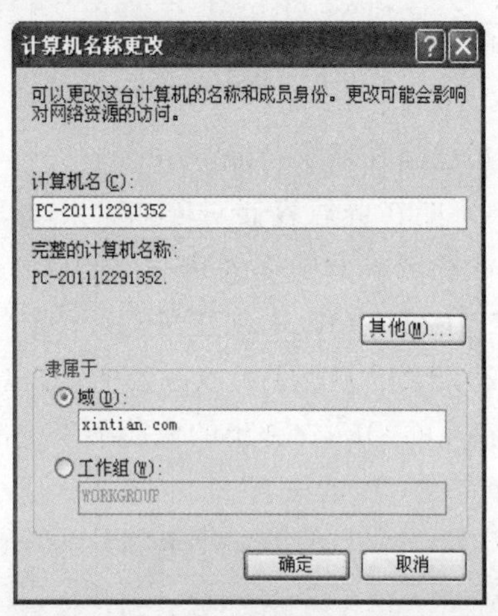

图 5-135 指定该计算机要加入的域的名称

如果在加入域的过程中，出现如图 5-136 所示出错提示，是因为使用"xintian.com"DNS 名称客户机是通过 DNS 来定位域控制器的，如果域环境的 DNS 有问题，就会联系不到域控制器，所以加入不了域。此时可以更换 DNS 名称为"xintian"试试，因为"xintian"使用域控的 NetBIOS 名来定位域控制器，此时是通过广播的方式来查找域控，一般是可以找到的。

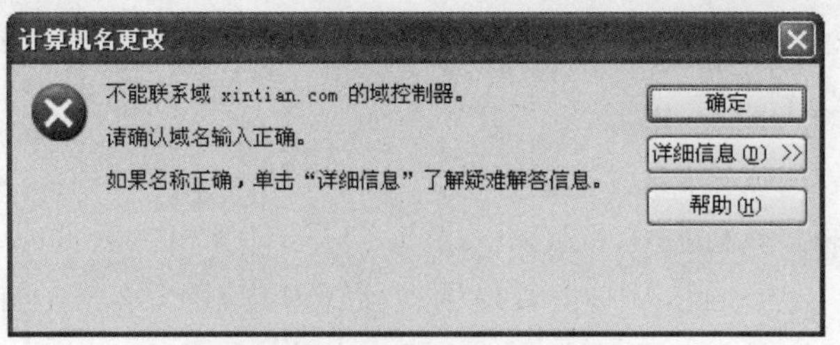

图 5-136 无法联系到域控制器

【STEP|04】打开"计算机名更改"对话框。

单击"确定"按钮，出现如图 5-137 所示的对话框，在此输入有加入该域权限的用户名称和密码，如果是普通用户，需要在“Active Directory 用户和计算机”中添加用户后，为该用户设置委派控制。

图 5-137　输入有加入该域权限的用户名和密码

【STEP|05】打开“加入域成功”对话框。

单击“确定”按钮，身份验证成功后出现如图 5-138 所示的对话框，显示计算机加入域的操作成功。

【STEP|06】重新启动计算机提示框。

单击“确定”按钮，出现如图 5-139 所示的对话框，提示重新启动计算机。

图 5-138　加入域成功对话框

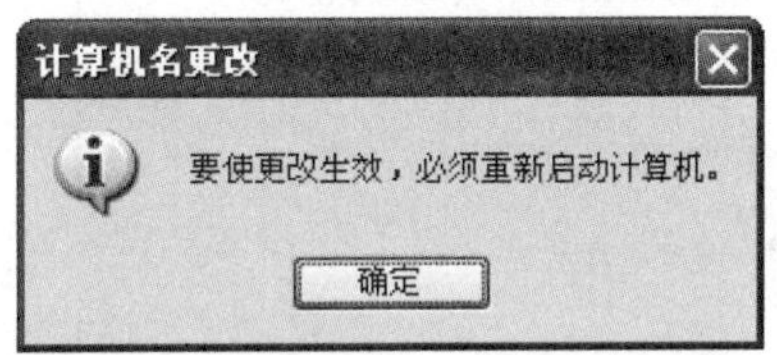

图 5-139　重新启动计算机提示对话框

【STEP|07】域成员计算机登录到域。

重启计算机后，出现如图 5-140 所示登录界面时，按住 Ctrl＋Alt＋Delete 组合键切换到登录对话框，在用户名编辑框中输入 lihy，然后输入初始密码。单击“登录到”下拉按钮，选择域名 xintian.com，并单击“确定”按钮。

【STEP|08】登录成功。

由于加入域后计算机启动时要连接网络、创建域列表，因此这个过程需要的时间比较长。成功登录到域后，也就意味着获得了与登录用户相应的权限，域中的共享资源也就随之可以使用了，如图 5-141 所示。

图 5-140　登录对话框

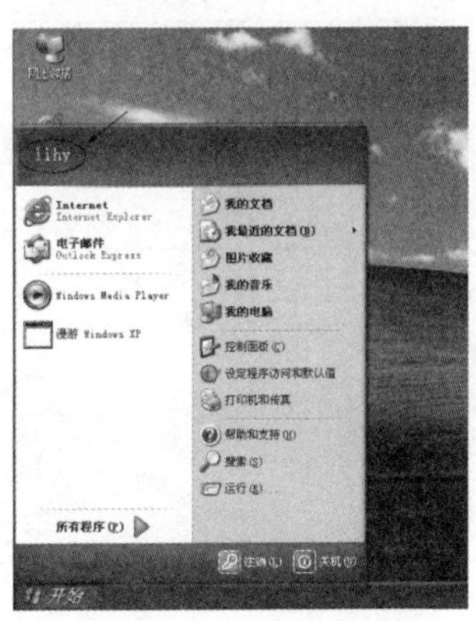

图 5-141　成功登录到域

6.在现有域下安装子域实现域树结构

有时根据网络设计的要求，需要在现有域下安装一个子域，从而形成域树的逻辑结构。下面是在现有域 xintian.com 下安装子域 beijing.xintian.com 的过程。

任务 5-29

在现有域 xintian.com 下安装子域 beijing.xintian.com 实现域树结构。

【STEP|01】使用 dcpromo 命令安装活动目录。

在另一台安装有 Windows Server 2008 R2 操作系统的计算机上，首先确认"本地连接"属性 TCP/IP 首选 DNS 指向了域控制器(本例为 192.168.2.218)，同时确认子域控制器 IP 地址(本例设置为 192.168.2.228)和域控制器在同一个网段，接下来选择"开始"→"运行"命令，在打开的"运行"对话框中输入 dcpromo 命令安装活动目录。在"域控制器类型"对话框中选择"新域的域控制器"单选按钮，如图 5-142 所示。

【STEP|02】单击"下一步"按钮，打开"创建一个新域"对话框，选择"在现有域树中的子域"单选按钮，如图 5-143 所示。

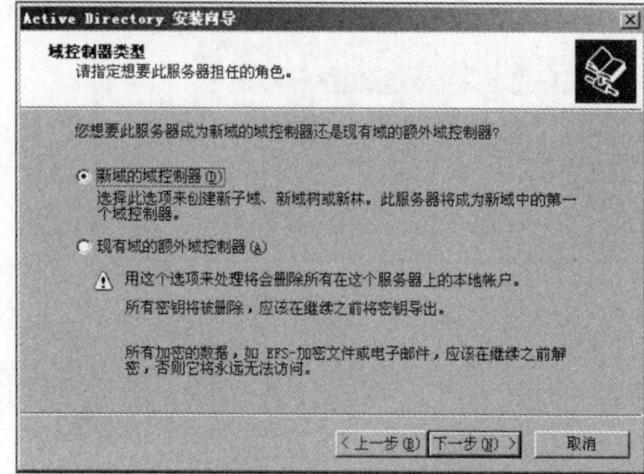

图 5-142 "域控制器类型"对话框

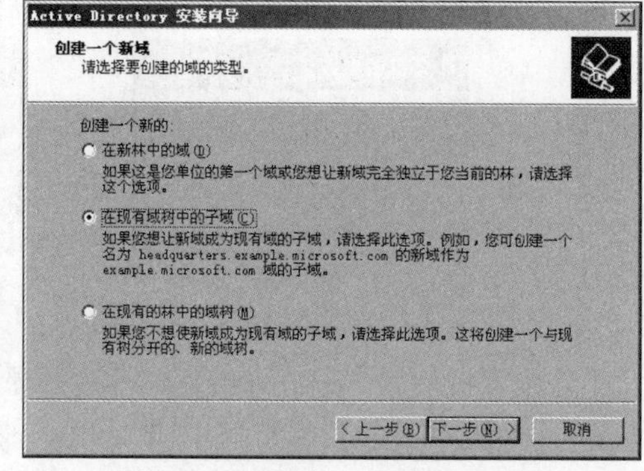

图 5-143 "创建一个新域"对话框

【STEP|03】单击"下一步"按钮，打开"网络凭据"对话框，如图 5-144 所示。在此输入现有域的用户名和密码。

【STEP|04】单击"下一步"按钮，打开"子域安装"对话框，如图 5-145 所示。在此输入父域的 DNS 全名 xintian.com，同时指定子域的名称为 beijng。

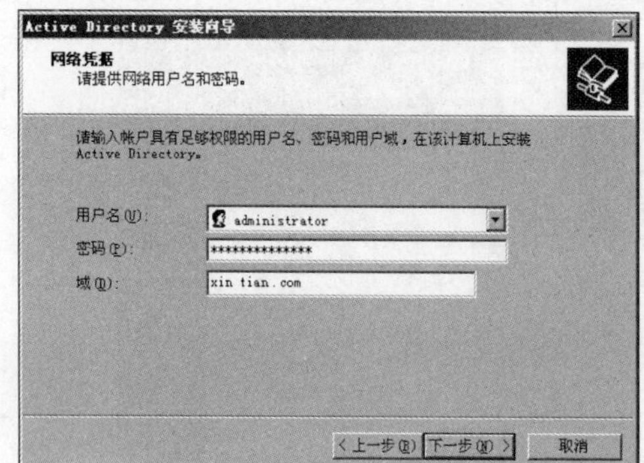

图 5-144 输入有安装活动目录权限的用户名和密码

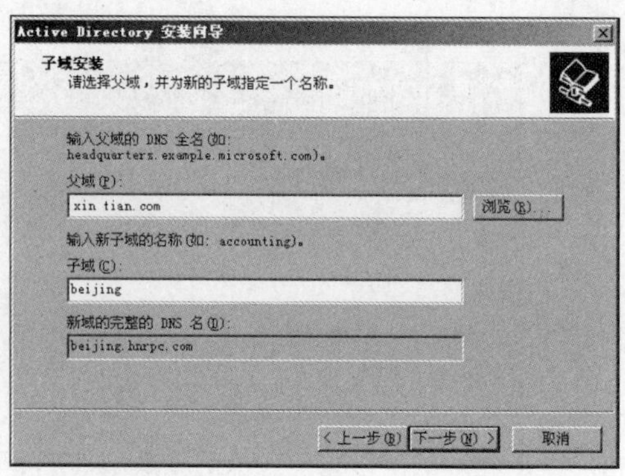

图 5-145 指定父域的 DNS 全名及子域的名称

注意：由于子域会自动继承父域的 DNS 名称，所以系统会自动生成新域的完整的 DNS 名——beijing.xintian.com。

【STEP|05】单击“下一步”按钮，打开“NetBIOS 域名”对话框，如图 5-146 所示。在此系统会自动指定新域的 NetBIOS 名称。

【STEP|06】连续单击“下一步”按钮，选择活动目录数据库和日志的安装位置、SYSVOL 文件夹的位置、活动目录还原模式的密码等信息，最后会出现如图 5-147 所示的摘要信息。

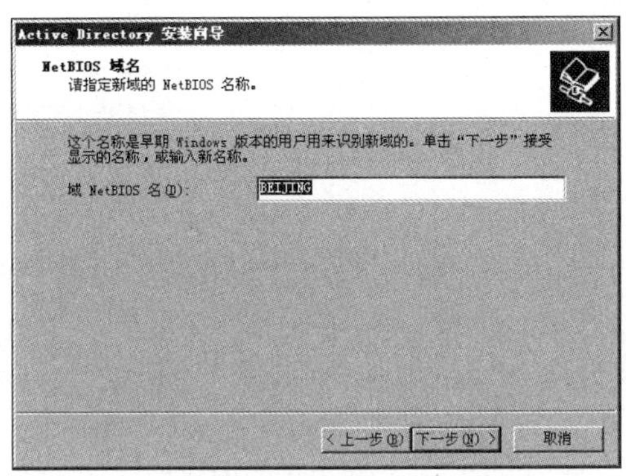

图 5-146　指定新域的 NetBIOS 名称

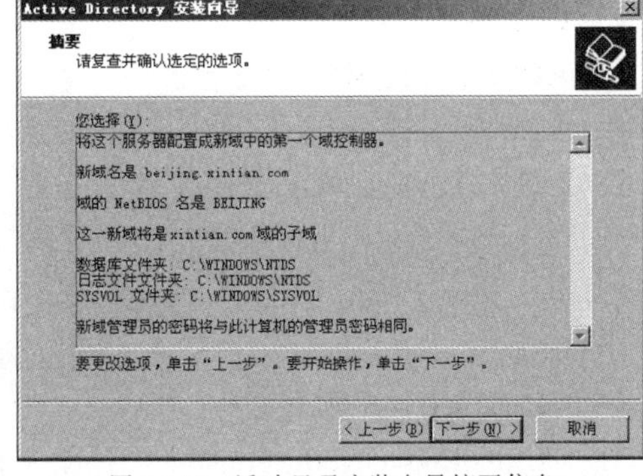

图 5-147　活动目录安装向导摘要信息

【STEP|07】单击“下一步”按钮开始安装活动目录，安装完成后重新启动计算机，该计算机就成为现有域 xintian.com 下的子域 beijing.xintian.com 的域控制器了。

5.5　任务拓展

1.园区网的设计与配置

拓展任务 5-1

天一集团需要组建园区网，请根据需要为该集团设计方案，选购网络设备，确立各项任务。

天一集团园区网具体需求如下：

(1)一栋 3 层的办公楼，每层 10 个网络点。

(2)要求采用核心、接入架构。核心层交换机实现冗余热备，并用双链路进行链路绑定(冗余热备用 VRRP 技术，链路捆绑用 Trunk)。

(3)接入层交换机和核心层交换机之间实现链路冗余(利用 STP 技术)。

(4)需要连接 Internet(利用 NAT 技术)。

(5)办公楼有 3 个部门，每个部门单独 VLAN，并规划好 IP 地址。

(6)终端 PC 通过 DHCP 获取 IP。

(7)部署 FTP 和 DHCP 服务器。

请根据以上要求设计该园区网的拓扑结构，选购所需网络设备，说明在该园区网中需要用到的相关技术，并在 Packet Tracer 中进行模拟配置，完成测试。

2.建立基于 Linux 平台的 DNS 服务

拓展任务 5-2

天一集团培训部的域名是 seogate.cn，www 主机的地址是 192.168.1.1，DNS 服务器的地址是 192.168.1.100，完成 DNS 服务器的配置。

【训练步骤】

【STEP|01】安装 bind 软件包。

采用 rpm - ivh 安装 bind 软件包，此步骤请参考"任务 5-8"。

【STEP|02】建立全局配置文件。

建立全局配置文件 named.conf，再用 vi 编辑此文件，在文件中将 include"/etc/named.rfc1912.zones"；修改为 include"/etc/ seogate.cn"；。

```
include "/etc/ seogate.cn";
```

【STEP|03】编辑主配置。

在/var/named/chroot/etc/ 目录下有一个主配置的示例文件 named.rfc1912.zones，请将其复制一份并改名为 seogate.cn，然后用 vi 编辑 seogate.cn，在其中添加正、反向区域，具体内容如下。

```
zone "seogate.cn" IN {
      type master;
      file "seogate.cn.zone";
      allow-update { none; };
      };

zone "1.168.192.in-addr.arpa" IN {
      type master;
      file "192.168.1.rev";
      allow-update { none; };
      };
```

【STEP|04】编辑正向区域文件。

```
#cd /var/named/chroot/var/named
#cp - a locahost.zone seogate.cn.zone
#vi seogate.cn.zone //正向区域文件
```

对正向区域文件需设置如下内容，编辑完成后保存退出。

```
$TTL 86400
$ORIGIN seogate.cn.
@ 1D IN SOA @ root (
42 ; serial (d.adams)
```

```
3H ; refresh
15M ; retry
1W ; expiry
1D ); minimum
1D IN NS @
www 1D IN A 192.168.1.1
```

【STEP|05】编辑反向区域文件。

```
#cp - a named.local 192.168.1.rev
#vi 192.168.1.rev //反向区域文件
```

对反向区域文件需设置如下内容,编辑完成后保存退出。

```
$TTL 86400
@ IN SOA localhost.root.localhost.(
2010052700 ; Serial
28800 ; Refresh
14400 ; Retry
3600000 ; Expire
86400 ); Minimum
IN NS seogate.cn.
1 IN PTR seogate.cn.
```

【STEP|06】启动服务器并测试。

```
#service named start
#nslookup
```

3.构建基于 Windows Server 2008 R2 平台的域环境

拓展任务 5-3

请为华翔科技安装一台域控制器,其域名是 huax.com,IP 地址是 172.16.11.68,并将 IP 地址为 172.16.11.211 的客户机加入域。

【操作步骤】

请参考"任务 5-22"、"任务 5-23"和"任务 5-26"完成具体任务。

5.6 总结提高

本项目从园区网的组建过程出发,介绍了园区网的分类、常用的内部网关路由协议、活动目录的逻辑结构和物理结构等方面的知识,同时也训练了大家规划与设计园区网的网络拓扑结构、正确选购与配置网络设备、安装 Linux、构建基于 Linux 平台的网络服务、域环境的配置与管理等技能。

通过本项目的学习,要求大家能设计并构建一个较为简单的园区网,并掌握动态路由的配置方法,基于 Linux 平台的 DNS 服务、Web 服务、FTP 服务的架设与配置、基于 Windows Server 2008 R2 的域环境配置与管理等技能。通过本项目的学习,你的收获怎样,请认真填写表 5-6 并及时反馈,谢谢!

表 5-3　　学习情况小结

序号	知识与技能	重要指数	自我评价					小组评价					老师评价				
			A	B	C	D	E	A	B	C	D	E	A	B	C	D	E
1	会设计简单园区网拓扑结构	★★★★☆															
2	会选配园区网网络设备	★★★															
3	能进行网络设备的连接	★★★★☆															
4	会安装并使用 Linux	★★★★☆															
5	能架设与配置基于 Linux 平台的 DNS、Web、FTP 等网络服务	★★★★★															
6	能架设与配置基于 Windows Server 2008 R2 平台的域环境	★★★★★															
7	会使用 PacketTracer 模拟配置园区网网络设备	★★★★															
8	能与组员协商工作,步调一致	★★★☆															

说明:评价等级分为 A、B、C、D、E 五等,其中:对知识与技能掌握很好为 A 等、掌握了绝大部分为 B 等、大部分内容掌握较好为 C 等、基本掌握为 D 等、大部分内容不够清楚为 E 等。

5.7　课后训练

一、选择题

1.在路由表中 0.0.0.0 代表________。

A.静态路由　　B.动态路由　　C.默认路由　　D RIP 路由

2.如果将一个新的办公子网加入原来的网络中,那么需要手工配置路由表,需要输入________命令。

A.ip route　　B.route ip　　C.sh ip route　　D.sh route

3.默认路由是________。

A.一种静态路由　　B.所有非路由数据包在此进行转发

C.最后求助的网关　　D.一种动态路由

4.RIP 路由协议的周期更新的目标地址是________。

A.255.255.255.240　　B.255.255.255.255

C.172.16.0.1　　D.255.255.240.255

5.如果某路由器到达目的网络有三种方式:通过 RIP、通过静态路由、通过默认路由,那么路由器会根据________转发数据包。

A.RIP　　B.静态路由

C.默认路由　　D.以上三种路由

6.配置 OSPF 路由,最少需要 ________条命令。

A.1　　B.2　　C.3　　D.4

7.配置 Apache 服务器需要修改的配置文件为________。

A.httpd.conf　　B.access.conf

C.srm.conf　　D.named.conf

8.DHCP 是动态主机配置协议的简称,其作用是可以使网络管理员通过一台服务器来管理一个网络系统,自动为一个网络中的主机分配________地址。

A.网络　　B.MAC　　C.TCP　　D.IP

9.你是一个中等规模公司的网络管理员,你注意到有一些网络用户有时不用他们自己的计算机而是到其他用户的计算机上登录。有些用户抱怨他们在本地计算机上存储的文件被修改了。为此你想执行严格的帐户策略,防止这种情况发生。下面________这一用户帐户属性可以强制这些用户只能使用他们自己的计算机。

A.为用户设定登录时间

B.让用户每次登录时都修改他们的口令

C.指定用户可以登录的计算机

D.如果用户不从他自己的计算机登录就锁定该帐户

二、简答题

1.什么是企业园区网,它通常由几个部分构成?

2.企业园区网络设计的基本原则通常有哪些?

3.在活动目录的逻辑结构中包括哪些部分,各部分的作用都有哪些?

4.《综合布线系统工程设计规范》(GB 50311—2006)中定义了几个子系统?每一个子系统都由哪些部分构成?

三、技能训练题

1.假如你是某学校的网络管理员,学校的域名为 www.king.com,学校计划为每位教师开通个人主页服务,为教师与学生之间建立沟通的平台。学校为每位教师开通个人主页服务后能实现如下功能:

(1)网页文件上传完成后,立即自动发布,URL 为 http://www.king.com/～用户名。

(2)在 Web 服务器中建立一个名为 private 的虚拟目录,对应的物理路径是/data/private,配置 Web 服务器对该虚拟目录启用用户认证,只允许 kingma 用户访问。

(3)在 Web 服务器中建立一个名为 test 的虚拟目录,其对应的物理路径是/dir1/test,并配置 Web 服务器仅允许来自网络 sample.com 域和 192.168.1.0/24 网段的客户机访问该虚拟目录。

(4)使用 192.168.1.2 和 192.168.1.3 两个 IP 地址,创建基于 IP 地址的虚拟主机。其中 IP 地址为 192.168.1.2 的虚拟主机对应的主目录为/var/www/ex2,IP 地址为 192.168.1.3 的虚拟主机对应的主目录为/var/www/ex3。

(5)创建基于 www.xsx.com 和 www.king.com 两个域名的虚拟主机，域名为 www.xsx.com 的虚拟主机对应的主目录为/var/www/xsx，域名为 www.king.com 的虚拟主机对应的主目录为/var/www/king。

2.某企业计划建设自己的企业园区网络，希望通过这个新建的网络，提供一个安全、可靠、可扩展、高效的网络环境，将两个办公地点连接到一起，使企业内能够方便快捷地实现网络资源共享、全网接入 Internet 等目标，同时实现公司内部的信息保密隔离，以及对于公网的安全访问。

为了确保这些关键应用系统的正常运行、安全和发展，网络必须具备如下的特性：

(1)采用先进的网络通信技术完成企业网络的建设，连接两个相距较远的办公地点。

(2)为了提高数据的传输效率，在整个企业网络内控制广播域的范围。

(3)在整个企业集团内实现资源共享，并保证骨干网络的高可靠性。

(4)在企业内部网络中实现高效的路由选择。

(5)在企业网络出口对数据流量进行一定的控制。

(6)能够使用一个公网 IP 接入 Internet。

该企业的具体环境如下：

(1)企业具有两个办公地点，且相距较远，公司总共大约有 200 台主机。

(2)A 办公地点具有的部门较多，例如业务部、财务部、综合部等，为主要的办公场所，因此这部分的交换网络对可用性和可靠性要求较高。

(3)B 办公地点只有较少办公人员，但是 Internet 的接入点在这里。

(4)公司只申请到了一个公网 IP 地址，供企业内网接入使用。

(5)公司内部使用私网地址。

网络示意图如图 5-148 所示，请设计包括园区网的详细信息、端口分配、IP 地址划分、路由选择方式等具体内容的建设方案，并在 Packet Tracer 中进行模拟实施。

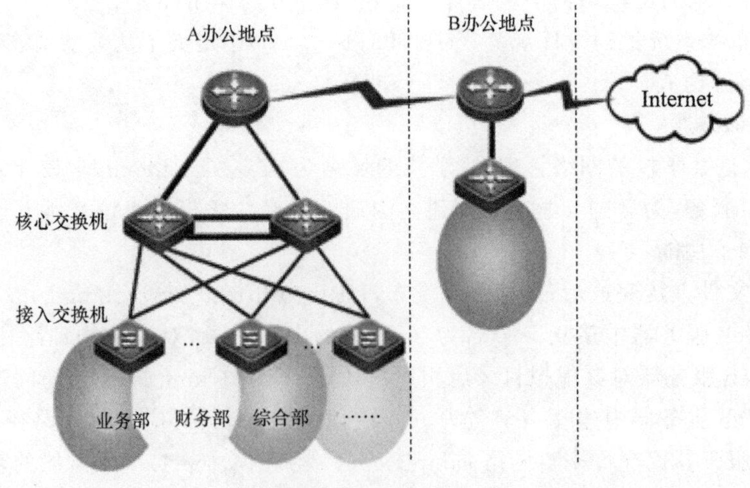

图 5-148　网络示意图